suhrkamp taschenbuch 124

Adolf Portmann, geboren 1897, bis zu seiner Emeritierung ordentlicher Professor und Direktor der zoologischen Universitätsanstalt in Basel, gehört zu den führenden Verhaltensforschern der Gegenwart. Er hat sich zunächst zoologischen Fragestellungen gewidmet, vor allem der Erforschung der Vögel und Säuger, der Tintenfische und einiger mariner Tiergruppen. Weltruf hat seine *Einführung in die vergleichende Morphologie der Wirbeltiere* (1948) erworben. Von der Zoologie hat sich im Laufe der Zeit sein Interesse zur Anthropologie verschoben.

Von den Ergebnissen dieser neuen Forschungsrichtung handelt der vorliegende Band, der vierzehn Vorträge vereint und zum ersten Male 1956 erschienen ist. Neun der Vorträge sind zunächst auf den Eranos-Tagungen gehalten worden, denen sie ihre für Portmann charakteristische Tendenz auf das Humane verdanken. Für Portmann entscheidend sind einerseits Probleme der Gestaltlehre, andererseits Probleme des Soziallebens von Tier und Mensch. Sein Ansatzpunkt liegt bei der Frage, wieviel Kunstform in dem enthalten sei, was uns als Naturform erscheint. Seiner Definition nach herrschen Kunstformen dort, wo Soziales in Erscheinung tritt.

Adolf Portmann
Biologie und Geist

Suhrkamp

suhrkamp taschenbuch 124
Zweite Auflage, 13.–15. Tausend 1978
© 1956 by Rhein-Verlag AG, Zürich. Suhrkamp Taschenbuch Verlag. © dieser erweiterten Ausgabe Suhrkamp Verlag Frankfurt
am Main 1973. Alle Rechte vorbehalten,
insbesondere das des öffentlichen Vortrags,
der Übertragung durch Rundfunk oder Fern-
sehen und der Übersetzung, auch einzelner
Teile. Druck: Nomos Verlagsgesellschaft,
Baden-Baden. Printed in Germany. Umschlag nach Entwürfen von Willy Fleckhaus
und Rolf Staudt.

Inhalt

Vorwort

Dieser Band vereinigt Studien und Vorträge aus der Zeit von 1946 bis 1955, die in gesammelter Form deutlicher als in der Vereinzelung Zeugnis ablegen können von der Arbeit an einem Bilde vom Organismus und damit auch vom Menschen. In den zehn Jahren, welche die vorliegende Sammlung umfaßt, war ein wichtiger Teil meiner zoologischen Forschung auf anthropologische Fragen gerichtet. In Vorlesungen wurden diese Versuche seit 1937 der Diskussion ausgesetzt; in den Kriegsjahren war ein erstes allgemeines Ergebnis erreicht, das in den *Biologischen Fragmenten zu einer Lehre vom Menschen* 1944 dargelegt worden ist. Die Aufgabe, den biologischen Beitrag zu einer neuen Auffassung vom Menschen deutlicher zu zeigen, ist durch die Entwicklung der Nachkriegszeit immer gebieterischer geworden. Der Kampf um Geltung und Würde des Einzelmenschen konnte nicht durch Übersteigerung des Individualismus geführt werden: es galt, die Einsicht in unsere primär soziale Grundstruktur zu stärken, das ursprüngliche Umfaßtsein des Einzelnen durch die Welt und die Gruppe zu zeigen, zugleich aber auch die zunehmende Eigenart der Rolle des Individuums auf allen höheren Stufen des Lebens deutlich zu machen. Die Möglichkeit, von der biologischen Forschung her sowohl den Wert einer optimalen sozialen Eingliederung für das Individuum wie auch den eines erfüllten Einzeldaseins für das Gesamtleben der Gruppe nachzuweisen, wurde mir zu einem steten Ansporn, solche Wechselwirkung an den verschiedensten Teilfragen der Anthropologie darzustellen.

Der Versuch, die anthropologischen Probleme von meinem Standort in der Lebensforschung aus darzustellen, ist zum erstenmal in einem Vortrag vor der Berner Studentenschaft im Jahre 1942 gewagt worden. Da er die Vorstufe der *Biologischen Fragmente* ist, wurde er nicht in die vorliegende Reihe aufgenommen. Das Zentrum dieser Sammlung bilden die Vorträge an den Eranos-Tagungen. Jahr für Jahr trifft sich seit nunmehr vierzig Jahren in Moscia bei Ascona am Lago Maggiore ein Kreis von Menschen zu einer Tagung, die den Namen »Eranos« trägt. Und manchen unter den Teilnehmenden sind die zehn Tage in der Casa Eranos ein Zentrum des innersten Lebens geworden. Frau Olga Fröbe-Kapteyn hat dieses Werk ins Leben gerufen und gestaltet. Seit 1962 führt die »Eranos-Stiftung« die Tagungen weiter und gibt auch die »Eranos Jahrbücher« heraus.

Das Suchen nach der Wesenheit des Menschlichen und nach der Art, wie unser Dasein in die große kosmische Wirklichkeit eingegliedert ist – an diesen Zusammenkünften geschieht es im befruchtenden und an Spannungen reichen Gespräch der Forschenden; es vertieft sich in der Begegnung von Geistes- und Naturwissenschaften. Diese ist getragen von der Ehrfurcht vor dem unbekannten Realen, in das wir Einblick suchen. Die Geisteswissenschaft erkennt in solchem Gespräch deutlicher, wie fern der Wirklichkeit das Gerede von der »materialistischen Naturforschung« heute oft sein kann, wie neu und eigenartig sich die Tatsachen des »Stofflichen« darbieten, wie fruchtbar die dynamischen Versuche neuer Formulierungen auch unsere Vorstellungen von psychischen Wirkweisen zu wandeln vermögen. Dem Naturforscher aber begegnet in einer für viele von uns unerhörten Macht und Weite die schöpferische Eigenart der geistigen Welt. Große Bereiche des Humanen werden an den Eranos-Tagungen aus der Vergessenheit zurückgeholt, in die sie durch die verhängnisvolle Sonderung der Wissenschaften immer wieder zu versinken drohen. Seit 1946 arbeite ich mit, und die Einstellung auf diese Aufgabe, aber auch die fördernde Kraft, die immer wieder neu von der mitschaffenden Gemeinschaft ausgeht – beides ist für meine weitere Arbeit wesentlich geworden.

Die eigentliche zoologische Aufgabe, wie groß auch ihr unmittelbarer Anteil an den hier vorliegenden Mitteilungen ist, steht nur im Hintergrund. Sie gilt vor allem der vergleichenden Entwicklungsgeschichte und hat ihre Zentren in der Erforschung der Vögel und Säuger, der Tintenfische und einiger mariner Tiergruppen. Dieses Forschen hat mir immer deutlicher gemacht, daß neben den biologischen Wegen, die vor allem den Forschungsmethoden der Physik und Chemie verpflichtet sind, eine zweite biologische Front besteht, deren Wirkung zu der ersten komplementär ist und an der vor allem eine neu zu begründende Gestaltlehre und die in den letzten Jahrzehnten zu einer hohen Geltung gelangte Verhaltensforschung beteiligt sind. Diese zweite Front ist in meiner biologischen Orientierung so wichtig geworden, daß ein besonderer Hinweis auf die Sachlage hier am Platze ist.

Die Erkenntnisse der physikalisch-chemisch orientierten Lebensforschung dringen in die molekulare und atomare Größenordnung vor und suchen in der diesem Gegenstand gemäßen Sprache die Gesetzmäßigkeiten der lebendigen Organisation zu fassen. Die zu Beginn meiner Arbeit eben aufblühende Molekularbiologie ist zu einem wesentlichen Forschungsfeld der Wissenschaft vom Leben geworden. Das Elektronenmikroskop führt die Beobachtungen nahe an die Grenzen, an denen die Methoden der Physik und der Chemie den Zugang zu den lebenden Gebilden erweitern. Dieser Weg führt zwangsläufig weg von den Erscheinungen, wie sie der unmittelbaren Anschauung in unserem Alltag gegeben sind. Er führt dazu, in neuen Sprachweisen und Zeichenschriften die Vorgänge im Unsichtbaren darzustellen. Demgegenüber ringt die zweite Front um ein Verständnis von Tatsachen, wie sie sich als Gestalt und Verhalten in den Dimensionen der unbewaffneten Sinne und in denen des Lichtmikroskops zeigen. Dies ist die Welt, in der die Sinnesorgane der Tiere als wichtige Faktoren der Auslese ihre Bedeutung für die Evolution der Organismen erlangen. Die zweite Front muß deshalb die sinnlich gegebenen Qualitäten ins Zentrum stellen und gelten lassen und darf ihr Ziel nicht in deren Rückführung auf molekulare und atomare Gesetze sehen. Die Eigenart dieser Arbeitsteilung aufzuzeigen und deutlich zu machen, daß die zwei Forschungsweisen zueinander im Verhältnis sinnvoller Ergänzung stehen, auch das ist eines der Ziele der hier gesammelten Studien. Der Entscheidung meines Forschungsweges entsprechend, steht die »zweite Front« im Zentrum der Beachtung. Die Vorträge stellen die lebendige Erscheinung, die Gestalt ihrer sinnlichen Fülle in die Mitte.

Diesen lebendigen Gestalten gelten auch die Bilder, welche diese Sammlung begleiten. Sie zeugen von der Schönheit und von der befremdlichen Seltsamkeit der Pflanzen und Tiere, die dem Biologen vor Augen sind. Die Texte, welche diese Bilder begleiten, sollen an die Arbeitsfelder erinnern, die mich besonders angezogen haben. Zugleich möchten sie mithelfen, vom Bild der Natur zu zeugen, das in den hier vereinten Studien am Werk ist und an dem sie selber weiterformen möchten.

Dieses Buch ist 1956 erstmals erschienen, in einer Zeit, in der meine Vorstellungen über eine umfassende Lehre vom Menschen eine gewisse Klärung erreicht hatten. Ich glaube, daß es manche Hilfe bieten kann, wenn der Weg zu den Problemen der Anthropologie gesucht wird. Aus diesem Grunde ist auch in dieser Neuausgabe die ursprüngliche Form beibehalten worden.

Basel, im März 1973   *Adolf Portmann*

Die Biologie und das Phänomen des Geistigen

I.

Die Vorstellungen von Leben und Geist haben im Laufe der geschichtlichen Veränderungen ein so reiches Gewebe von Beziehungen gebildet, daß es sich wohl lohnen könnte, die Frage nach der Stellung der Biologie zum Phänomen des Geistigen von dieser historischen Seite her zu prüfen.

Wir verweilen indessen nicht in diesem Wald der Geschichte. Nicht weil dieser Weg geringer zu achten wäre, sondern weil mir ein anderer für unsern Anlaß wichtiger und notwendiger erscheint.

Wenn ein so archaisches Wort wie Geist ausgesprochen wird und wenn die Erwartung besteht, daß der Biologe sich zu den Phänomenen des »Geistes« äußere, dann muß zunächst möglichst genau gesagt werden, welche der vielen Sachverhalte gemeint sind, die dieses eine Wort Geist bezeichnet.

Es sind zwei Gruppen von Erscheinungen, in denen dem Biologen das Geistige begegnet. Da ist einmal die ganze Fülle des menschlichen Lebens, das sich in seinen Werken, in der Art seiner Führung vom Leben auch der verwandten höheren Tierformen unterscheidet und dessen Sonderart man als »geistig«, als von »Geist« bestimmt, bezeichnet. Dies ist der eine Aspekt, in dem uns Geistiges begegnet.

Aber die Gegenüberstellung »Natur und Geist« weist noch auf eine weitere Bedeutung des vielsinnigen Wortes hin. Sie bezeichnet ein Reich über oder jenseits der Naturdinge oder das diese auch in geheimnisvoller Weise durchdringt; sie bezeichnet Mächte der Ordnung, wie sie in den Versuchen der Welterklärung in der verschiedensten Beziehung zu den uns unmittelbar gegebenen Dingen gedacht worden sind. Dies schwer faßbare Reich wird als das des Geistes bezeichnet. Man wird nun nicht vom Biologen fordern, daß er entscheide, ob damit jener selbe Geist gemeint sei, den wir als Privileg der menschlichen Lebensweise hervorheben.

Im Augenblick ist nur eines wichtig: wir müssen diese zwei Bedeutungen des Wortes vor Augen haben, wenn wir nun miteinander das Arbeitsfeld des Biologen betreten, und wir wollen versuchen, behutsam auseinanderzuhalten, welche der zwei Bedeutungen jeweils gemeint ist, die allgemeinere oder die speziell auf den Menschen bezogene, wenn wir uns um das Geistige bemühen.

Die Sonderungen von Natur und Geist, von Leib und Seele, von Leib, Seele und Geist sind uraltes Gut unseres Denkens. Die Grundlagen der biologischen Forschung aber gehören der allerjüngsten Zeit, den letzten Jahrhunderten dieser menschlichen Arbeit an. Der Keim eines Säugetieres ist erst 1827 von Karl Ernst von Baer gesehen worden, das Eindringen eines Samenfadens in die Eizelle, die Besamung, wurde in den Jahren 1875 bis 1877 zum erstenmal im Mikroskop geschaut. Erst seit dieser Zeit können wir einiges Gewisse über die früheste Etappe unseres eigenen Lebens und über den Beginn der individuellen Entwicklung aussagen. Nicht deutlich genug kann ich diesen Kontrast betonen zwischen der archaischen Herkunft unserer begrifflichen Sonderungen, wie Leib und Seele, Natur und Geist, und der Neuheit des Wissens um die frühesten Entwicklungsvorgänge, denen auch wir unser Dasein verdanken. Wenn man sich diesen Kontrast lebhaft vor Augen stellt, ihn durch und durch auf sein Denken wirken läßt, dann versteht man, daß der Naturforscher den archaischen Trennungen in Wesenheiten zunächst mißtrauen muß. Eine Zeit, für welche die niederen Tiere wirklich aus dem Schlamm und der Fäulnis, aus dem Sumpf, entstanden, die weder vom Spermatozoon noch von einer menschlichen Eizelle wissen konnte – einer solchen Zeit mußten sich viele Zusammenhänge im Denken anders darstellen als der unsrigen.
Darum muß die biologische Arbeit von allen den archaischen Sonderungen zunächst völlig absehen. Sie darf sich nicht von vornherein leiten lassen von der Ansicht, der Geist sei der Einbruch aus einer fremden Sphäre in irdische Lebensformen, mag diese Ansicht auch theologisch oder philosophisch begründet werden. Doch darf die Lebensforschung auch nicht jene andere vorgefaßte Meinung vorweg annehmen, der Geist habe sich aus einem geistlosen Leben herausgelöst als Erzeugnis dieses Lebens, wie eine Frucht das Ergebnis des Vegetierens ist. Weder als Einbruch von oben noch als Ausbruch von unten darf das Geistige

vorwegnehmend aufgefaßt werden, wenn der Biologe an seine Arbeit geht.

Was die Lebensforschung zum Geistigen sagen wird, kann nicht zum voraus festgelegt sein, sondern es ist als Ergebnis zu erwarten – abzuwarten. Das erscheint als eine simple Feststellung einer Selbstverständlichkeit – und doch ist sie nötig; denn es ist nicht schwer, nachzuweisen, daß die meisten biologischen Werke die Erscheinung des Geistes von vorgefaßten Positionen aus untersuchen, mögen nun diese Positionen aus dem Glauben an bestimmte religiöse Vorstellungen stammen oder aus der Auflehnung gegen solche. Beides sind ja voraus bezogene Stellungen: der einen entzieht sich das Geistige der biologischen Forschung genauso selbstverständlich, wie es für die andere als Forschungsobjekt völlig mit eingeschlossen ist.

Unsere biologische Arbeitsweise darf aber auch auf keinen Fall das Ausmaß der Phänomene verkleinern, die unter dem Namen Geist etwa gefaßt werden. Das muß besonders deutlich gesagt sein.

Soll nun etwa behauptet werden, die Lebensforschung beginne voraussetzungslos? Im Gegenteil: wir wollen versuchen, die allgemeinsten Voraussetzungen des gegenwärtigen biologischen Forschens klar zu sehen. Ich sehe dabei ab von solchen, die aus der Existenz des Forschers stammen. Ihr Gewicht ist nie gering, und sie erfordern stete Wachsamkeit, da ja gerade das Objekt unserer Wissenschaft als selber Lebendiges zu so vielen Grundfragen unseres Menschendaseins hinführt.

Ausgangslage ist für uns das Gesamtbild biologischer Forschung, das Ergebnis der bisherigen Arbeit. Sie stellt uns die Lebewesen dar als *relativ geschlossene Systeme*. Die Geschlossenheit des Systems äußert sich in der Kontinuität, in der wir den einzelnen Organismus vom jüngsten Keim an bis zum Tode als Einzelwesen beobachten können.

Diese Geschlossenheit ist aber relativ, da wir um Aufbrüche wissen, zum Beispiel um sprunghaftes Entstehen neuer Systeme, abgeänderter Varianten. Wir wissen um Ereignisse, die wir »Mutationen« nennen und deren Erforschung ein wichtiges Ziel biologischer Arbeit ist.

Die Organismen zeigen aber auch darin das Relative der Geschlossenheit ihrer Systeme, daß sie ja stets in Beziehung zu ihrer

Umgebung vorgefunden werden, und zwar zur ganzen Umgebung, also auch zu allen den Wirklichkeiten, die wir nicht direkt sinnenmäßig erfahren können und um deren Erfassung auf Umwegen wir uns bemühen.

Wir müssen beachten, daß dem Biologen alle Eigenschaften seines Objektes als Eigenschaften eines Gefüges begegnen, als System-Eigenschaften.

Mit diesem Vorfinden einer komplizierten Ordnung hängt es auch zusammen, daß wir, wie bereits gesagt, die archaischen Sonderungen in Leib – Seele – Geist beim Studium des Organismus nicht vorweg zulassen. Solche Sonderungen führen ja so oft zu Scheinproblemen. Nötigen sie doch sogleich zu Hypothesen darüber, wie solche als gesondert betrachtete Wesenheiten aufeinander wirken, sich miteinander verbinden können.

Ich möchte diese folgenschwere Art von Scheinproblemen kurz streifen im Blick auf die Zellenlehre. Eine weitverbreitete Auffassung hat im Gefolge der Entdeckungen an Zellkern und Protoplasma die Zellen zu Elementarorganismen ernannt. Damit stand sie vor der Aufgabe, zu erklären, wie diese Elementarorganismen es fertigbringen, sich zu einem Gebilde höherer Art zu ordnen, wie sie zu Spezialisierung kommen, was ihre Arbeitsteilung lenkt! Die Suche nach einer interzellulären Macht war bis zum heutigen Tage vergeblich – die weiterblickenden Biologen haben längst gesehen, daß diese Macht bereits in der ganzen Eizelle am Werk ist, daß sie in der gesamten Individualentwicklung nie aufgehört hat, zu bestehen. Sie haben eingesehen, daß das von Anfang an gegebene plasmatische System sich selber gliedert – sie haben damit aber auch erkannt, daß die Frage nach der Art dieses plasmatischen Wirkens uns in den eben erst erschauten Bereich der submikroskopischen Strukturforschung führt, wo sich heute Physiker, Chemiker und Biologen in einem schwierigen Arbeitsgebiet begegnen. Wir müssen die Plasmastruktur erforschen, nicht nach einem sekundären, die Zellen ordnenden Faktor suchen.

Doch wir wollen ja von der Biologie her zu den Erscheinungen kommen, in denen sich Geistiges kundgibt. Damit wählen wir von den vielen möglichen Wegen der Lebensforschung einen besonderen aus. Wir lassen viele wichtige Arbeitsgebiete dieser Biologie abseits liegen; aber ich möchte doch, daß uns allen recht deutlich vor Augen stehe, daß unsere Wahl kein Werturteil bedeutet, sondern eine Blickrichtung. Wir verzichten auf die Darstellung von biologischen Forschungsfeldern, auf denen sehr bedeutungsvolle Arbeit geleistet wird, und wir wollen auf unserem Gang zu bestimmten Problemen diese gewaltigen Werkstätten doch in der Erinnerung behalten.

Die biologische Arbeit führt schon dadurch in die Region des Geistigen, daß ihr als Aufgabe ja die Erforschung jener besonderen Seinsweise gegeben ist, die wir am besten von unserer eigenen Existenz her kennen und die der Biologe mit einem stellvertretenden Wort, einem wissenschaftlichen Symbol, als *Innerlichkeit* bezeichnet, weil er keine der althergebrachten Benennungen gebrauchen will, die ihm zu sehr mit Sinn aller Art befrachtet erscheinen.

Innerlichkeit nennen wir also die besondere Seinsweise des Lebendigen, von der wir maximal aus eigenem Erleben wissen, für die wir bei anderen Organismen Zeugnisse vorfinden, und zwar in abnehmendem Maße, wenn wir uns von der eigenen Organisation entfernen zu immer menschenferneren Lebewesen hin.

Jede Erforschung der Innerlichkeit muß von der Lebensform ausgehen, um deren Innerlichkeit wir maximal wissen: von uns selber, vom Menschen. Diese Notwendigkeit hat bedeutsame Folgen gehabt. Die Furcht, dieses Wissen um unseren eigenen Reichtum an Innerlichkeit könnte unsere Vorstellungen von andern Organismen durch Vermenschlichung fälschen, diese Furcht hat ein oft geradezu groteskes Vermeiden der ganzen Sphäre der Innerlichkeit bewirkt: mechanische Beschreibungen tierischen Verhaltens schienen dann die Lösung, man schuf eine sogenannte objektive Nomenklatur und wähnte sich gerettet, wenn etwa statt Auge Photorezeptor gesagt wurde. Viele Biologen bestritten jegliche Möglichkeit der Erforschung tierischer Innerlichkeit und sahen das Heil im völligen Absehen von allen Spuren eines uns irgendwie verwandten Erlebens. Seit geraumer Zeit aber gewinnt eine umfassende Betrachtungsweise an Bedeutung, eine ruhigere Sicherheit des Forschens, die sich anschickt, behutsam, schrittweise in das Reich der Innerlichkeit der Organismen einzudringen. Diese Forschung weiß, daß sie auf ihrem Weg den Erscheinungen des Geistigen begegnen wird – sie weiß auch, daß ihr

Forschungsmittel selbst zu dieser unheimlichen Wirklichkeit gehört, die geistig genannt wird.

Wir gehen zunächst einen der Wege, die in diese besondere Seinsart der Innerlichkeit führen und wählen dafür jene Arbeitsrichtung, die sich um die Klärung der tierischen Antriebsweisen bemüht, jener verborgenen Ordnungen, die ja eben den Organismus zu einem handelnden Zentrum machen und Innerlichkeit »äußern«. Mit diesen Systemen ist ja auch die menschliche Antriebsweise in einer noch zu bestimmenden Art verwandt; der Biologe, der diese Ordnungen des Lebendigen untersucht, ist auf dem Wege zur Manifestation des Geistigen in unserem Führungssystem. Wieviel er auf seinem Wege von diesem »Geist« ergründen wird, das kann kein Naturforscher voraussagen.

Das Denken über diese Antriebssysteme war lange Zeit beherrscht von Vorstellungen über das sogenannte instinktive Verhalten, die vor allem durch Experimente an Insekten gewonnen worden sind. Durch die »Souvenirs entomologiques« sind die Versuche J. H. Fabres[1] recht eigentlich in die Literatur und das ganze Geistesleben der Zeit eingegangen. Der Forscher, den Darwin den unvergleichlichen Beobachter genannt hat, der Dichter, wie Maeterlinck, so tief beeinflußt hat, der auf Bergson wirkte, den man emphatisch den Homer, den Virgil des Insektenlebens genannt hat, J. H. Fabre, hat ein so eindrucksvolles Bild von der Komplexität, aber auch der starren Enge gegeben, welche das Verhalten der Insekten kennzeichnet, daß seine Beispiele geradezu klassisch geworden sind. Ich erinnere etwa an die Experimente an Grabwespen und ihrer Brutpflege, an die Beobachtungen über den Skarabäus...!

Der Eindruck, daß erblich gegebene Starrheit dieses Insektenleben bestimme, hat für viele Biologen den Begriff der instinktiven Antriebssysteme festgelegt als Ordnung eines Verhaltens, das arttypisch, fast ohne individuelle Varianten ablaufe, stereotyp für alle Individuen, stereotyp auch in der Wiederholung durch das Individuum selber, das ohne jeden Lernprozeß aller möglichen Erfahrung voraus gegeben ist. So kam ein Bild zustande, das einen schroffen Gegensatz zu unserer eigenen Lebensart bot, das sich auffällig abhob von unserem Zögern, Tasten und Lernen, von unserer Wandelbarkeit, unseren individuellen Kontrasten. Kein Wunder, daß nur allzuoft dieses einseitige Bild des Instinktes als der tierische Hintergrund geschaut wurde, von dem sich unser freieres Verhalten als Sonderfall abhebt.

Heute sehen wir das Reich des instinktiven Lebens sehr anders, so anders, daß wir sogar das Wort Instinkt voll Mißtrauen und nur zögernd als eine recht leer gewordene Redensart benützen. Unser so starres Bild der Instinkte ist durch eine Fülle sorgfältiger Arbeiten gelockert worden; es wurden in diesen Erbgefügen Stellen von offener, bildsamer Art nachgewiesen, Orte, an denen sehr verschiedene Partner in das Gesamtsystem als gleichwertig eintreten können, als Ersatz füreinander. So kann etwa die Stelle der Mutter im erblich gegebenen Verhalten des Tierkindes von anderen Wesen eingenommen werden, von einem Automobil etwa, dem das neugeborene Gnu in der Steppe nun nachläuft, weil der Besitzer des Wagens soeben seine Mutter geschossen hat. Das bewegliche Wesen genügt, um das Kind an sich zu binden. So kann der Mensch oder das Huhn die Mutterstelle bei jungen Gänsen einnehmen, vorausgesetzt, daß sie diese Pflegemutter beim Schlüpfen aus dem Ei zuerst sehen. Lorenz hat diese Möglichkeit der Bestimmung des Verhaltens als »Prägung« bezeichnet; sie ist durch zahlreiche Beobachtungen als weit verbreitet nachgewiesen.

Noch ein anderes Teilstück des instinktiven Verhaltens ist uns heute sehr problematisch geworden: die Auslösung. Man ist auf die Eigenart des inneren Zustandes aufmerksam geworden, welcher der Auslösung des instinktiven Verhaltens vorangeht: die Unrast des Suchens nach etwas, nach einem Etwas, das in einer uns unzugänglichen Struktur im Tier vorgegeben sein muß und das einer andern Struktur der Umgebung entspricht. Es drängt sich dem Beobachter mit Macht der Eindruck auf, da müsse ein Bild sein, das eine Erwartung bestimmt und Unruhe auslöst, das Streben erregt nach Begegnung mit der Entsprechung zu dieser bereits vorhandenen Struktur. Ob man nun von »Bild« oder »Schema« spricht, ist vorerst belanglos – wir sind jedenfalls eingetreten in das Reich der Innerlichkeit und ihrer Strukturen, und man begreift, daß manche handfestere Biologen hier im Anschluß an Entdeckungen in unserer eigenen Innerlichkeit geradezu von Archetypen gesprochen haben. Wir müssen auf jeden Fall im Tier Reichtümer vermuten, die uns sehr an jene Schätze mahnen, die auch der Menschenforscher in unserer eigenen Verborgenheit annehmen muß, um rätselvolle Begegnungen und Entsprechungen zu verstehen. Wir wollen wenigstens dies eine wohl in der Erinnerung bewahren: daß die Biologen heute das Geheimnis der Antriebssysteme im Tier in seiner Größe sehen. Wir nennen seit 1918 den Zustand der Erwartung »Appetenz«, um an Appetit, am Beispiel der Stillung des Hungers, anzuknüpfen. Die Struktur, welche der Appetenz zugrunde liegt, umfaßt nervöse Elemente wie auch hormonale Systeme, ferner die verschiedensten Organe im Innern und Äußeren des Tiers. Eine Lokalisation wird wohl stets nur besonders wichtige nervöse Schaltstellen dieses Gefüges bezeichnen können und stets nur mit größter Vorsicht angegeben werden.

Das Taubenschwänzchen, der am Tag fliegende Nachtfalter, der eben dieser Tage noch gelbe oder rote Blumen anfliegt, wird, wenn seine Eier reifen, in eine Stimmung versetzt, in der diese Blütenfarben reizlos werden, während ein bestimmtes Grün, das des Labkrautes, nunmehr das erstrebte Ziel des suchenden Fluges wird.

In extremen Fällen ist dieses Suchen auf sehr enge, arttypische Schemata gerichtet, deren Träger der Sexualpartner, das Jungtier oder andere Artgenossen sein können. Eine besondere Zeichnung des Kopfes etwa oder ein beim Flug entfaltetes Farbsignal wirkt dann wie ein Stellvertreter des erstrebten Ziels, wie eine Flagge, ein Signal. Wir bezeichnen solche besonderen Merkmale als »Auslöser«, und ihr Studium wird gegenwärtig eifrig betrieben. Solche Auslöser wurden eine Zeitlang in allem Instinktverhalten gesucht, und die Zuordnung von Auslösermerkmal und innerem Schema wurde so eng gesehen, daß man von Schlüssel und Schloß zu sprechen begann und die Auslöser als nach dem Prinzip des Schlüsselbartes gebaut, also möglichst unverwechselbar, darstellte. In den letzten fünf Jahren hat sich die Erfahrung durchgesetzt, daß so streng geordnete Auslöser für Appetenzen nur ein extremer Spezialfall sind und daß die Appetenz sich meist in viel offeneren Situationen durch komplexere Verhaltensweisen ihre Befriedigung suchen muß[2]. Ein männliches Rotkehlchen, das in der Stimmung der Paarung ist, wird energisch jedes andere Männchen seiner Art aus seinem erwählten Bezirk verdrängen. Dabei genügt zuweilen zum Angriff eine Attrappe aus roten Brustfedern ohne sonstige Vogelgestalt. Ein andermal reagiert dasselbe Männchen auf eine Vogelform auch ohne Rot, in einem dritten Versuch bleiben beim gleichen Individuum diese beiden Gebilde wirkungslos, und nur der komplette Gegner mit allen Attributen wird angegriffen. Dieses Beispiel soll uns davor bewahren, den Vorgang der Auslösung einer arttypischen Handlung allzu schematisch aufzufassen.

Noch an einer anderen Stelle durchbrechen die neueren Untersuchungen die Vorstellung von starren, von Anfang an erblich festgelegten Ordnungen des Verhaltens:
Wir erfahren bei sorgsamer Beobachtung höherer Tiere von Zuständen, in denen das Handeln weniger streng gebunden erscheint, wo ein begierdefreieres Verhalten vorkommt, das mancher Nuancen fähig ist. So hören wir bei Vögeln etwa ein spielerisch freies Singen oder sehen sie spielend sich jagen, wenn in optimalen Lebensumständen keine Notdurft der Nahrungssuche oder des Geschlechtsdranges die Tiere gefangenhält. Bally hat die Bedeutung dieser Erscheinung dargestellt und ganz besonders eindringlich gezeigt, daß spielendes, begierdefreies Tun am reichsten in der behüteten Sphäre des elterlichen Schutzes auftritt. Zwei Bedingungen sind bei hohen Tiergruppen erfüllt: bedeutende Entwicklung des zentralen Nervensystems und weitgehende, oft sehr lange dauernde Brutpflege.
Auch diese neue Möglichkeit des freieren Verhaltens, die wir gern als spielerisch bezeichnen wollen, sind Eigenschaften eines komplexen Systems. Es erscheint nicht von punktförmigem Ursprung, wenn ich so sagen darf, nicht als eine einzige neue Eigenschaft, die sich dann isoliert weiterentwickelt, sondern es erscheinen an vielen Stellen des komplexen Gefüges zugleich korrespondierende Eigenschaften: Merkmale der nervösen Organisation, solche des Wachstumsablaufs sowohl in gestaltlicher als zeitlicher Beziehung und besondere Merkmale der Gestalt und des Verhaltens, die nur in Zuordnung zu dieser veränderten Entwicklungsweise Sinn haben. Wir werden das reichste dieser Systeme, das des Menschen, genauer betrachten und dieser gedrängten Feststellung dann mehr Inhalt geben.
Jedenfalls führt die biologische Untersuchung zu den Erscheinungen der Freiheit. Und nichts könnte wohl deutlicher zeigen, wie weit uns heute die vertiefte Kenntnis tierischen Verhaltens

von den starren Auffassungen der Jahrhundertwende weggeführt hat. Wir beobachten im Spiel von höheren Tieren eine Eigenart der Innerlichkeit, die wir zu den wichtigsten Merkmalen unserer eigenen Lebensform zählen[3].

Blicken wir einen Moment zurück! Wir sind auf dem Weg von außen nach innen, auf dem Weg der Beobachtung und des biologischen Experimentes eingedrungen in die dem Lebendigen eigene Dimension, die wir Innerlichkeit nannten. An die Stelle des einst alles beherrschenden Bildes vom Instinktverhalten als einer Art fertig montierten, äußerst raffinierten Kunstschlosses hat die intensivere Forschung eine weniger klar überschaubare Vorstellung gesetzt, von einem Antriebssystem, in dem zwar viele Feinstrukturen fertig montiert sind, in dem aber auch durch Erfahrungen erworbene Neubildungen für die Dauer des individuellen Lebens einmontiert werden und dessen oberste Führungssysteme sich unserem Einblick entziehen, weil ihr Geheimnis das des Protoplasmas überhaupt ist.

Vergessen wir nie bei der Beurteilung auch einfachen tierischen Verhaltens das Ergebnis eines Versuches, den ich kurz streifen will.

Ich schneide einen Wurmkörper in zwei Teile, wie Sie es im Garten ohne Absicht oft genug tun. Dann bildet der Vorderteil ein neues Hinterende, der hintere Teil aber formt bei dieser Regeneration einen neuen Kopf und damit auch ein ganzes, neues Gehirn. Der Versuch kann nicht in allen seinen Konsequenzen verfolgt werden – er soll für den Augenblick nur eines zeigen: das System »Wurm« baut sich sein Gehirn selber auf; sein Führungsorgan ist Glied eines übergeordneten höheren Leitsystems, in dessen Eigenart uns die eben begonnene submikroskopische Protoplasmaforschung etwas tiefer wird blicken lassen.

Was der Wurm kann, kann der Mensch nicht! Wir zahlen für die Komplikation unseres Systems unter anderem den Preis, daß es nur einmal aufgebaut werden kann. Aber einmal in unserer Embryonalentwicklung leistet auch unser Protoplasma dasselbe. Auch es erbaut sich selbst sein künftiges Führungsorgan, sein Nervensystem, auch es bezeugt durch diesen Akt deutlich, daß der wahre Souverän das Protoplasma ist, nicht seine Organe, auch nicht deren höchste hierarchische Spitze im reifen Organismus.

Wir müssen es uns versagen, mehr über die Natur dieser uns noch immer verborgenen obersten Leitung zu sagen, die ja im Protoplasma unserer weiteren Untersuchung noch zugänglich ist. Doch werden wir vielleicht aus dieser Darstellung wenigstens den Eindruck bewahren, daß es nicht möglich ist, dieses oberste Ordnungsgefüge des tierischen Lebens vorweg etwa in seiner Struktur zu unterscheiden von den höchsten Antriebsorganisationen des Menschen. Die biologische Arbeit muß zu ruhiger Zurückhaltung mahnen, sie versucht, eine seltene Form der menschlichen Askese zu pflegen: die Geduld.

Es wird Zeit, abzugehen von unserem Weg und in einer anderen Richtung noch ein Beispiel biologischer Forschung zu betrachten, das uns zu weiteren Manifestationen des Geistigen führt. Es ist einer der vielen Wege der Gestaltforschung, den wir jetzt einschlagen und auf dem wir wiederum, von außen nach innen dringend, versuchen, einen kleinen Teil der Naturordnung zu verstehen, die sich uns im sogenannten »natürlichen System« der Lebensformen darstellt.

Unser Ausgangspunkt sind diesmal die Erscheinungen, die man als »Ausdruck« zusammenfaßt. Wir beobachten bei uns und an verwandten Organismen viele Veränderungen im Erscheinungsbilde, die spontan von momentanen Veränderungen im ganzen Sein dieses Wesens künden: Aufrichten von Haaren und Federn, Körperhaltungen, Laute, auch etwa Farbwechsel. Wir wollen sie alle als *spontanen Ausdruck* bezeichnen, um das Momentane zur Geltung zu bringen.

Doch wir kennen alle auch Veränderungen, die nicht augenblicklich erfolgen, sondern für längere Perioden bestehen, die aber gleichfalls Kundgabe eines inneren Umschwungs sind: da ist zum Beispiel das Prachtkleid vieler Vögel, das den Fortpflanzungszustand kündet. Da ist das Hirschgeweih, das zeitweilig abgeworfen wird und dessen Träger alsdann degradiert erscheint in seiner Sozietät. Auch das Jugendkleid vieler Wirbeltiere darf erwähnt werden; es sagt ja nicht nur uns selber etwas vom Zustand des Tieres aus, sondern übt diese Mitteilungsrolle auch in der Tiergruppe. Wir wollen alle diese vielen Zeichen vorläufig *temporäre Ausdrucksorgane* nennen.

Wir finden aber weiterhin, daß die gesamte Erscheinung des Tiers

21

in vielen Einzelheiten deutlich mit seiner Organisationshöhe zusammenhängt: so daß manche Gestaltungsweisen, manche Muster oder ornamental erscheinende Gebilde nur von bestimmten Graden der Gehirnentwicklung an auftreten, also Kennzeichen dieses Ranges, dieser Differenzierungsstufe, sind. Ein Beispiel: wir ordnen die Wiederkäuer nach der Differenzierungshöhe ihrer Organisation, vor allem des Gehirns; dabei zeigt sich ein auffälliges Gesetz der Körpergestaltung: nur rangniedrige Formen tragen Eckzähne als auffällige Sexualmerkmale – ihnen fehlt das Geweih. Nur ranghohe zeigen die komplizierten Gestaltungen der Stirnzierden, Geweih oder Hörner – doch die Eckzähne werden bei ihnen unterdrückt, so etwa bei höheren Hirschen, Antilopen, Rindern. Wir kennen auch Übergangsformen mit Eckzähnen und einfachen Stirnzierden des männlichen Geschlechts, wie etwa die Muntjakhirsche.

Der Weg unserer Schilderung führt mitten hinein in den Gestaltenreichtum des Gartens der Geschöpfe. Wir dürfen indessen diesen Weg nicht zu weit gehen, sondern wollen uns mit einem Blicke begnügen.

Wir stellen fest: auch in den stetigen Merkmalen der Erscheinung kommt das ganze Wesen in auffälligen Anzeichen zum Ausdruck. Wir können vom *konstanten Ausdruck* einer Gestalt sprechen – da indessen das Wort Ausdruck für besondere Lebenssphären reserviert ist, sprechen wir hier lieber vom *Darstellungswert der Gestalten*[4].

Eine wenig beachtete Tatsache mag diesen besonderen Ausdruckswert einer tierischen Erscheinung noch deutlicher machen. Vergleichen wir etwa die inneren Organe, wie Leber, Milz, Magen, Herz, so ist es sehr schwer, an ihnen irgendwelche für die untersuchte Tierart kennzeichnende auffällige Merkmale zu finden; sie sind ausdrucksarm in ihrer Form. Betrachten wir dagegen bei einer einzigen Gruppe, wie etwa den Antilopen, Färbung, Zeichnung des Kopfes, Bildung der Gehörne: welcher Reichtum der Formen, welche Prägnanz, welche unverwechselbare Einprägsamkeit im Gegensatz zur uniformen Bildung des Inneren. An einem einzigen Beispiel möchte ich noch einmal versuchen, zu diesen verborgenen Gesetzen tierischer Gestaltung hinzuführen. Ich wähle dazu den seltsamen Fall der Lage der männlichen Keimdrüsen bei höheren Säugetieren wie auch beim Menschen.

Auf Grund unzähliger Tatsachen läßt sich jene Anordnung als »natürlich« begründen, welche die großen Gruppen der Wirbeltiere in einer Reihe anordnet, aufsteigend von fischartigen Grundformen über Amphibien, Reptilien zu Warmblütern, in unserem Beispiel zu Säugern. »Natürlich«, das heißt in diesem Zusammenhang, daß diese Reihe einen Teil der in der Erdgeschichte beobachteten Entwicklungsvorgänge darstellt, jener Formenfolge, deren Erklärung heute die Mutationsforschung erstrebt.

Verfolgt man nun in dieser natürlichen Serie von Tiertypen die Lage der männlichen Keimdrüsen, dann stellen wir fest, daß diese Hoden in der aufsteigenden Reihe vom Fisch zum Säuger aus der vorderen Rumpfzone oder der Rumpfmitte mehr becken-, ja leistenständig werden, um schließlich in einem Hodensack außerhalb der Leibeshöhle in geradezu paradoxer Situation am analen Körperpol eingelagert zu werden.

Eine lange Reihe von wissenschaftlichen Erklärungsversuchen müht sich um die Deutung dieser Wanderung, die sich auch in unserem Entwicklungsgang vor der Geburt bereits vollzieht und die die arterhaltende Keimstätte in eine so gefährlich exponierte Lage bringt. Ich kann diese Versuche hier nicht darstellen, man möge es mir glauben (und kann diesen Glauben jederzeit durch das Studium der Fachwerke bestärken), daß es keine Theorie gibt, welche das Phänomen des »Descensus«, des Hodenabstiegs, erklärt. Die Erscheinung ist um so beachtenswerter, als es keine Möglichkeit gibt, die Entstehung dieses Gebildes durch Selektion zu erklären. Denn nichts im Daseinskampfe konnte die geborgenen Hoden veranlassen, aus der schützenden Leibeshöhle nach außen zu treten. Und keine Selektionslehre hat bisher vermocht zu erklären, welche sexuellen Ausleseprozesse den Hoden zuerst überhaupt hinauszutreiben vermocht hätten.

Wir stehen vor einer Erscheinung, die vorerst nur in *einem* Zusammenhang sinnvoll zu verstehen ist, das ist eben der des Darstellungswertes der Gestalt. Wir beobachten mit zunehmender Gehirnausbildung das immer betontere Ausformen von besonderen Merkmalen des Kopfes: bei Säugern Farbmuster, Mähnen, Bärte, Hörner, Geweihe, Zähne, Rüssel usw. Mit dieser Gestaltung des Frontalpols geht aber eine solche des Analpols parallel, der im Schwanz ornamentale Formwerte erlangt, der durch verschieden lange Behaarung ausgezeichnet wird, dem Färbungen bei Huftieren und Affen eine gesteigerte Auffälligkeit verleihen, ebenso wie bei Hunden auffällige symmetrische Haarwirbelbildungen. In diese lange Reihe ornamentaler Formwerte des Fortpflanzungspols reiht sich auch der Hodensack als eine höchste formale Darstellung dieses Pols an; nicht umsonst wird er gerade in jener Gruppe der Wiederkäuer zum besonders großen gestielten Gebilde, bei denen auch Gehörn und Farbmusterung ein Maximum erreichen. Die heraldischen Darstellungen des Widders stellen die Hoden in intuitiver Einsicht in den ornamentalen Wert dieser Bildung zur Schau, wie es die Landsknechtbilder aus Urs Grafs Zeiten und die Trachten jenes Zeitalters gleichfalls tun. Aber wir wollen ja jetzt nur die Illustration liefern zu der biologischen Beobachtung, daß mit steigender Ranghöhe eines Tiers seine ganze Erscheinung in erhöhtem Maße Träger von Formwerten ist, deren Vorhandensein auch elementaren Funktionen dienen kann, deren besonderes So-Sein aber nur als Darstellungswert überhaupt in einem Zusammenhang verständlich wird. Der Formwert aller äußeren Bildungen des höheren Tiers ist maximal, der von inneren Organen ein Minimum. Die sichtbare Erscheinung – wie die riechbare, und die hörbare übrigens auch – verwirklicht bei ranghohen Arten ein Höchstmaß an Unverwechselbarkeit, an Prägnanz, an Spezifität, an Darstellungswert für das Besondere, das diese plasmatische Ordnung ist.

Erforschung dieses Darstellungswertes der Gestalten ist eine noch wenig geübte biologische Arbeit. Wir wenden Jahre an das Erlernen einer menschlichen Sprache – dürfen wir uns wundern, daß wir sehr langsam nur in die Sprache der lebendigen Gestalten eindringen?

Ich hebe diesen Darstellungswert so besonders hervor, weil er vom Wert der Oberfläche zeugt, weil er zeigt, daß die Erscheinung ein Maximum von Aussage-Mächtigkeit aufweist gegenüber dem Inneren, das elementareren Leistungen zugeordnet ist. Je oberflächlicher, desto machtvoller zeugt ein tierisches Gebilde von der Innerlichkeit, der Sonderheit des in dieser Erscheinung auftretenden Wesens.

Ich weise so nachdrücklich auf diesen Darstellungwert hin, um auch auf die Tatsache hinzuführen, daß er weit hinausweist über alle elementaren Voraussetzungen von Erhaltungsfunktionen.

Wohl können die Formteile, die da erscheinen, Signale, Auslöser für lebenserhaltende Leistungen sein und so eine Rolle im Zusammenleben, im Sichfinden der Artgenossen, der Geschlechter erfüllen – aber diese Rolle könnte von beliebigen Zeichen übernommen werden. Das Besondere der Lage, die Eigenart der spezifischen Gestalt: diese besondere Zebrastreifung, diese Windung der Antilopenhörner, diese Barttracht einer Wildziege, jene Wamme eines Rinderhalses findet nie eine Erklärung in der notwendigen Seite ihrer Leistung. Im Darstellungswert wird jede elementare Notwendigkeit überschritten. Zugleich werden mit dieser Feststellung aber auch die Grenzen erreicht, innerhalb deren die Biologie mit ihrer Arbeitsweise Beziehungen ermitteln kann. Denn die wissenschaftliche Beschreibung von Beziehungen ist nur soweit möglich, als das Ganze eines Bezugssystems der betreffenden Forschung faßbar ist.

Den Zeichenwert eines Geweihes, eines Gehörns, einer Federhaube, einer Hochzeitstracht kann ich mit biologischen Mitteln feststellen. Denn das Ganze, das Bezugssystem, ist in diesem Falle das Sozialleben der Art, dem dieses Zeichen dient, oder das Auffinden der Geschlechter: ein ebenso klar erkennbarer Bereich.

Den Darstellungswert eines Formbestandteils, dieses gleichen Geweihs, eines Gehörns, kann ich generell als solchen feststellen, weil mir das Bezugssystem, nämlich die Differenzierungshöhe der betreffenden Art, auf dem Weg über Gehirnstudien, Sinnesforschung, Verhaltensanalyse zugänglich ist.

Doch kann ich als Biologe das besondere So-Sein dieser Formteile, eines Gehörns, dieser Kopfzeichnung oder jener Mähnenbildung nicht mehr erklären, ich vermag es keinem wissenschaftlich faßbaren Ordnungsbereich einzugliedern.

Hier stoßen wir an die Grenze des uns Sagbaren. *Wir finden aber auch an dieser Grenze Ordnung und damit Hinweis auf Bezugssysteme, deren Größenordnung das uns zur Zeit Erfaßbare überschreitet.*

Ordnung an dieser Grenze – das weist uns hinüber in Bereiche, für die ja auch eine der mancherlei Bedeutungen des Wortes Geist im Gebrauch ist. Der Biologe bezeichnet die Grenze, und wenn er sie auch, der Art seines Schaffens getreu, nicht überschreitet – wer immer an eine Grenze vorgedrungen ist, wer an ihr lebt, der hat sie heimlich auch schon überschritten. So, hoffe ich, wird dieser Ausflug in das Gestaltproblem doch auch gelten dürfen als die Bezeichnung einer Stelle, wo wir ein Übergreifendes am Werke wissen.

Damit ist auch das Ergebnis biologischen Schaffens als das deutlich geworden, was es als wissenschaftliche Arbeit sein will: in der Erforschung eines relativ geschlossenen Systems der Lebewesen selbst offenes System der Darstellung zu bleiben.

II.

Unser Blick richtet sich jetzt auf die eigene, menschliche Lebensform, die wir mit den Mitteln der biologischen Arbeit prüfen.

Dem Biologen erscheint auch das Leben der Menschen vor allem wieder als ein System; alle beobachtbaren Eigenheiten treten stets auf als Glieder dieses Systems, das ich zunächst zu umgrenzen versuche. Es umfaßt selbstverständlich die einzelne Keimzelle vom Moment ihrer Aussonderung im Ovarium der Mutter, wo schon so vieles festgelegt ist, über die viel spätere Befruchtung und die mit ihr verbundene engere Determination hinweg zur Geburt und durch das ganze spätere Schicksal bis zum Tode dieses Einzelwesens. Die Bedeutung gerade der verborgensten frühen Phasen wollen wir nicht etwa zu gering einschätzen, bloß weil die Mittel der Forschung hier erst spärliche Auskunft verschaffen.

Dieses Einzelwesen ist aber eingefügt – also planmäßig zugeordnet – einer Sozialstruktur, in der es mindestens bis zum vierzehnten bis sechzehnten Jahr bei allen Menschenrassen in behüteter Kindheit und Jugend zum Geschlechtswesen heranwächst. Wir können diese lange Periode unschwer erfassen als eine jener bewahrten Zeiten – hier besonders lang ausgedehnt –, in der im Schutze elterlicher Pflege auch bei höheren Tieren die Anzeichen von Freiheit auftreten können. In dieser Zeit erfolgt die Übermittlung der gesamten Sozialstrukturen – ein langsames wachsendes Hineinlernen und ein lernendes Hineinwachsen in die bereits bestehende Sozialwelt. Diese gehört von vornherein zum Einzelwesen dazu; es ist undenkbar ohne sie.

Das menschliche Leben ist primär in seiner ganzen Struktur bereits sozial.

Dieses primäre Sozialgefüge läßt sich in der frühen nachgeburtlichen Zeit ganz besonders drastisch nachweisen. Es gelingt (auch wenn er hier nicht in Einzelheiten geführt werden kann) der Nachweis, daß unser Menschenleben von dem hoher Säugetiere dadurch abweicht, daß die Dauer der Entwicklung im Mutterleib nicht entsprechend dem Komplexitätsgrad unseres Rangs verlängert ist. Sie ist um rund ein Jahr zu kurz, wenn wir mit Säugernormen messen wollen. Die für das lernende Hineinwachsen in die obligatorische Sozialwelt eingesetzte Zeit ist also nicht nur durch Hinausschieben der sexuellen Reifung und durch späten Abschluß des Wachstums verlängert, sie wird vielmehr in besonders gewichtiger Weise erweitert, nach rückwärts gleichsam, durch die frühe Geburt.

Wieso in besonders gewichtiger Weise? Weil damit das für höhere Säuger normale spätere Ausreifen aller Strukturen im gleichmäßigen, reizarmen, mütterlichen Medium in eine an Reizen reiche, wechselvolle Sozialwelt verlegt wird. Gerade in diesem der Uteruszeit abgewonnenen Jahr wird die aufrechte Haltung, das Sprechen, das Denken ausgebildet – und zwar auf Wegen, die sich als einzigartig human nachweisen lassen: durch eine Kombination von Reifungsvorgängen und sozial bedingten Lernprozessen, die eine obligatorische, primäre Planmäßigkeit ist, in der kein Glied geändert werden kann ohne völlige Entartung des folgenden Entwicklungsganges.

Der Besonderheit unserer Daseinsform, der Eigenart ihres durch Tradition geordneten Soziallebens entspricht der Werdegang des Individuums: Daseinsform und Entwicklungsweise sind einander vollständig zugeordnet, sie bilden das Gesamtsystem, das der biologischen Untersuchung gegeben ist. Die Methode, mit der diese Zuordnung nachgewiesen wird, hat ihre Probe bereits bei der Durcharbeitung der verschiedenen Typen von Ontogenesen höherer Wirbeltiere bestanden, deren System-Einheit von Lebensform und Gestaltbildung deutlich nachgewiesen werden konnte[5].

Warum betonen wir so sehr diese relative Geschlossenheit des Systems, dieses Gefüges von Ontogenese und Sozialleben? Weil weit verbreitet noch immer eine früh zum Dogma erstarrte Meinung der Entwicklungstheorien herrscht: die Auffassung, die Stadien unserer Entwicklung wiederholten Etappen der Stammesgeschichte. Nach dieser Überzeugung wäre unser Entwicklungsgang in seinen frühen Phasen einfache Rekapitulation – und diese Überzeugung ist so gefestigt, daß man die erste Zeit nach der Geburt bis in die zweite Hälfte des ersten Jahres zuweilen als Schimpansenalter bezeichnet hat.

Diesem noch immer geglaubten Dogma steht schroff und abweisend die Tatsache entgegen, daß die Ontogenese aller höheren Organismen in ihrem ganzen Verlauf der Eigenart der Lebensform zugeordnet ist, daß sie auf allen Stadien die unverwechselbare Zugehörigkeit zu dieser besonderen Lebensart zeigt.

Die Entwicklung des Menschen dürfte erst im letzten Stadium menschlich werden, wenn die eben genannte, weitverbreitete Meinung zu Recht bestünde. Statt dessen läßt sich leicht zeigen, daß unser uterines Wachstum früh schon gesteigert ist, weit über gewöhnliche Primatenverhältnisse hinaus, und daß diese Wachstumssteigerung die frühe Entsprechung der viel später erst verwirklichten Größe des Zentralnervensystems ist. Es läßt sich zeigen, daß die Proportion unserer Gliedmaßen zum Rumpf früh schon im Mutterleib von der bei Menschenaffen gefundenen abweicht und daß diese frühe Sonderheit wieder mit der Eigenart des viel späteren Erwerbs der aufrechten Haltung zusammenhängt. Erwähnen wir noch, daß die für uns typische Lendenknickung der Wirbelsäule am Ende des zweiten fötalen Monats schon vorhanden ist – erste Sonderform der späteren Wirbelsäule eines Menschen, die ihre charakteristische Gestalt erst nach einigen Jahren erlangt. Solcher Zeichen früher ontogenetischer Eigenart sind viele. – Die Eizelle, an der wir mit optischen Mitteln zur Zeit nichts Besonderes erkennen können, was sie von anderen Säuger-Eizellen unterschiede, sie ist eben trotzdem der Keim eines Menschen, weitgehend determiniert bis in die Einzelheiten des späteren Verhaltens und der Gestaltung hinein. Von dieser Determination bietet uns das Studium der eineiigen Zwillinge ja ein erschütterndes Zeugnis.

Was hat das mit der Frage nach dem Geist zu tun? Sehr viel, wie mir scheint. Wir bezeichnen die menschliche Seinsweise als geistig und benennen damit ein Besonderes in ihr, das man in früher geschichtlicher Zeit bereits als »Geist« abzugrenzen versucht hat. Unserer besonderen biologischen Absicht folgend, stellen wir dieses reiche Feld der historischen Entwicklung nur fest, ohne es zu betreten.

Wir müssen mit Nachdruck vom Standort des Biologen aus betonen, daß unser ganzes System die Eigenart des Menschlichen zeigt, daß es weder im Ablauf der Entwicklung noch in der Sozialwelt der Reifegestalt eine Etappe oder ein Teilstück gibt, das diese unsere Sonderart nicht klar erkennen ließe. Wenn ich nun nicht sage, unser gesamter Entwicklungsgang sei geistig, so begründet sich die Zurückhaltung damit, daß der Biologe ja nach dem Geiste forscht, ihn also nicht bereits in solchen Bezeichnungen verwenden darf. Noch weniger würde ich die poetische Form hier dulden, die den ganzen Entwicklungsgang als »vergeistigt« bezeichnet. Die Gefahr einer dualen Deutung, also der stillen Voraussetzung eines auf Tierheit einwirkenden Prinzips, wäre doch zu groß. Wir müssen solche Worte anderen Bereichen der Aussage überlassen. Noch einmal sei daran gemahnt, daß der eigene System-Charakter des Lebewesens »Mensch« in allen Stadien seiner Entwicklung ganz am Werke ist und daß im Werdegang des einzelnen nicht irgendwo spät erst der Geist erblüht – wenn auch noch so spät erst im individuellen Leben die Fähigkeit aufgeht, zu sagen und zu gestalten, was so früh schon in diesem Wesen Besonderes wirkt.

An einem einzelnen Beispiel möchte ich die Verflechtung von Entwicklungsgang und Lebensform der Reifegestalt noch etwas eingehender schildern, um die Durchdringung dieser zwei Glieder unseres Lebenssystems und die komplexe Einheit dieses Gefüges deutlicher zu machen. Wieder wählen wir die Äußerungen, die dem Biologen den Weg zur Innerlichkeit zeigen, die Ausdruckserscheinungen.

Überblicken wir die reiche Skala der Ausdrucksweisen des Menschen, so finden wir unschwer die früher schon erwähnten Mittel *spontanen Ausdrucks:* erblich fixierte Antwortmöglichkeiten auf bestimmte Situationen, die dem Fauchen eines Raubtiers, dem Wedeln des Hundeschwanzes, dem Katzenbuckel entsprechen. Der Schrei, das Stampfen, die unsere Gestalt vergrößernden Drohgebärden sind solcher elementarer Art. Wir dürfen sie wohl als den einen Pol unserer Möglichkeiten bezeichnen. Es ist auffällig, daß es sich um lauter Ausdrucksweisen handelt, die wir im Sozialleben höherer Stufen mit Nachdruck bekämpfen, um gegen diese unbequeme Naturseite unsere zweite Lebensart, die der Kultur, durchzusetzen.

Dieser Kultursphäre ordnet sich unsere andere Ausdrucksfähigkeit zu, die in der Sprache ihr höchstes Stadium zeigt: der Ausdruck durch Zeichen, mittels durch Konvention festgelegter, historisch entstandener Worte, die durch Erlernen erworben, durch Tradition weiterbewahrt werden. Wir deuten die relative Freiheit eines solchen Ausdrucksmittels, die Möglichkeit der Täuschung, der Maske, der Zurückhaltung an, indem wir diesen Weg als den des *beherrschten Ausdrucks* bezeichnen. Es gibt keine Tiersprache in diesem Sinn: wir dürfen diesen beherrschten Ausdruck als ausgesprochen humanes System der Kommunikation bewerten. Wer besonders gerne Wesensbereiche abgrenzt, der darf spontanen und beherrschten Ausdruck wohl als wesensverschieden bezeichnen. Der Biologe fühlt sich aber angesichts des Reichtums der Wirklichkeit zu großer Zurückhaltung gegenüber solchen Sonderungen verpflichtet. Und in der Tat entdeckt er sogleich zwischen den eben anerkannten Extremen des Ausdrucks noch einen Zwischenbereich, eine Region des Zwielichtes, die sehr bedeutsam ist und in die wir einen Blick tun wollen.

Da ist das seltsame Paar des *Lachens* und *Weinens,* das sicher im höchsten Grade dem humanen Leben zugeordnet ist und doch nicht einfach dem beherrschten oder dem spontanen Ausdruck zugewiesen werden kann. Im selben Zwischenreich ist übrigens auch das Erröten und das Erblassen daheim, wieder sicher mit humanem Erleben, wie dem Schamgefühl, der Beklemmung, im Zusammenhang, aber doch viel stärker als Lachen und Weinen dem angeborenen spontanen Antworten verwandt. Das Unbehagen gegenüber diesen seltsamen, zwiespältigen Ausdrucksformen äußert sich auch in einer auffälligen Scheu, sie darzustellen. Wir begrenzen unser Augenmerk für diesmal auf Lachen und Weinen.

Lassen Sie mich ausgehen von der individuellen Entstehung unserer Kultursphäre. Unmittelbar nach der Geburt ist die Zahl der unbeantwortbaren Situationen gewaltig groß infolge der Dürftigkeit der erblich vorbereiteten Antworten und der Unfertigkeit der werdenden Strukturen. Die erblich vorbereiteten Antworten bedienen sich als Instrument jener Region, die am weitesten von allen peripheren Gebieten entwickelt ist, der oralen Muskulatur. Hier im Mundbereich ist schon jetzt ein großer Reichtum nervöser Endstellen der Haut entwickelt und eine große Zahl von Bewegungsweisen vorbereitet. Ich darf vielleicht erwähnen, daß die Tastfunktion der übrigen Haut sich erst in den ersten Monaten so weit ausbildet; erst etwa nach dem fünften Monat sind die Tastkörperchen fertig gebildet.

Die früheste Antwort ist von Geburt an das Schreiweinen, auf das später erst das Lächeln folgt, das aber von einem sehr kritischen Kenner wie Stirnimann bereits am neunten Tag in einem Fall sicher erkannt worden ist[6]. Längere Zeit sind diese beiden Möglichkeiten die bedeutendsten Ausdrucksweisen des Säuglings. Es sind zwei primäre Formen der Antwort, wobei das Schreiweinen von Anfang an egoistischer, unsozialer sich darstellt, das Lächeln stärker auf Sozialkontakt gerichteter Ausdruck des Bedürfnisses nach ersehnter Umgebung ist. Das Neugeborene kann auch im Schlaf lächeln, wenn es betrachtet wird. Die hohe soziale Bindung des Neugeborenen ist eine Gewißheit und widerlegt alle die Lehren, welche das Sozialleben als sekundäre, utilitaristische Entwicklung deuten wollen.

Für alle Situationen des kleinen Wesens müssen diese zwei Antworten ausreichen. Wie schwer ist da manchmal die Entscheidung, wenn nur so extrem verschiedene Mittel verfügbar sind: dieser Schwierigkeit entspricht dann auch die Tatsache, daß oft bis in den vierten Monat hinein die menschliche Stimme mit Lächeln aufgenommen wird, mag sie nun drohend oder freundlich, streng oder liebevoll tönen. Erst vom siebten Monat an wird die Zuordnung des Lächelns klar begrenzt auf die freundlichen Aspekte.

Vor aller Sprache, vor allem Aufrichten und technischem Denken werden die zwei frühesten humanen Ausdrucksweisen allmählich mit wachsender Sozialerfahrung fixiert und wandeln sich um zum Weinen – wobei Tränen von der dritten Woche an beobachtet werden, und zum Lachen, das in der siebten oder achten Woche auftritt.

Im selben Medium des Soziallebens, in dem sich bald im Lallen die Sprache vorbereiten wird, geschieht diese Entwicklung. *Die Sprache erst bringt überhaupt die nuancenreichere Möglichkeit der Antworten auf verschiedene Situationen, sie ist für uns die vollkommenste Form der Antwort. Schreiweinen und Weinen, Lächeln und Lachen sind die vorsprachlichen Weisen der Kommunikation.*

31

Das kleine Rasenstück

Die Bilder in diesem Buche führen ihr Eigenleben und gehören doch auf besondere Weise zum Text. Sie sollen auf dem Weg des Auges in die Welt hineinführen, in der die hier vereinigten Vorträge entstanden sind. Die Formen des Lebendigen mögen daran erinnern, daß alles, was auf diesen Seiten steht, in unablässiger Beziehung zu den wirklichen Lebensformen bedacht worden ist, in der wissenschaftlichen Bemühung um das Geheimnis dieser Formen, aber auch in der vollen Freude der Sinne, die uns durch das Lebendige zuteil wird.

Wenn es ein Erlebnis gibt, das von früh an diese Beziehung zu den Lebensformen bestimmt hat, so ist es der »Teppich des Lebens«, der sich überall vor unserem Blick ausbreitet, der grüne Teppich der Vegetation, in dem wir zu allen Zeiten Ruhe finden. Jahr für Jahr gibt uns dieser lebende Teppich die Wunder seiner Blattgestalten, seiner Blüten und Früchte. Immer wieder ist es eine heilende Übung, an einem Wegrand, am Gebüsch eines Waldsaums auf ein paar Meter weit die vielerlei Blattformen zu sammeln und an ihrer Formenschönheit das offenbare Geheimnis der Organismen schauend zu erfahren. Es wird gar manches klein vor diesem Formenwunder des Lebensteppichs. (Phot. E. Sutter)

Mit der Entwicklung der Sprache entsteht auch die Möglichkeit variierteren Antwortens im Sozialbereich. Oder sollen wir sagen: mit der allgemeinen Entfaltung des Situationsverständnisses entwickelt sich die Sprache? Beide Aussagen gehen zusammen, gelten einem Geschehen.

Aber noch bleiben unbeantwortbare Situationen, Lebenslagen, in denen keine verfügbaren Worte helfen, und noch immer ist die Zahl dieser Situationen groß. In allen diesen Lagen bleiben die zuerst entwickelten, die vorsprachlichen Ausdrucksweisen in Funktion, an diese unbeantwortbaren Situationen bleiben sie gebunden: an die ernste Lage das Weinen, an die unernste das Lachen. Und diese Bindung bleibt zeitlebens gewahrt. Wo immer Unverhältnismäßiges geschieht, das in Worten oder Taten nicht zu beantworten ist, bleiben die beiden primären Ausdrucksformen im Recht: geschieht der Durchbruch der gewöhnlichen Situationsbreite im Unernst, bleibt Lachen die einzige Antwort, geschieht indessen das nicht zu Bewältigende im Ernst, wie im Leid, beim Tod des nahen Menschen, so bleibt Weinen die mögliche Antwort. Ja auch in der späten Lebensform kennen wir auf unbeantwortbare Lagen die paradoxe Antwort, die uns im frühesten Sozialleben begegnet: das Lachen in verzweifelter Lage, das Weinen in größter Freude.

Ich möchte indessen nicht in das Dickicht der Untersuchung über Lachen und Weinen im Sozialleben eindringen. Mir liegt es nur daran, auf die Wechselwirkung hinzuweisen, die zwischen unserer Individualentwicklung und unserem Sozialleben dauernd besteht.

Das Werden der Kultursphäre in jedem von uns ist die Entstehung einer beherrschten Ausdrucksform im Verstehen von Situationen. Die der Kultursphäre vorangehenden Ausdrucksformen bleiben für alle die Lebenslagen bestehen, in denen eine Bewältigung mit den erworbenen Mitteln des beherrschten Ausdrucks und des einsichtigen Handelns nicht mehr möglich ist.

Die bisher bekannten Untersuchungen über Lachen und Weinen geben keine Antwort darauf, warum diese besonderen Lebenslagen gerade mit diesen seltsamen Ausdrucksmitteln beantwortet werden. Höchstens stellen sie fest, daß diese Antworten, wenn wir sie in unserem Sozialleben als direkte Mittel der Bewältigung bewerten, zwecklos seien und daß sie nur durch das soziale Verstehen sinnvoll werden können[7]. Es will mir scheinen, daß die Zuordnung zur gesamten Daseinsform, welche die frühe Ontogenese umfaßt, mindestens die eigenartige Wahl der Ausdrucksmittel etwas tiefer erfassen läßt: die frühe Konzentration aller Antworten auf die lebenswichtige Säugezone des Mundes läßt verstehen, daß sie der Sitz der primären sozialen Kontaktmittel ist; wir können ferner verständlich machen, daß diese Ausdrucksmittel im späteren Leben mit Situationen verbunden werden, die in der Frühzeit häufigsten Lage der Unbeantwortbarkeit entsprechen.

Doch geht es uns ja nicht nur um das Verständnis von zwei umstrittenen Ausdrucksweisen; wir wollen ja in diesem Sonderfall die generelle Eigenart unseres Entwicklungsweges zeigen und die ihrer biologischen Erforschung.

Wir finden schon unmittelbar nach der Geburt – und vorgeburtlich vorbereitet – ein Geschöpf, das in humaner Weise Kontakt sucht: doch seine Wahrnehmungen sind noch wenig präzis, seine Einsichten gering, seine Antwortmöglichkeiten auf einen relativ gut ausgebildeten Apparat der Mundzone beschränkt. Der Umstand, daß die frühen Antwortweisen des Lachens und Weinens zeitlebens beibehalten werden, mahnt uns daran, wie sehr der einzelne von Anfang an derselbe, von Anfang an voll human ist. Doch dieses Human-System muß in der Frühzeit mit dem Entwurf eines werdenden Bildes verglichen werden. Wie das Bild sich nicht aus einem Punkte allmählich durch Anreihungen ausformt, sondern von Anfang an als ein Ganzes da ist, aber ein sich noch wandelndes Ganzes, so liegt auch dieses menschliche System von Anfang an in ausgedehnter Differenziertheit da, in allen seinen Teilen entworfen und Schritt für Schritt dann auch zu endgültigeren Gliedbildungen determiniert. Im Entwurf bereits ist auch die primäre Sozialnatur eingegliedert mit wenigen Arten der Kommunikation, die sich im Sozialbereich in wechselnder Umgebung – statt in der Monotonie des Mutterleibs – weiter ausbilden.

Ich suchte zu zeigen, daß die humanen System-Eigenschaften in allen Stadien unseres Entwicklungsganges deutlich sichtbar sind und daß hier nicht ein Keim durch die Tierstufen aufsteigt, um schließlich das Affenstadium zu erreichen und es im ersten freien Lebensjahr zu überwinden. Erst wenn man – wie es meist geschehen ist – die humane Sonderart durch gewaltsame Abstraktion wegdenkt, dann treten jene Stufenmerkmale stärker hervor, die einige Jahrzehnte hindurch allein zur Geltung gelangt sind. Wir wollen nicht ganz vergessen, daß noch in den siebziger Jahren des letzten Jahrhunderts der Anatom W. His und der Zoologe Ludwig Rütimeyer einen vergeblichen Versuch unternommen haben, den Sondermerkmalen der Säugergruppen die gebührende Beachtung zu verschaffen gegen die gewaltsamen Vereinfachungen Ernst Haeckels. Daß sie nicht durchdringen konnten, das war zeitbedingt.

In unserem Entwicklungsgang läßt sich nirgends ein Stadium finden, in dem eine generelle Primatenform schließlich zum Menschen wird, in dem also spät erst jene Merkmale hervorträten, die wir als »geistig« abheben. So müssen wir denn alle jene Theorien ablehnen, welche unsere Eigenart als ein spätes Erzeugnis der menschlichen Individual-Entwicklung ansehen möchten. Wir finden unsere ganze Ontogenese in eindrücklicher Konsequenz angelegt auf die Formung der humanen Lebensform: in den frühesten Schritten werden schon Vorgänge vorbereitet, die erst Jahre nachher ihren Abschluß finden – Anfang und Ende sind zur Einheit verbunden.

Wir können unsere humane Sonderart nicht als Mittellosigkeit bewerten, nicht als einen Abstieg, als bezahlt durch allerhand Einbuße, wie das ab und zu geschehen ist. Unmöglich kann der Biologe etwa auch die Annahme Schelers billigen, jene Annahme vom machtlosen Geist, der sich aus unserer Tierheit seine Machtmittel holt[8]. Es liegt mir ferne, den Gedanken Schelers etwa vergröbern zu wollen – aber er enthält doch eine so klare Abschnürung des dem Menschen Eigentümlichen, eben eines »Geistes«, daß man die Tatsachen der Lebensforschung unmöglich mit dieser Annahme vereinbaren kann. Schelers Auffassung der biologisch erfaßbaren Aspekte des Menschen war trotz seiner Kampfposition eben doch bestimmt durch die in seiner Zeit gangbarsten wissenschaftlichen Meinungen und durch eine metaphysische Voreinstellung zum Geist. Seither ist manches geschehen, was eine Wendung im biologischen Schaffen selber bedeutet. Gegensätze und Disharmonien, die Scheler sieht, sehen wir auch, doch wir sind nicht so rasch wie er bereit, sie in besondere Wesenheiten einzuquartieren und dramatisch gegeneinander agieren zu lassen. Der Beobachtung des Biologen erscheint die menschliche Sonderart nicht mittellos, sondern unmittelbar produktiv, eigenmächtig auf Grund besonderer, nur diesem Lebenssystem zukommender Eigenschaften, die Glieder dieses relativ geschlossenen Systems sind.

Man wird nun vielleicht fordern, daß die Naturforschung diese Glieder genauer bezeichne und aufzeige, da sie doch im Plasmagefüge »Mensch« am Werke sind und nach unserer Ansicht bereits auf humane Sonderart der Eizelle zurückgehen. Denn diese Eizelle ist nicht die einkernige Amöbe, mit der man sie etwa vergleicht, sondern ein weit determinierter Menschenkeim – noch einmal: wie weit diese Determination gehen kann, zeigen uns die Übereinstimmungen bei eineiigen Zwillingen, die durch frühe Teilung eines Keims entstehen. – Die Frage nach den strukturellen Formen der menschlichen Sonderart des Plasmas kann die Forschung aber noch nicht beantworten, denn die Antwort, soweit eine solche überhaupt möglich ist, muß im Gebiet von Strukturen unter der mikroskopischen Sichtbarkeit gefunden werden. Die submikroskopische Plasmaforschung ist aber ein Forschungsfeld, an dem die Physiker, die Biochemiker und Erbforscher sehr energisch arbeiten und dem sich auch Zoologen, Botaniker und Bakteriologen mehr und mehr zuwenden. Die Resultate der Zellkernforschung, so bedeutsam sie auch für das Verstehen eines Teils der Erbvorgänge sind, lassen das zentrale Problem der Plamastruktur noch im Dunkeln. Und gerade diese Frage nach der Plasmastruktur wird mehr und mehr zu einem wichtigen Zentrum biologischer Arbeit.

Was aber antworten wir auf die Frage nach der strukturellen Grundlage humaner Lebensform? Wir kennen diese Struktur noch nicht; wir suchen nach ihr. Diese negative Antwort hat aber auch eine positive Seite, die man beachten muß, wenn man die Haltung des Biologen dem Problem des Menschen gegenüber verstehen will. Die Lebensforschung hat es in etwa drei Jahrhunderten mikroskopischer Arbeit immer wieder erfahren, daß die entdeckten Strukturen nie zuvor theoretisch erfunden worden sind in unseren Versuchen, die verborgenen Strukturen ergänzend zu ersinnen. Nie ist eine Zelle oder ein Zellkern, nie ein Chromosom voraus geahnt worden in seiner besonderen Form, nie eine Muskelfibrille mit ihrem Feinbau, eine Drüsenzelle, ein Chlorophyllapparat oder irgendeine der ungezählten Bildungen, welche die Fachschriften der Zellforschung und Gewebelehre in kaum übersehbarem Reichtum füllen. Durch diese Erfahrung sind wir sehr zurückhaltend geworden in allen unseren Aussagen über unsichtbare Strukturen. Zurückhalten, das heißt nicht: verzichten; aber wie selten sind die Glücksfälle, die uns der zu durchdringenden Strukturwirklichkeit näher bringen. Der Komplexitätsgrad, nach dem ein Lebensforscher fahnden muß, ist viel größer als das, was der Chemiker in seinen Strukturforschungen sichtbar zu machen trachtet.

Daher versagt es sich der Biologe, die optisch so nichtssagende Fläche der Eizelle im mikroskopischen Schnittbilde – so sehen wir sie ja meist – mit vorschnellen Strukturerfindungen zu füllen. Wir müssen optische Leere ausstehen lernen im Wissen um ihre Erfülltheit und in Erwartung weiterer Forschung!

Wir sprachen bisher immer vom Humanen. Doch diese menschliche Lebensform begegnet uns nur in zwei polaren Differenzierungen: männlich und weiblich. Zu dieser Differenzierung bringt die Biologie eine Fülle von Tatsachen, an der niemand vorbeigehen darf, wenn er das Bild des Menschen, auch seine geistige Eigenart, so wirklichkeitsgetreu sehen will, als dies heute möglich ist.

Auch diese Geschlechtsdifferenzierung ist Eigenschaft des gesamten Systems: wir kennen menschliche Wesen nur als männlich oder weiblich.

Wir wissen durch zahlreiche Indizien um die Zweigeschlechtigkeit jeder befruchteten Eizelle des Menschen. Wir kennen auch einige entscheidende Erbfaktoren im Zellkern, wissen, mit welchen stofflichen Mitteln aus der zweigeschlechtlichen Anlage die normale eingeschlechtliche Bildung des Individuums gesichert wird. Wir kennen heute auch die Wege, auf denen Intersexe entstehen, Formen, die erbmäßig zwar einem Geschlecht angehören, aber Merkmale des anderen Sexualpols in variablen Proportionen verwirklichen. Nie sind dies Zwitter im Sinne der Mythen: Hermaphroditen sind im Falle des Menschen unsere gedanklichen Ergänzungen der ewigen Entzweiung; wir finden sie nirgends im Bereich der höchsten tierischen Organisation, während

38

sie auf niedrigerem Range der Tierstruktur sehr verbreitet vorkommen. Immerhin, vergessen wir nicht, daß die Biologie das Vorhandensein des ganzen Potenzschatzes beider Geschlechter in jeder Eizelle nachgewiesen hat.

Auch hier müssen wir wieder an unsere Vorstellung des Entwurfs erinnern: Wir kennen nicht etwa einen geschlechtslosen Kern, an den sich männliche oder weibliche Attribute anlagern, sondern wir kennen den unausgeprägten, mehrsinnigen Entwurf eines Systems, das erst in der Ausführung zum Bild in eine von zwei möglichen Formen ausgestaltet wird, wobei die strukturelle Bipotenz zeitlebens als plasmatische Grundtatsache bestehen bleibt und sich in mannigfaltiger Weise äußern kann.

Doch das wenige, was wir von diesen Ausformungen des unausgeprägten Entwurfs wissen, führt zu Fragen, an denen keine Menschenforschung achtlos vorbeigehen kann. So führt uns die Beobachtung zur Feststellung, daß die weibliche Ausprägung auffällig viele Eigenarten der frühen Jugendphase vor dem zehnten Jahre bewahrt, daß sie auch gerade jenem Typus in vielem nahe bleibt, den man beim Mann den pyknischen genannt hat (woraus auch viele Schwierigkeiten mancher Typenlehren stammen). Diese Übereinstimmungen müssen sorgsam beachtet werden, wenn man an die anthropologische Frage herantritt, ob sich ein genereller Menschentypus, eine Art »Grundmensch«, ableiten lasse, der mehr wäre als eine gezwungene Abstraktion. Wir wollen aber hier keine Urteile fällen, sondern Felder des Forschens sehen.

Wir haben vorhin die oft versuchte biologische Darstellung des Menschen als des mittellosen Geschöpfes nicht gelten lassen. Dies zwingt uns, wenigstens mit einem Blick noch die von Biologen viel erörterte Frage zu streifen, ob die bezeichnenden Merkmale des humanen Systems nicht Verlust-Mutationen entsprechen und Ergebnisse unserer Selbstdomestikation seien. Seit dem Ende des 18. Jahrhunderts geht die Idee um, daß der Mensch gleichsam als sein eigenes Haustier zu dem geworden sei, was wir heute vorfinden. Daß die weiße Variante des Menschen von dieser Domestikation besonders betroffen wäre, das ist deutlich.

Wir können dieses Problem hier nur streifen. Doch sei immerhin erwähnt, daß die Größe unseres Gehirns im Vergleich zu Menschenaffen das Gegenteil dessen ist, was wir bei Domestikation der Säuger finden. Doch verweilen wir noch einen Augenblick bei dem Domestikationsmerkmal der Nacktheit, einer Erscheinung, deren Deutung als Degeneranz durch uralte Tradition gefördert wird.

Gerade diese Nacktheit erscheint dem Biologen aber auch unter einem ganz anderen Aspekt. Wir finden nicht nur ausgesprochene Unterschiede grober Art gegenüber den Nackt-Mutationen bei Säugetieren, sondern wir beobachten eine bedeutungsvolle Steigerung der Rolle unserer Haut als Sinnesorgan und finden zum Beispiel, daß die Zahl der durch das Rückenmark aufsteigenden, Sinneseindrücke vermittelnden Nervenfasern viel größer ist als bei allen Säugern. Die große Rolle der Haut im Werdegang des Kindes als Organ für die Formung der Erfahrung vom eigenen Leib, für die Entstehung der komplizierten Erlebnisse des Besitzens, Verfügens über Glieder, die Rolle dieser Erlebnisse für das Entstehen der Welterfahrung, der Verkehrsformen, des Erkennens der Dingwelt ist unabsehbar. Je genauer wir diese Zusammenhänge sehen, je mehr wir davon erfahren, um so positiver wird die Rolle unserer Peripherie, unseres nackten Leibes als Glied im Aufbau unserer geistigen Welt; um so mehr aber wandelt sich die Ansicht von einem Haarverlust in den positiven Aspekt des Aufbaus eines neuen Erkenntnisinstrumentes. Der Weg, der von dieser Seite zum Geistigen führt, ist noch kaum betreten: er führt zum Studium langer Jahre der kindlichen Entwicklung!

Lange Jahre der Entwicklung! Das ist ein Stichwort, das eine Zeitlang im Zentrum der biologischen Diskussion um den Menschen gestanden hat, seit L. Bolk in anregenden Studien die Idee von der Verlangsamung tierischer Entwicklung als Weg der Menschwerdung begründet hat. Dieser Gedanke war bei ihm verknüpft mit der als »Fötalisierungshypothese« bekannt gewordenen zweiten Grundidee, daß eine durch veränderte hormonale Einflüsse bewirkte Ausreifung der menschlichen Gestalt auf fötalen Formstufen stattfinde. Es ist hier nicht der Ort, diese Theorien der Menschwerdung zu diskutieren – nur die eine Bolksche Komponente der Verlangsamung muß ich hier herausgreifen und betrachten, da sich in ihrer Beurteilung die biologische Position besonders deutlich machen läßt.

Es dominierte bei Biologen bis in unsere Tage die Ansicht, die

40

menschliche Entwicklung sei Verlangsamung eines tierischen Ausformungsprozesses. Und in vielen Darstellungen dringt die Vorstellung durch, diese Verlangsamung sei eine Art krankhafter Entartung, eine Idee, die sich leicht mit der bereitliegenden vom Einbruch des Geistes, von einer Erkrankung am Geist zu pessimistischen Stimmungsbildern gestalten ließ. Daß die Arglist unserer Zeit zu solchen Bildern den rechten düsteren Hintergrund lieferte, brauche ich nicht zu schildern.

Wer aber die Geschehnisse unserer Wachstumszeit als Glieder des ganzen humanen Systems zu erfassen sucht, der erfährt bald eine andere Art der Interpretation. Er weiß um den unabsehbaren Bestand des durch Tradition zu übernehmenden Kulturgutes. Er weiß aber auch, daß die Übernahme dieser Traditionsgüter einen für uns natürlichen Prozeß darstellt. Wir sehen in der Übernahme einer Sprache den primär-humanen Akt der Bildung unseres eigentlichen Kommunikationsmittels, der Form des beherrschten Ausdrucks – einen Akt, von dessen Kompliziertheit wir nicht gering denken dürfen. Bildung der ganzen Daseinssphäre des objektiven Verhaltens im Sozialraum ist die Leistung der langen Zeit, die der Pubertät vorausgeht und die im Schutze der Sozietät möglich ist und die einer solchen langen Zeit auch voll bedarf.

In diesem primär humanen System-Geschehen ist Langsamkeit der nachgeburtlichen Entwicklung ein wichtiger Faktor. Sie ist denn auch nur für diese nachgeburtliche Entwicklung bezeichnend. Gerade die Beobachtung der Zeit vor der Geburt zeigt den Irrtum jener Lehre von der allgemeinen Verlangsamung besonders deutlich. Denn diese Periode unseres Werdens ist im Wachstum gesteigert gegenüber allen verwandten Tierformen. Wir haben dieses frühe Wachstum bereits im Zusammenhang mit der Förderung des Gehirnaufbaus gefunden und finden in einer entsprechenden Zuordnung auch die Langsamkeit der späten Entwicklung vor. Die oft negativ bewertete Verzögerung der Abläufe steht in einer klaren positiven Beziehung zum Werden der Sozialwelt und ist wieder ein Glied jenes Systems, in dem wir die als geistig bezeichneten Merkmale vorfinden.

Überall in unserer Entwicklung zeigt sich anfänglich bereits unsere Sonderart, die mit der gesamten humanen Eigenart der Reifeform in festem Zusammenhang steht.

Noch ein Problemkreis der biologischen Arbeit schließt an die eben dargestellte Phase des Wachstums an: die Frage der Bewertung der Gruppen-Diversität, in der wir »den Menschen« heute vorfinden, das Problem der Rassen und ihrer Wertung. Der Ursprung dieser Gruppenunterschiede ist unbekannt. Es genügt, das Urteil zweier als Autoritäten geltender Forscher zur Kenntnis zu nehmen, die in Übersichten diese Fragen darstellen[9]. Auf der einen Seite erklärt E. Fischer (1932): »Wie man sich die zur Menschwerdung nötigen Mutationen vorstellen soll, muß heute noch ganz offen bleiben.« Dieses Wissen um Ungewißheit hindert v. Eickstedt (1934) nicht, zu erklären: »Die Zeit ist vorüber, wo Herkunft und Werden der Menschheit zu den großen Rätseln des Daseins gehörten.« Die zwei Jahre, die zwischen der Veröffentlichung dieser Ansichten liegen, erklären den Gegensatz keineswegs, denn sie haben keine entscheidenden Neuentdeckungen gebracht. Schlichte Sachforschung stellt fest, daß die Ursprungsfrage heute jedenfalls ungelöst ist und daß zwei weitere Forschungsaufgaben vorliegen:
1. Die Unterschiede der Gruppen sorgsam festzustellen;
2. Die Gemeinsamkeiten zu bestimmen.
Von einer Lösung beider Aufgaben sind wir noch weit entfernt. Da indessen der Darstellungen des Erscheinungsbildes der Menschenrassen viele sind und diese äußeren Unterschiede oft genug betont werden, so möchte ich die Aufmerksamkeit auf einige Gemeinsamkeiten lenken, die für eine kommende Anthropologie beachtenswert sind:
Da ist einmal die relativ gleichmäßige Körpergröße der Neugeborenen, die so auffällig kontrastiert mit den Unterschieden der Körpergröße der Reifeform. Sie kann nur in der Zuordnung zur sehr ähnlichen Gehirngröße bei allen Menschentypen verstanden werden.
Außerdem ist die ganze Jugendentwicklung bei allen Rassen sehr ähnlich. Erst mit der Pubertätsphase setzt die charakteristische Größendifferenzierung der Rassegruppen ein.
Als drittes sei noch auf die für alle Menschenrassen gleich späte Pubertät hingewiesen. Auch die sogenannten »Primitiven« haben eine späte Pubertät, die im weiblichen Geschlecht in jüngster Zeit wieder bei Eingeborenen Neuguineas im 15./16. Jahr nachgewiesen worden ist. Es ist beachtenswert, daß die einzige frühe

Pubertät, die man aus Erwägungen der Abstammungslehre gerne gerade bei den primitivsten Typen erwarten würde, sich im Gegenteil als Produkt der höchsten Zivilisationserscheinungen, im Großstadtmilieu der weißen Rasse, nachweisen läßt. Solche Beobachtungen sind Mahner vor allzu raschen Schlüssen.

Ich möchte auch selbst keine allzu kühnen Theorien auf diesen wenigen Feststellungen aufrichten; doch mögen sie in unserem Rundgang ihren Platz haben, um an die Gemeinsamkeiten zu mahnen, die alle Menschengruppen verbinden, und um hervorzuheben, daß diese Gemeinsamkeiten gerade solche Erscheinungen der Ontogenese betreffen, die wir als auffällige Glieder im Werde-Plan unserer primär sozialen Lebensform angetroffen haben. Es scheint eine große Gemeinsamkeit der Tektonik unseres Entwicklungsganges vorzuliegen – das bezeugen die Übereinstimmungen der Ontogenese von Menschengruppen, die in ihrer äußeren Erscheinung sehr stark voneinander abweichen. Über den Ursprung der Rassen sagen auch solche Übereinstimmungen noch nichts: sie können das Erbstück gemeinsamer Stammformen sein wie auch der parallele Erwerb nahe verwandter Gruppen. Sie sind aber vielleicht auch ein heutiger Gleichgewichtszustand, der das stabilisierte Ergebnis sehr früher Typenmischung in der Menschheitsgeschichte sein kann. Die Beobachtungen über Mutationen im Tier- und Pflanzenreich legen uns größte Zurückhaltung auf in der Deutung solcher Erscheinungen.

In der menschlichen Lebensform treffen wir jene Eigenart des Verhaltens, des Welterfahrens und der Bewältigung von Lebensaufgaben, die man in uraltem Sprachgebrauch als »geistig« bezeichnet hat. Diesen durch Tradition gegründeten Wortgebrauch findet der Biologe vor, und er wird daran nicht rütteln, solange im allgemeinen Bewußtsein das Wissen darum lebendig ist, daß ein solches Wort den Sinn längst abgestreift hat, den es von seinen Ursprüngen her hatte. Sowenig uns das Wort Atom heute das Unteilbare bezeichnet, sowenig uns Evolution die Entfaltung einer bereits vorgebildeten Mannigfaltigkeit bedeutet, sondern echte Neuformung, sowenig meint dieses Wort »Geist« in diesem Zusammenhang ein unmaterielles Etwas, das den Menschen durchwirkt und seinen Leib überdauert. »Geistig« ist hier die besondere Aktivität des Menschen, der zur Führung seines Daseins das Mittel des beherrschten Ausdrucks schafft und in Sprache und Mythos, Theorie, Kunst und Religion eine Ordnung aufbaut, die der Bewältigung seiner Daseinsführung dient.

Erst im Reichtum dieser menschlichen Bewältigungsmittel, in den durch die Geschichtlichkeit unseres Soziallebens gegebenen Isolationen, Wandlungen und Beeinflussungen entsteht jene Auseinandersetzung mit ihrer Möglichkeit von Zwiespalt, Widerspruch und Lebensfeindschaft, die so viel beobachtet worden ist und die man etwa als Kampf von Leben und Geist geschildert hat. Die Bedeutung und die tragischen Möglichkeiten dieser Auseinandersetzung werden durch unsere Einordnung keineswegs verkleinert.

Dem Biologen erscheint der Kampf all dieser Geisteswerke nicht als der Widerspruch eines Geistes gegen ein gesondertes Leben oder gegen eine Seele; wir erblicken in diesen Kämpfen und Bewegungen die unvermeidliche Auseinandersetzung der divergierenden Bewältigungsmittel. Denn im Reichtum der Welt des beherrschten Ausdrucks, welcher der geschichtlichen Entwicklung unterliegt und sie zugleich schafft, in diesem Reichtum können Synergismen und Antagonismen auftreten, so wie wir auch stets mit den Erscheinungen der Grenze rechnen müssen, mit dem Ungenügen der Instrumente eben unseres beherrschten Ausdrucks, die am Rande ihrer Gültigkeit, ihres Sinnbereiches versagen. Gerade in der Mannigfaltigkeit menschlichen Verhaltens beim Versagen der Mittel, die von überheblicher Täuschung bis zur Verzweiflung gehen kann, sind viele Sozialwirkungen denkbar.

Die Auseinandersetzung in der Formenwelt des beherrschten Ausdrucks ist unsere höchste Produktivität. Sie bezeichnet zugleich die Grenze, wo besondere, dem tierischen Leben fremde Wirkungsweisen eintreten, die von der Geistesforschung mit ihren Mitteln untersucht werden. Der Biologe sieht diese Grenze. Er wird anerkennen, daß zur Erforschung dieses etwa als »Geisteswelt« abgesonderten Reichs wieder *besondere* Instrumente der *einen* Wissenschaft geformt werden müssen. Indessen wird er doch auch betonen, daß er die Welt des beherrschten Ausdrucks als ein Glied des Humansystems auffaßt und daß er daher auch stets den Versuch wagen wird, mit den ihm gemäßen Mitteln der

Forschung auch dieses Glied der Lebensform »Mensch« zu untersuchen, soweit es ihm möglich erscheint.

Wir haben bisher stets vom relativ geschlossenen System der menschlichen Lebensform gesprochen. Es ist deshalb an der Zeit, daran zu erinnern, daß ein relativ geschlossenes System auch ein relativ offenes sein muß. Dies ist es denn auch in unserem Entwurf.

Die Betrachtung der lebendigen Gestalten hat uns bereits bei der Erforschung ihrer Innerlichkeit zum Darstellungswert der Erscheinung geführt, der auf noch unerschlossene, weitere Beziehungen hindeutet. Dies gilt für die biologische Erforschung des Menschen genau gleich. Auch unsere Lebensform ist in weitere Zusammenhänge eingebettet, deren Erfassung über die Möglichkeiten der biologischen Arbeit hinausgeht, deren Vergegenwärtigung aber doch eine stete Forderung an den Erkennenden ist. Das Wissen um das Bestehen solcher umfassenderer Beziehungen gehört zu den Voraussetzungen biologischer Forschung. Freilich wird der Biologe dieser umfassenderen Verborgenheit keine andere Eigenschaft beilegen als die einer unbekannten Trächtigkeit. Sollen wir diesen Geheimnisgrund als Dunkel der Nacht oder als höchsten weißen Glanz darstellen? Die Sprache der Symbole hat seit langem beide Wege beschritten. In diesem Geheimnisgrund die verborgenen Ordnungen aufzufinden, Gestalten und Mächte zu erfassen, die in ihm walten, darum mühen sich viele der Besten seit Urzeiten.

Die Biologie aber erforscht irdische Gestalten. Ihr sind vor Augen die hohen Ordnungen der pflanzlichen und tierischen Lebensformen. Und je mehr wir von diesen Gestalten erfahren, um so ungeheurere Möglichkeiten dieser Ordnung lernen wir kennen. Sie offenbaren sich deutlich, wenn wir in die uns wohl faßbaren, weithin erforschten über-individuellen Gefüge eindringen, welche auf Anschauung hin gestaltete Naturformen mit der Struktur des anschauenden Sinns verbinden, welche Blumenfarbe, Blumengestalt und Auge zum Beispiel zu einer höheren Einheit machen. In steigendem Maße werden die lebendigen Gestalten unserer irdischen Lebensformen zu Zeugen der im Geheimnisgrunde uns verborgenen Ordnungen, der unzugänglichen Gestalten sowohl wie ihrer Wirkweisen.

Darum wird die Lebensforschung mit offenem Sinn alle Wege beachten, die in geistiger Zucht die Erforschung des Geheimnisgrundes erstreben. Sie wird insbesondere verstehen und es mit ihren Mitteln fördern, wenn gerade jener Bereich auf das Intensivste durchforscht wird, der auf Erden, also im uns zugänglichen Bezirk, das höchste aller Gefüge darstellt, das uns faßbar ist: die erstaunliche Lebensordnung, welche das Dasein der Menschen zu lenken bestimmt ist: das menschliche Führungssystem. Lassen wir einen Augenblick unser Gehirn als den repräsentativsten Teil dieses Führungssystems gelten – wogegen kaum ein Einwand besteht, was aber doch als eine momentane, gewaltsame Isolierung eines geführten Führers verstanden werden muß! Um unsere Stellung diesem unheimlichsten aller Organe gegenüber zu bezeichnen, muß ich zu einem Gleichnis greifen:

Gesetzt, wir fänden auf irgendeiner unberührten Insel hochbegabte Menschen – so wie sie etwa vor Zeiten auf den griechischen Inseln zu finden gewesen wären –, die nichts von unseren letzten Jahrhunderten wüßten. Diesen Menschen brächten wir einen Radioapparat. Sie könnten zwar von diesem Gebilde die sorgsamste Beschreibung geben; in allen Einzelheiten vermöchten sie Drähte, Spulen, Lampen, Fäden und Schrauben zu schildern – doch auch ihre mühsamste, ausgiebigste und klarste Darstellung vermöchte nicht, ihnen klarzumachen, warum aus diesem Apparat Stimmen hörbar sind, wieso er Melodien ertönen läßt. Denn diesen Hochbegabten fehlt die Kenntnis der Grundgesetze, auf denen der Bau jedes Radioapparates beruht. Ihre Beschreibung kann darum unmöglich einen sinnvollen Zusammenhang darstellen.

Nun sind wir aber unserem Gehirn gegenüber in derselben Lage. Wir können sorgfältig analysieren und Aspekte beschreiben – und es geschieht auch in mühevoller, unablässiger Arbeit in vielen Laboratorien. Aber das Prinzip seiner Funktion kennen wir nicht; wir können aus dem komplizierten Bild der Gehirnstrukturen nichts ableiten über seine Arbeitsweise, durch die wir doch leben.

Dieser Tatsache darf kein Biologe sich verschließen. Und indes er weiterforscht mit seinen Mitteln, wird er verstehen, daß mit anderen Mitteln von anderer Seite die Arbeit unseres Führungssystems wissenschaftlich untersucht wird, daß versucht wird, aus den *Taten* dieses unseres höchsten Gliedes tieferes Wissen um das zentrale Gefüge des Menschen zu gewinnen. Wenn hier daher versucht wird, das unabsehbare Material der Erzeugnisse des beherrschten Ausdrucks, die Mythen und Symbole aller Zeiten, die Geschöpfe des unbewußt schaffenden Traumlebens und manche andere Werke der Symbolwelt zu untersuchen und auf solchen Wegen zur Einsicht in Strukturen unseres Führungssystems zu gelangen, so wird der Biologe in diesem Streben neue Wege zum alten Ziel erkennen und ihren Möglichkeiten gegenüber so offenbleiben, wie er das neuen Wegen gegenüber in seinem eigensten Arbeitsbereich sein soll. Denn niemand kann die Grenzen des menschlichen Forschens bezeichnen, auch nicht die der Lebensforschung auf der Suche nach Erkenntnis des Geistigen. Daß aber Grenzen da sind, auch wenn wir ihre Nähe oder Ferne nicht ermessen können, das stets vor Augen zu haben ist eine der Aufgaben wissenschaftlicher Haltung.

1 J. H. Fabre, Souvenirs entomologiques, 10 Bände, Edit. défin., Delagrave, Paris 1914-1924.
2 David Lack, Some Aspects of instinctive Behaviour and Display in Birds; The Ibis, Juli 1941.
3 G. Bally, Vom Ursprung und von den Grenzen der Freiheit, B. Schwabe, Basel 1944. Hier weitere Angaben.
4 Auf diese Beziehungen weist auch F. J. J. Buytendijk hin, indem er vom »demonstrativen Seinswert« der Organismen spricht (Anschauliche Kennzeichen des Organischen; Philos, Aug. 1928).
5 A. Portmann, Biologische Fragmente zu einer Lehre vom Menschen, B. Schwabe, Basel 1944, 2. Aufl. 1951. Enthält weitere Angaben.
6 F. Stirnimann, Psychologie des neugebornen Kindes, Zürich 1940.
7 H. Plessner, Lachen und Weinen, Arnhem 1941.
8 M. Scheler, Die Stellung des Menschen im Kosmos, Reichl, Darmstadt 1930.
9 Nähere Angaben siehe A. Portmann, Biologische Fragmente..., Basel 1951.

Blatt des Tulpenbaums

Das Grüne – unfaßbare Fülle von Gestaltungsmacht – ist unserem Auge zunächst Hintergrund und wohltuende Rast auf der Jagd nach Bildern. Das Grün dient den bevorzugten Formen des Pflanzenlebens, den Blüten, den Früchten, zur Abhebung; als Kontrast sind diese zu den Farbwundern geworden, die unser Auge ebenso anziehen wie das der Tiere, die als Helfer der Bestäubung, als Verbreiter der Samen der Erhaltung der Pflanze dienen müssen.

Was scheint formloser als ein bloßer Hintergrund? Und wie anders ist die Wirklichkeit. Welche Freude des Auges, wenn wir das einzelne Blatt dem Zweig herauslösen aus seiner Hintergrundsrolle, und es eine Weile für sich allein gelten lassen als Form!

Niemand wird die natürliche Ordnung des Ranges verkennen, welche die Pflanze selber uns lehrt: den Vorrang der Blütengestalt. Aber wir werden auch mit innerster Teilnahme den Gestaltbeziehungen nachgehen, welche die Form der Blüte mit den Blättern verbinden und auf eine innige Verwandtschaft der Anlagen hinweisen. Wir lernen dabei, Blätter und Blüte als verschiedene Reifeformen ähnlicher Anlagen zu deuten.

Die Freude an den Blattgestalten ist in meinem eigenen Umgang mit den Lebensformen von früh an ein wichtiges Glied gewesen, sind sie doch das überall gegenwärtige Zeugnis dafür, wie sich in jeder Einzelform die Eigenart der ungezählten Varianten des lebenden Stoffes darstellt.

(Phot. Tet A. von Borsig)

Das Ursprungsproblem

I.

Das Problem unseres Ursprungs kann nicht einer einzelnen Wissenschaft zugewiesen werden. Soweit es indessen ein wissenschaftliches Problem ist, so ist es vor allem dazu geworden durch eine Reihe biologischer Tatsachen, insbesondere durch die Funde von fossilen Menschenresten. Vor hundert Jahren noch hätte niemand dem Zoologen das Recht der Mitsprache in Ursprungsfragen zugebilligt, weil das Vorkommen fossiler Dokumente damals noch nicht zur Gewißheit geworden war. Noch die ersten Funde vom Neanderthal-Menschen waren sehr umstritten, und das früheste Zeugnis vom Pithecanthropus ist erst 1891 auf Java entdeckt worden. Seit dreißig Jahren hat sich das Material an Hominidenfunden sehr stark vermehrt. Von 1926 an, eingehender seit 1929, kennen wir den Pekingmenschen, ferner neue Spuren aus Südafrika und von Zentralafrika. Dann kamen neue Dokumente des zuerst entdeckten Pithecanthropus in Java 1939. Und mitten im Krieg überraschten uns die Zahnfunde von Gigantopithecus, der Kieferrest vom mehr als gorillagroßen Meganthropus von Java, dazu die neuesten Meldungen vom Keniagebiet und aus dem Süden Afrikas.

Diese Zeugnisse brachten auch neue Varianten der nur allzu bereiten Interpretationen: kaum war das Kieferfragment von Meganthropus beschrieben, so wurde daraus bereits unsere Abstammung von riesenhaften Vorfahren abgeleitet. Und sobald reichere Funde aus Afrika bekannt wurden, da meinten Übereifrige sogleich, der Ursprung des Menschengeschlechts müsse sicher in Afrika gesucht werden. Solche Kurzschlüsse haben immer wieder die ruhige Beurteilung neuer Entdeckungen verzögert.

Wir wollen zunächst in gedrängtester Form die Funde zu überblicken versuchen. Da tritt vor allem eine Tatsache hervor: im Pleistozän, das heißt in der Erdgegenwart, seit den großen Eiszeiten, finden wir Spuren von sehr verschiedenen Menschentypen. Da sind einmal viele Zeugnisse von der heutigen Gattung Homo ähnlichen Gestalten, vor allem seit der sogenannten Rentierzeit. Ferner kennen wir auffällig viele Dokumente eines Typus, der als Neandertaler eine Zeitlang den Rang eines »Urmenschen« erhalten hatte. Er war weit verbreitet, zeichnete sich durch hohe Schädelkapazität aus und verschwindet nach dem Moustérien. Charakteristisch sind für ihn: langer Schädel, starke Brauenwülste, fliehende Stirn, senkrechte Kinnfläche (das heißt: kein prominentes Kinn), gedrungene Gesamterscheinung. Eine dritte Gruppe von Funden sehr verschiedener Herkunft weicht stärker vom heutigen Typus ab und ist daher oft als Anthropusgruppe unterschieden worden. Die vollständigsten Dokumente besitzen wir vom Sinanthropus aus der Gegend von Peking: es war ein mittelgroßer, aufrecht gehender Mensch mit flacher Stirn, großen Brauenwülsten, leicht fliehendem Kinn und etwa tausend Kubikzentimetern Schädelraum. Ganz ähnlich sind die als Pithecanthropus bezeichneten javanischen Restefunde – doch scheint ihr Schädelinhalt bei der einen Fundgruppe etwas geringer, acht- bis neunhundert Kubikzentimeter. Man unterscheidet neuerdings – was freilich noch sehr unsicher ist – von der »erectus« genannten Form als »robustus« eine kräftiger gebaute Variante. Von Mauer bei Heidelberg ist seit 1908 ein Unterkiefer bekannt (Protanthropus), der dem Sinanthropus-Typ nicht fernsteht und zu dem man sich darum einen entsprechenden Oberschädel denkt. Ein dürftigerer Kieferrest zeugt von Meganthropus auf Java, der eine große, massige Gestalt gewesen sein muß. Auch Africanthropus vom Njarasasee ist nur dürftig bekannt, und die Schädelrekonstruktion wird eigentlich mehr von den bisherigen Sinanthropusfunden inspiriert, als daß der Fund selber Aufschluß gibt. 1924 ist in Südafrika das Fossil eines kindlichen Schädels gefunden worden, der damals als Australopithecus, der »Süd-Affe«, beschrieben worden ist. Dieser Fund stand lange Zeit allein, ist aber heute zum Glied einer wichtigen Gruppe von Fossilien geworden. Paranthropus und Plesianthropus aus dem Gebiet von Sterkfontain sind durch mehrere Schädeldokumente bezeugt, die eine Rekonstruktion erlauben; dazu durch Teilstücke von Gliedmaßen, die ganz besonders aufschlußreich sind. Sollte sich die Wahrscheinlichkeit zur Gewißheit steigern, daß diese Gliedmaßenfragmente zu den Schädelresten gehören, dann ergäbe sich das Bild von aufrechten Hominiden, deren Größe etwa den kleinsten heutigen Pygmäenformen entspräche, deren Gehirn aber nicht viel größer gewesen ist als das der jetzigen Anthropoiden (etwa fünfhundert Kubikzentimeter, vielleicht bis siebenhundert Kubikzentimeter, während das Gehirn vom Menschenaffen der Gegenwart im Mittel etwa vierhundert Kubikzentimeter mißt). Die südafrikanischen Zeugen sind durch zwei Momente besonders bedeutsam: einmal stammen sie sehr wahrscheinlich aus der jüngsten Tertiärschicht, dem Pliozän, sind also die ältesten Hominidentypen; ferner stützen sie die Ansicht, daß der aufrechte Gang früh in der Evolution der Hominiden entstanden und daß die Vergrößerung des Gehirns ein späterer Evolutionsschritt sei[1].

Wir haben bisher die Funde einfach nach ihrer Ähnlichkeit mit unserer eigenen Gestalt geordnet. Welchen verwandtschaftlichen Zusammenhang vermuten wir zwischen diesen vielerlei Zeugnissen aus entlegenen Zeiten? In der Deutung wird die Gefahr sichtbar, die alle Ursprungsforschung bedroht: vorschnelle Versuche zur Herstellung eines Zusammenhanges – Versuche, die geboren sind aus dem drängenden Wunsch, jetzt schon Bescheid zu wissen in einer der schwersten Fragen der Anthropologie.

Wir wollen die Schwierigkeiten der Auslegung an einigen Teilfragen prüfen. Da ist zunächst die Frage des Ranges der Fundstücke für das Abstammungsproblem. Schon hier werden die Klippen der Vorurteile deutlich. Man kann im Sinne einer von den Biologen geübten Methode die Funde in Reihen ordnen, um das Bild der Formenfolge, der genetischen Reihe also zu finden. Wer so ordnet, wird als wichtigste Funde die der Anthropusgruppe bewerten und sie als Glieder in der Reihe von affenartigen Formen zu Menschen einordnen. Sie sind formal sicher Zwischenglieder – die Deutung macht sie auch zu genetischen Zwischenformen. Alles Suchen nach dem »missing-link« geschieht nach diesem Ordnungsprinzip.

Man kann die Funde aber auch als Varianten eines Typus darstellen. Dann erhalten die homoartigen Gestalten besonderen Wert und verbinden den Mitteltyp der Gattung Mensch mit seinen extremsten Abweichungen. Alle Funde erscheinen als Varianten eines Formenkreises. Dieser Auslegung der fossilen Dokumente neigen vor allem jene Biologen zu, die aus verschiedenen Gründen die Stabilität der organischen Typen betonen. Die südafrikanischen Dokumente widersetzen sich am meisten einer derartigen Deutung. Wer trotzdem an der Stabilität des Menschentypus festhält, wird diese Gestalten näher an die Gruppe der Menschenaffen heranrücken. Die Neigung für eine der beiden hier dargelegten zoologischen Auffassungen wird nicht ausschließlich von den Funden selbst durch zwingende objektive Sachverhalte bewirkt, sondern sehr stark durch die geistige Struktur und die geschichtliche Situation des einzelnen Biologen beeinflußt. Aber alle die eben erwähnten Auslegungen der Frühmenschenfunde geschehen im Felde der Paläontologie und Zoologie, und die dargelegten Extreme der Auffassung sind Gegensätze in *einem* Spannungsfelde wissenschaftlichen Denkens.

Es gibt indessen eine andere Möglichkeit der Deutung. Wir haben allen Grund, bei den frühen Hominiden wesentliche Züge unseres menschlichen Soziallebens vorauszusetzen. Damit aber müssen wir auch die Mannigfaltigkeit der geschichtlichen Lebensform bei diesen Wesen annehmen. Das heißt aber, daß ein Skelettfund, ein Schädel zum Beispiel, das Ergebnis einer Rassenmischung sein kann und daß abweichende Formen nicht unbedingt Stadien auf dem Wege von einer Urform zu einer Folgeform sein müssen. Auch wenn wir die primäre Gesellschaft in der Isolation kleiner Gruppen und in oft sehr starker Sonderung von andern Gruppen uns denken, so werden wir doch sowohl friedlichen wie kriegerischen Kontakt annehmen müssen, wir werden Frauenraub und Mischehen, Sklaverei, Begegnung auf dem Handelsweg, Adoption von Fremden in den Jahrtausenden der frühen Entwicklungszeiten als Faktoren der Gestaltbildung gelten lassen müssen.

In der Tat beginnen die Biologen diese Möglichkeit der Formschöpfung beim Menschen sehr zu beachten, ja zu betonen. Wir nennen sie die Formbildung durch *Rekombination,* das heißt durch Vermengung von Erbmassen, die voneinander in einzelnen Merkmalen abweichen, deren Träger sich aber fruchtbar vermehren können. In der Haustierzucht begegnet uns dieser Typus evolutiver Formänderung – ebenso in der menschlichen Gesellschaft J. S. Huxley schreibt davon: »Der Mensch ist der einzige Organismus, der diese Methode der Evolution und Varianten in extremer Weise ausgewertet hat, so daß ein neuer dominanter Typus einer Evolution in Erscheinung treten konnte, der durch eine einzige, weltweit verbreitete Art repräsentiert wird, statt eine adaptive Aufspaltung in viele untereinander sterile Arten zu erfahren (– wie dies bei höheren Tieren die Norm ist, Verf.). Zweifellos ist dies die Folge unserer ausgesprochenen Tendenz zu individueller, gruppen- und massenweiser Wanderung von sehr unregelmäßiger Art, vereinigt mit psychischer Anpassungsfähigkeit, die den Menschen zu Mischehen bereit macht über die Schranken von Farbe, Erscheinung und Verhalten hinweg, über Unterschiede also, die bei instinktiveren Organismen die wirksamsten Barrieren abgeben würden[2].« In einer andern Studie sagt Huxley: »Wenn der Mensch sich wie andere Säugetiere verhielte, so hätten seine Haupt-›Rassen‹ sich unzweifelhaft in völlig verschiedenen Richtungen auseinander entwickelt. Die Ruhelosigkeit und die psychologischen Eigenheiten des Menschen haben aber dazu geführt, daß die ursprüngliche Auseinanderentwicklung durch eine stetig zunehmende Wanderung und Kreuzung ausgeglichen wird[3].«

Das Einzigartige der menschlichen Entwicklung ist hier mit den Worten eines Erbforschers gefaßt. Sie umschreibt einen wichtigen Teil unserer menschlichen Sonderart, der eine Grundlage unserer geschichtlichen Daseinsweise ist. Denn da ist ja die Rede von dem weniger instinktiven Verhalten des Menschen, von mentaler Bereitschaft zu Mischehen, vom Überschreiten natürlicher Schranken, von ungeregelter Wanderung (was ja nur heißen kann, daß solche Wanderungen nicht durch dieselben Faktoren geregelt werden wie etwa der Zug von Fischen, Vögeln): das alles sind ja Erscheinungen unseres geschichtlichen Lebens. Es ist ungemein wichtig, daß auch die Erbforschung selber das Wirken dieser besonderen Faktoren klar hervorhebt.

Indessen ist die Rekombination nicht ein primärer Faktor, nicht eine besondere vitale Neuigkeit, sondern sie ist erst die Folge einer Eigenheit des Verhaltens, das die Mischung von nahe verwandtem Erbgut zu einer dauernden Einrichtung macht: die Rekombination setzt bereits wesentliche Züge der humanen Lebensform und zugleich abweichende Erbmerkmale, das heißt verschiedene primäre Menschengruppen, voraus. Sie tritt also an einer noch zu erforschenden »Stelle« im Evolutionsprozeß auf, einer Stelle, die auch Huxley bezeichnet, wenn er davon spricht, daß die » ›ursprüngliche Auseinanderentwicklung‹ nunmehr ausgeglichen wird durch ›stetig zunehmende Wanderung und Kreuzung‹«. Diese Stelle bedeutet einen Umschlag, wo das humane Verhalten als ein neuer gestaltbestimmender Faktor einsetzt. Es ist aber vorderhand dem Biologen nicht möglich, dieses Geschehen konkreter zu bezeichnen. Weder die primären Menschengruppen, von denen die Rekombination ausgehen konnte, noch die Art der Genese humanen Verhaltens können wir zur Zeit auf Grund biologischer Zeugnisse genauer beschreiben. Auf alle Fälle aber ist die »Rekombination« genannte Evolutionsweise die Seinsform der Geschichtlichkeit, und es ist mit dieser Feststellung in der Ausdrucksweise der biologischen Genetik dieser Bereich des Geschichtlichen mit seinem besonderen Mittel der Tradition als ein uns eigenartiger bezeichnet.

Die Sonderart des Menschen, die eben herausgestellt worden ist, rückt die fossilen Menschenfunde in ein seltsames Zwielicht: je nachdem, ob man von Seite der Paläontologen auf diese Funde stößt oder ob dieses Treffen auf dem Boden des Historikers stattfindet, wird dasselbe Dokument entweder das Glied einer der vielen Evolutionsreihen sein, die der Paläontologe zu ermitteln sucht, oder aber es wird ein Glied kaum mehr übersehbarer geschichtlicher Aktionen und Entwicklungen einer entlegenen Zeit. Meinerseits möchte ich deutlich sagen, daß für mich selber kein Zweifel daran besteht, daß wir die heute bekannten Frühmenschenfunde alle »historisch« zu beurteilen haben, daß wir aber die vorangegangenen Lebensformen, deren Erbmasse sich in diesen Frühmenschen rekombiniert hat, noch nicht kennen. Die Menschenfunde sind Skelettreste. Der Versuch einer Rekonstruktion der Erscheinung dieser Frühmenschen ist daher immer wieder unternommen worden. Dieses Unterfangen stößt auf gleich große, wenn nicht größere Schwierigkeiten als das der Ordnung der fossilen Reste.

Die Rekonstruktionsversuche gehen meist von einem Vergleich mit heute lebenden Menschengruppen aus, die man in einer allzu einfachen Formel als »Primitive« bezeichnet. Wir müssen es den Ethnologen überlassen, zu bestimmen, was an solchen Lebensformen wirklich ursprünglich, was aber Abstieg und Kümmerform menschlicher Kultur ist. Hier sei nur auf die große Gefahr hingewiesen, menschliche Kulturgruppen und Erscheinungsformen als »protomorph« oder »primitiv« zu benennen, wobei die Andersheit des Denkens und der Sozialform von uns so schwer zu erfassen ist. In den meisten Darstellungen vom »Primitiven« äußert sich eine tragische Verkennung der Wirklichkeit, die zu unseligen Hemmungen des Verstehens geführt hat und für die uns vielleicht der Ausbruch der uns selber innewohnenden okzidentalen Primitivität der letzten Jahrzehnte den Blick ein wenig geschärft hat.

Doch zurück zum Rekonstruktionsversuch. Ich möchte dessen Schwierigkeit durch die Prüfung eines Teilproblems beleuchten: die Beurteilung unserer Nacktheit. Sie wird meist biologisch vereinfachend als ein Verlust taxiert. Damit ist sogleich auch die Herkunft gegeben: es handelt sich um die Verlust-Mutation einer ursprünglich behaarten Stammform. Von diesem Standpunkt aus ist der Mensch dann der Mittellose, der Bedürftige, und wir nördlichen Wesen sehen ihn nur allzu bereitwillig stets auf der Suche, das verlorene Kleid durch die Tierfelle zu ersetzen.

Doch bereits die biologische Prüfung stellt allerhand Seltsames fest: zunächst einmal sind Mutanten des Haarverlusts dadurch gekennzeichnet, daß sie die Woll- und Grannenhaare einbüßen, aber die sogenannten Sinushaare, die Spürhaare, behalten. Der Mensch zeigt aber als Erwachsener keine Spürhaare, dafür hat er genau an den Stellen des Gesichts, wo sonst einige solcher Sinneshaare stehen, ganze Felder von besonderen Haaren bewahrt: Brauen, Bart, Schnurrbart, dazu die Achselhaare und die verbreitete Sexualbehaarung im Schamgebiet. Der »Haarverlust« ist also eine Differenzierung der Erscheinung, nicht einfach Ausfall. Aber mehr noch unsere nackte Haut ist ein reich mit Sinnesorganen versehenes Gebilde geworden. Die Zahl der Nervenfasern, die von der Haut her Sinneserregungen zum Gehirn leiten, ist sehr bedeutend: ihr relativer Anteil an der weißen Substanz des Halsmarks ist mehr als doppelt so stark als bei einfachen Säugern und übertrifft um ein Drittel den Anteil bei Affen. Entsprechend spielt auch das Betasten und Begreifen des eigenen Leibes beim Kleinkind eine noch zu wenig beachtete große Rolle beim Entstehen alles Welterlebens. Dieses Zusammenspiel von Bewegungen und Hautstruktur ist aber nur möglich im Verein mit einer bereits gegebenen hohen Zentralorganisation, das heißt bei großer zentraler Repräsentation der Hautgebiete und ausgedehnter Disposition zu Handbewegungen. So ist denn auch die oft nur als Hilflosigkeit beurteilte Körperlage des Neugeborenen viel mehr als Hilflosigkeit, nämlich eine besondere Form der Freiheit, einer gebundenen Freiheit, die sehr wohl ein Gleichnis für unsere ganze Lebensform sein könnte[4].

Nacktheit erscheint also als ein positiv zu wertendes Teilstück eines großen Komplexes von Erscheinungen, die alle aufs innigste mit der humanen Lebensform zusammenhängen.

Wir müssen aber mit der Frage nach dem Haarkleid auch die nach der primären Körperfarbe stellen. Gerade der Versuch, diese Frage zu beantworten, wird uns auf die Schwierigkeiten jeder Rekonstruktion des Frühmenschen hinführen.

Die Mehrzahl der Anthropologen wird geneigt sein, die pigmentreiche Haut als das Primäre, den weißen Zustand als Pigmentverlust im Sinne einer Verlust-Mutation zu beurteilen. Das nehmen die meisten heute ebenso als selbstverständlich an, wie es sich für Blumenbach, Kant, Buffon einst von selbst verstand, daß Weiß die »Grundfarbe« des Menschen sei und alle anderen Farben Anpassungen an besondere Umgebungen. Welche Wandlung der Vorstellung vom Menschen liegt zwischen diesen beiden Ansichten! Wie aber steht es mit der Selbstverständlichkeit der heute verbreitetsten Auffassung? Es lohnt sich, das etwas sorgsamer zu betrachten. Drei Färbungsweisen unserer Gestalt sind zu sondern:

1. Hauptpigment der Oberhaut in den einzelnen Epidermiszellen, 2. Hautpigment der Unterhaut, 3. Haarpigment, von großen Melanophoren der Epidermis in die verhornenden Haarzellen abgelagert und dort eingeschlossen.

Welches ist nun der Urzustand, der so selbstverständlich als dunkel angekommen wird? Ist es die dunkle Haarpigmentierung bei hellem Hautgrund? Oder eine Kombination von dunkler Hautfarbe und Haarpigment? War es das Haarpigment allein, so konnte sehr wohl ein Haarverlust zunächst eine farblose Hautvariante der Nacktheit geschaffen haben (wir kennen relativ farblose Primatenhaut). Wie eigenartig die Färbungen sein können, zeigt das Beispiel des Eisbären! Hier ist das Haarpigment verlorengegangen, aber die Hautfarbstoffe sind reichlich vorhanden: der nackte Eisbär wäre grauschwarz! Möglicherweise traten in der Ahnenreihe unserer Lebensform relativ früh schon sehr starke Haardifferenzierungen und andere optisch auffällige Strukturen auf.

57

Wir können durch vergleichend-biologische Untersuchung den Nachweis führen, daß innerhalb der Primatenreihe ein Umschlag von primärer Vorherrschaft des Geruchssinnes zur sekundären Herrschaft des Gesichtssinnes auftritt. Diese wichtige Veränderung läßt sich im Hirnbau deutlich verfolgen; sie ist auch in der Stellung der Augen, die aus der Seitenlage nach vorn gerichtet werden, nachweisbar. Wir wissen, daß der wichtigste Schritt dieses Geschehens mit dem Auftreten der Affen vollzogen war, und damit verstehen wir auch, daß nun Färbungen und Haartrachten des Kopfes so bedeutsam werden – ebenso aber auch die auffälligen Auszeichnungen des Fortpflanzungspoles der Gestalt. Wie schwierig wird es, bei tieferem Einblick in die reichen Möglichkeiten dieses optischen Primatentypus die Ausstattung in frühen Stadien der Hominidenlinie genauer zu bestimmen.

Je mehr man sich in diesen Komplex vertieft, desto mehr wird, was eben noch selbstverständlich erschien, zu etwas höchst Fraglichem und letztlich Unbekanntem. Dabei handelt es sich um so oberflächliche Merkmale der Menschwerdung wie Hautfarbe und Nacktheit. Wieviel schwieriger wird jeder Herleitungsversuch, wenn man komplizierte Strukturen wie die des Gehirns auf die Art ihrer Entstehung hin zu prüfen versucht. Wir mahnen daher zur Zurückhaltung in der Rekonstruktion. Allzu leichthin wird der Urmensch heute oft dargestellt in Fleisch und Blut, erscheint er farbig und körperlich in großen musealen Gruppenbildern. Wir vergessen, welche ungeheure suggestive Wirkung der Gewißheit von jedem Bilde ausgeht, wie sehr die große Masse der Urteilsunfähigen heute von solchen Darstellungen in ihrem Denken, in ihrer Einbildung beeinflußt wird. Wieviel fruchtbarer wäre oft statt solcher überredender Bilder ein Einblick in die wahre Problemlage, in das Dunkel der Ursprungsprobleme. Aber die Kunst des Maßes in der Darstellung wissenschaftlicher Arbeit ist eine schwere, selten erfüllte Forderung.

Wir wollen sie versuchen an einem dritten Fragenkreis, dem der Beziehung des Menschen zu den höheren Primaten. Wie man auch die Funde vom Frühmenschen in ihrem gegenseitigen Verhältnis beurteilen mag, sie stellen alle die Frage nach ihrer Beziehung zu den nächsten verwandten Organismen, den Primaten. Wer sich sein Leben lang mit dem Studium der organischen Gestalten abmüht, für den erlangt die Fülle der biologischen Fakten

ein solches Gewicht, daß jede Deutung der fossilen Menschenfunde und des Ursprungsproblems von dieser Tatsachenfülle bestimmt wird. Wer nicht mit dem Reichtum der fossilen Lebensspuren vertraut ist, kann sich schwerlich eine rechte Vorstellung
davon machen, welches Material von versteinerten Tierresten
dem Biologen den Gedanken der allmählichen Evolution der Lebensformen aufdrängt. Um das Gewicht dieser Fossilforschung
wenigstens etwas spürbarer zu machen, sei hier nur auf eine Evo-
lutionsreihe hingewiesen, die viele Indizien wahrscheinlich machen: die Entstehung der großen Meeressäuger, der Wale. Viele
Tatsachen der Struktur und Entwicklung, ebenso der Fossilfunde
führen zur Auffassung, daß kleine raubtierartige Säuger des
Festlandes mit größeren Wasserraubtieren von Robbenart in direktem Verhältnis von Ahnenform und Folgeform stehen; daß
ferner aus Wasserraubtieren sich die Waltiere des Meeres, zunächst Zahn- und Bartenwale, geformt haben. Diese Annahme
schließt also in sich die Überzeugung, daß aus Vierfüßern des
Festlandes die Fischgestalt der seltsamsten Meeressäuger entstanden sei. Aber noch eine andere Umwandlung muß damit verbunden sein: Vergleichen wir die Hirngröße von etwa gleichmas-
sigen Vertretern der Land- und Wasserraubtiere sowie der Wale,
so zeigen sie in der Reihenfolge ihrer vermuteten Evolution eine
auffällige Steigerung des Hirngewichts, was die nachfolgenden
Zahlen belegen mögen:

Fleckenhyäne (Landraubtier)	Körper 67 kg	Hirn 160 g
Seehund (Wasserraubtier)	Körper 62 kg	Hirn 264 g
Delphin (Wal)	Körper 75 kg	Hirn 865 g

Das Beispiel ist für diese unsere Betrachtung um so geeigneter,
als hier die höchste relative Hirngröße eines Säugers – vom Menschen abgesehen – vorliegt: ein Gehirn, das an Masse dem von
Pithecanthropus annähernd entspricht. Wir wollen mit diesem
Hinweis auch die Größe der Wasserwelt und der Wale einen
Augenblick auf uns wirken lassen, eine Welt, in der Melville im
»Moby Dick« nicht umsonst etwas so Unheimliches geschaut und
geschildert hat. Aber unser Beispiel mag auch darauf hindeuten,
daß der Biologe Geschehnisse im Reich des Lebendigen ahnt, die
uns zum Glauben an das Wunder der Verwandlung führen, und

daß aus diesem wissenschaftlichen Glauben sich stets auch die Ideen über die Entstehung des Menschen nähren.

Die Beobachtung zeigt erste Säugerreste in der Triaszeit und eine früh im Tertiär einsetzende, sich steigernde Mannigfaltigkeit dieser Gruppe. Unter diesen frühen Säugern sind schon im Eozän kleinste Primaten, bereits im Oligozän echte Affenformen, aber erst seit dem Quartär sichere Menschenfunde (beziehungsweise seit den jüngsten Tertiärschichten, wenn man die südafrikanischen Funde als Hominiden taxiert[5]). Die ganze Breite der Fossilfunde drängt mit aller Macht zum Gedanken, diese Tiergestalten seien miteinander in genealogischem Zusammenhang und es sei die Formenfolge ein Gestaltwandel durch Abstammung. Daher sehen denn auch die biologisch Schaffenden die Genesis des Menschen als ein Glied dieser Formenfolge an.

Die Varianten dieser Entwicklungslehren sind nicht nur durch sachliche Funde begründet, sondern sie stammen zum Teil aus gewichtigen Unterschieden in den Voraussetzungen, mit denen der Forscher an die Arbeit geht. In erster Linie wirkt sich die Grundauffassung vom Menschen in der Theorienbildung aus. Es ist selbstverständlich, daß damit nur ein Moment der Theorienbildung genannt ist – aber es ist ein wichtiges und eines, das oft verkannt wird, da man die Deutung der menschlichen Fossilfunde oft allzusehr als nur vom Fundgegenstande hergeleitet sieht.

Manche Biologen sind der Überzeugung, der Schritt vom Anthropoiden zum Menschen sei relativ klein – und die geschichtliche Entwicklung hätte vor allem den Aufstieg des Menschen gebracht. Wer so denkt, wird ohne Zögern die weitgehende Übereinstimmung im Bau von Menschen und Menschenaffen als Beweis dafür ansehen, daß, wie H. Weinert (1930) sagt, »Schimpanse und Mensch auf gemeinsamem Entwicklungsgang am längsten vereinigt waren«. Für alle diese Forscher ist die Menschwerdung während des Übergangs vom Teritär in die Erdgegenwart, im Pleistozän der Geologen, erfolgt (H. Weinert, v. Eickstedt, E. Fischer u. a.).

Je stärker aber der Eindruck der menschlichen Eigenart im Anthropologen lebendig ist, desto tiefer wird er die Kluft zwischen Anthropoiden und Menschen sehen und um so länger wird er die Zeitspanne der eigenen menschlichen Sonder-Evolution annehmen. So verlegen viele Anthropologen den entscheidenden Akt der Entstehung echter Hominiden ins Tertiär, ins Mio- oder Pliozän[6] (O. Abel, W. K. Gregory, A. Naef, A. S. Romer) oder gar ins Oligozän (H. F. Osborn) oder ins Eozän (Westenhöfer u. a.). Die Wertung unserer Eigenständigkeit kann so weit gehen, daß die Trennung gar nicht mehr im paläontologischen Raum ihre Stätte findet. Dies führt zu Lehren, die ich hier nicht diskutiere, da sie von allem abweichen, was von der biologischen Forschung im Ernste erwogen wird.

Die Anthropologen und Paläontologen, welche die Entstehung von Hominiden im mittleren Tertiär annehmen, denken dabei an eine relativ kleine, erste Hominidenform, die man sich frei von allen den extremen Bildungen vorstellt, welche die Affengruppe später noch hervorgebracht hat und für die man in den Jugendgestalten heutiger Affen besonders viele Einzelzüge des Erscheinungsbildes sucht. Heute gewinnt, wie wir schon erwähnten, durch die Entdeckungen in Südafrika die Ansicht an Gewicht, daß früh in der Entwicklung der menschenähnlichen Primaten die aufrechte Haltung entstanden sei und daß erst später die Ausbildung des großen menschlichen Gehirns erfolgt sei. Wenn diese Formen als Hominiden bezeichnet werden, so ist damit noch nichts ausgesagt über den Abstand, der sie von unserer heutigen Lebensform trennt. Es spricht dieses Wort einfach die Überzeugung aus, daß aus einer solchen Gruppe durch noch unbekannte Umbildungen die menschliche Lebensform entstanden sei.

II.

Im ersten Teil dieser Darstellung ist wohl deutlich geworden, daß man die Ursprungsfrage nicht einfach und allein vom Fossilfunde aus lösen kann – sondern daß dieser erst in bestimmtem Lichte erhellt wird, in einem Licht, das ausgeht vom Menschenbild und dessen Reichweite von der erhellenden Kraft dieser Menschenidee bedingt ist. Darum müssen wir, in Andeutungen wenigstens, die Auffassung vom Menschen geben, welche die folgende Darlegung mitbestimmt. Dieser Mensch ist nicht allein das aufrechtstehende Tier, dessen Gehirnmaß mehr als dreimal so groß ist wie das seiner nächsten Verwandten; er ist das besondere Wesen mit steter Entscheidungsfreiheit trotz allen vitalen Bindungen. In dieser Freiheit ist die Möglichkeit des Unmenschen genau so enthalten wie die des Heiligen, das Verfehlen einer Vollendung ebenso wie die Annäherung an das Ziel. Der Mensch ist das unvollendete Wesen, dessen Lebensform die durch Tradition bestimmte Geschichtlichkeit ist, das heißt für den in jeder Generation der Ausgangspunkt des Daseins auch bei unveränderter Wesensform ein neuer, noch nie dagewesener ist, weil dieser Ausgangspunkt durch die sich wandelnde Sozialwelt stetsfort neu geschaffen wird. Dadurch ist der Mensch auch Glied einer Entwicklung, die nicht die Evolution der andern Lebewesen ist, sondern eine eigene Art von Geschehen, die dem besonderen Niveau unseres Lebenstypus allein zugehört. Der Mensch ist das Wesen mit Reflexion, mit der Distanz zu sich selber, mit der Möglichkeit also der Selbstbetrachtung, mit dem durch Konvention festgelegten und sich wandelnden Kommunikationsmittel der Wort- und Zeichensprachen, die sich von allen tierischen Ausdrucksmitteln als eine besondere Verkehrsform unterscheiden, auch wenn sie dieselben Strukturen als Werkzeug benützen. Wir wollen dieses Ausdrucksmittel im Gegensatz zur spontanen Aktivität beim Tier den »beherrschten Ausdruck« nennen.

Die humanen Merkmale treten als Eigenschaften eines Systems auf, und es ist nicht möglich, von diesem Menschen einen Teil abzuschnüren, der der »vitale« oder der »tierische« Anteil und damit das vom Biologen zu erforschende Teilstück wäre. Sucht man so den Menschen in seiner vollen Sonderart zu fassen, dann erhellt sich auch sein individueller Werdegang, seine Ontogenese. Sie erscheint überhaupt erst dadurch in ihrer Eigenart.

In Korrelation zur Lebensform mit Tradition, der lernenden Übernahme einer Sozialwelt, ist die völlig einzigartige Dauer unserer Ausformungszeit bis zur Reifegestalt: der Wachstumsabschluß erst nach dem zwanzigsten Jahr. Dieses späte Reifen ist nicht etwa ein Produkt der modernen Kultur, sondern es kommt allen Menschentypen zu. Diese lange Reifungszeit ist nicht negativ zu bewerten, nicht eine Entartung, nicht eine Störung tierischer Harmonie, wie moderne romantische Naturdeutung sie zuweilen auffaßt, sondern eine positiv zu taxierende Eigenart unseres Evolutionstypus. Sie ist überhaupt nicht einfach »langsam«. Nein – dieses lange Wachstum ist gegliedert. Bei keinem höheren Tier finden wir Ähnliches: eine frühe Etappe: stark beschleunigt gegenüber dem Wachsen der Menschenaffen, so daß der menschliche Keim in gleicher Zeit mehr als doppelt so viel

Lebensstoff aufbaut. Wir können nachweisen, daß diese Steigerung dem Aufbau der bei uns stark vermehrten Gehirnstrukturen zugeordnet ist. Schon die erste Entwicklungszeit steht unter dem Sondergesetz, das die Endform kennzeichnet. Nach dem ersten freien Lebensjahr (nicht etwa von Geburt an) ist das Wachstum im Gegenteil sehr viel langsamer als das der Anthropoiden. Bis zum zehnten Jahr etwa. Und wieder ist es deutlich, daß diese Grundstruktur unserer Ontogenese in Zuordnung zu der besonderen Weise steht, in der beim Menschen das Traditionsgut der Sozialgruppe vom neuen Einzelwesen aufgenommen wird. Diese lange Kindheit ist nicht zufälliger Glücksfall, der das gemächliche Erwerben von Sprache und Kultur ermöglicht; sie ist von vornherein zugemessene Lebensperiode eines Wesens, dessen Lebensform Kultur und Sprache als Wesenszug einbegreift. Dasselbe gilt von dem Pubertätswachstum, für das es bei keiner tierischen Form eine Parallele gibt und das die Geschlechtsreifung zu einem Vorgang macht, der wiederum in wesentlichen Zügen von den bei Tieren gefundenen Verhältnissen abweicht. Man betont gerne das Animalische und allen Lebewesen Gemeinsame der Fortpflanzungsfunktion und die auffällige Übereinstimmung der Teilfunktion der Hormone. Wir sollten aber neben dieser Übereinstimmung auch bemerken, welches abweichende Resultat beim Menschen das »tierische« Instrumentarium hervorbringt, welch ein besonderes Stück beim Menschen mit denselben Instrumenten gespielt wird. Das gilt auch für die Altersphase unseres Daseins, das zeitlich das Doppelte eines Anthropoidenlebens umfaßt und das gerade durch die geistigen Möglichkeiten dieser Altersphase ein ganz besonderes Gepräge erhält. Wir sprechen vom Wachstum, doch könnten ebensogut Bildungsvorgänge an einzelnen Organen geschildert werden, die dasselbe zeigen würden.

In dieses System von ontogenetischen Korrelationen zu unserer Lebensform gehört auch die zeitliche Gliederung der Wachstums- und Reifeperiode hinsichtlich ihrer uterinen und der extrauterinen Phase. Verglichen mit allen Säugern von entsprechend hohem Zerebralisationsgrade ist unsere Uterinperiode kurz, die extrauterine etwa um ein volles Jahr nach »rückwärts« verlängert. Während beim höheren Säuger die entscheidende Körperformung und Strukturbildung intrauterin abgeschlossen wird und das Neugeborene als kleines Abbild der Art zur Welt kommt, so wird bei uns das Heranbilden zu typischer Haltung, Bewegungsart und Kommunikationsform in einzigartiger Weise in den Sozialkontakt eingeordnet und von ihm mitbestimmt.

Alle diese ontogenetischen Einzelheiten weisen auf eine zentrale Tatsache hin: Unsere Ontogenese ist nicht ein tierischer Werdegang, der an einem bestimmten Punkte in eine letzte Etappe von menschlichem Gepräge übergeht. Ich betone dies so sehr, weil man in kurzsichtigen Formeln die Idee der Anfügung des Menschlichen als letzte Etappe einer Primatenentwicklung betont und zuweilen als nicht mehr zu diskutierende biologische Grundlage jeder Auffassung vom Menschen dargestellt hat. Unser gesamter Werdegang ist human. Jede Einzelheit ist dieser Lebensform zugeordnet. Nur in dieser Zuordnung zu den Besonderheiten dieses Humanen sind die Einzelheiten unserer Ontogenese sinnvoll, nur in diesem System bilden sie Glieder einer Einheit. Die Einheit von Lebensform und Entwicklungsweise muß uns stets gegenwärtig sein, wenn wir die biologischen Aspekte des Ursprungsproblems erörtern. Erst dadurch wird die Größe jener Realität sichtbar, deren Genesis erklärt werden soll. Die meisten Herleitungstheorien machen sich die Arbeit zu leicht, indem sie zuerst durch eine Art Subtraktion des »Geistigen« den Menschen zu einem Tier reduzieren und dann für die Ableitung dieses Restes wenig Schwierigkeiten vorfinden, indem überall »Anlagen« sich entfalten. So reduziert man etwa die Sprache zur bloßen Lauterzeugung und entdeckt, daß alles, was dazu nötig ist, bereits auf der tierischen Stufe vorhanden sei. Auch wird die Eigenart unserer Haltung zur bloßen Aufrichtung des Vierfüßers reduziert, und es werden dabei die schwer faßbaren Sachverhalte völlig übergangen, welche Aufrichtung, Sprache und menschliche Verhaltensart zu jener Einheit verbinden, deren Ergründung gerade eines der geheimnisvollsten Forschungsprobleme ist.

Ist aber die Eigenart der in ihrer Herkunft zu erklärenden Lebensform in ihrem ganzen Ausmaß gegenwärtig, dann wird die Größe des Ursprungsproblems sichtbar. Geht es doch um den Ursprung einer vollen Daseinsform. Die Verwandtschaft mit den höheren Säugetieren, insbesondere den Primaten, das heißt die wesensmäßigen Entsprechungen im gesamten Bauplan, ist erwiesen. Sie hat auch nie ernsthaft bestritten werden können und ist vor jeder ausdrücklichen Abstammungslehre auch von der biologischen Systematik voll anerkannt worden. Seit man die Deutung der Formenmannigfaltigkeit durch die Idee der Evolution versucht hat, erschien es daher als das Richtige, eine Primatenform zum Ausgangspunkt der Ableitung des Menschen zu machen. Welche Faktoren im einzelnen die Wahl der Vorstellungen über diese Ausgangsform bestimmen, haben wir im ersten Teil unseres Vortrags schon darzustellen versucht. Die Schwierigkeiten, auf die bereits hingewiesen worden ist, werden durch das Wissen um die Größe der zu erklärenden Erscheinungen noch viel gewaltiger.

Wie stellt sich dieses Problem für einen Biologen, der den Menschen nicht auf einen willkürlich abgeschnürten biologischen Anteil reduziert sieht, sondern als eine komplexe Lebensform, die eine besondere Stufe des Seienden darstellt? Es braucht wohl nicht langer Erörterung, daß wir das Ursprungsproblem für eine den Rahmen der biologischen Forschung weit überschreitende Frage halten. Da nach der Genese einer komplexen Lebensform gefragt wird, so muß die Entstehung unseres gesamten Welterlebens, unserer Reflexion, unserer Phantasie dargestellt werden. Damit ist aber jeder biologische Versuch auf Teilergebnisse eingeengt.

Seine Grenzen erkennen, das heißt aber zugleich auch, den begrenzten Bereich um so gründlicher durchforschen. Unsere Feststellung ist kein Verzicht, und die Einsicht in die Grenze ist stets auch der Blick über sie hinweg. Daher wird sich der Biologe bemühen, in den Grenzen des Möglichen auch die Fragen unserer Herkunft zu erörtern. Ich will auf einige Wege solcher biologischer Arbeit kurz hinweisen.

Einmal wird die Mutationsforschung unablässig bemüht sein, durch Ergründung der Abänderungsweisen im Erbgut zu erfahren, wie weit die in der Erdgeschichte beobachteten Formenreihen als Folge von Mutationen und Selektionen erklärt werden können. Dies ist ein allgemein biologisches Problem. Gerade diese Mutationsforschung ist heute in voller Entwicklung, und erst die Zukunft wird zeigen, wieviel vom Geheimnis des Entstehens neuer Lebensformen wir einmal wissen werden.

Wir kennen heute bereits eine größere Zahl plötzlicher Änderungen der Organisation eines Lebewesens, Veränderungen von erblicher, stabiler Art, die wir alle generell Mutationen nennen. Wie weit indessen diese Entdeckungen jene Tatsachen erklären, die uns durch die Erforschung der fossilen Lebensspuren und des Reichtums der gegenwärtigen Lebensformen vor Augen sind, das ist sehr umstritten. Die vielerlei Varianten von Mutationstheorien – ich spreche stets nur von solchen, die im Raume der echten wissenschaftlichen Arbeit von Biologen diskutiert werden – lassen sich nach zwei Polen hin anordnen.

Am einen Pol steht die große Zahl der Forscher, die glaubt, daß die uns experimentell zugänglichen Mutationen die Möglichkeit bieten, prinzipiell alle vorgekommenen Veränderungen an Lebensformen, mithin das ganze Phänomen der Evolution, zu verstehen, daß wir also auch das Werden des Menschen grundsätzlich erfassen können.

Auf der andern Seite stehen Forscher, die annehmen, daß die im Laboratoriumsexperiment zugänglichen Mutationen zwar die Varianten innerhalb eines enger begrenzten Formenkreises verstehen lassen, etwa die Rassenbildung einer Art, die Spielarten, Farbvarianten, vielleicht auch die Veränderungen im Bereich einer Gattung. Sie nehmen aber an, der Erklärungswert der uns heute bekannten Mutationen sei sehr begrenzt, und für die Entstehung bedeutender Neugestaltungen müsse man Wirkungsweisen, Geschehnisse vermuten, die wir noch nicht kennen. Man spricht dann von Mikro-Evolution und meint den begrenzten Kreis der bereits wissenschaftlich erforschten Mutation. Makro-Evolution aber wäre das Geschehen, das größere Umgestaltungen erzeugt. Man hat derartige Änderungen größeren Ausmaßes auch »System-Mutationen« genannt in der Annahme, daß sie viele Stellen des Erbgefüges im Plasma-System zugleich betreffen. Zwischen diesen Polen der heutigen Evolutionstheorien finden sich viele vermittelnde Positionen.

Dieser Stand der Dinge macht eines deutlich: Die Evolutionsforschung ist in voller Bewegung; sie ist noch nicht zu Ergebnissen gelangt, die jenseits aller Diskussion feststehen. Darum spielen hier in allen Urteilen noch Grundfragen der Auffassung vom Lebenden mit, die selber außerhalb der wissenschaftlichen Arbeit ihre letzten Wurzeln haben.

Ein Beispiel mag das illustrieren. Einer der bedeutendsten Erbforscher, R. Goldschmidt, hat die Theorien der »System-Mutationen« mit großem Gewicht vertreten und dabei betont, daß er die Evolution einer Singvogelgruppe, die auf den Hawaii-Inseln extrem abweichende Schnabelvarianten geformt hat, »durch eine Reihe von Mikromutationen unter der Einwirkung der Auslese einfach für unvorstellbar halte« (1940). J. S. Huxley – auch er ein bedeutender Genetiker, der aber den Mikro-Evolutionen weitreichenden Erklärungswert beimißt – sagt (1945), darauf könne er nur antworten, daß Goldschmidts Vorstellungskraft von der vieler anderer Biologen abweiche. Die Entscheidung liegt nun also in der Vorstellungsweise des Forschers. Daß aber dieser Unterschied im Vorstellungsvermögen entscheidet über die Position zu den Evolutionstheorien, das ist eine Tatsache von viel größerem Gewicht, als es ihr meist zuerkannt wird. Für den Augenblick mahnt sie uns mit Nachdruck daran, daß die objektiven Ergebnisse selber noch zu ungewiß sind, um die Vorstellungen der Forscher zu lenken und festzulegen, und daß gegenwärtig die Einbildungkraft des wissenschaftlichen Denkens über den Erklärungswert der Tatsachen noch ziemlich frei verfügt.

Eine weitere Möglichkeit, das Ursprungsproblem biologisch zu erforschen, bietet uns die vergleichende Untersuchung der Entwicklungsformen bei höheren Tieren. Diese Studien haben ein Ergebnis gebracht, das auch auf unser Problem ein Licht wirft – einen Strahl in ein unbekanntes Dunkel: Vergleichen wir die Steigerung des Komplexitätsgrades der Ontogenese mit der des Gehirns, so zeigt sich, daß die Steigerung des Ontogenesetypus in den einigermaßen gesicherten Evolutionsreihen bei den höheren Wirbeltieren immer bereits vor der Steigerung der Gehirnausbildung verwirklicht ist. Die Ontogeneseform der höheren Stufe ist das zuerst Erreichte, sie ist Grundlage für die Entstehung höherer Zerebralisation und höherer Verhaltensweisen.

So ist zum Beispiel die Reduktion der Nachkommenzahl auf ein einziges Junges, die relativ lange Tragzeit bis zum weit entwickelten, sinneswachen Neugeborenen, die Behütung durch die Mutter – alles wichtige Kennzeichen unserer eigenen Ontogenese – bereits den niedrigsten Stufen unseres Verwandtenkreises eigen. Bedeutende Faktoren, die am Zustandekommen unserer behüteten Frühperiode beteiligt sind, gehören bereits zum ontogenetischen Material einer großen Tiergruppe. Die Bedeutung dieser behüteten Entwicklungsphase für die Entfaltung spielerisch-freier Verhaltensweisen ist von psychologischer Seite sichtbar gemacht worden[7]. Im Schutze der eigenartigen Zwischenphase, die durch Elternfürsorge entsteht, können Mutationen, welche höhere Zerebralisationsstufen verwirklichen, die zu ihrer Ausgestaltung notwendige verlängerte Embryonalzeit finden. Die Brutfürsorge ist eine Voraussetzung der Entstehung höherer Zerebralisation.

Von welcher Ausgangsform nun dieser neue Typus der Hominiden entstanden ist, wissen wir nicht. Auch der Wandlungsvorgang selber ist noch immer Geheimnis. Mit aller Macht unserer Vorstellung müssen wir diese Verborgenheit unseres Ursprungs erkennen. Wer dieses Problem von der wissenschaftlichen Seite her ergründen will, muß energisch alle jene inhaltsleeren, rein verbalen Lösungen ablehnen, die uns berichten wollen, wie ganz allmählich, in kaum merklichen Mutationsschritten, das Menschliche sich entwickelt habe. Wir dürfen es nicht als Lösung der Ursprungsfrage annehmen, wenn man uns nur in allgemeiner Form sagt, daß Schritt für Schritt die Entwicklung des Geistigen erfolgt sei, daß sich der Geist wie die Blüte aus der verborgenen Anlage in der Knospe entfaltet habe. Denn die Aufgabe der Forschung ist es, diese Schritte zu beschreiben, diese verborgenen Keime genau aufzuweisen, dieses Allmähliche in seinen Stufen, diese Knospe in ihrer wirklichen Struktur, diese Sprünge in ihren Ausmaßen und ihrer Eigenart darzustellen.

Um die Größe des ganzen Evolutionsschrittes oder das gesamte Ausmaß der vielen unbekannten Schritte deutlicher zu sehen, wollen wir noch einen Augenblick die Frage der Entstehung unseres wesentlichen humanen Ausdrucksmittels streifen.

Die Affen sind eine vorwiegend optisch differenzierte Gruppe. Ihre Lautbildungen sind zwar eventuell kraftvoll und nuanciert, aber doch arm, insbesondere wenn wir die höheren Affenformen betrachten. Unser beherrschter Ausdruck aber, Träger der sozialen Kommunikation und Mittel aller humanen geschichtlichen Entwicklung ist die Wortsprache: ein primär akustisches System sowohl im Sende- wie im Empfangsapparat, in der Kehlkopforganisation wie in der Ohrsphäre des Nervensystems. Man möchte daher ohne weiteres vermuten, die nächsten Verwandtengruppen müßten in derselben Richtung differenziert sein. Sie sind es in rezeptiver Hinsicht indessen kaum mehr als andere höhere Säuger. Hinsichtlich der Lautbildung aber, also in bezug auf die Sendemöglichkeit, die zum akustischen Empfangsgerät gehört, sind gerade die Affen sehr dürftig ausgerüstet. Vergleichen wir in Gedanken, was etwa ein Star, ein Rabe oder ein Papagei an Nachbildung und Nuancierung von Lauten leisten kann, so wird die Armut der Primaten sofort deutlich. Und gerade in einer solchen Tiergruppe muß die so eminent akustische Kommunikationsweise des Menschen entstanden sein! Entweder müssen wir diesen Evolutionsschritt also ganz gewaltig kompliziert annehmen – oder wir müssen bereits in jener völlig unbekannten Primatenreihe, die zu Hominiden führt, eine von der uns vertrauten Affenbildung beträchtlich abweichende, stark akustische Differenzierung im Empfangsapparat des Gehirns wie in der Sendeorganisation der Lautumformung voraussetzen. Dies spräche für die Annahme einer recht beträchtlichen und frühen Sonderart des zu Hominiden führenden Zweiges der Primaten – eine Sonderart aber, von der wir nicht erwarten dürfen, daß sie sich in der Skelettbildung, also im fossil zugänglichen Dokument, mit einiger Sicherheit wird nachweisen lassen.

Die biologische Betrachtung zeigt uns noch etwas Wichtiges: Sie deckt eine so enge ontogenetische Beziehung zwischen den sämtlichen gestaltlichen Merkmalen und denen unseres Verhaltens auf, daß wir die Verhaltensweise, die Sozialstruktur, die Eigenart von Sprache und Tradition nicht als Epiphänomene, als späte Erwerbungen, als späte Folge einer zuerst rein leiblichen Anthropogenese auffassen können. Wir müssen vielmehr eine Einheit der humanen Merkmale annehmen, in der wir sie alle als Glieder eines Systems funktionell zusammenhängen sehen. Die Einheit dieser humanen Züge, die ich, freilich vereinfachend im Hinblick auf Aufrichtung, Sprache und Denken »die menschliche Trias« genannt habe, versuchte ich in der Ontogenese deutlicher aufzuzeigen[8]. Für das Ursprungsproblem folgt daraus die Möglichkeit einer engen Verbindung aller bezeichnenden Humanzüge, die nicht als isolierte Bausteine zusammengewürfelt werden konnten, sondern vielleicht in gegenseitiger Verbindung als neue System-Eigenschaften entstanden sind.

Wie wenig ist von all dem bisher in den wissenschaftlichen Erörterungen des Ursprungsproblems dargestellt worden. Das entscheidende Geschehen ist die Entstehung eines Lebenstypus mit Geschichtlichkeit, die Entstehung einer völlig neuen Form der Bewältigung der Lebensaufgabe. Der Vergleich höheren Tierlebens mit dem Dasein des Menschen gibt das Maß für die Größe dieses Ereignisses. Dessen Erforschung steht erst noch bevor. Sie erfordert mehr als das paläontologische Suchen nach Fossilspuren. So spannend und wichtig die Erforschung der Fossilzeugen ist, so muß uns doch immer vor Augen stehen, daß wir für die Deutung dieser Dokumente stets von einem Menschenbilde geleitet werden und daß an die Seite des Forschens nach Fossilien die psychologische und die philosophische Forschung treten muß, um einerseits das Ausmaß des zu erklärenden Sachverhaltes, die Größe des Humanen, uns vor Augen zu halten und um anderseits zu suchen nach den Möglichkeiten des Werdens solch komplexer Naturbestände, wie unser Verhalten einer ist. Die Menschwerdung umfaßt die Entstehung aller Erscheinungen der Geschichtlichkeit als eines neuen Naturphänomens.

Der Natürlichkeit des Geschichtlichen müssen wir noch besondere Aufmerksamkeit zuwenden. Der Zusammenhang von Lebensform und Ontogenese ist ein solcher innerhalb des Natürlichen. Er bleibt es auch, wenn es sich nun um das menschliche Dasein in seiner Geschichtlichkeit handelt. Doch droht einer solchen Feststellung das schwere Mißverständnis, es sei damit das Geschichtliche gekennzeichnet als ein Ergebnis der unbewußten lebendigen Wirkungsweisen, die sich des Bewußten als eines gefügigen Werkzeugs bedienen. Wer die geschichtliche Lebensform als ein Glied des Naturganzen sieht, wer darin nicht einen Gegensatz zur Natur oder etwa einen Kampf des Geistes gegen das Leben oder gegen die Seele sieht, wie leicht wird er heute jener Richtung zugezählt, für die unser menschliches Sozialleben letzte komplizierte Äußerung der in den Organismen beobachteten Wirkungsweisen ist und die alle unsere Eigenart reduziert auf komplexe Folgen des Trieblebens. Wenn wir daher von der Natürlichkeit auch unserer »Unnatur« sprechen, so verlangt dies Aufklärung.

Mit der Verwirklichung der menschlichen Daseinsweise ist nicht einfach eine komplizierte Säugerart mehr entstanden, sondern eine gänzlich neue Lebensform, eine neue Stufe des Seienden, höher als die tierische im Rang ihrer Innerlichkeit, also ihres

Welterlebens und ihrer Wirkungsmacht. Diese höhere Lebensform hat alles zu ihrer Verfügung, was auch die höchsten tierischen Lebensstufen kennzeichnet; aber ihre Struktur ist derart, daß sie mit diesem bereits sehr komplizierten organischen Gefüge wesentlich anders umgeht. Ich habe das bereits berührt, als wir von der Rolle der Hormone im Wachstum sprachen. So ermöglicht ihr die Freiheit der Entscheidung immer – um nur an das Einfachste zu erinnern –, bereits etwa im Ortswechsel, oder auch in der Wahl der Geschlechtspartner, jene relative Ungebundenheit, die eine ganz neue Gestaltungsweise heraufruft: die Rekombination verschiedener Erbgüter und damit Veränderung im Erscheinungsbilde, im Denken wie auch in der Weise der Tradition! Die beherrschten Ausdrucksmittel schaffen durch Tradition die ganz unerhörte Möglichkeit der rapiden Veränderung des Lebensraumes und damit die besondere Art der Entwicklung, die nicht einfache Fortsetzung der organischen Evolution, sondern eine ganz neue Bewältigungsform der Lebensaufgabe ist und die wir als Sphäre der Geschichte kennen. Es entsteht dadurch eine von uns geschaffene zweite Natur, die nicht etwa an sich gegen die Natur gerichtet und darum widernatürlich ist, sondern etwas Neues, ein Werk, für das wir allerdings in ganz anderer Art verantwortlich sind als die Termiten für noch so auffällige Bauten, die Webervögel für noch so große Gemeinschaftsnester an Tropenbäumen.

Die Verantwortung für diese zweite, neue Natur mahnt uns noch einmal daran, daß im Humanen eingeschlossen ist die gewaltige Möglichkeit des Gelingens und des Versagens und daß wir damit an das schwere Faktum rühren, daß dieses Humane mit umfaßt das Wissen um Wert, das Trachten nach Vollendung, das Suchen nach dem wahren Glücke des Daseins. Wenn wir so noch einmal die höchste Vorstellung vom Menschsein heraufrufen, so wird zugleich deutlicher das Ungeheure, das im Entstehen einer solchen neuen Lebensform vor uns ist. Der Biologe allein kann diesen Vorgang mit den Mitteln seines Forschens dem Dunkel nicht entreißen, doch sucht er mit seinen eigenen Mitteln die seltenen Zeichen zu erfassen und zu deuten, die wie fernes Wetterleuchten zuweilen die Stätte ahnen lassen, wo das Gewaltige geschehen sein muß.

1 F. Weidenreich, Report on the latest discoveries on Early Man in the Far East, Experientia, Bd. 2, Heft 8, 1946.

W. E. Le Gros Clark, The Importance of the Fossil Australopithecinae in the Study of Human Evolution, Science Progress, Bd. 35, Nr. 139, 1947.

Seit dieser Vortrag geschrieben worden ist, hat ein seit Jahrzehnten bekanntes Fossil, Oreopithecus bambolii, aus der Toscana, großes Aufsehen erregt: in der neuen Deutung durch J. Hürzeler erscheint dieses Wesen als ein Prähominide, womit die Evolution der Hominidenlinie bis ins Miozän bezeugt wird.

2 J. S. Huxley, Evolution, the modern Synthesis, 4. Aufl., London 1945, S. 354.

3 Endeavour, Bd. V, 17, 1946.

4 Siehe darüber A. Portmann, Biologische Fragmente zu einer Lehre vom Menschen, 2. Aufl., 1951 Basel.

5 Die neuen Deutungen eines Primaten aus dem Miozän der Toscana, Oreopithecus bambolii, wie sie von Dr. Hürzeler (Basel) durchgeführt wird, spricht für eigentliche Prähominiden vor etwa zehn Millionen Jahren.

6 Siehe Fußnote 5.

7 G. Bally, Vom Ursprung und von den Grenzen der Freiheit, Basel 1945.

8 A. Portmann, Biologische Fragmente zu einer Lehre vom Menschen, Basel 1944, 2. Aufl. 1951

Der naturforschende Mensch

Am Ende der Tagung in diesem schönen Garten der Casa Eranos haben wir, nach innen blickend, die Taten des Geistes in ihrer Vielfalt zu schauen und zu verstehen versucht. Heute aber blikken wir hinaus zu den vielen Lebensformen dieses Stückchens Erde. Und weist uns dann dieser Blick auf unseren Umkreis schließlich wieder zu uns selber zurück, so werden wir um so eher der inneren Notwendigkeit gewahr, mit der wir stets wieder uns selbst und unserer Rätselhaftigkeit auch im Blick auf die Dinge um uns begegnen.

Vom naturforschenden Menschen soll die Rede sein, nicht so sehr von der Forschung, die losgelöst von ihm besteht. Aber dieser naturforschende Mensch ist doch so sehr mit seinen Werken verwoben, daß wir ihn am besten in seinem Tun, in seiner Arbeit zu erfassen suchen. Dabei wollen wir den Biologen als Beispiel dieses naturforschenden Menschen nehmen, nicht bloß weil ich am liebsten vom eigenen Arbeitsfelde spreche, sondern auch weil die Lebensforschung zum kompliziertesten Forschungsprojekt führt und auch die naturwissenschaftliche Ergründung des Menschen mit umschließt. So wollen wir denn in der einen Hälfte der uns gegebenen Zeit gemeinsam zu erfahren trachten, was der naturforschende Mensch, besonders der Biologe, eigentlich sucht – in der zweiten Hälfte aber wollen wir uns etwas ausschließlicher mit seiner Stellung und Aufgabe im geistigen Leben der Gegenwart befassen.

I.

Der Garten, in dem wir sind und der so viel zum Gelingen unseres Unterfangens beiträgt, soll ein volles Glied unseres Spiels vom naturforschenden Menschen sein.

Wir folgen einem Biologen und sehen ihn zunächst einmal bemüht, die vielerlei Lebensformen, die Pflanzen und Tiere, jede für sich, in allen Einzelheiten kennenzulernen. Ganz besonders erforscht er in unserer Zeit die verborgenen Strukturen und ihre Funktionen, ihre Entwicklung vom Keim an, mit den Methoden der Physiologie. Solches Forschen endet schließlich im Unsichtbaren, im plasmatischen Geschehen, das jenseits des mikroskopischen Nachweises sich abspielt und das daher vom Verstand mit Hilfe des Experiments indirekt konstruiert werden muß. Alle diese Untersuchungen enden mit der Feststellung und mit dem Versuch der bildhaften, modellartigen Vorstellung von einem arttypischen Muster aus Erbanlagen im Protoplasma und im Zellkern, deren geordnetes Gefüge die Entwicklung vom Keim an bis zur Bildung der neuen Keimzellen und bis zum Tode des Einzelwesens beherrscht. Die letzten Gegebenheiten, die wir erkennen können, finden wir als ein Muster, als ein geordnetes System, ein »Ganzes«, bereits vor. Diese Tatsache, daß die Analyse des Organismus stets zu einem komplizierten, bereits vorgebildeten und nicht weiter analysierbaren »Muster« von »Anlagen« führt, schränkt die Reichweite der strengen Kausalforschung beträchtlich ein und gibt der Musterforschung in der Biologie eine steigende Bedeutung. Die Einsicht in die besonderen Gesetzmäßigkeiten, welche für die einzelnen Gestaltssysteme und Baupläne gelten, hat sehr revolutionär auf die biologische Theorienbildung gewirkt[1].

In diesem Spielfeld physiologischer Arbeit hat auch die physikalische und chemische Methodik einen weiten Geltungsbereich für die Erforschung des Lebendigen. Mit ihrer Hilfe entdecken wir etwa, daß die blaue Farbe dieser schönen Windenblüten da draußen auf einem besonderen chemischen Stoff, die des Flügels jenes Schmetterlings, eines Bläulings, aber auf der raffinierten, lichtzerstreuenden Bauart der Flügelschuppen beruht; die eine entspricht dem Blau auf der Palette eines Malers, die andere aber dem des heiteren Himmels. Unabsehbar sind die Möglichkeiten, diese Methoden der physikalisch-chemischen Arbeit auf das Lebendige anzuwenden – und doch leisten alle diese Wissenschaften nur einen Hilfsdienst für die eigentliche Lebensforschung.

Sobald sich die Frage nach der geheimnisvollen Verwandtschaft der lebendigen Gestalten stellt, so muß die eben erwähnte Arbeitsart den uralten Methoden des Vergleichens weichen, die Aristoteles schon gehandhabt hat und die so lange ein Instrument des Biologen sein werden, als die Verwandtschaft der Lebensformen uns neue Fragen stellt. Unvergeßlich bleibt auf diesem Gebiet die Arbeit Linnés, den Goethe einmal neben Shakespeare und Spinoza als dritte geistige Macht in seinem Leben anführt und dessen ordnende Arbeit zu Unrecht als eine überlebte, lebensferne Phase der biologischen Forschung aufgefaßt wird. Noch immer arbeiten wir ja an der Begründung des natürlichen Systems der Organismen.

Wir besinnen uns einen Moment auf die vielgestaltige Arbeit, die mit der Kenntnis dieses natürlichen Systems verbunden ist. Vor uns sind die gewaltigen Museen der Forschung; wir gedenken der Reisen und Abenteuer, aller der großen und kleinen geistigen Leistungen, wir besinnen uns auf die unbedingt notwendige Mitarbeit der Fanatiker, der kauzigen Originale, der schrulligen Sammler, und wir erkennen: Die Kenntnis des Tier- und Pflanzensystems ist eine Gesamtleistung des Homo ludens, die vom großen Meister des Glasperlenspiels bis zum Kaktusfreund von Spitzwegscher Prägung alle möglichen Begabungen und Temperamente an ihrer Stelle im Spielfelde und Spielplan einsetzt.

Der Weg der Erforschung des Einzelwesens, den wir zuerst gegangen sind, trifft auf den zweiten, eben erwähnten, der zum System führt. Denn der forschende Mensch sucht nun, was denn im Einzelwesen die Verwandtschaft ausmacht. Er fragt sich, was dieses »System« bedeute. Da begegnen uns zuerst als konservierendes Faktum die Gesetze der Erblichkeit, die uns heute weitgehend bekannt sind, soweit nämlich das Geschehen durch Vorgänge im Zellkern bestimmt ist. Aber im gleichen Substrat des Zellkerns entstehen auch Änderungen, die es wahrscheinlich machen, daß die Mannigfaltigkeit der Pflanzen- oder Tiergestalten durch Änderungen im Erbgut entstanden ist, daß also systematische Verwandtschaft der Formen auf direktem Zusammenhang der Blutsverwandtschaft beruhen könnte! Viele Zusammenhänge von lebendigen Gestalten sind ganz sicher dieser Art – wie weit aber der erklärende Wert dieser Annahme reicht, darüber gehen die Meinungen sehr auseinander. Zwei Pole der Auffassung lassen sich scheiden: Am einen Pol stehen die, welche in den durch das Experiment verifizierten erblichen Änderungen, den »Mutationen«, das Material für die Entstehung sämtlicher Formunterschiede sehen; am andern Pol aber finden wir die Biologen, welche diesen experimentellen Mutationen nur einen eingeschränkten Erklärungswert zubilligen und die Entstehung größerer Unterschiede der Gestaltung als ein noch ungelöstes Problem betrachten. Das Erzeugen neuer erblicher Varianten durch Änderungen in den Keimzellen ist das wichtigste Werkzeug dieser Arbeitsrichtung, die heute in vielen Laboratorien verfolgt wird. Aber zugleich muß jede Theorie, welche die Zusammenhänge der lebenden Gestalten erklären will, auch die stetsfort zunehmende Zahl versteinerter und meist ausgestorbener Lebensformen berücksichtigen. Die Erforschung dieser paläontologischen Bereiche öffnet neue Weiten von biologischen Arbeitsfeldern, in denen wieder besondere Methoden angewendet werden müssen. Der Artbegriff, der heute in der experimentellen Forschung herausgearbeitet wird, kann in diesem Gebiet der ausgestorbenen Organismen nicht angewendet werden, da seine Kriterien hier nicht brauchbar sind. Diese Tatsache bringt starke, viel zu wenig beachtete Spannungen in alle Versuche, das uns Bekannte zu einer Theorie der systematischen Zusammenhänge zu ordnen. Welch eine andere Gedankenwelt ist solche Theorienbildung als die der Blumen-, der Insekten- oder Vogelkundigen, der Sammler von Schneckenschalen und Muscheln. Und wieviel Kontraste ergibt die Deutung! Während der eine behutsam das Bekannte und Gesicherte vom Hypothetischen sondert und sich mit dem Torso begnügt, drängen andere stürmisch zu einem umfassenden Bilde, ohne sich dabei bewußt zu werden, daß sie das Unzugängliche darstellen wollen. Und gerade dieses unbewußte Vordringen, dieser träumerische Griff ins Unbekannte, gibt den großen Evolutionstheorien einen Zug des Mythischen. Sie sind echte Erzeugnisse der mythischen Phantasie wie zuweilen auch die Versuche von Geologen, Physikern und Astronomen, die umfassende Kosmogonien schreiben – Dichtungen, die jede Generation neu ersinnen muß. Die enge Verwandtschaft solcher Versuche mit den Mythen der Frühzeit geht auch daraus hervor, daß sie immer wieder uralte Bilder beleben: so ist das Endbild der Erdgeschichte bald eine katastrophale Rückkehr zum Chaos, dann wieder ein Bild des langsamen Ausgleichs und Kältetodes; stets aber überschreitet es den Bereich der wissenschaftlich kontrollierbaren Aussage.

Unsere Gedanken sind weit weggeführt worden aus dem Garten, der sie angeregt hat. Es ist Zeit, zurückzukehren. Wir haben bisher die lebendigen Gestalten, die uns umgeben, jede für sich betrachtet, oder wir haben sie in dem einen Zusammenhang der Verwandtschaft gesehen. Aber die Beobachtung zwingt uns, über die Grenzen dieser Verwandtschaft hinaus Beziehungen zwischen sich fremden Organismen zu erkennen. Das Beispiel der blütenbestäubenden Insekten ist wohl das eindrücklichste, das uns hier vor Augen ist.

Auf den Blättern und Blumen da draußen ruhen auch zarte Libellen vom Fluge aus und sonnen sich. Aber in ihrem Leben haben die Blumen keine Rolle – die Wasserjungfern sind Raubtiere und zeugen von einer frühen Periode des Insektenlebens, von einer blumenlosen Zeit, in der diese Gruppe unter den ältesten Insektengestalten auftritt. Dem Biologen erscheinen diese Wasserjungfern in einer eigenartigen Transparenz der Geschichte, und entsprechend sieht er mit den Faltern und Bienen ein völlig verschiedenes Zeitalter der Erdgeschichte anbrechen: das der farbenfrohen Blumen. So zeugen ja auch die vielen Nadelhölzer unseres Gartens mit all den Varianten von bronzenem, dunklem und bläulichem Grün von einer ganz anderen Erdzeit als die Laubbäume, die Ulmen, die Kastanien, der Lorbeer.

Die Blütenbesucher unter den Insekten mahnen uns auch an den langen Streit um die Einsicht in die Sexualität der höheren Pflanzen – an alle die Kämpfe um die Anerkennung der Tatsache, daß im Reich des Vegetabilischen gerade die Werkzeuge der geschlechtlichen Funktion die schönsten gestaltlichen Gebilde und auf Schaustellung hin gebaut sind – während doch die Gesellschaft der Menschen über dieselben Funktionen die Verborgenheit verhängt hat! Lange hat man die »obszöne« Auffassung der Blumen als Sexualorgane dem großen Linné nicht verziehen. Wir gedenken auch des feinsinnigen K. Chr. Sprengel, der 1809 »das entdeckte Geheimnis der Natur im Bau und in der Befruchtung der Blumen« dargestellt hat, ein bedeutsames Werk, das erst Jahrzehnte später durch Darwin der Vergessenheit entrissen worden ist.

Zwei Beziehungen begegnen wir in der Betrachtung der Blumen und ihrer Bestäuber (wobei die Rolle der Insekten in den Tropen auch von Vögeln und Fledermäusen, ja von Affen ausgeübt werden kann): Da ist einmal die objektive Funktion der Übertragung des Pollens auf die Narbe der Blüte und die Tributleistung der Pflanze, die dem Insekt diesen Dienst durch Nektarspenden und die Gabe überschüssiger Pollenmassen vergilt. Aber uns geht im Augenblick eine andere Beziehung näher an: daß eine solche objektive Funktion überhaupt zustande kommt, das ist das Werk eines wichtigen Gliedes im Funktionskreis: der Blütenbesuch wird durch einen Farb- oder Duftreiz gesichert, der von der Blume ausgeht und vom Insekt wahrgenommen wird. So gewöhnlich und alltäglich das klingt, so umschließen diese Worte doch das ganze Geheimnis des Lebens, das Rätsel der Reizbarkeit und der Sinneswahrnehmung, das Faktum der Innerlichkeit der Organismen. Wir begegnen der »Qualität«, die damit Gegenstand der Forschung wird. Wir begegnen der merkwürdigen Tatsache, daß viele Merkmale der Erscheinung von Tier oder Pflanze den Wert von Sendeorganisationen haben, von denen Emissionen ausgehen und denen in anderen Lebewesen spezifische, gerade auf diese Sendungen eingestellte Empfangsgeräte zugeordnet sind: die Sinnesorgane mit ihren Nervenzentren.

Wir stehen in einem ganz anderen Forschungsfelde, als wir es bisher beschrieben haben – im unausgedehnten, mit den Begriffen des rein quantitativen Denkens nicht zu fassenden Reich der Qualität, dessen besondere Art des Seins wir nur von unserer eigenen Innerlichkeit her kennen. Seine Ergründung im Leben der Tiere oder der Pflanzen ist darum auch um so schwieriger, je ferner das Forschungsobjekt unserer eigenen Organisation steht.

Wir gedachten vorhin der physikalischen und chemischen Erforschung der Blaubfärbung auf Falterflügeln oder in Blumen. Sobald wir die »Rolle« des Blau im Leben von Pflanze und Tier untersuchen, wird diese Forschungsweise inadäquat. Zwar ist sie noch immer genau so wissenschaftlich wie vorher, aber sie gibt diesmal gar keine Antwort auf die Fragen, die wir stellen. Ihre Ergebnisse, obschon sie »wahr« sind, treffen nicht mehr das Richtige, das Gefragte, sie sind in einem ganz bestimmten Sinne dieses Wortes »unrichtig« im Spielfelde des Forschens nach der Bedeutung der Qualität! Denn jetzt ist entscheidend, daß von dieser Substanz oder Struktur eine Wirkung ausgeht, die nur durch das Sehorgan eines Lebewesens möglich ist, eben die Farbwirkung, die den Sender und den Empfänger in einer Beziehungsart verbindet, in der die besondere, dem Naturforscher so vertraute Denkweise nach Ursache und Wirkung nicht mehr zur Deutung des Vorkommenden ausreicht. Es ist diesmal ganz belanglos, ob die Blauempfindung das Werk einer Struktur von mikroskopischer Größenordnung oder das Erzeugnis einer molekularen, chemischen Struktur ist.

Und was hier vom Sehakt gesagt worden ist, gilt auch für die Düfte und die Laute. Es gilt ebenso für jene uns ewig verschlossenen Qualitäten, die wir zwar im Experiment nachweisen können, die aber nach ihrer Empfindungsweise uns unzugänglich sind. Was sieht die Biene, wo sie Ultraviolett wahrnimmt? Was hört die Fledermaus, wenn die von ihr selbst ausgesandten Ultraschallwellen wieder zu ihrem Ohr gelangen? Ich sah gestern den weiblichen Schwalbenschwanz, den großen schwarz-gelben Falter dieses Gartens, am Straßenrande fliegen. Er fahndet nach den optischen und duftenden Emissionen, die vom Möhrenkraut, und nur gerade von diesem, nicht etwa von der Blüte, ausgehen, denn an der Möhre muß er seine Eier ablegen. Nur von diesem Kraut kann seine Raupe leben. Er sucht hin und her, an einen Botaniker mahnend und doch so ganz anders. Welch eine besondere Stufe der Lebensintensität, wenn wir diesen hin und her gleitenden Falter auf seiner Suche vergleichen mit der still harrenden Lebensform der Bäume, die zwar auch Licht und Nahrung suchen – aber wie gelassen, ohne eine reichere Innenwelt aufzubauen, mit der sie sich auseinandersetzen.

Welche Welt tut sich da auf. Wie viele Lebensbahnen kreuzen sich in den Vogel- und Insektenlauten, die das Grüngewirr unseres Gartens durchtönen und die alle etwas bedeuten! Diese Lauterzeugung und ihre Zuordnung zu Hörorganen ist übrigens viel enger beschränkt als die Beziehung durch Sehorgane und Düfte. Der Naturforscher entdeckt bei der Erforschung der undimensionalen Erlebensform der »Innerlichkeit«, wie in steigender Komplikation aus den Gegebenheiten der Sinnesfunktionen vom Tier innere »Gegenwelten« aufgebaut werden, deren Struktur nicht mechanisches Abbild einer Umgebung ist, sondern spezifischer Neubau auf Grund der gesamten Organisation und daher artverschieden in Qualität und Reichtum. Wir nahen uns als Forscher diesem Problem der Innerlichkeit mit größter Behutsamkeit. So wie etwa der Psychologe sich an die Erzeugnisse der geistigen Arbeit des Menschen hält, wenn er die Gebilde des Mythus als Dokument für die Struktur unserer Innerlichkeit verwendet, so sucht der Naturforscher zuerst durch die vielen

Organe des Sinnenlebens und der Kundgabe ins Verborgene vorzudringen. Er prüft die Arten der Antwort auf wechselnde Situationen und die verschiedenen Weisen der sozialen Verständigung
unter Organismen. Er untersucht die zentralsten Teile des Nervensystems, die man auch als »Gehirn« abgrenzt, und leitet aus
der hier gefundenen Komplikation weitere Schlüsse ab. Er prüft,
was Übung leisten kann, was anderseits vererbte Struktur ist –
damit arbeitet er an einer Problemstellung, die der des Seelenfor-
schers entspricht, die Traditionsgut und genetisch gegebene »Archetypen« zu unterscheiden trachtet. So nähern wir uns schrittweise dem, was über die Arbeitsweise fremder Nervensysteme
vom Naturforscher aus sagbar ist, und es entsteht jenes Wissen,
das man zuweilen als Tierpsychologie zusammenfaßt.
Dieses Studium der tierischen Innerlichkeit hat in den letzten
Jahrzehnten große Überraschungen gebracht. Früher suchten
manche Forscher diese Tatsachen zu verkleinern, entweder weil
sie den Vergleich des Organismus mit einer Maschine nicht nur
als zeitweilig bequemes Bild, sondern als die richtige Deutung
auffaßten, oder aber weil sie die Vorstellung von unserer
menschlichen Größe durch die Verkleinerung des Tiers zu steigern dachten. Heute wissen wir, wie ähnlich in vielem die Innerlichkeit der höheren Tiere der unsrigen ist, wie hoch die Grundlage der sozialen Rangordnungen, die Intelligenz, das Gefühlsleben, in vielen Fällen das einsichtige Verhalten oder ein einfacher
Werkzeuggebrauch und manches andere beim Tier entwickelt ist.
Wir erkennen heute gerade durch die Einblicke in die reichen
Möglichkeiten höheren Tierlebens, daß die Unterschiede, die uns
Menschen über diese Stufe der Tiere erheben, in spezifischen Eigenheiten des Humanen liegen, deren Geheimnis die Forschung
umkreisen, aber wohl nicht lösen wird, in der besonderen Lebensweise, die wir geistig nennen und durch die wir selber ja erst
forschend tätig sind.
Die Gestalten um uns stellen viele Fragen, und die Naturforschung muß viele verschiedene Wege begehen, um die Antworten zu finden. Je reicher die objektiv faßbare Gliederung eines
Naturobjektes, desto mannigfaltigere Forschungsweisen sind nötig, damit die Naturforscher einer Zeit das zu dieser Stunde Sagbare aussprechen können.

II.

Die vielen Aspekte der Naturdinge, für deren Erhellung jeweils
besondere Arbeitsweisen geschaffen worden sind, lassen im Hintergrund auch die Vielfalt der naturforschenden Menschen ahnen!

Dem Bedürfnis vieler genügt freilich oft genug eine einzige sinnfällige Gestalt, ein Zerrbild, das je nach dem Ausmaß von Unver-
stand, Hochmut oder Furcht der Menschen das einemal ein dä-
monischer Alchimist im Dunkeln, dann wieder ein harmloser
Kauz mit Schmetterlingsnetz und Botanisierbüchse ist. Heute ist
es der Mann im weißen Mantel, umgeben von einem unüber-
schaubaren Gedränge von Glasinstrumenten und elektrischen
Leitungen, als moderner Zauberer eine Lieblingsgestalt vieler
Filme! Diesen einen »Naturforscher« gibt es nicht – dagegen eine
weite Skala der Begabungen und Temperamente, verschieden
geartet im Unterschied der Geisteskräfte, vielseitig auch in der
Richtung ihrer Interessen.

Im Laufe der letzten hundert Jahre hat sich ein Wechsel des Na-
mens vollzogen, der wenig beachtet wird, aber gerade darum um
so kennzeichnender, um so aufschlußreicher ist, wenn wir die
verborgenen Wandlungen die bedeutsamen Geschehnisse erkennen wollen, die ja in ihren Wirkungen ebenso wichtig sind wie
die lärmenderen Ereignisse, die man allzu ausschließlich oft als
die »Geschichte« gelten läßt. Diese Wandlung beginnt mit dem
allmählichen Verschwinden des Begriffs der »Naturgeschichte«,
der mehr und mehr verdrängt wird von der Benennung »Naturwissenschaften« oder in einem engeren Sinne von »Biologie«.
Diese Ablösung erfolgt eigenartigerweise gerade in einer Zeit,
wo eine neue Art »geschichtlicher« Betrachtungsweise durch die
Evolutionstheorie stark gefördert wird. Doch ist hier nicht der
Ort, dieser komplizierten Ablösung nachzugehen.

Es folgt aber diesem Wechsel ein anderer, der uns heute näher
angeht: die Verdrängung des »Naturkundigen« oder des »Naturforschers« in der öffentlichen Beachtung durch den »Naturwissenschafter«, eine Substitution, die im deutschen Sprachgebrauch nicht sehr auffällig, aber im englischen und französischen
Sprachgebiet sehr stark betont ist, indem dort »Naturalist« durch
»Scientist«, »naturaliste« durch »scientifique« abgelöst worden

ist. Dieser Wechsel der Worte hat eine tiefere Bedeutung. Er kennzeichnet eine Verwandlung des naturforschenden Menschen oder, genauer noch: eine Verlagerung der allgemeinen Aufmerksamkeit, des öffentlichen Interesses von einem Typus dieses naturforschenden Menschen auf einen andern.

Wir wollen einen Moment den Unterschied bedenken, der diese zwei Typen trennt. Wenn ich dabei vom Biologen spreche, so ist das in Ordnung, denn gerade auf dem Gebiet der Lebensforschung ist der Namenswechsel am deutlichsten, weil Physik und Chemie immer viel eher als die eigentlichen »Wissenschaften« von der Natur galten, die Biologie aber aus der Phase vorwiegend beschreibender Arbeit erst langsam sich der Forschungsart der Physik und Chemie näherte. An diese Annäherung knüpfte sich oft das verhängnisvolle Vorurteil, damit erst werde die Biologie zur eigentlichen Wissenschaft – eine Auffassung, die das verschiedene Wesen der wissenschaftlichen Wege und deren notwendige Vielfalt völlig verkennt und dadurch lange einer sinnwidrigen Hierarchie der Wissenschaften Vorschub geleistet hat. Dem Naturkundigen, dem »Naturalisten«, ist die große Mannigfaltigkeit der Lebensformen gerade in ihrem Formenreichtum wichtig; wie sehr er auch nach allgemeinen Gesetzen strebt, so ist ihm doch in erster Linie die Fülle vor Augen, sie »liegt ihm am Herzen«, eine Redeweise, die wir sehr ernst nehmen wollen, da eben gerade der »ordre du cœur« im Leben dieser naturforschenden Menschen eine große Bedeutung hat. Das Sammeln und Erforschen des Lebens ferner Länder, das Ergründen einzelner Lebenszyklen, die umfassende Bearbeitung großer Formenkreise – all das gibt den verschiedenen Lebensarten Sinn und Ziel. Wer könnte sich Darwins Werk ohne die mehrjährige Reise der »Beagle« vorstellen? Wallaces Studien im Malaiischen Archipel, Bates »Naturalist on the River Amazonas«, A. v. Humboldts »Reise in die Äquinoktialgegenden«, all diese Werke sind die Zeugnisse ausgesprochener Naturkundiger. Eines der bedeutendsten Zeugnisse solcher Arbeitsart sind aber wohl die zehn Bände der »Souvenirs entomologiques« von Jean-Henri Fabre, dem großen französischen Erforscher des Insektenlebens – ein Werk, von dem auch viele Wirkungen auf das künstlerische Schaffen ausgegangen sind und durch welches das Heraufkommen eines neues Naturgefühls mächtig gefördert worden ist.

Die Arbeit des Naturforschers benützt auch das Hilfsmittel des Experimentes – gerade Fabre ist ein Meister in dieser Kunst des biologischen Versuches gewesen –, aber das Experiment bleibt hier immer ein Mittel neben vielen anderen. Ebenso spielt das Laboratorium neben der Arbeit im »Feld« eine untergeordnete Rolle, gilt es doch, das Lebewesen in der Fülle seiner Beziehungen, in seiner natürlichen Umgebung kennenzulernen.

Ganz anders der Naturwissenschafter, der »Scientist«! Sein Ziel ist die Erkenntnis allgemeiner Gesetze, die geistige Bewältigung der Naturformen durch Einsicht in die Grundlagen ihrer Lebensart. Bei solcher Zielsetzung dominiert das tiefer in die Vorgänge des Naturlebens eingreifende Experiment, das Laboratorium ist die Forschungsstätte, und eine verhältnismäßig geringe Auslese von Tieren und Pflanzen ist das Objekt der Arbeit. So sind in den zoologischen Laboratorien die Mäuse und Molche zu eigentlichen Haustieren geworden; so ist die kleine Taufliege Drosophila in wenigen Jahrzehnten zur bestbekannten aller Tierformen avanciert. So kommt es, daß der eine Botaniker sich nur noch mit den Vererbungserscheinungen beim Mais, der andere mit denen des Löwenmauls oder der Wicke abgibt. Hans Spemann, der große Entwicklungsphysiologe, hat ein Forscherleben dem Studium des Molchkeimes gewidmet; T. H. Morgan, einer der bedeutendsten Erbforscher der letzten Jahrzehnte, hat sich so gut wie ausschließlich auf Drosophila beschränkt, um seinen Untersuchungen die höchste Intensität zu geben. Es geht bei dieser Feststellung vorerst nicht darum, zu urteilen, zu bedauern oder zu verwerfen, daß eine solche Einschränkung stattgefunden hat. Die eindrucksvollen und in jeder Hinsicht bedeutenden Ergebnisse, die durch diese Auslese von Forschungsobjekten möglich geworden sind, bezeugen die Wirksamkeit dieses Verfahrens.

Bedenklicher ist ein anderer Umstand, der wenig beachtet wird: daß die beiden Formen des naturforschenden Menschen, die natürlich auch in mannigfaltigen Kombinationen auftreten, heute nicht mehr einfach nebeneinander und gleichgeachtet vorkommen – daß unsere Zeit schon seit geraumer Weile eine Entscheidung getroffen und durch ein Werturteil zugunsten des Naturforschers entschieden hat. Sie hat in einer entscheidenden Zeit die Annäherung der biologischen Arbeit an die physikalisch-chemische Schaffensart als Ziel gesetzt. Damit fällt seit einigen Jahrzehnten schon die Wahl des Zeitalters auf den Wissenschafter, den Scientisten; der »Naturalist« aber wurde zu einer mehr peripheren, jedenfalls zweitrangigen Gestalt, zu einer oft leicht schrulligen, kauzigen, altmodischen Figur, wenn nicht gar zum überlebten Original.

In Verbindung mit dem Machtwillen haben sich die führenden Mächte des Zeitgeschehens die Beherrschung der Naturerscheinungen zum Ziele gemacht – ein Ziel, das in der eigentlichen Wissenschaft nie ein Ende, sondern ein Mittel zur Erkenntnis ist. Nicht nur die physikalisch-chemische Forschung ist in eine Phase technischer Dominanz getreten, wo die praktischen Ziele der Gesellschaft die Verteilung der Forschungsmittel bestimmen – auch aus der Biologie wächst heute eine mächtige Biotechnik hervor, die nicht nur immense Fabriken und Laboratorien hat, sondern auch geistige Werkstätten, wo Schlagworte für politische Zwecke aus der Lebensforschung geprägt werden, Parolen, deren Wirkung uns an das dunkle Problem der politischen Biologie mahnen, an eine Biotechnik der Meinungsbildung, die mit der Niederlage Hitlers nicht verschwunden ist.

Aber dieser Entscheid zugunsten des Scientisten hat noch viele andere Folgen gehabt, von denen hier einige nachteilige genannt seien, da ja die positiven Leistungen der heutigen Naturforschung wohl keines weiteren Lobes und keiner Anpreisung bedürfen. Einmal hat das Suchen nach allgemeinen Gesetzen der Lebensfunktion von der Erscheinung weggeführt zur Erforschung des Unsichtbaren. Die Tiergestalten bieten für dieses Forschen häufig nur noch den »Test«, sie gelten nur noch als Anzeichen für innere Vorgänge, sie sind Manometer ohne Eigenwert! Dadurch ist eine Entwicklung begünstigt worden, die heute zu einer bedenklichen Entwertung der lebendigen Gestalten geführt hat. In einer Zeit, die den Alltag mit Bildern und Filmen von Tieren überschwemmt, weiß der Gebildete mit diesen Erscheinungen weniger als je etwas anzufangen – und der Scientist sagt ihm womöglich noch, daß das Wesentliche, der »Kern« der Sache, das Geschehen im Protoplasma, im Bereich jenseits des Sichtbaren sei. Als wären wir nicht in erster Linie Wesen mit natürlichen Sinnesorganen, denen eine sinnfällige Welt von Gestalten als Heimat mitgegeben ist[2].

Wo aber die biotechnische Gedankenrichtung sich doch noch mit der Gestalt der Lebewesen abgibt, da begünstigt sie stets das Vorherrschen rein utilitärer Deutungen der Gestaltmerkmale. Sie hat damit auch einzelne bevorzugte Gestalten besonders betont, so etwa die Stromlinienkörper der Fische, die ökonomischen Formbildungen des fliegenden Vogels. Wie sehr solche einseitige Beachtung von der kaum faßbaren Vielheit der Lebensformen wegführt und die Natur auf das verstandesmäßig Begriffene reduziert, das wird nicht immer in seiner vollen Tragweite gesehen.

Unsere geistige Beziehung zu den vielen uns umgebenden Naturgestalten ist aber ein bedeutungsvoller Teil unseres Lebens, und für die Wahl der künstlerischen Bilder und Gleichnisse ebenso wichtig wie für die gesamte Formung unseres Erlebens und unseres Ausdrucks. Daher bedeutet jede Bevorzugung einer Geistesarbeit, die von dem sinnfällig gegebenen Gestalten weg ins Unsichtbare hineinführt, neben unbestrittenem Gewinn auch einen Verlust und eine Gefahr für das Ganze unseres Welterlebens. Die Wandlung, die wir eben in der öffentlichen Geltung der verschiedenen Typen des Naturforschers festgestellt haben, muß darum auch einmal in ihren nachteiligen Aspekten bedacht werden, da ja die Gewinne, die sie uns bringt, offen genug vor uns liegen.

Die Entscheidung zugunsten des Naturwissenschafters, des Scientisten, gegen den Naturkundigen ist ein Teilvorgang in einem größeren Geschehen, die Folge einer weit umfassenderen Wahl, die das Abendland seit längerer Zeit vollzogen hat. Es ist dies eine Entscheidung, deren Anfang wohl ins 13. Jahrhundert zurückreicht, in deren Zeichen die Renaissance stand, die aber zu Beginn des 16. Jahrhunderts besonders wirksam wurde. Wer diesen geschichtlichen Ablauf verfolgen will, müßte die abendländische Philosophie und ihre Einwirkung auf die Reformation untersuchen, die Entwicklung des Kapitalismus, der Industrie, der Weltherrschaft auf ihren Einfluß prüfen.

Es ist die Wahl des Okzidents zwischen zwei verschiedenen Methoden der Weltbewältigung, zwischen zwei Arbeitsweisen des Geistes, die im vollwertigen Menschen miteinander in Harmonie wirken sollten.

Die eine dieser Arbeitsweisen mag als die *theoretische Funktion* bezeichnet werden: das Überwiegen der logischen Verstandeskräfte des Denkens, die Dominanz der mathematisch-physikalischen Methoden. Die andere arbeitet mit nicht analysierten Sinneseindrücken, wird stark vom Gefühlsleben bestimmt und durch Entsprechungen sinnenmäßiger Art beherrscht; sie schafft mit Farben, Formen, Düften und Tönen: nennen wir sie kurz die *ästhetische Funktion*. Manche Völker des Ostens haben sich für die Dominanz dieser letzteren Arbeitsart entschieden und so eine reiche und reine Naturdeutung, aber nicht eine Naturwissenschaft hervorgebracht. Der Okzident dagegen hat dem Wirken der theoretischen Funktion den Vorzug gegeben und damit einen folgenschweren Entscheid getroffen, der besonders für die Förderung der Naturwissenschaft den Ausschlag gegeben hat.

Die Einheit des Menschen ist aber stets so mächtig, daß sich die beiden Hauptfunktionen der geistigen Lebensbewältigung nie ganz trennen lassen. Wir meinen daher mit der »Wahl« des Ostens oder des Westens nur ein bewußt gepflegtes Vorwalten der einen Funktion über die andere. Aber anderseits hat die Entscheidung des Okzidents so mächtig die eine theoretische Komponente gefördert, daß auf vielen Gebieten und für viele Menschen die Atrophie bedeutender ästhetischer Funktionen eingetreten ist[3].

Die Rolle der theoretischen Funktion in unserem Leben wird weiter gesteigert werden. Wir werden nicht jenes Klagelied anstimmen, das dieses Denken und seine Möglichkeit verurteilt. Die mit der theoretischen Leistung verwirklichte geistige Entlastung in der Weltbewältigung durch Begriffe sowie die Beherrschung von Naturvorgängen bieten Möglichkeiten, die zu Verderben, aber auch zu Gedeihen gewendet werden können. Diese theoretische Funktion wird auch weiterhin an einer Stärkung des bewußten Lebens, des Ich, wirken. Und eine solche Festigung des Ich ist eine Voraussetzung einer höheren Stufe des menschlichen Lebens, nach der wir trachten.

Aber nun wird auch ein notwendiger Ausgleich sichtbar: die Festigung dieses bewußten Ich kann nur echte geistige Größe, volle humane Spannung verwirklichen helfen, wenn auch die Möglichkeiten für die Erregungen des kaum bewußten und unbewußten schöpferischen Grundes gesteigert werden. Zu diesem Ziel gibt es unter vielen anderen einen Weg, den auch die Naturforschung erschließen hilft; es ist der des intensiven Wirkenlassens der lebendigen Naturgebilde, in denen das Weben des unbewußten Lebens besonders reich und groß vor uns ist. Durch diese Entfaltung einer der möglichen Wirkungsweisen der organischen Naturgestalten auf uns erschließt Naturforschung eine Quelle der Freude, damit auch der Erregung und Bewegung des schöpferischen Grundes. Dadurch wird Forschung zur Quelle eines Wissens, das nicht dem Beherrschen dient, sondern der reicheren, innigsten Teilhabe am größeren Sein.

Wir sind durch diese Betrachtung über die ästhetische Funktion vom Naturforscher weggeführt worden. Doch nur scheinbar, denn bald werden wir seine Bedeutung in einer ungewohnten Rolle erkennen.

Es geht uns zunächst um verborgene, zu wenig beachtete Wirkungen der Welt des Qualitativen, des sinnlich Ergriffenen, der ästhetischen Funktion. Es geht um die intensive Förderung des schöpferischen Grundes in uns, wie sie Leonardo da Vinci gesehen hatte, als er den Malern empfahl, die Struktur von Felsstükken, diese nicht vom Menschen geschaffene rätselhafte Ordnung, dieses anscheinende Chaos, zum Anregen der Phantasie auszuwerten. Diese Auswertung von Erregungsquellen des Unbewußten ist im Fernen Osten von jeher sehr viel intensiver geschehen als bei uns. Wer immer nun Pflanzen und Tiere nicht nur vage als Erscheinungen auf den empfänglichen Sinn wirken läßt, sondern das Leben dieser Gestalten in seiner vollen Sinnesfülle, in seiner formalen, duftenden, tönenden und geformten Fremdheit erlebt, der bereitet den Boden vor für intensivste Befruchtung aller verborgenen Schaffenskräfte. Wer aber die Vielfalt des uns umgebenden Lebens in vertieftem Einblick durch wirkliches Wissen kennengelernt hat, der ist auch stärker gerüstet für das Aufspüren und Erkennen der ebenso gewaltigen innerlichen Vielfalt unseres eigenen geistigen Lebens.

So gibt uns etwa die Erforschung des Naturlebens – um nur ein Beispiel herauszugreifen – die befremdliche Kunde von der eigenartigen Hochzeit der Spinnen oder der Gottesanbeterinnen, deren Weibchen nach vollzogener Begattung den männlichen Partner als Beute verzehren. Die Kenntnis dieser erregenden Vorgänge, die vor allem durch J. H. Fabres Darstellung einem weiteren Kreise zugänglich geworden sind, hat vielerlei, zum Teil verborgene Wirkungen gehabt. Sie hat nicht allein den Geist von

Maurice Maeterlinck tief beeinflußt, sondern sie äußert sich heute wieder im Schatten der surrealistischen Maler und bei den Theoretikern dieser Bewegung. Uns geht es im Augenblick nicht darum, zu fragen, welche Beziehung dieses Geschehen im Insektenleben mit manchen mythischen Vorstellungen des Menschen verbindet. Dem Biologen liegt es daran, durch die Kenntnis der sonderbaren Naturvorgänge den Sinn für das in uns selber Verborgene und Fremde zu stärken, uns zu rüsten für die Erkenntnis des Ungeheuren, das in unserm eigenen Innern am Werk ist und das zu deuten und zu bewältigen eine unserer Lebensaufgaben ist. Vom wirklichen Einblick in das erstaunliche Leben um uns, von reicher Kenntnis dieses Geschehens wird immer eine stark befruchtende Wirkung auf die verborgenen Schaffenskräfte in uns ausgehen. Lebenssteigernde Macht geht von den Naturdingen aus, wenn wir zu ihnen eine volle Beziehung mit allen Mitteln unseres Geistes suchen.

Wir stehen noch unter dem Eindruck der Schilderung von Dr. J. Layard[4], der uns in die Geisteswelt der Menschen von Malekula eingeführt hat, in eine Welt, wo die bleichen Schalen der Riesenmuschel Tridacna, die spiraligen Eberzähne, die weißen Scheren der Strandkrabben in eigenartiger Entsprechung Symbole des zu- und abnehmenden Mondes sind; in eine Welt, wo Luftwurzeln und Lianen tieferen Sinn für den Menschen haben und die Geschöpfe eine geheimnisvolle Sprache zu uns reden – wie es in einem unserer uralten Märchen am Anfang heißt: »Zu einer Zeit, wo alle Laute noch einen Sinn und eine Bedeutung hatten.« Wir stehen noch unter dem Eindruck, daß diese Welt, diese Denkweise nicht »primitiv« ist im Sinne einer zu überwindenden Kindheitsphase, sondern zutiefst »primär«, allgemein human und lebensspendend, »anders«, aber nicht »einfach«. Dieses Geistesleben steht unter der volleren Wirkung jener Komponente, die eben als »ästhetische Funktion« bezeichnet worden ist, und die Teilhabe an ihrem reichen Weben, wie sie uns Dr. Layard geschenkt hat, erfüllt uns mit tiefer Sehnsucht, die wir nicht in uns betäuben sollten.

Unser Weg kann aber nicht eine radikale Wendung zum Irrationalen sein. Diese Wendung ist ja in jüngster Zeit von vielen vollführt und gepriesen worden. Sie hat unter anderem zu der bedeutungsvollen Bewegung des Surrealismus geführt, die ja in ihren letzten Absichten weit mehr sein will und auch ist als eine »Richtung« im künstlerischen Schaffen und die eine völlige Wandlung der geistigen Haltung erstrebt. Nicht umsonst spielen in ihr die Kulturleistungen der auf ästhetische Funktion vertrauenden Völker eine große Rolle. Ich sehe im Surrealismus eine große, wichtige Bewegung[5], die aber durch eine erfassendere Geistesarbeit überwunden und fruchtbar gemacht werden muß. Der Kulturweg des Abendlandes ist durch die mächtige Entfaltung der theoretischen Funktion unseres Geisteslebens bestimmt. Doch führt er uns zur geistigen Sterilität, wenn wir nicht von einer andern als der theoretischen Ordnung geistiger Weltbewegung, nämlich von einem »savoir par cœur« unsere Arbeit befruchten lassen, wenn wir nicht der vernachlässigten ästhetischen Funktion neue reiche Nahrung zuführen. Nur so kann die Spannung unseres verborgeneren, unbewußten Lebens in einem Maße gesteigert werden, das der Erhöhung der bewußten Seite unseres Geistes entspricht. Wir brauchen all unsere geistigen Fähigkeiten, um den umfassenderen Menschen zu formen, der das Ziel der wahren Menschwerdung in jedem Einzelleben sein muß.

Unter den vielerlei Wegen zu diesem Ziel ist auch das Wissen von der Natur, das man mit einem heute aussterbenden Worte »Naturkunde« nennt. Und solches Wissen verdanken wir vor allem jener besondern Variante des naturforschenden Menschen, den wir vorhin als den »Naturalisten« dem Scientisten gegenübergestellt haben. Es ist die vornehme, große Aufgabe des Naturkundigen, durch Vermittlung und Erschließung des Reichtums der Lebensformen jene Quelle der verborgenen Induktionen zu schaffen, jene Möglichkeiten der Befruchtung, die im unbekannten Bereich der schöpferischen Prozesse in uns geschehen müssen, deren Fülle und Art das Werden des umfassenden, volleren Menschen abhängt und die wir doch nur begünstigen, nicht »provozieren« können.

Die Naturforschung, wenn sie uns wirklich die ganze Weite der Erscheinungen vermittelt, zeigt uns das nie genug bedachte Faktum von Regel und Ordnung in den gegensätzlichen Bereichen: geordnet erscheint ebenso das Schöne wie das Schreckliche, die Giftwaffe, die Verstellung, die täuschende Maske, wie die Fähigkeit zur Hingabe an das größere Leben der Art; geordnet ist das Blühen wie das Vergehen, das Leben des Parasiten geradeso wie

Blatt der wilden Möhre

Wie viele selige Stunden ruft das einfache Bild des Möhrenblattes in mir herauf! Blättersammlungen aller Art waren doch früh schon eine Quelle von Freude und neuer Erfahrung und ein vielseitiger Anfang des Erlebens und Bedenkens von Formproblemen. Wie gut besinne ich mich auf die jugendlichen Denkersorgen ob der Herbstpracht der Blattfarben: da war doch die erste große Begeisterung ob der Möglichkeit streng kausal-ana-lytischer Forschung – da war zugleich das gewaltige Spiel unseres Gefühls, das Auge und Gemüt zu einem ganz anderen Umgang mit den Gestalten der Natur führt und das doch auch ein Glied der Wirklichkeit ist. Dazu kam später das Auffinden von verschiedenen Altersformen der Blätter, der Fund, daß vom ersten bis zum letzten Blatt in der Folge, die eine ein-jährige Pflanze in ihrem Wachstum erzeugt, sich so oft eine konsequente Wandlung der Blattgestalten zeigt – die Entdeckung also, daß es in die-sem kurzen Leben der Pflanze ausdrucksstarke Varianten der Form gibt, die Zeugnis sind eines besonderen Lebensmomentes dieses stillen Daseins.

Wer kann in gesammelter Ruhe und in innerster Beteiligung das Bild die-ses Blattes aufnehmen, ohne die Steigerung der Form zu erleben, die von der Spitze zur Basis eintritt, die sich auch äußert in der Vergrößerung des Spreizwinkels und die aus dem ganzen Blatt ein so mächtiges und doch im Gleichgewicht gehaltenes inneres Kräftespiel zu uns sprechen läßt? Vielleicht wird im besinnlichen Anschauen einer solchen Einzelform et-was davon spürbar, was mit »Selbstdarstellung« gemeint ist, von der in diesem Buche da und dort die Rede ist.   (Phot. Tet A. von Borsig)

das seines Wirtes. Wir begegnen dem technisch Zweckmäßigen wie dem unverständlichen Übermaß. Wir treffen auf einen großen Reichtum an Stufen von gesteigerter Innerlichkeit, von sehr verschieden intensiver Gestaltung einer Gegenwelt durch die besondere Struktur der Organismen – und wir finden alle diese Stufen in einer relativen Harmonie mit ihrer Umgebung.

Durch stete, immer erneute Vertiefung in diesen Reichtum voller Gegensätze wird unser Geist immer stärker gerüstet für die ihm einzig angemessene Arbeitsweise der Berücksichtigung vieler Tatsachen, vieler Ansichten eines Gegenstandes, vieler Standorte. Wir werden bewahrt vor allzu einseitiger, vorschneller Verallgemeinerung auf Grund weniger, einseitiger Sachverhalte. Wir erlernen das wunderbare, schöne Handwerk des Wahrnehmens und Verarbeitens von feinen Nuancen. Klare, eindrucksstarke Erfahrung an einer großen Fülle der Außenwelt ist eine der Vorbereitungen für ein vertieftes Verstehen des unbewußten Lebens überhaupt, damit auch des so schwer faßbaren und so dunklen Geschehens in unserem Seelenleben. So webt denn die breite Kenntnis des Naturkundigen einen besonderen Einschlag in das Lebensgefühl des empfänglichen Menschen.

Solches Erfahren des Naturlebens führt aber auch an die Grenzen des Sagbaren. Es führt zur verborgensten Erfahrung von der Trächtigkeit des Geheimnisgrundes, der in allem um uns wie in uns selber am Wirken ist. Gerade durch die Fremdheit der Naturdinge, durch den Einblick in Lebensarten, die fern von uns sind, wird die über jedes Verstehen hinausgehende erregende Wirkung aller Lebensformen gewaltig gesteigert und der Geist gefestigt für den Blick in die Abgründe in uns selber.

Diese Wirkungen gehören mit zu den großen Aufgaben der Naturforschung, wenn diese ihren Sinn für das Ganze des menschlichen Lebens nicht vergessen will. Aber solche tiefe Wirkung kann nicht im schwärmerischen Anschauen der Lebensformen erreicht werden, sondern nur dadurch, daß die Erschaffung des Wissens durch den Forscher, die Übermittlung desselben und das Nachschaffen im Aufnehmenden in umfassender, selbstvergessener Hingabe, in tiefem Ernste gegenüber der fremden Natur erfolgt. Nur aus dieser Hingabe und diesem Ernste kann die gesteigerte Induktion im Unbewußten, die Befruchtung des Schaffensgrundes in uns, wirksam werden. Nie wird sich an romantischem

Schwärmen allein dieses verborgene Geschehen entzünden –
dazu bedarf es des Werkes von Forschern, deren volle Hingabe
und eigene Größe des Gestaltens den Geist der Teilnehmenden
zu bannen vermag. Nur durch solche Werke kann im Mitformen-
den, im Leser, die volle freie Stimmung des Ernstes entstehen, die
eine Voraussetzung für alle Erregung des schöpferischen Grundes ist. Freilich, das Entstehen solcher Werke setzt ein reiches
Erleben, setzt ein kräftiges Mitweben des tieferen, verborgenen,
wenig bewußten Geisteslebens voraus.

Daher sind denn auch die Werke gar selten, von denen solche
Wirkungen auf den empfänglichen Leser ausgehen. Wir wollen
nochmals an die großen Reisewerke Alexander von Humboldts
erinnern sowie an seine »Ansichten der Natur«. Auch ein Werk
wie das von J. J. Audubon über die Vögel Nordamerikas gehört
zu diesen Leistungen. Aber wohl eines der reichsten unter allen
diesen Erzeugnissen der Forschung bleiben vorderhand die
»Souvenirs entomologiques« von J. H. Fabre, deren zehn Bände
den unerhörten Ertrag eines langen Lebens darstellen und die als
das Werk eines großen Künstlers erscheinen müßten, wenn nicht
daraus die Leistung des Forschers noch eindringlicher zu uns
spräche.

Ich habe ausgiebiger von der Bedeutung, vom Wirken dieses Naturkundigen gesprochen. Es ist an der Zeit, noch einmal daran zu
mahnen, daß die Ausschließlichkeit unserer Darstellung nur darauf beruhen kann, daß die Bedeutung des anderen Extrems, des
Scientisten, heute kaum zu schildern notwendig ist. Nur vor diesem Hintergrunde einer allgemeinen Anerkennung der Rolle des
Naturwissenschafters darf und möchte ich das Augenmerk auf
eine Variante des naturforschenden Menschen lenken, deren
Aufgabe *anders,* aber nicht weniger bedeutungsvoll für die
Geistesentwicklung des Menschen ist. Es ist nicht unsere Absicht,
eine Trennung, ein Entweder-Oder, wie es zeitweilig stark gefördert worden ist, durch die übersteigerte Wertung des einen Typus
zu bestätigen und zu vertiefen. Wir wünschen heute nicht einfach
den Naturkundigen im Gegensatz zum Naturwissenschafter. Unsere Hervorhebung suchte vielmehr den Blick auf eine vernachlässigte Funktion der Naturforschung zu richten. Da die technische Komplikation und der Zwang zur weitgehenden Spezialisierung sich weiterhin steigern werden, so wird wohl zwangsläufig

eine große Zahl von Naturwissenschaftern entstehen, die extreme Fachleute, Spezialisten, sein werden. Als Gegengewicht zu dieser Entwicklung ist die Förderung der anderen Arbeitsweise, die wir die des Naturkundigen genannt haben, eine wichtige Aufgabe und verdient die Aufmerksamkeit aller, die am geistigen Leben inneren Anteil nehmen. Das zu erstrebende Hauptziel ist aber die Ausformung des naturforschenden Menschen zu einem harmonischen Bewußtsein seiner vollen Funktion: der Mehrung unseres Wissens um die Naturdinge und die Vermittlung umfassender, reicher Bilder größerer Naturbereiche.

Damit setzen wir ein Ziel, das eine weitere Geltung hat als nur für den naturforschenden Menschen. Denn die umfassende Funktion des Naturforschers, von der wir eben sprachen, kann ja nur erkennen, wer vom Menschen groß denkt; es kann diese Leistung nur verwirklichen, wer die weite, geheimnisvolle, innere Welt, die Größe des unbewußten Schaffensgrundes ahnend erspürt, wer weiß, daß erst durch dieses verborgene Wirken die äußeren Dinge in unserer Welt ihren Platz und ihre Bedeutung erhalten.

Dieses umfassende Bild vom Humanen zu formen, das ist aber die Aufgabe, die uns hier zu gemeinsamer Arbeit im »Eranos« zusammenführt. Weite, Tiefe und Gestaltenreichtum unserer geistigen Welt zu erfahren, den Abstieg in die Gründe des wenig oder kaum Bewußten zu wagen, die großen symbolischen Formen zu ergründen, mit denen das verborgenste Menschliche das Geheimnis des Lebens zu bewältigen sucht – das ist ja das ernste Streben unseres Zusammenseins. Im Streben nach diesem Ziel hat aber der naturforschende Mensch größere Aufgaben, als viele vermuten, wenn sie nur an die bekannteste und weithin anerkannte Rolle der Naturwissenschaft denken.

Es sind polare Aufgaben, die ich sichtbar zu machen versuchte. Die eine Funktion richtet sich auf die Stärkung der bewußten Weltbewältigung und damit des Ich; sie dient der Entlastung durch Einsicht in allgemeine Regeln, aber auch der Herrschaft über die Naturvorgänge. Die andere Leistung aber steigert durch Einblick in die sinnfällige Vielfalt die weniger oder kaum bewußten Spannungen und fördert damit das unbewußte geistige Leben, entsprechend dem Wachsen der bewußten Sphäre im Leben des einzelnen.

Und so schließt denn unsere Umschau noch einmal mit dem Blick in diesen Garten, den unsere ahnende Sprache so versprechend »das Freie« nennt. Über die Blumen und Falter, über die Bäume dieses gehegten Bezirks geht unser Blick weiter, hinaus in das Unfaßbare der großen, der wilden Natur. Die lebendigen Gestalten, denen wir dort begegnen, mögen heimlich wirken in uns und uns dadurch die Kraft geben zur ewigen Aufgabe des Menschen: im wuchernden Urwald unserer Seele das stete schwere Werk des Gartenbaus zum Rechten zu lenken, so daß wir auch in uns selber, in diesem heimlichsten Garten, uns im Freien fühlen.

1 Siehe L. Bertalanffy, Das Gefüge des Lebens, Leipzig 1937.
2 Siehe A. Portmann, Die Tiergestalt, Verlag Reinhardt, Basel 1948.
3 Über die Bedeutung der theoretischen und ästhetischen Funktion siehe auch R. M. Holzapfel, Welterlebnis I, Jena 1928; F. S. C. Northrop, The Meeting of East and West, New York 1946; vor allem aber H. Read, Education through Art, London 1943, und H. Read, The Grass Roots of Art, New York 1947.
4 Siehe J. Layard, Eranos-Jahrbuch XVII, 1948.
5 Siehe auch A. Portmann, L'art dans la vie de l'homme, in: Un débat sur l'art contemporain, IIIe Rencontres Internationales de Genève, Neuenburg 1948.

Mythisches
in der Naturforschung

I.

Entzauberung der Welt – das ist immer wieder als eine große Rolle der Naturforschung gesehen worden; hier vielleicht mit Stolz über die besiegte Primitivität, dort dagegen voll Wehmut im Gedanken an die Größe und Schönheit der überwundenen Bilderwelt.

Man wird es verstehen, wenn der Biologe zunächst von *dem* Aspekt der Beziehung Mythus und Naturforschung spricht, der im wissenschaftlichen Denken unserer Zeit dominiert und oft genug ausschließlich gesehen wird. Entzauberung der Welt – das ist Überwindung der Mythen. In der allgemeinen Auffassung begegnet daher das Mythische dem Naturforscher als Hemmnis der wissenschaftlichen Welterfahrung. Wir wollen Größe und Macht dieses Hindernisses von Anfang an nicht gering einschätzen – nicht nur um die Leistung der Überwindung durch die Naturforschung recht bedeutend zu sehen –, sondern auch um die Einsicht vorzubereiten, daß dies mythische Schaffen einer Grundkraft des Humanen entspringt, deren Bedeutung noch nicht voll erkannt wäre, wollten wir an ihr nur das Hindernis der Naturforschung sehen, das epistemologische Hindernis, wie es G. Bachelard einmal hervorhebend genannt hat.

Um dies Hindernis kennenzulernen, wollen wir in einem geistigen Grunderlebnis die in unserem Fall bedeutsamen Möglichkeiten des menschlichen Verhaltens kennenlernen. Wir beobachten als Beispiel den Drang nach Überwindung der Schwere; wir beachten das geistige Schaffen bei der Erfüllung unserer Ur-Sehnsucht, des Fliegens.

Fragen wir irgendeinen Zeitgenossen nach einem bildhaften Ausdruck des Flugs, nach dem Urbild des Fliegens – so wird ganz gewiß sogleich der Vogel genannt werden.

Die Sicherheit, mit der diese Ernennung des Vogels zum Urbild des Fliegers erfolgt, zeugt für das Vorwalten alles Rationalen, alles wachen Taglebens in unserer Kultur.

Und doch müßte eine wahrhaft objektive Biologie des Menschen sich sogleich gegen diese erste Deutung auflehnen. Wäre das Wissen um den ganzen Menschen und sein typisches Verhalten verbreiteter, als es ist, so müßte uns sogleich gegenwärtig sein jene ganz andere Art des Fliegens, jenes Urerlebnis des Flugs, das uns allen vertraut ist, von uns allen geübt – uns allen im wahren Wortsinn »selbstverständlich« und fraglos gegeben ist: der Traumflug des aufrechten Schwebens, des zeitweiligen Abstoßens mit dem Fuß; der schwerelos eilende Flug des Jugendtraums. Das ist der Flug der homerischen Götter, der von Pallas Athene, der des Hermeios. Nicht umsonst bindet sich der göttliche Flieger nicht etwa Flügel an, sondern »die goldnen ambrosischen Sohlen, womit er über das Wasser und das unendliche Land im Hauche des Windes einherschwebt«. Wie selbstverständlich verschafft die mythische Physik sich das gerade solchem Schweben adäquate Instrument, den Flügelschuh, der dem Fuß als dem paradoxen Flugwerkzeug entspricht.

Die meisten pflegen das hinzunehmen; sie haben solche Phantasien den »dichterischen Bildern« zugeordnet, als etwas vielleicht im Grunde ein wenig Minderwertiges – und sie fragen sich darum kaum, wieso denn solche Bilder hingenommen werden, warum man sie in uneingestandener Weise doch glaubt.

Wir glauben dies Bild auch heute noch und werden es immer glauben – inniger und tiefer, beglückender freilich, wenn wir um sein wahres Wesen tiefer wissen. Wir glauben dies Bild, weil es das Erlebnis aller Menschen gerade in ihrer erlebnisstarken Jugend und der ersten Vollreife ist und weil es dadurch eine undiskutierte Realität und Würde hat. Es ist der Flug jener Erlebnisweise, die wir im Kontrast zur rationalen die *imaginierende* nennen wollen; es ist der Flug jener dunkleren Erlebenshälfte unseres Daseins, der Nacht und des Traumes, von der die rationale Denkart nur allzu leicht absieht.

Wir rühmen uns der wissenschaftlichen Objektivität. Wäre sie immer so redlich, wie man es oft wahrhaben will, so würde dieses traumhafte Flugerlebnis ernster genommen, als es meist geschieht – wir würden einsehen, daß es sich hier um eine Antwort auf einen ererbten Drang handelt, die für uns so zentral und entscheidend ist wie die andere, die wir ganz ernst nehmen: es ist eine Antwort jener Seite unseres Wesens, der das Größte des künstlerischen Schaffens entspringt, der eine gewaltige Tätigkeit des

Geistes ihre Nahrung, ihre Fülle verdankt. Wir würden bei wahrhaft objektiver Haltung die herrliche mythische Erfindung des fliegenden Götterboten Hermeios als den tiefen Ausdruck einer besonderen Art menschlicher Weltbewältigung achten.

Wie anders das zweite Flugbild, das in der Ikarussage Gestalt gewonnen hat! Hier ahmt der Mensch in geistigem Ringen den als tüchtiger erkannten Vogel nach, den wirklichen Flieger des Tages, dem wir im halbwachen Sehnen so oft nachfliegen, von dem wir uns im Tagleben in die Weite mitnehmen lassen. Der Vogelflügel erscheint in dieser Ikarussage und mit ihm viele technische Prozeduren des Homo faber. Niemand wird behaupten, daß nicht auch dieses Bild zu hoher dichterischer Gewalt geformt sei; aber es entstammt einer anderen Sphäre der Welterfahrung, es entstammt der technisch-intellektuellen Bemächtigung. Die Ikarussage ist das Flugbild des Tagtraums, der wissenschaftlichen Rationalisierung nahe. Aber auch sie arbeitet noch immer mit den Mitteln des imaginierenden Erlebens: sieht sie doch eine einfache Entsprechung von Menschen- und Vogelflug. In dieser Form wird das urtümliche bildhafte Erleben ein Hindernis des technischen wissenschaftlichen Erfindens. Erst als die Forschung in mühevoller Entwicklung des wissenschaftlichen Gedankens vom schlagenden Flügel hatte absehen lernen – erst als sie den Vogelflügel eigentlich vergessen hatte und von ihm nur noch die Tragfläche des Kinderdrachens übrig war –, erst da war die allmähliche Erfindung des Flugzeugs mit dem Explosionsmotor überhaupt möglich.

Den Nachttraum des Schwebefluges mußte die Forschung kaum ernsthaft überwinden. Der Tagtraum des Ikarusflugs aber bot das »Hindernis« in mächtigster Weise: die Kämpfe um die Überwindung dieses imaginativen Hindernisses werden wohl zu wenig beachtet, weil unsere Darstellungen am liebsten die Bewegung des rationalen Denkens in reinem Aufstieg bieten und höchstens soziale Widerstände als dramatische retardierende Momente gelten lassen. Erst die völlige Überwindung des Ikarusbildes ermöglichte das Fliegen: nicht umsonst sehen die ersten seltsamen Gitterkästen, die sich mit Motoren in die Luft erheben, allem ähnlicher als einem Vogel. Ganz andere Forderungen – nämlich die Anpassung an höchste Geschwindigkeit – haben dann viel später sekundär erst wieder eine Vogelform des Flugzeugs geschaffen.

Das Problem des Fluges führt uns zur Beachtung zweier extrem verschiedener Quellen menschlichen Geisteslebens, deren stetiges starkes Wirken uns immer vor Augen sein muß: das unabsehbare Weben der Imagination und die Erfahrungsart des rationalen Denkens. Diese zwei Erfahrungsweisen stehen in polarem Gegensatz; sie sind beide stete Glieder des Humanen – wir müssen sie daher in der Spannung ihrer Gegensätzlichkeit ernst nehmen und dürfen nicht die eine oder die andere als die wertvollere, als die zu bevorzugende gelten lassen.

Die Gestaltung des Welterlebens in mythischen Formen ist ein Ausdruck jener primären geistigen Aktivität, die wir eben die imaginierende genannt haben. Wir wollen bei dieser Bezeichnung bleiben, um den Akzent auf die sinnenerfüllte Wirkweise der Imagination zu setzen. Wir meinen mit Imagination die voll sinnenhafte Art unserer Innerlichkeit, nicht jene blassere Variante, die oft mit dem Begriff »Vorstellung« verbunden ist. Das Wort rückt zwar den visuellen Vorgang an die erste Stelle; doch wollen wir darob die schaffende Macht der Laute, der Töne und der Gerüche, des Geschmacks, des Schmerzes oder der Wollust, auch die Macht der Erlebnisse des Widerstandes, der Schwere nicht verkennen, welche alle in dieser Imagination mitarbeiten. Wir denken daran, daß diese Haltung die früheste in jeder Individualentwicklung ist, daß sie für lange Jahre der Kindheit unsere Innerlichkeit beherrscht und alles primäre Welterleben entscheidend dominiert. Sie nimmt das ursprüngliche Erleben der Sinne hin als direkte und elementare Erkenntnisquelle. Sie baut ihre Wahrheiten auf aus Komplexerfahrungen aller Sinneseindrücke und der erblich vorgegebenen Strukturen. Dieser Erfahrung ist »Weiß« eine elementare, *einfache* Tatsache – immer wird sie es so und nicht anders erleben. Stets wird sie daher in Konflikte geraten, wenn sie ihre elementaren Erlebnisse als »Elemente« einer physikalisch-chemischen Wissenschaft ansieht und ausgibt. Das imaginierende Gestalten ist zugleich die Schaffensform, die Erlebensart des Traums, des tiefen Traumlebens wie der vagen Träumerei in allen ihren künstlerischen und anderen Nuancen.

Neben dieser Erlebensart geht die andere von Anfang an einher – zwar wenig sichtbar in ihren Wirkungen in den ersten Lebenszeiten, aber mächtig arbeitend im Verborgenen und jenen großen Durchbruch vorbereitend, der schon um das Ende des ersten

Jahres nach der Geburt das klare einsichtige Verhalten zu einem bleibenden macht. Diese zweite Funktion, die wir die rationale nennen wollen, begleitet die imaginierende mit verschiedener Stärke. Was die Typenlehren hervorzuheben trachten, das ist unter vielem anderem gerade auch das Mehr oder Minder, die Dominanz des Imaginativen oder Rationalen und deren Mischungsgrad. Daß in der Pubertät das rationale Denken besonders mächtig aufkommt und das Märchenalter ablöst, das ist uns aus der Krisenhaftigkeit dieser Periode in unserer Zeit und gerade in unserer okzidentalen Kultur wohl vertraut.

Beide Schaffensweisen sind dauernde und wesentliche Glieder der Totalität des Menschlichen. Wehe dem, der die Bedeutung der einen oder der andern dieser Gewalten verkennen wollte. Im Flugtraum liegt die reine, nächtliche Quelle mythischer Gestaltung – so wie im wissenschaftlichen Erfinden der klare Ursprung aller der Organerweiterungen ist, die wir Maschinen nennen.

Aber zwischen den beiden Extremen, in denen sich geistige Grundkräfte relativ rein, gesondert äußern, liegt ein Reich, wo das Wirken der Imagination noch Mythen schafft, in denen aber auch den rationalisierenden Momenten eine wichtige Rolle zukommt. Wir sind hier in einem Gebiet des Geisteslebens, in dem das Mythische sehr oft als ein Hindernis der Verstandesarbeit auftritt und als solches überwunden werden muß.

Insofern als die Ausschaltung des freien Wucherns imaginierender Erlebensart eine Voraussetzung und ein geschichtlicher Vorgang in jedem Forschungsfelde ist, so darf auch – aber nur in diesem forschungsgeschichtlichen Zusammenhang – die imaginierende Haltung der rationalen als »vorwissenschaftlich« entgegengestellt werden. Soweit sich diese imaginierende Haltung fälschlich als eine »wissenschaftliche« gibt, nehmen in ihr »Meinungen« die Stelle echter »Kenntnisse« ein, und Entsprechungen des sinnlichen Erlebens stiften Verwandtschaft. Der Wal ist in diesem Denken ein Fisch; die Korallen sind Steinpflanzen, Lithophyten – weil es doch zwischen Mineral- und Pflanzenreich Übergänge, Stufen geben muß. Und die Seeanemonen nehmen dieselbe Stellung des Bindegliedes zwischen Pflanzen und Tieren ein. Zoophyten sind sie, Pflanzentiere: in der einen Sprache liegt der Akzent mehr auf dem Vegetabilischen, in der andern auf dem Animalen – aber entscheidend ist die Zwischenstellung. Nicht umsonst geht eine solche Stufenleiter, wie sie Charles Bonnet im 18. Jahrhundert gibt, bis zu Cherubim und Seraphim.

Wir kehren zurück zum Verhältnis von rationalem und imaginierendem Erleben – zu dem Verhältnis, das für den wissenschaftlich Arbeitenden zentral ist.

Jede rationale Arbeit gelangt in Zonen, wo ihr Werkzeug sich als unzulänglich erweist. Der Naturforscher wird zwar keine absoluten Grenzen anerkennen, sondern stets nur vorläufige. Niemand weiß, durch welche Entdeckungen die Erweiterung der Arbeitsmethoden möglich wird und neue Horizonte sich öffnen werden. Wo aber die augenblicklichen, relativen Grenzen erreicht sind, da geschieht, oft unbeachtet, immer wieder eine seltsame Wandlung: Unbemerkt nimmt die imaginierende Funktion den Griffel in die Hand und schreibt den Text auf ihre Weise weiter, in ihrer Sprache, in der Ausdrucksform der Bilder. Da tritt dann eine rätselvolle »Entelechie« auf, oder es wird als schöpferische Macht ein »élan vital« eingeführt, Erfindungen, in denen die Sprache, selber dem Imaginierenden entstammend, dem suchenden Geist zu Hilfe kommt, Erfindungen, die einem alles Rationale übersteigenden Bereich entstammen. In solchen Äußerungen tritt besonders oft – und besonders leicht offenbar – an Stelle der unmöglichen exakten rationalen Aussage das uralte Bild des mütterlichen Urgrunds, das mythische Bild der formenden Mutter. Es löst die Spannung durch die innere Größe, die bergende Wärme, die ruhige Milde, die für uns alle wie zu Urzeiten diesem mythischen Bilde entströmt: dem großen, uralten Bild von der mütterlich schaffenden Natur.

Wir wollen dabei nie vergessen, daß unsere Sprachen in ihren mächtigsten Ausdrucksformen alle der imaginativen Welt entstammen, daß sie ihren primären vollen Ausdruckswert in dieser Sphäre haben. Deshalb ist ein Teil des Kampfes zwischen Naturwissenschaft und mythischer Gestaltungsweise auch ein Ringen um das Darstellungsmittel, in dem die rationale Gestaltung in ihrer extremen wissenschaftlichen Form als das Spätere, als der gewaltsame Usurpator auftritt, der sich des reichen Instruments der imaginierenden Sprache zu seinen besonderen Zwecken bedient und dabei gar oft von der Macht dieses Instruments, das so sehr unserem tiefsten Unbewußten angemessen ist, überwältigt wird. Die Geschichte der Naturforschung ist erfüllt von solchen Kämpfen gegen die mythischen Komponenten geistigen Formens, von Kämpfen, die der langwierigen, mühevollen Überwindung dieser Hindernisse des imaginierenden Erlebens gelten.

Vielleicht darf ich an das Beispiel der Alchimie erinnern, das ja von C. G. Jung in so aufschlußreicher Weise in seinen psychologischen Beziehungen erörtert worden ist[1].

Die Gebilde des alchimischen Denkens und Schaffens sind in der Frühzeit völlig dominiert von der imaginativen Komponente der Welterfahrung, der das rationale Denken nur untergeordnete Hilfsdienste leistet. Sie nähren sich alle von der Welt der Mythen und bereichern sie wiederum durch neue Gleichnisse und geheimnisvolle Entsprechungen. Soweit praktisches Tun im Spiele, am »Werke« war, so galt es einem Streben, das nichts mit den Zielsetzungen der chemischen Wissenschaft zu tun hat, sondern letztlich auf dem Wege über symbolische Verwandlung des Stoffes die Erlösung, das Heil der Seele erreichen wollte. Wir erleben ja heute wieder stärker die Großartigkeit dieser Symbolwelt und verwechseln dieses »hermetische« Tun nicht mit den späten Entartungen der Goldmacherei, die oft einseitig als das eigentliche Ziel der Alchimie dargestellt worden sind.

Die gleiche Art der imaginierenden Welterklärung inspiriert die Mystik von Ruysbroek; sie lebt in der eigenartigen Kunst des Hieronymus Bosch. Und wenn dieser große Zeitgenosse Hans Holbeins vielen unserer Zeit so fremd bleibt, so rührt dies ja gerade daher, weil in seinem Werk die imaginierende Schaffensweise des Traumlebens in einem für den Okzident unerhörten Ausmaß am Werke ist.

Dieses alchimische Denken und Tun ist durch seine Zielsetzung völlig von jeder Wissenschaft im modernen Sinn gesondert. Es ist außer-wissenschaftlich, nicht vorwissenschaftlich; denn das, was hier erstrebt wird, ist im Tiefsten ein ewiges menschliches Ziel, das die Wissenschaft nicht erstrebt und das uns heute (bei aller Einsicht in das Unzulängliche der früheren Mittel) wieder so dringend und nötig erscheint wie je zuvor – das Ziel, zu uns selbst zu kommen und zum Einklang mit dem Ganzen der Welt.

So wie der Flugtraum nicht vorwissenschaftlich ist, sondern *außer* der Wissenschaft, so ist die alchimische Erfahrungsart eine außerwissenschaftliche Geisteshaltung. Vorwissenschaftlich wird diese Haltung – partiell und temporär –, seit im 16. Jahrhundert die Zielsetzung des Erkennens sich ändert, seit die rationale Art der Welterfahrung im Abendlande die Führung erreicht hat und objektive Naturforschung verlangt. Jetzt tritt das alchimische Weben in jene zweite Phase, in der wir vorhin in unserem Gleichnis das Bild vom Vogelflug situiert haben: in die Phase, wo rationalisierende Deutung an rein imaginativ gewonnenen Bildern sich versucht. Jetzt erst wird die Alchimie zum epistemologischen Hindernis, und diese Phase darf daher in beschränkter Weise als vorwissenschaftliche Periode der eigentlichen Chemie aufgefaßt werden. In dieser Zeit, etwa von 1600 bis 1800, bildet das traumhafte Imaginieren und die symbolhafte Deutung der Natur ein starkes, schwer zu überwindendes Hemmnis für den nach objektiver neuer Erfahrung strebenden Geist. Aber das Urteil über die alchimischen Schöpfungen darf nicht von dieser einen, späten Rolle her gebildet werden, so wenig wie wir anderseits die moderne Chemie etwa deswegen negativ beurteilen dürfen, weil sie »nicht mehr« die Bedürfnisse der Heilsucher befriedigt.

Ähnlich wie das alchimische Denken als Hindernis im Entstehen einer wissenschaftlichen Chemie sich auswirkt, so ist auch in jeder andern Naturwissenschaft der Beginn echter wissenschaftlicher Methoden mit hemmenden mythischen Grundvorstellungen durchwirkt. Wir brauchen dies wohl kaum durch die Darstellung des Heraufkommens der kopernikanischen Astronomie oder der galileischen Physik zu bezeugen, da diese geistigen Kämpfe in unserer Zeit ja stets eine besondere Hervorhebung erfahren haben. Wir könnten auch an das Herausbilden einer so objektiven beschreibenden Forschung wie die medizinische Anatomie erinnern, wo es ja nicht nur die Autorität Galens zu besiegen galt, sondern auch das epistemologische Hindernis uralter Vorstellungen der Sonderheit von Leib, Seele und Geist.

Wir wollen das Hindernis des mythischen Denkens an einem anderen biologischen Forschungsfelde deutlicher machen: durch einen Blick in die allmähliche Formung unserer Einsicht in das Geschehen der Fortpflanzung.

Da wir den mythischen Anteil im Ringen um echte wissenschaftliche Erkenntnis darstellen möchten, so erinnern wir nur im Vorbeigehen an die lange Periode, in der das mythische Denken die Ideen über Zeugung völlig beherrscht hat. Immer hat sich ja die Imagination im Deuten des Zeugungsgeschehens dem Feuchten als dem Lebenschaffenden zugewandt. Die Bilder der Sumpfvegetation, des Auflebens einer vielgestaltigen Tierwelt aus den Wassergründen haben während langer Zeiten die Vorstellung durch ihre Eindrucksmacht beherrscht.

So hat das imaginierende Denken in Entsprechungen sich denn auch der Bilder des Schlammes bemächtigt und die Traumbilder des Schaffens aus Ton und Schlamm mit den Eindrücken der Entstehung von Leben aus Fäulnis und Verwesung zu wirksamen inneren Bildern geformt. Welch ein Zusammenwirken von Eindrücken des Auges, der tastenden Hand, der so tief haftenden Gerüche zerfallender Vegetation, aus denen sich schließlich so mächtige bildhafte Symbole formen wie das der Entstehung der reinen Schönheit von Lotosblatt und Lotosblüte aus dem trüben, undurchsichtigen Schlamm. Allein schon die Unbenetzbarkeit dieser edelgeformten Blattflächen und Blüten: welch ein Bild! Wie reich an spannungsgeladenen Gegensätzen ist dieses Sprießen aus dem Sumpf. Zu welcher Quelle künstlerischer Gestaltung ist hier das Denken in Korrespondenzen, das Imaginieren und Träumen geworden. In den Werken des Ostens, die diese Wunder der Sumpfzeugung darstellen, begegnet uns rein und mächtig die mythische Zielsetzung und ihr adäquates Instrument: das imaginierende Denken und Schaffen.

Im Okzident hat die rationale Art des Forschens diese Imagination wiederum bekämpfen müssen, und die Dominanz des Rationalen hat denn auch diesen Kampf früh sanktioniert und das Urteil über die mythische Deutung bestimmt. Welche Qualen das auch für manche Forscher bedeutet hat, das muß man etwa in den Werken von Naturforschern nachlesen, die durch die Stärke ihrer religiösen Bedürfnisse zum Pietismus geführt worden sind, in dem das Leben der Imagination eine Mischung mit rationalem Denken eingegangen ist. Wir finden Zeugnisse dieser Denkart in dem bedeutenden Alterswerk von Jan Swamerdam. In seinem Schaffen begegnet uns die tragische Spannung, die durch die Ablösung der Zielsetzungen des Welterkennens vom Suchen nach dem Heil zum Forschen nach objektiver Kenntnis im einzelnen entstehen mußte. In Swamerdam lebt der Drang zu objektiver Forschung, zu exaktester Sachlichkeit, zu minuziöser Untersuchung und Erkenntnis des Wirklichen. Er kann sich in der Verfeinerung des Seziergeräts, der Injektionsmethoden, der mikroskopischen Beobachtung nie genugtun. Aber das alles sollte nicht etwa einem Sich-selbst-Genügen dienen und noch weniger einem dämonischen Willen zur Macht dienstbar gemacht werden – nein, für Swamerdam ist das Forschen der Weg zum Heilswissen, die Darstellung geschieht zur Ehre Gottes. Und er spürt, daß sein Tun vielleicht über das ihm als Menschen Zustehende hinausgehe. In seinem letzten Werk, in dem er das Leben der Eintagsfliegen »als Abbildung des Menschenlebens« schildert, bekennt er, daß er dieses Buch »nur mit tausend Ängsten, Gewissensnagen und aufwallenden Verweisen seines gottesfürchtigen Herzens, unter Seufzen, Schluchzen und Tränen vollbracht« habe.

Die Entwicklung der naturwissenschaftlichen Erforschung der Fortpflanzung stand im 17. und 18. Jahrhundert noch immer stark unter der Herrschaft derselben Weltauffassungen und Zielsetzungen, denen auch das alchimische Denken in seiner zentralen Fülle dienen wollte. Daher wird nicht so sehr nach dem Erreichen neuer Erfahrung getrachtet, sondern nach der Einordnung unserer Erfahrungen in uraltes Denkgut, wobei die Allgemeinheit der imaginierenden Entsprechung, die weite Geltung eines bildhaften Zusammenhangs als eine bedeutsame Erkenntnis gelten durfte. So finden wir etwa eine allgemeine Idee am Werke, wie die der Verbindung von Tod und Leben; der Gedanke der Mortifikation als Voraussetzung des Lebens und der höchsten Seligkeit der Auferstehung ist überall gegenwärtig und mächtig. Das Bild vom Weizenkorn, das untergehen muß, um aufzugehen, gehört dem uralten Weben der primären Weltdeutung an. Auch die Beobachtung der Gärung wird daher in eine wachträumerische Imagination vom Vergehen und Werden eingefügt, und eben diese starke Einordnung in ein harmonisches Gefüge des bildhaften Denkens hinderte lange genug eine eigentliche Erforschung der Erscheinungen.

»Réjouissez-vous donc si vous voyez votre matière enfler la pâte«, so ruft ein unbekannter Autor 1742 seinem Leser zu, »parce que l'esprit de vie y est enfermé et dans son temps, par la permission de Dieu, il rendra la vie aux cadavres[2].« So wird die Gärung zum Symbol der Auferstehung: eine höhere Wertigkeit als Erklärungsprinzip konnte ein Naturvorgang nicht erreichen.

Verfolgen wir dieses Gewebe von Entsprechungen, dieses echt imaginierende und mythenschaffende Denken noch an einigen Bildern aus jenen zwei entscheidenden Jahrhunderten. Welch ein Gemisch von erfüllten Korrespondenzen des Feuchten, Zeugenden, Nährenden finden wir etwa in der Darstellung des Meeres: Das Meer bildet »une humidité aqueuse nourricière et une substance salée spermatique engendrante« oder, noch drastischer: »Tout de même que la femme dans le temps de sa conception ou de la corruption de la semence, voit et sent sa couleur s'altérer, son appétit se perdre, son tempérament se troubler ... de même la mer devient orageuse, trouble dans les tempêtes quand elle produit ce sel au dehors pour la conception de ce qu'elle enfante.« Dies ist 1665 geschrieben worden. In dieser Schilderung des Meerwassers begegnet uns auch jene andere allgemeine Idee der Entsprechung, die das Denken jener Zeit weithin beherrscht und damit eine eigentlich wissenschaftliche Erfassung der Erscheinungen verunmöglicht: ich meine die allgemeine Sexualisierung aller Naturphänomene. Eine Schilderung des Lapis der Alchimisten (von 1710) zeigt uns die Sexualisierung im alchimischen Kreise. Da ist also die Rede vom Stein der Weisen, der in Gegensatz gestellt wird zur Vereinigung des männlichen Goldes mit dem weiblichen Quecksilber. »Elle s'épouse elle-même; elle s'engrosse elle-même, elle naît d'elle-même: elle se résout d'elle-même dans son propre sang, elle se coagule de nouveau avec lui, elle prend une consistence dure; elle se fait blanche; elle se fait rouge d'elle-même[3].« Wir wollen hier nicht die möglichen Interpretationen dieser Beschreibung darstellen, weder ihren objektiven Gehalt heraussuchen noch eine psychoanalytische Deutung anstreben. Uns genügt festzustellen, daß der allgemeine Gedanke der sexuellen Weltdeutung die Darstellung dominiert. Ähnliche universale Weltdeutung bestimmt auch viele Aussagen von Forschern, die man gerne als die Herolde einer objektiveren wissenschaftlichen Erkenntnis rühmt. K. Fr. Wolf, den man allgemein als den Förderer der Epigenesislehre und damit einer moderneren Überwindung der Präformationsideen ansieht, dieser K. Fr. Wolf schreibt 1759: »Der Fötus ist nicht das Erzeugnis seiner Eltern; er ist das Produkt der ganzen Welt; alle Naturformen tragen zu seiner Bildung bei[4].« Diesem Denken ist auch die verbreitete Idee Albertis sieher nicht fern, der 1682 berichtet, der

Vater magere ab, wenn der Fötus am stärksten wachse. Nach dem achten Monat entwickle sich dieser auf Kosten des Vaters. Wir sind im Bereich der Naturdeutung jener Bauern, welche die Rüben um Mittag beim höchsten Sonnenstande setzen, und die dabei auf einem Bein stehen, damit ja keine Doppelwurzeln entstehen.

Zu jener Zeit war längst der Samenfaden im Mikroskop gesehen worden, die Eier vieler Tierarten waren bekannt – aber gegen welche Geistesgebilde einer imaginierenden Weltdeutung mußte sich die objektive Erforschung durchsetzen! Als K. E. v. Baer das Ei eines Säugetiers beschrieb, da mußte er noch 1827 seine Vorstellungen und Einsichten über die Entwicklung der Säuger gegen solche Deutungsweisen verteidigen; noch galt als durchaus diskutabel A. v. Hallers Meinung aus der zweiten Hälfte des 18. Jahrhunderts, daß der Säugerkeim durch eine Art Kristallisation in einer schleimigen Flüssigkeit entstehe, die sich in den Uterus ergieße. Natürlich stützt sich auch diese Äußerung auf Beobachtungen – entscheidend ist, daß die Deutung dieser Beobachtung aus der Sphäre des imaginativen Denkens erfolgt. Noch 1826 finden sich derartige Darstellungen in Lehrwerken, wenn auch ohne den Ausdruck der »Kristallisation«. Erst die Beobachtungen am Seesternkeim um 1875 machen diesen Versuchen des einfühlenden Verstehens ein Ende. Dabei waren schon 1797 Eier im Uterus des Kaninchens vom Engländer Cruickshank gesehen worden – aber die uralten Vorstellungen von Samen und Urschleim waren zu mächtig und das aufgezeigte Objekt auch wohl zu unwahrscheinlich klein.

Die Vorstellungen der Entstehung im Schleim des Uterus sind zwar in Bildern des Gerinnens oder der Kristallisation etwas rationalisiert, doch leben sie und beziehen sie ihre eigentliche Wirkung auf den Hörer aus der urtümlichen Erlebenssphäre, in der der Töpferton, der Brotteig, der Schlamm eben ursprüngliche Materie ist, in welcher sich Schöpfung äußern kann. Dazu kommen als Stützen dieser Denkart die allgemeinen Vorstellungen über den gesteigerten Wert des Verborgenen. Diese Schatzgräbermentalität wird dem Schleim im Uterus, aus dem ein Mensch wird, von vornherein eine höchste Wertsteigerung geben, weil er sich an so verborgener Stelle findet.

Verfolgen wir die Macht einer der Bildsphäre entstammenden

Der Hexenbesen

Unser Blick schweift frei vom Zügel des Logischen, nicht gefangen in den Mauern der verstandenen Welt, die wir uns machen – machen müssen. Das wilde Auge, auf die Jagd geschickt vom unbewußten Drang des Formens, von jenem Drang, der im Traum mit Bildern spielt und dem Dichter die Bilder schenkt, von jenem Drang, dem wir letztlich alle Einfälle verdanken.

Diesem wilden Auge des Geistes müssen wir immerzu Nahrung verschaffen, müssen ihm Jagdgründe zum Schweifen und zur Augenweide auftun. Ungezählt sind die Beutestücke, in denen sich das freie Schaffen lebendiger Naturmächte mit dem unseres suchenden Blickes immer wieder mißt – Trophäen einer Jagd, die eine immer neue Quelle der Freude ist, des inneren Aufschwungs, des fruchtbaren Träumens und ungeahnter Reichtümer, die auf jeden warten.

Da ist als Zeuge für viele, mir besonders lieb geworden, der alte Knollen aus einem Nadelholz, Rest eines »Hexenbesens«, lange Zeit gerollt in einem Bachbett hoch in den Bergen oben. Das Gestrüpp des Besens ist längst weggefegt, der Kern ist zu mildem Glanz poliert worden, und um die Ansatzstellen der Äste hat die Arbeit des Wassers Zuwachszonen herausgeschliffen, die sich in reichen Liniensystemen begrenzen und einengen.

Das Auge auf seiner Bilderjagd arbeitet gern mit diesem silbergrauen Holz – bald wird das Ganze zu einer uralten chinesischen Bronzeglocke. Dann wieder formt sich der Panzer einer bisher unentdeckten »Schildkröte« aus den konzentrisch geordneten Linienfeldern. Es erscheinen natürlich auch Gesicher darin; dann wieder führt mich das Auge auf der Bildersuche in die eigene Frühzeit zurück, wo Linienzüge, denen dieses alten Holzes ähnlich, einen neuen Stil anregten, den Jugendstil, der heute bereits zum Rang eines kunstgeschichtlichen Objektes erhöht ist – für uns Damalige aber die kühne neue Form, die wir der Formenwelt der Väter entgegensetzten, mit der wir der Gestaltung der Lebensdinge neuen Sinn gaben.   (Phot. H. R. Haefelfinger)

Sprache in der Forschung noch an einem Begriffspaar, das, aus alten Zeiten stammend, seit hundertfünfzig Jahren sich stetsfort wandelnd, in der biologischen Terminologie lebt. Seit 1800 etwa setzt sich die physiologische Sonderung der Organe und ihrer Leistungen in *vegetative* und *animale* durch: die Ernährungsorgane mehr das pflanzliche Leben, Muskeln und Nervenleistungen das tierische Sein verkörpernd. Selbst im Nervensystem hat sich diese Trennung in der Sonderung des wachen Zentralnervensystems von den unbewußt schaffenden vegetativen Nervenorganen durchgesetzt. Und auch in der modernen Entwicklungsphysiologie des tierischen Keims hat sich die polare Sonderung einer animalen Keimhälfte mit den aktiveren Ektodermanlagen von der vegetativen Hälfte mit dem passiveren Entoderm eingebürgert.

Diese polare Gliederung entstammt ganz der Bildersprache des Mythus, die das Wache und Bewußte vom Traum und Schlaf sondert und im Tier die erste, in der Pflanze die zweite Seinsart dominieren sieht. Die Macht dieser Polarität ist so stark, daß sie immer wieder durch die in Bewegung versetzten Imaginationen einen erklärenden rationalen Wert vorgetäuscht hat, den sie keineswegs besitzt. Noch 1940 meint J. Strohl: »Jedenfalls hat sich in dem vielfältigen historischen und begrifflichen Durcheinander, das dieses Begriffspaar im Laufe der Zeit durchgemacht hat, seine zähe Resistenz äußerst fruchtbar erwiesen. Sein heuristischer Wert erscheint somit noch lange nicht erschöpft, trotzdem der damit bezeichnete polare Gegensatz immer wieder natürlicher Auflösung anheimzufallen droht[5].«

Die Äußerung zeigt ein drastisches Beispiel des epistemologischen Hindernisses. Immer wieder wird erkannt, daß »animal« – »vegetativ« keine klaren, rational faßbaren Bestände sondert. Immer wieder werden neue Bezeichnungen vorgeschlagen, doch das Begriffspaar animal – vegetativ bleibt bestehen und wirkt weiter. In dem immer neuen Auftauchen der alten Polarität äußert sich indessen nicht eine heuristische Fruchtbarkeit, die diesen Begriffen nie eigen war; hier zeigt sich im Beharren die Macht eines uralten Bildes auf den formenden Geist. Und die »natürliche Auflösung«, der dieser polare Gegensatz immer wieder anheimzufallen droht, sie zeugt auch nicht gerade von heuristischer Fruchtbarkeit, wie Strohl meint, sondern vielmehr von der Resistenz aller Bilder, die nicht der rationalen Sphäre entstammen. Es ist die große ordnende Einfachheit jeder polaren Gliederung, die hier das uralte Erleben vom Wachen und Träumen, vom aktiven und vom schlafenden Leben auswertet zu einer mächtig in unser Gefühl sich verankernden Sonderung. Wie schwer wird diese Trennung, wenn die rationale Forschung die intimeren Kennzeichen des Lebens erforscht. Wie verwischen sich die Grenzen von Pflanze und Tier, vom Nacht- und Tagleben, von Träumen und Wachsein! Aber eben – das Bild lebt weiter. Es ist zwar für das tiefer rationale Verstehen keine Hilfe, doch bleibt es eine uralte und dauernde Form des Weltbegreifens, die uns allen gegeben ist.

Unser Erleben drängt über die bloße Wirklichkeit und ihr rationales Erfassen hinaus. Unsere Sprache als Ausdruck des vollen menschlichen Lebens übersteigt die Funktionen des rationalen Erkennens und Bezeichnens und ist stets auch Darstellung, als solche transzendierend, über die objektiv faßbare Realität hinausführend. In jedem Wort ist diese zweite Funktion; in jeder dichtenden Äußerung geschieht dieses Übersteigen. Der Ausdruck der poetischen Funktion geht über den des rationalen Denkens hinaus, und die Bilder der Sprache wie die der zeichnenden Hand oder die Gestaltungen der Töne sind umgeben von einer Atmosphäre höheren Seins. Sie weisen in eine andere Welt. Die Sprache denkt nicht nur rational für uns, sie träumt auch in uns. In diesem Übersteigen der Realität durch die geistigen Schaffenskräfte äußert sich die Gewalt jener besonderen Weise der Welterfahrung, die wir die imaginierende genannt haben. Ihr Wirken gehört zur vollmenschlichen Existenz, und diese Wirkung ist nicht an die jeweiligen Grenzen der rationalen Feststellung gebunden.
Wir wollen an diesem Punkt unseres Weges des tiefen Geheimnisses gedenken, das dieses Imaginieren für uns bedeutet.
Vor unserem Auge erscheint eine Blüte. Sie läßt sich objektiv schildern als ein Maximum von formaler, sinnenhaft wirkender Mannigfaltigkeit, als ein auch funktionell geklärtes Phänomen, als eine Höchstgestalt des Erscheinungsbildes einer Pflanzenart. Aber das Bild der Blume begegnet in unserem Geiste auch noch einer Erlebensweise, die sich all dieser Sinneseindrücke bemäch-

tigt und sie in eine neue Welt von Bedeutungen eingliedert. Hier ist diese Blüte, jenseits von allem Wissen um ihre Leistung im Leben der Pflanze, eine ganz andere, neue Erscheinung, ein Ausdruck von Aszendenz, des Emporsteigens zum Lichte, ein Bild gesammelter Gestaltungsmacht, ein Gleichnis für höchste Erfüllungen in der Welt unserer Innerlichkeit!

Dieser zwiefache Aspekt, diese doppelte Wirkweise einer Gestalt, dieses Blühen außen und innen bedeutet für den Menschen einen ungeheuren Sachverhalt, der keiner rationalen Analyse widerspricht, aber von ihr auch nicht erfaßt wird. Nicht – oder noch nicht – damit rühren wir an eines der schweren Probleme der Gestaltforschung.

II.

Die Naturforschung begegnet indessen den Einbildungskräften, dem Wirken der Imagination, nicht nur als einem Hindernis, sondern auch als einer mächtigen Tatsache unserer humanen Natur. Eine Naturwissenschaft, die den Menschen so umfassend als möglich zu sehen versucht, muß darum das Imaginieren, das Leben in Bildern, als einen wesentlichen Teil dieser menschlichen Lebensart erkennen. Damit wird auch der Mythus als Erzeugnis der Imagination zu einem bedeutenden Objekt jeder Erforschung des Menschen, auch wenn diese mit den Mitteln der Biologie erfolgt.

Was können die biologischen Methoden zur Erkenntnis einer solchen geistigen Schaffensart beitragen? Gewiß werden wir nicht erwarten, daß gerade sie etwa geeignet wären, den Inhalt dieser Mythen vergleichend zu erforschen, ihre historischen Wandlungen, ihre Beziehungen zum religiösen Erleben darzulegen. Und doch, glaube ich, wird auch der Beitrag des Biologen an der Erhellung und an einer umfassenderen Würdigung des Mythenschaffens mitarbeiten und vielleicht die Einsicht in die Rolle dieser geistigen Arbeit fördern in einer Zeit, in der gar manche nur den Aufstieg rationalen Denkens sehen und in der die Verkennung anderer Geistesarbeit zu so schweren Störungen in der individuellen Ausformung des Humanen führt.

Die psychologische und ethnologische Erforschung der Mythen haben uns auf Gesetzmäßigkeiten hingewiesen, die in der Ordnung des unbewußten Seelenlebens begründet sind. Mit Ordnung des unbewußten Lebens hat aber das biologische Schaffen dauernd zu tun; niemandem äußert sich die Größe der Ordnung, die in diesem verborgenen Bereich waltet, eindrucksvoller als etwa dem Entwicklungsphysiologen, der das Werden eines Organismus, die Bildung seiner Anlagen verfolgt. Damit stellt sich also auch das mythische Gestalten in die besondere Ordnung, deren Erforschung ein wichtiges Feld der biologischen Arbeit ist. Durch diesen Anteil des unbewußten Schaffens ragt das Mythenbilden in jenen Bereich der lebendigen Sphäre hinein, der die natürliche Struktur alles Humanen bildet und dessen Grenzen niemand kennt. Freilich stellt sich durch diese Schwierigkeit der Grenzsetzung auch sogleich das schwere Problem des Anteils von rein naturhaftem Geschehen und dem Anteil des geschichtlich traditionellen Momentes. Ja, man darf vielleicht sagen, daß diese Analyse einer Verbindung aus rein naturhaften und aus traditionsgebundenen Gliedern heute das zentrale Problem der Mythenforschung ist und diese aus der rein historischen Arbeitsart hinaushebt. Ich sehe darum den Beitrag des Biologen zur Erforschung der Mythen in diesem Versuch, an der Abgrenzung des naturhaften und des traditionsgebundenen Anteils im Mythischen mitzuhelfen. Es scheint mir, daß hier von biologischer Seite Anregungen kommen können, die an der Abklärung fruchtbar mitwirken.

Dem Tagdenken, das sich daran gewöhnt hat, seine verborgenen Quellen zu ignorieren und sich als autonom zu werten, diesem rationalen Denken erscheint häufig das Unbewußte als ein ordnungsloses Brodeln, als das Chaos geradezu. Die Lebensforschung aber, soweit sie sich über das ganze Ausmaß ihres Gebietes Rechenschaft gibt, sieht alle die organischen Gestalten der Pflanzen und Tiere, ihr Werden, ihr Bestehen, ihr Verhalten als Wirkung von Kräften, die plasmatischen Systemen angehören und also in derselben Ordnung wirken, in der auch unsere unbewußte Innerlichkeit sich bildet. Der Biologe wird also durch alle die Feststellungen an seinen Objekten zur Voreinstellung geführt werden, daß die naturhaften Anteile der unbewußten Arbeitsweisen in der humanen Innerlichkeit wohl auch als organisiertes Geschehen bestimmt sein dürften.

Darin begegnet die biologische Arbeit der andersgearteten des

Psychologen, der mit seinen Methoden ja gleichfalls das Geordnete, das Gesetzmäßige im seelischen Geschehen des Unbewußten erkennt oder doch ahnt. Ja, die gründende Verbundenheit der seelischen Ordnungen mit den bewußtlos ablaufenden gesetzmäßigen Vorgängen im Formwerden und im Verhalten organischer Gestalten ist so deutlich, daß von der Erforschung des Geistigen her immer öfters jene Benennung verwendet worden ist, die ganz besonders das Naturgebundene betont: das Wort Instinkt. Möchte man nicht gerade sagen: Instinktiv haben die Geistforscher zur Benennung »instinktiv« gegriffen. In dieser Formel taucht wohl auch das Fragwürdige einer solchen Fassung sofort auf. So hat man ja auch etwa das religiöse Leben als eine Äußerung eingeborener Kräfte und Bedürfnisse aufzufassen versucht. Mit viel guten Gründen. Vielen ist die Zuordnung von R. Otto gegenwärtig, der diesen Bedürfnissen den Charakter des Instinktiven beilegt. Ebenso bedeutungsvoll ist die im Kreise der Mythenforschung weniger bekannte Zuordnung von Monakows, der ebenfalls von religiösen Instinkten als der obersten Stufe in der Skala der erblichen Strukturen spricht. Da mit einer solchen Charakterisierung eine naturhafte Anlage betont wird, so ist es wohl um so wichtiger für uns, zu prüfen, inwieweit damit Wesentliches und Klärendes ausgesagt ist.

Da ist zunächst von Bedeutung, daß im biologischen Schaffen selber, bei der Darstellung tierischen Verhaltens, wo der Sachverhalt »Instinkt« seine zentrale Stätte hat, die Unschärfe der Aussage immer mehr betont wird, die mit der Bezeichnung instinktiv verbunden ist. Die verbreitetsten Fassungen, die vor allem den Gegensatz zur einsichtigen und erlernten Handlung betonen, sind so vage, daß zum Beispiel alle Entwicklungsvorgänge von solchen Definitionen mit umfaßt werden, als Instinkte erscheinen. Anderseits sind enge Definitionen, welche Instinkte lediglich als komplizierte Ketten von Reflexen, also von durch Reizsituationen ausgelösten automatischen Abläufen, auffassen, heute ebenfalls überwunden. Der Reichtum der wirklichen Erscheinungen ist so groß, daß sich heute eine begreifliche Abneigung gegen den zu vagen Begriff des Instinktes geltend macht. Viele Verhaltensforscher, wie etwa David Lack in Oxford, mahnen direkt zur Preisgabe des fast nichtssagend gewordenen Begriffes[6]. Bei dieser Lage der Dinge wird man es verstehen, wenn der Biologe eher abrät, mit dieser Charakteristik »instinktiv« so gewaltige menschliche Phänomene wie das Geistige zu klassieren.

Dagegen bleiben natürlich die Tatsachen bestehen, die in Religions- und Mythenforschung zum Rückgriff auf das »Instinktive« geführt haben: daß hier einmal überindividuelle Weisen des Verhaltens vorliegen und daß zudem in diesem Verhalten sich so allgemein verbreitete Züge finden, daß man an Ererbtes zu denken geneigt ist. Diese Tatsache hat ja auch zur begrifflichen Neubildung des »Archetypischen« und des »kollektiven Unbewußten« geführt. Die Nähe des »Archetypischen« zum Instinktiven ist früh schon gesehen worden.

Wir wollen nun zunächst versuchen, an einigen Beispielen biologischer Arbeit einzelne Tatsachen zu erfahren, die vielleicht geeignet sind, auf dieses weite Feld, in dem auch das Archetypische uns begegnet, und damit schließlich auch auf das mythische Schaffen des Menschen etwas Licht zu werfen.

Wir suchen also im biologischen Feld nach uns verständlichen Ordnungen, die zur unbewußten menschlichen Innerlichkeit in Beziehung stehen könnten. Wir wollen dies durch einige möglichst verschiedenartige Beispiele tun.

In einem Bachstelzennest wächst statt der kleinen Bachstelzen ein massiger Kuckuck auf. Lassen wir das ganze Parasitenproblem beiseite. Er ist da, im Nest, mit seinen erblichen Kuckucksanlagen, gepflegt und genährt von zwei unermüdlichen Bachstelzen. Er ist allein; nie hat er seinesgleichen sehen können. Aber wenn er nach Wochen die Pflegeeltern verläßt und allein in den Wald fliegt, so findet er, der nie einen Artgefährten kennengelernt hat, doch in kurzer Frist die andern einsamen Kuckucke, und gemeinsam zieht die kleine Schar nach dem nie gesehenen, nie erlebten südlichen Winterquartier – von innerem Drang getrieben, nicht von irgendeiner äußeren Not. Welches sind die Kennzeichen, an denen sich Kuckucke erkennen, von denen der eine nur Bachstelzen, der andere Rohrsänger, der dritte Rotkehlchen als Eltern kennt? Wir wissen es im einzelnen noch nicht. Aber es gibt nur eine Möglichkeit: Es muß eine angeborene Struktur in der Innerlichkeit des Kuckucks geben, die der Realität Kuckuck irgendwie entspricht, die ihr in irgendeiner Zuordnungsweise adäquat ist. W. Koehler nennt eine solche Entsprechung, die ja eine Struktur haben muß – auch wenn wir von ihr noch so wenig kennen –, eine »Isomorphie[7]«. Zwei Gebilde – ein mit den Sinnen in der Welt feststellbares und ein anderes, in der Innerlichkeit eines Lebewesens erschlossenes – müssen so viel Übereinstimmung zeigen, daß ein »Erkennen« möglich ist. Geht es bei solcher Isomorphie häufig um Strukturen, die sich in der Innerlichkeit erst bilden müssen, so weist unser Beispiel anderseits auf erblich vorgegebene Grundlagen der Isomorphie hin. Wir kennen im Fall des Kuckucks die isomorphe Struktur nicht – ist sie akustisch, optisch oder ein Komplex beider?

Noch ein anderer Fall. Bei Störchen werden die Jungen nicht einfach vom Alttier ernährt, sondern dieses Füttern erfordert vom Jungtier eine besondere Bettelzeremonie mit bestimmten Stellungen, Bewegungen und Lauten. Nur das Junge, das diese Zeremonie vollzieht, wird anerkannt und normal ernährt. Andere Junge werden vernachlässigt oder eventuell vom Nest hinunter zu Tode gestürzt. Uns beschäftigt jetzt nicht der mögliche Sinn solchen Geschehens – wir beachten die bedeutsame Tatsache, daß vom Jungtier ein sehr reiches dynamisches Bild in der Innerlichkeit des Altvogels existieren muß, das zum ererbten Vorrat gehört und am Aufbau der Storchenwelt seinen klaren Anteil hat. In manchen Fällen wissen wir mehr von der Struktur. Nur ein Fall für viele: Es gibt eine kleine Fischgruppe, bei der die Mutter den winzigen Jungfischen ihr Maul als schützende Höhle anbietet: die Maulbrüter[8]. Die Jungen suchen selber die Schutzhöhle. Versuche lassen uns ein wenig hineinsehen in das, was die Innerlichkeit dieser kleinen Schutzsuchenden leitet. Modelle zeigen uns, daß ein beliebiger Körper von Muttergröße und vager Fischgestalt als Fluchtziel dient, vorausgesetzt, daß er zwei Augen zeigt. Der Jungenschwarm schwimmt genau an die Stelle zwischen den zwei Augen, wo die lebendige Mutter ihr Maul öffnet. Die winzigen Fischchen kommen zur Welt mit einem angeborenen Fluchtverhalten, dessen Struktur unter anderem ein Bild der Mutter enthält und dessen zweites Glied, dessen notwendige Ergänzung, die Gestalt und das Gebaren der Mutter sind: eine »Instinktverschränkung« nennen die Biologen eine solche ererbte Entsprechung im Verhalten zweier Tiere derselben Art. Im Fall der Maulbrüter zeigt uns also das Experiment die erblich gegebene visuelle Organisation im Zentralnervensystem des Jungfischs.

Diese unbewußt geformte, völlig unabhängig von erregenden Reizen der Mutter in der Embryonalentwicklung ausgebildete Struktur bildet also von vornherein ein wesentliches Glied des künftigen Lebensraumes ab: wir finden wieder vorgegebene Korrespondenz zwischen einer Struktur der Innerlichkeit und einem objektiven Sachverhalt im Süßwasser, wo Maulbrüter leben. Lassen Sie mich an einem weiteren Beispiel noch einen Schritt in dieses Isomorphieproblem tun. Wir tun einen Blick in das Leben eines kleinen Süßwasserfisches, des Stichlings[9]. Der männliche Stichling trägt ein auffälliges Brunstkleid mit roter Bauchseite. Das Experiment mit Modellen zeigt, daß dieses Kleid für den weiblichen Partner der Anlaß zu Brunsthandlungen ist. Die Farbpracht ist für ein erbliches Verhalten ein »Auslöser« – ihr entspricht also wieder in der Innerlichkeit des Tieres eine erbliche Struktur, die auf eine Begegnung wartend bereit liegt. Der Modellversuch läßt uns noch etwas weiter vordringen. Es zeigt sich, daß innerhalb der Stichlingsdimensionen das Modell kugelig oder extrem stabförmig sein kann! Es ist stets als Auslöser wirksam, wenn die Unterseite des Modellkörpers rot ist. Es ist dagegen unwirksam, wenn es getreu die Form und Größe des männlichen Stichlings nachbildet, aber keine rote Bauchseite trägt. Die entsprechende zentrale Struktur geht also nicht auf Formtreue, sondern sie ist im Formalen relativ offen; dagegen enthält sie das feste Moment »rote Ventralseite« in einer uns im einzelnen völlig unbekannten Weise. Wesentlich ist für uns der Nachweis beim höheren Tier von Strukturen, die ohne äußere Prägung, Übung, Lernvorgänge erblich im werdenden Organismus entstehen, genau so wie ein Organ des Stoffwechsels, eine Kieme oder Lunge. Genau wie die dem Atembereich zugeordnete Kieme im Wasser oder die der Luft entsprechende Lunge abgestimmt sind auf Bestände der artgemäßen Umgebung, genau so sind im Zentralnervensystem Strukturen gebildet, die entsprechend auf Tatsachen der Umwelt eines Tieres vorgeformt sind und welche die Erlebnisweise zu einer besonderen, artgemäßen machen.

Natürlich wird bei diesen Tieren ein großer Teil des Erlebens, der Umweltbildung, durch Aufnahme von Eindrücken bestimmt, denen nicht erblich bestimmte Strukturen im Zentralnervensystem entsprechen. Die vielen Möglichkeiten der Dressur zeigen dies deutlich genug. Aber um so wichtiger wird die Tatsache von erblich vorgegebenen Strukturen, die also das Tier in der zu bildenden Umwelt nicht allmählich kennenlernt, sondern die es wiedererkennt, auch wenn es sie nie vorher gesehen hat. Die eigene, spontane Aktivität, die mit solchem Wiedererkennen verbunden ist, zeigt sich besonders drastisch im *Suchen nach dem nie gesehenen Umweltding* – denn nichts anderes ist doch jener seltsame Drang des jungen Kuckucks im Sommerwald oder des im Brunstzustand befindlichen Tieres nach dem Partner, den es in bestimmter Weise schon kennt und den es so wirklich wiederfindet in der Umgebung. Diese besondere Aktivität gibt den Umweltdingen, deren Finden auf vorgegebenen Strukturen beruht, wohl auch eine besondere Wertigkeit in der Umwelt. Das Vorwalten einer solchen zeigt sich ja im Suchen nach diesem Bevorzugten, sei es die Nährpflanze, wenn der Falter seine Eier legen will, sei es der Sexualpartner, der zugeordnete Wirt des Parasiten, ja sogar der erwartete »Erbfeind« (wenn je dies Wort am Platze ist, so hier!). Wir erleben die Tatsache, daß die Beschaffenheit des Erlebens bis auf in der Umgebung lebende Bestandteile festgelegt ist durch eine Innenwelt, die erblich zum Ganzen eines Organismus gehört. Nicht allmähliches Lernen durch Erfahrung, sondern vorgegebene »Gewißheiten« bestimmen das Erleben und bilden aus der indifferenten Umgebung jene spezifische Struktur, die J. v. Uexküll als »Umwelt« bezeichnet[10].

Suchen wir nach Situationen im menschlichen Leben, in denen der Biologe die Bedingungen für seine Arbeitsart besonders verwirklicht sieht, so finden wir sie in reiner Form nur in der allerfrühesten Phase des Soziallebens, im Stadium des Neugeborenen und im ersten Lebensjahr. Die noch wenig bekannten experimentellen Untersuchungen über den ersten Sozialkontakt des Säuglings sind von so wichtigen Konsequenzen, so reich an Aufschlüssen über psychisches Werden, daß wir bei ihnen einen Augenblick verweilen wollen. Entscheidendes brachten die Untersuchungen von E. Kaila (1932) und von R. Spitz und K. Wolf (1946), die ich hier zusammenfasse, ohne die Anteile der einzelnen Forscher auseinanderzuhalten[11].

Wir gehen aus von der früher und noch immer für viele geltenden Ansicht, es sei das Entstehen des Lächelns eine allmählich sich formende Imitation des Ausdrucks der Erwachsenen, speziell der Mutter – eine Art Spiegelung des mütterlichen Ausdrucks. Die

118

Versuche mit Menschen und Masken bringen aber ein gänzlich unerwartetes Bild. Sie grenzen zunächst einmal eine erste Periode ab, die etwa vom dritten bis sechsten Monat nach der Geburt dauert und die sich scharf abhebt von der zweiten Hälfte des ersten Lebensjahres.

In dieser ersten Periode ist das Lächeln eine relativ stereotype Antwort auf einen Gesamtaspekt, der nicht von einer bestimmten Person, etwa der Mutter, ganz besonders ausgeht, sondern der schlechthin ein Gestaltcharakter des menschlichen Gesichtes ist, jedes Gesichtes, nicht etwa nur des lächelnden. Der Versuch zeigt recht klar die nötigen Gestaltmerkmale: es braucht zwei Augen (das asymmetrisch einäugige Gesicht ist unwirksam), ferner eine Nase und eine glatte Stirn (gefurchte Stirn löst kein Lächeln aus). Ferner muß die Figur von vorn, en face, sich zeigen, und sie muß sich in dieser Ansicht irgendwie bewegen. Wir beachten, daß der Mund keine Rolle spielt! Und wir wollen einen Augenblick an alle die vielen Fragen denken, die eine solche Gestaltwirkung stellt!

Das Lächeln erfolgt in den ersten Monaten auf diese Gestaltsituation, ohne daß dabei ein Audruckswert des Gesichts, also eine Gefühlsäußerung des Sozialpartners, eine Rolle spielte. Das Lächeln erfolgt aber nur auf die Gesichtsgestalt; nie werden andere Dinge der Sozialwelt mit Lächeln begrüßt, nie zum Beispiel Spielzeug. Nach dem sechsten Monat aber ändert sich das Verhalten. Inzwischen ist der Reichtum der Sozialbeziehungen gewachsen, und immer stärker, immer deutlicher manifestiert sich im Blicken, im Lallen, im Greifen, im Aufsitzen das besondere Humane, das sich bald zur menschlichen Trias von Sprache, Stehen und einsichtigem Handeln steigern wird. Mit diesem Übergang eng verbunden ist das neue Unterscheiden des Gefühlsausdrucks, das Sondern von vertrauten und fremden Gesichtern, von solchen, denen das Kind sich lächelnd zuneigt, und andern, von denen es sich »fremdend« abwendet.

Ganz besonders bedeutungsvoll ist für uns die erste Hälfte des so wesentlichen ersten Lebensjahres. Sehen wir doch hier gewisse Anzeichen, die uns ein Verstehen der ersten Anlagen ermöglichen. Wir ahnen etwas vom erblich Gegebenen in der Erlebnissphäre des menschlichen Gesichts. Hier begegnen wir faktisch einem erblich gegebenen Anteil des Wiedererkennens, des Findens von etwas, was notwendig zu unserm Dasein gehört, das unser Individualleben erst vollwertig macht und seine Ganzheit garantiert. Was wir beim Kuckuckskinde vermuten mußten – hier ist es beim Menschen. Wir können Einzelheiten über die isomorphe Grundstruktur im Zentralnervensystem aussagen. Ein so wichtiges und komplexes Faktum wie das menschliche Gesicht ist in der Psyche des Neugeborenen erblich vorgegeben mit bestimmten Gestaltmerkmalen, und es hat zunächst eine positive Wertigkeit, eine Bedeutung.

Wir müssen annehmen, daß unser Nervensystem in ähnlicher Weise viele andere vorgebildete Strukturen enthält – wir sehen in diesem Nachweis der erblichen Strukturelemente zum Erkennen des menschlichen Gesichts ein Modell für unsere Vorstellungen vom ererbten Archetypischen.

Dieser Entwicklungsvorgang führt aber auch hinein in den mächtigen Prozeß der sozialen Prägung. Denn die spätere Richtung, die Festlegung der positiven und negativen Wertung des ursprünglich vagen Gestaltbildes erfolgt bereits im Rahmen der Sinneserfahrung und der sozialen Regeln. Sie erfolgt auf bestimmte gruppentypische und individuelle Züge, die den Wert des »Vertrauten« gewinnen und durch deren Festlegung anderes den Wert des »Fremden« erhält. Wir haben das Glück, hier in einem konkreten Fall ein recht vollständiges Bild des wirklich erblich Gegebenen zu erhalten. Wir sind mit diesem Nachweis aber auch an einer Grenze angelangt, wo die biologische Arbeit mit ihren Methoden allein nicht weiterforschen kann. Wir wollen daher das Mögliche an Beziehungen festzuhalten versuchen:

Auch in der Grundlegung der menschlichen Welterfahrung gibt es strukturell durch erbliche Isomorphie gegebene Elemente, denen eine zentrale Rolle in der Bildung einer Menschenwelt zukommt. Diesen Elementen wohnt Form inne, sie haben Gestaltcharakter. Das ist das wenige Exakte, was von der biologischen Forschung vorerst zur Kenntnis jener Sphäre beigetragen werden kann, in der die komplexe Psychologie das Reich der Archetypen und einen Ursprung des mythischen Gestaltens annimmt.

Suchen wir den Weg vom Biologischen her zum Verstehen menschlicher Psyche noch ein paar Schritte weit zu gehen.
Die Komplikation unseres Nervenorgans braucht nicht beson-

ders betont zu werden. Es genügt, in Erinnerung zu rufen, daß die Gehirnmasse bei uns dreimal die eines gleich schweren Menschenaffen ausmacht. Wir sehen mit der Zunahme der Organisationshöhe einen steigenden Anteil erblich festgefügter Strukturen, die das Erleben einer Tierform weitgehend bestimmen, die darüber entscheiden, was ihr in der Sinneserfahrung wirklich begegnet und was ihr fremd bleibt.

Es ist angesichts dieser steigenden Komplikation zunächst wenig wahrscheinlich, daß das Ausmaß entsprechender Erbstrukturen in der menschlichen Anlage geringer sein sollte als bei höheren Säugern. Die Annahme des Gegenteils liegt jedenfalls dem Biologen viel näher. Damit steht er auch der Idee eines gewaltigen Vorrates vorgebildeter Erlebensformen und Weltbestandteile in unserer Psyche von vornherein positiv gegenüber. In der Neigung zur Anerkennung dieses mächtigen Erbgefüges vorgegebener Strukturen liegt einerseits die Absage an die Idee einer tabula rasa, anderseits die grundsätzliche Anerkennung eines Gefüges, wie es die Komplex-Psychologie als die Grundlage der Ordnung der Archetypen annehmen muß. Mit dieser Feststellung erreichen wir aber auch den Rand der Zone, in der noch einige Sicherheit der wissenschaftlichen Aussage besteht.

Denn nun müssen wir doch auch an andere gewichtige Tatsachen erinnern. Der erblich gegebenen Strukturfülle bei höheren Tieren, Insekten, Fischen, Vögeln entspricht eine auffällige Determinierung, ein relativ starres Gefüge der artgemäßen Umwelt und Lebensform. Das Gebundene der Erfahrensweise, die fixierte Umwelt, die Beschränkung der beachtbaren Dinge – all das erscheint uns bei sorgsamer Prüfung geradezu als das Korrelat der erwähnten Erbstrukturen des Nervensystems. Dem entgegen erfassen wir als charakteristisch für das Humane das *Offene* der Erlebensart, die Freiheit, beliebige Dinge zu »Gegenständen« des Interesses zu machen, ihnen Wert zu geben, sie herauszulösen aus der Umgebung. An Stelle fester, ererbter Gefüge muß die biologische Anthropologie viele offene, prägebereite Systeme annehmen. Insbesondere nötigen uns die Erscheinungen des Soziallebens zur Auffassung, daß gerade der relativ frühe Sozialkontakt des menschlichen Neugeborenen auf eine Notwendigkeit solch früher gesellschaftlicher Beziehung hinweist. Es läßt sich zeigen, daß dem Menschen eine Schwangerschaft von zirka zwanzig Monaten oder mehr zugeordnet werden müßte, um den für ein so hohes Säugetier typischen Geburtszustand zu erreichen. Das spezifisch Humane ist aber gerade der Umstand, daß die Schwangerschaft kurz ist – verglichen mit anderen Säugern hoher Ordnung – und daß die entscheidenden humanen Entwicklungsschritte, das Stehen, Sprechen und das einsichtige Handeln, nicht rein erbmäßig im Mutterleibe reifen, sondern sich nur im Sozialverhalten normal ausbilden: die Sozialwelt ist einer der formenden Faktoren der menschlichen Ganzheit; sie gehört mit zur Einheit von Gestalt und Erlebensart.

Diese uns eigene Erfahrensweise des reifenden Lernens ist so bezeichnend für unsere Art, die prägende Rolle der Sozialwelt ist so auffällig in der Frühzeit der Entwicklung, daß wir in dieser Entwicklungsweise den Prototyp der Ausbildung aller komplexeren humanen Züge sehen. Das ist es, was wir in der biologischen Sicht das »Geschichtliche« an unserer Wesensart nennen, wobei es eine andere Angelegenheit ist, ob die sozialen Züge dieses »Geschichtlichen« zyklisch und konservativ – oder linear und progressiv sind.

Auch die Ausformung der Strukturen, welche unsere Erlebensweise und damit die Weltgestaltung bestimmen, kann vom biologischen Wissen aus nicht anders gesehen werden. Es soll damit gesagt sein, daß auch das imaginierende Erleben von Strukturen gelenkt und bestimmt wird, deren erblicher Anteil sehr offen sein muß. Die erbliche Isomorphie sehen wir im Modell des vagen Gestaltcharakters des menschlichen Gesichts. Der Anteil der Prägung aber stellt sich in solcher Sicht als gewaltig und entscheidend dar: in Ausmaß und Wertigkeit von den erblichen Zügen gesteuert, in den konkreten Inhalten geprägt von dem im Traditionsprozeß in langen Jahren übernommenen Kulturgut, das zu unserer Naturumgebung gehört.

Ob es uns einmal gelingen wird, in die hier angedeutete Verbindung von Anlage und Prägung analysierend tiefer einzudringen – wer könnte das sagen? Jedenfalls ist eine Aufgabe der psychologischen Arbeit die Ermittlung solcher Anteile. Damit ist auch angedeutet, daß es mir als eine Notwendigkeit erscheint, vom biologisch Faßbaren aus die Sachverhalte, denen man den Namen des »Archetypischen« gegeben hat, in ihrer Problematik, in ihrer Unsicherheit zu erkennen.

Es ist, von der Lebensforschung her gesehen, eine der großen Leistungen der Tiefenpsychologie und vor allem von C. G. Jung, dem älteren Gedanken erblich gegebener psychischer Strukturen beim Menschen, über die Ideen Bastians hinausweisend, von »Elementargedanken« eine neue Fundierung und Fülle gegeben zu haben. Anderseits muß, wer diese Leistung hervorhebt, sich auch der Gefahr bewußt bleiben, daß der Nachweis des Ererbten in diesem Seelengut recht oft zu leicht genommen wird. Es wird heute noch zu Verschiedenartiges unter diesen einen Begriff gefaßt und in der Auffassung gar vieler eben doch als »ein und dasselbe« eingereiht:

Da ist einmal die Möglichkeit naturhaft erblich gegebener Strukturen, die das Welterleben bestimmen.

Da finden wir ferner das andere Extrem, die durch jahrtausendealte Tradition verfestigte Überlieferung, die vom frühesten Sozialkontakt an auf den verschiedensten Wegen aufgenommen wird.

Und schließlich finden wir im Denken um das »Archetypische« die Vorstellung am Werke, daß historisch, traditionell Gewordenes auf unbekanntem Wege zum erblichen Gute im kollektiven Unbewußten geworden sein soll. Diese durch nichts zu belegende Überzeugung gehört, wie es uns heute scheint, selbst zum mythischen Verfahren der Naturerklärung. Sie ist echter Lamarckismus und teilt daher dessen Schicksal.

Welchen Erscheinungen die Psychologen dereinst den so bedeutungsschweren Ausdruck »Archetypus« als Bezeichnung lassen werden, wird die Zukunft entscheiden. Sicher ist es eine große Tat, durch die Archetypus-Idee die so verhängnisvolle Auffassung vom menschlichen Geist als einer unbeschriebenen Tafel überwunden zu haben. Der nächste Schritt aber muß die Klärung des Begriffes erstreben.

Wenn Geisteswissenschaften und Naturwissenschaften in der Erforschung des Humanen fruchtbar zusammenwirken wollen, dann erscheinen mir zwei Voraussetzungen besonders wichtig, die von den Partnern erfüllt werden müssen:

Die Naturwissenschaften müssen die Tatsachen des Humanen in einem sehr viel größeren Umfang sehen lernen, als es bei der Mehrzahl ihrer Vertreter wirklich der Fall ist. Sie müssen den

Reichtum des menschlichen Erlebens, die Weite geistiger Bedürfnisse und künstlerischen Gestaltungswillens, die Gewalt religiösen Erlebens in ihrem wahren Ausmaße zu sehen versuchen. Jener Reduktionstaktik zu entsagen, die das Humane durch ein Begriffsnetz siebt und nur noch das naturwissenschaftlich Sagbare im Netz zurückbehält, dieser beliebten Vereinfachung zu entsagen, fällt vielen schwer – doch muß der Weg unternommen werden.

Auf der andern Seite muß die Erforschung des Geistigen die Geduld aufbringen, einen vorschnellen Regreß auf die mit den Mitteln der Naturforschung faßbare Realität zu vermeiden. Sie muß sich stärker als bisher der Besonderheit auch der »naturhaften« Frühzeit in der Einzelentwicklung des Menschen bewußt werden; sie muß sich des Unerforschten in den ersten, so dämmerungsschweren Jahren unseres Einzellebens stets erinnern. Mit allergrößter Umsicht muß sie ihre Feststellungen prüfen, wo sie den verantwortungsvollen Schritt der Überbrückung tun und ein Geistwerk mit naturhaftem Erbgut in Beziehung setzen will. Wer sich mit der Frage nach der Herkunft der psychischen Strukturen befaßt, muß um die Problematik der Vererbungsideen wissen; er muß wissen, daß von der Biologie her die allergrößten Bedenken gegen jede Art lamarckistischer Annahmen des Erblichwerdens von geistig Erschaffenem bestehen. Die bedenkenlose Annahme solcher Vorgänge führt zu Kurzschlüssen, die Lösungen vortäuschen, wo noch immer schwer zu beantwortende Fragen vor uns sind.

Die Welt des Mythischen ist ein Ort der Begegnung von Natur- und Geisteswissenschaft. Hier drängt sich dem Naturforscher mit Macht der Schluß auf, daß da die unbewußte, dem Naturwirken eigene Arbeitsweise auch im Geistwerk sich auslebe.

Hier drängt sich anderseits dem Mythenforscher die Folgerung auf, daß er Grundstrukturen des allgemein Humanen gefunden habe, die dem Erbgefüge der »Art Mensch« als vorgegebene Weise des Verhaltens fest zugeordnet seien.

Diese Begegnung muß uns zu fruchtbarer Gemeinschaftsarbeit führen. Dieses Gemeinsame soll noch einmal vor Augen geführt werden – wirklich vor Augen, in jener Sprache der Bilder, in der Naturformen wie Geisteswerk zuerst vor uns sind.

Betrachten wir das seltsame Fortpflanzungsgeschehen des Sonnentierchens, eines strahlig gebauten, kugligen Einzellers unseres Süßwassers – etwa $^1/_{10}$ mm im Durchmesser.

Es vermehrt sich durch Zweiteilung seines Kerns und seines Zellleibes während vieler Generationen. Dann aber folgt zuweilen ein seltsames Geschehen. Das Tierchen schließt sich in eine derbe Hülle ein, die es selber absondert. In dieser Klause teilt sich der Kern nochmals, auch das Plasma folgt dieser Sonderung; zwei Geschwister, einem Leib entstammend, liegen nun eng beisammen in der Zyste. Jedes der zwei Geschwister vollzieht in seinem Zellkern jene eigenartige Folge von zwei besonderen Kernteilungen, die auch bei unseren Geschlechtszellen stets der Verschmelzung im Befruchtungsakt vorangehen und welche die Chromosomenzahl solcher Sexualzellen auf die Hälfte reduzieren. Und nun bildet die eine Hälfte einen aggressiven Fortsatz gegen die empfangende andere Hälfte. Ohne Zögern nennen wir diesen Partner den männlichen, den passiv erscheinenden aber den weiblichen! Jetzt vereinigen sich die Kerne, und aus der bald darauf gesprengten Zyste tritt ein neues Sonnentierchen heraus. Wir werden wohl eines Tages sehr viel Chemisches und Physikalisches über dieses Geschehen wissen, und Sie verstehen, daß die Biologen diesen seltsamen Verwandlungen größte Aufmerksamkeit schenken. Aber – all diese Darstellungen, die wir einmal, in späterer Zeit, von diesem Geschehen in der Sprache des Molekular-Chemikers, des Physikers oder des Elektronen-Mikroskopikers geben werden – sie sind ja allesamt Übersetzungen in je eine besondere wissenschaftliche Art des Erkennens.

Vor uns aber ist ein sinnhafter *Urtext;* vor uns ist der in Gestaltund Formwandlung sich abspielende Vorgang, den wir im Urtext der Bildsprache lesen. Und dieser Urtext führt uns ein Geschehen vor Augen, das wir unmöglich sondern können von dem ungeheuren Faktum des Geschlechtlichen in uns selber. Und so treten denn die Bilder aus dem mikroskopischen Bereich, wie sie uns das Sonnentierchen vor Augen führt, zusammen zur innigsten Wechselwirkung mit den anderen Bildern der Vereinigung und Entzweiung im Menschen: mit dem gewaltigen Traumbild des Hermaphroditen, mit den Bildern von Mann und Frau in ihren Verkleidungen ohne Zahl. Wir werden in all diesen Bildern dasselbe Rätsel vor uns sehen, wir werden die Mythen als eine andere Art von Urtexten neben den lebendigen Gestalten sehen müssen.

An beiden Urtexten arbeitet unser wissenschaftliches Verstehen mit allen seinen Mitteln. Mit den strengen Methoden der Forschung werden wir uns bemühen, die menschlichen Irrtümer des Übersetzens allmählich auszumerzen und so immer reiner in ihrer Größe zu erkennen als die Urtexte des Seins.

Der Gang solcher Erkenntnis ist langsam und zögernd – aber vielleicht wird dann und wann für einen Moment der vor uns liegende Weg durch einen Ausblick erhellt – so wie der Bergwanderer im Nebeltreiben suchend zuweilen sein Ziel erblickt und dann wieder getrost seines Weges schreitet, dem verborgenen Endziel entgegen.

1 C. G. Jung, Psychologie und Alchemie, Zürich 1944.
2 G. Bachelard, La formation de l'esprit scientifique, Paris 1947, S. 54 (Deutsche Übersetzung auf S. 340).
3 Bachelard, S. 186 (Deutsche Übersetzung auf S. 340).
4 Bachelard, S. 153.
5 J. Strohl, Der Bedeutungswandel des Begriffspaares »Animal – Vegetativ« im Laufe der Zeit, Verh. Schweiz. Nat. Ges., Locarno 1940.
6 D. Lack, Some Aspects of Institutive Behaviour and Display in Birds, The Ibis, 1941.
7 W. Koehler, The Place of Value in a World of Facts, New York und London 1938.
8 H. M. Peters, Grundfragen der Tierpsychologie, Stuttgart 1948.
9 N. Tinbergen, Physiologische Instinktforschung, Experientia, Bd. IV, 1948.
10 J. v. Uexküll, Umwelt und Innenwelt der Tiere, Berlin 1921 (2. Auflage).
11 E. Kaila, Die Reaktionen des Säuglings auf das menschliche Gesicht, Ann. Universitatis Aboensis, 1932, Bd. 17.
   R. A. Spitz und K. M. Wolf, The smiling response, Genet. Psychol. Monographs, 1946, Bd. 34.

Das Problem der Urbilder in biologischer Sicht

Die Erforschung von Vorgängen im Organismus, die unbewußt ablaufen, umfaßt den weitaus größten Teil der biologischen Arbeit. Die Beobachtung und der eindringliche Nachweis von Vorgängen, die auf vorgebildeten Ordnungsweisen beruhen und unbewußt bleiben, gehört zum Alltag der Lebensforschung. Wie sollte also der kühne Versuch der Psychologen, in die unbewußten Zonen des Seelenlebens vorzustoßen, nicht die lebhafteste Teilnahme der Biologen wecken?

So mag es denn einem Zoologen erlaubt sein, zum fünfundsiebzigsten Geburtstage von C. G. Jung einige Gedanken zu diesem Buche beizutragen, die entstanden sind im Gedenken an die vielen Anregungen, die ich selber vom Jubilar und seinem Werke habe empfangen dürfen. Es geht um das Problem von erblich vorgeformten Urbildern im Erleben des Menschen und der Tiere. Die Annahme von im Menschen wirkenden Urbildern, die C. G. Jung als »Archetypen« bezeichnet hat, ist schon von Jung selber in naher Beziehung zu jenen Erscheinungen des höheren Tierlebens gesehen worden, die man meist als instinktiv bezeichnet. Von biologischer Seite hat Alverdes denn auch 1937 bereits die Wirksamkeit von Archetypen in den Instinkthandlungen der Tiere aufzuzeigen versucht[1]. Den Beziehungen der biologischen Arbeit zu den Forschungen C. G. Jungs soll hier nachgegangen werden, um, wenn möglich, Gemeinsames und Trennendes deutlicher zu sehen. In den Darstellungen des Archetypischen spiegeln sich das biologische Gedankengut und seine Wandlungen in einem halben Jahrhundert so deutlich, daß wir auf diese oft unbeachteten Unterschiede der Interpretation nachdrücklich hinweisen müssen, die sich in den verschiedenen Aussagen über Archetypen kundgeben.

Da ist zunächst eine Auffassung, in der sich die geltenden biologischen Lehren der Jahrhundertwende, etwa von 1890 bis 1910, spiegeln: ein heimlicher Lamarckismus des evolutionistischen Denkens in der Psychologie. Es ist die Meinung, daß sich in der Psyche des Menschen, wie die Schichten der Erdrinde im Laufe der Zeiten, das Erfahrungsgut ungezählter Generationen abgelagert habe und nun vielfach verwandelt als ein großen Menschengruppen, ja vielleicht allen Menschen gemeinsames »kollektives Unbewußtes« das Tun des heutigen Menschen beeinflusse. In diesem kollektiven Unbewußten ist auch der Ort jener Strukturen, die uns in der bewußten Rekonstruktion als »Archetypen« erscheinen. Nicht die Gehalte dieses kollektiven Unbewußten stehen im Augenblick zur Diskussion, sondern die Annahme über deren Entstehung. Diese erfolgt in der Denkweise der biologischen Hauptströmung, die um die Jahrhundertwende eine seltsame Mischung darwinistischer und lamarckistischer Ideen war und in dieser Mischung auch in unseren Tagen noch weiterwirkt. Besonders lebendig sind diese Auslegungen in den Gebieten, die von dem außerordentlichen »élan vital« der Biologie jener Zeit ihre entscheidenden Anregungen empfangen haben. Das gilt in hohem Maße für die Psychologie. Die Idee des allmählichen Erblichwerdens individuell erworbener »Engramme« gehört zum zentralen Gut solchen Denkens. Wie stark hier die Semonschen Gedanken über die Bedeutung der »Mneme« mitwirken, ist deutlich. Daß es sich dabei um reine Spekulation handelt, kann nicht genug betont werden. Diese Spekulation entspringt dem Bedürfnis, rätselhafte Tatsachen – wie etwa die der Komplikation – des psychischen Erbgutes – heute schon zu verstehen. Dabei wirkt uraltes Denkgut mit, so etwa das Bild vom steten Tropfen, der den Stein höhlt, der Gedanke an eine besondere Wirkung vielfacher Wiederholung, an eine Art »Training« des Artplasmas, Verstehensweisen, die dem alchimischen Stadium des Denkens einer vorwissenschaftlichen Phase angehören. Neben dieser durch die lamarckistische Spekulation der Biologie beeinflußten Auffassung der Schichten unserer Psyche findet sich aber eine andere, bald mit ihr vermischt, bald in reinerer Ausprägung. Da ist dieses kollektive Unbewußte nicht mehr der »Niederschlag der gesamtmenschlichen Erfahrung«, es liegt das Urbild nicht »im Dunkeln, da, wo es seit jener Zeit gelegen hat, als es in Form eines typischen Grunderlebnisses den psychischen Erfahrungsschatz der Menschheit bereicherte[2]«; nein, jetzt ist dieser kollektive Schatz des Unbewußten »eine ewige Präsenz«, die »Summe aller latenten Möglichkeiten der menschlichen Psyche«. Damit begegnet uns eine mehr deskriptive Fassung, zurückhaltend hinsichtlich der genetischen Deutung. – Ja, die Frage des

Ursprungs wird nun ganz anders beurteilt als in der eben erwähnten Fassung, die dem Denkgut der Jahrhundertwende verpflichtet ist. »Ob die seelische Struktur und ihre Elemente je entstanden sind, das ist eine Frage der Metaphysik und daher von der Psychologie nicht zu beantworten.« In einer solchen Äußerung ist unter vielem anderem auch die Zurückhaltung und Skepsis am Werke, mit der die Biologie der letzten Jahrzehnte den Spekulationen lamarckistischer Prägung begegnet. Die Erkenntnis der wahren Größe des Ursprungsproblems hat an solchen Aussagen mitgeformt. Es gehört ja zu den wichtigsten, wenn auch wenig beachteten Resultaten der biologischen Arbeit, daß die Evolutionstheorie heute wieder von allen ernsthaft Schaffenden als eine zentrale wissenschaftliche Theorie gesehen wird, an der mit höchstem Einsatz gearbeitet wird – nicht aber als ein weltanschauliches Dogma, nach dem sich unser wissenschaftliches Denken zu richten hätte.

Betrachten wir vom Felde des Biologen aus im Sinne solcher Zurückhaltung die Ideen über die Urbilder im Wirken der menschlichen Psyche.

Am Schicksal des Instinktbegriffes in den letzten Jahrzehnten läßt sich die Wandlung der Auffassungen wohl besonders deutlich machen. Es hatte sich um die Jahrhundertwende die weitverbreitete Ansicht durchgesetzt, daß unserer eigenen, relativ »freien« Wahlhandlung, die durch Einsicht geleitet wird, als extrem Anderes ein Verhalten entgegenstehe, das durch erblich gegebenes Tun, Stereotypie, artgemäße Gebundenheit ausgezeichnet ist und ohne Einsicht in das zu erreichende Ziel abläuft. Solches Verhalten nannte man »instinktiv«, die Gesamtheit seiner Abläufe »einen Instinkt«. Man beurteilte diese Instinkte zunächst als eine besondere Weise des Verhaltens, der Orientierung in der Umwelt. Im Laufe der Zeit aber wandte sich das Interesse mehr und mehr der komplizierten Einfügung vieler Instinkte in die Abläufe der Individualentwicklung zu, wie sie besonders drastisch bei Vögeln und Insekten sichtbar ist. Das Spinnen eines Kokons oder die Wahl eines Ortes für die Verpuppung erwiesen sich als Instinkthandlungen, die von den andern, »physiologisch« genannten Vorgängen der Verpuppung und der Metamorphose zwar irgendwie als »psychisch« sich abheben lassen, aber doch aufs engste mit ihnen zu einheitlichem Geschehen verbunden scheinen. Der junge Singvogel, der seinen wie eine Blüte gelb- oder rot- oder buntgefärbten Rachen gegen die fütternde Mutter hin aufsperrt – dieser Nestling zeigt wiederum die physiologischen Merkmale der Rachenfärbung und des Schnabelwulstes, gekoppelt mit psychischen Eigenarten seines Verhaltens. Das »Psychische« geht ohne Grenzen als Glied in das gesamte Körpergeschehen ein; es ist sinnvoll nur in engster Gemeinsamkeit mit diesem – ja es ist von diesem »Somatischen« gar nicht zu trennen. Der Instinkt verlor so seine Grenzen, die ihn als »psychisch« gegen das Körperliche hin abgesondert hatten.

Zu ähnlichen Ergebnissen führten die Experimente der Entwicklungsphysiologie, die durch Hans Spemann ganz besonders gefördert worden sind. Die Vorgänge in der Keimentwicklung, wie sie das Experiment aufdeckte, zwangen zu einer eigenartigen Form der Beschreibung. Ein in der Gegend des künftigen Nervensystems verpflanztes Stückchen des Keims, das eigentlich Bauchhaut hätte bilden müssen, wird »umgestimmt« zur Formung eines Teils des Rückenmarks. Es »führt einen neuen Befehl aus«, sagt Spemann und verwendet so unsere Sprache des sozialen Verkehrs, um ein Geschehen zu kennzeichnen, das völlig unbewußt in einem Amphibienkeim (wie auch in andern Keimen) abläuft. Und Spemann betont, daß diese psychologischen Analogien »mehr bedeuten als ein poetisches Bild« (S. 278). »Es soll damit gesagt sein, daß diese Entwicklungsprozesse, wie alle vitalen Vorgänge..., in der Art ihrer Verknüpfung von allem uns Bekannten mit nichts so viel Ähnlichkeit haben wie mit denjenigen vitalen Vorgängen, von welchen wir die intimste Kenntnis besitzen, den psychischen. Es soll heißen, daß wir uns, ganz abgesehen von allen philosophischen Folgerungen, lediglich im Interesse des Fortschritts unserer konkreten, exakt zu begründenden Kenntnisse diesen Vorteil unserer Stellung zwischen den beiden Welten nicht sollten entgehen lassen. An vielen Orten dämmert diese Erkenntnis jetzt auf. Auf dem Wege zu diesem hohen Ziel glaube ich mit meinen Experimenten einen Schritt getan zu haben[3].«

Daß Spemann diese Worte als Abschluß seiner größten, zusammenfassenden Arbeit geschrieben hat, gibt ihnen besonderes Gewicht und hebt die Größe der Wendung hervor, von der wir sprechen.

Vorher bereits hatte Demoll in seiner Rektoratsrede von 1932 die Entwicklungsvorgänge mit dem instinktiven Verhalten geradezu gleichgesetzt. »Instinkt äußert sich das einemal in der Umbildung der Formen und das anderemal in der Handlung des ganzen Organismus[4].« In der Tat gelten die Merkmale, die gewöhnlich für instinktives Verhalten bezeichnend sind, auch für die Abläufe, die wir in einer Keimentwicklung beobachten – eine Parallele, die bereits von Monakow und Mourgue (1931) zu der Aufstellung einer untersten Instinktkategorie der »Entwicklungsinstinkte« veranlaßt hat.

Bei dieser Lage der Dinge muß das Wort »Instinkt« so vage werden, daß treffliche Kenner des »instinktiven« Verhaltens, wie David Lack, vorschlagen, dieses Wort überhaupt fallen zu lassen[5]. Vandel spricht von »intelligence spécifique«, um das meist instinktiv genannte Verhalten gegenüber der »intelligence individuelle« einigermaßen abzugrenzen[6].

Wir erleben heute, wie von den verschiedensten Seiten die biologische Forschung die Grenzen des früher als somatisch und als psychisch Abgesonderten aufhebt zugunsten einer einheitlichen Sonderstellung aller vitalen Vorgänge. Dabei wird aber – und das ist die bedeutende Wendung gegenüber dem früheren »Vitalismus« – nicht eine besondere neue Lebenskraft eingeführt und zur Erklärung bemüht, sondern es wird gerade dies Besondere der vitalen Systeme als die zu erklärende »System-Eigenart« festgestellt und als das Gefragte in einem unerkannten Bereich gelassen.

Der Nachweis ererbter Strukturen, welche an der Konstitution einer Umwelt bestimmenden Anteil haben, ist im tierischen Verhalten besonders in jenen Fällen genauer geleistet, in denen relativ eng umschriebene »Urbilder« in relativ eng umschriebenen stereotypen Aktionen eine Rolle spielen. Die dem Urbild entsprechende Konfiguration der Umwelt nennen wir in solchen Fällen einen »Auslöser« (»releaser«). Wir versuchen hier nicht, die Entwicklung dieser Begriffsbildung nachzuzeichnen. Wesentliches findet sich in einer Zusammenfassung von Tinbergen (1948)[7]. Doch muß der große Anteil der vorwiegend ornithologischen Forschungen von K. Lorenz hervorgehoben werden.

Als Beispiel mag uns die von Tinbergen untersuchte Auslösung der Bettelbewegungen junger Silbermöwenküken dienen. Diese richten ihr Betteln auf einen roten Fleck am gelben Unterschnabel des Altvogels, wie schon F. Goethe (1937) nachgewiesen hat. Dies ist indessen nicht eine besondere Wirkung der roten Reizfarbe: ein schwarzer Fleck wirkt eher stärker, wie Kopfattrappen zeigen, und ein blauer und ein weißer Fleck sind auch recht wirksam. Sehr schwach aber reizt ein Schnabel ohne Fleck. Die Versuche zeigen ferner, daß der rote Fleck in einer andern Lage, irgendwo am Kopf, nur dürftig anregt; erst die typische Disposition um Unterschnabel löst optimale Bettelreaktionen aus. Die Struktur, die das Junge für sein Verhalten braucht, ist also nicht eine beliebig gelagerte Reizfarbe, sondern eine »Reizgestalt«, eine Konfiguration. Diese muß im Nervensystem der Jungvögel in einer geordneten Weise bereits erblich vorgegeben sein[8].

In vielen Fällen erweist sich diese erbliche Struktur als fest und eng umgrenzt – so eng, daß man von einem »Schlüsselbartprinzip« gesprochen hat, indem die auslösende Struktur so unverwechselbar geformt sein muß, daß sie wie der kompliziert geschnittene Bart des Schlüssels nur in ein ganz bestimmtes, im Nervensystem vorbereitetes »Schloß« paßt und so eine bestimmte Folge von Geschehnissen aufschließt. Lorenz hat darauf hingewiesen, wie oft den optischen Mustern der arttypischen »Tracht« diese Signalwirkung zukommt.

Die auslösende Wirkung, die von bestimmten Reizsituationen – und nur von diesen – ausgeht, hat eine reizaufnehmende Struktur zur Voraussetzung, die im Zentralnervensystem bereitliegen muß. Sie ist seit den grundlegenden Arbeiten J. von Uexülls bald als »angeborenes Schema«, bald als »angeborener auslösender Mechanismus« bezeichnet worden. Es liegt nahe, diese unbekannte Struktur als eine Art Abbild der uns bekannten Reizsituation, des uns bekannten »Auslösers«, zu repräsentieren. Die genauere Kenntnis der auslösenden Wirkungen zeigt uns aber, daß es sich dabei nicht nur um stereotype Antworten auf eine feste Reizsituation handelt, sondern daß je nach der »Stimmung« ein artgemäßes Verhalten durch recht verschiedene »Auslöser« bewirkt werden kann. So hat D. Lack durch Experimente beim Rotbrüstchen gezeigt, daß die kämpferische Drohhaltung eines Männchens bald durch vorbeifliegende Vögel verschiedener Art, bald durch einen ruhenden Vogelbalg von Rotbrüstchengröße (auch wenn ihm das Rot der Kehle fehlt), zuweilen aber auch durch ein kleines rotes Federbüschel allein provoziert werden kann.

Die vielen Untersuchungen über die auslösenden Faktoren tierischen Verhaltens legen die Annahme nahe, daß die auf Reizsituationen ansprechenden, angeborenen Strukturen in einzelnen Fällen ganz bestimmte Gestalt haben, dann nämlich, wenn nur eine scharf umschriebene Entsprechung in der Umgebung diese Strukturen im Nervensystem aktiviert. In anderen Fällen aber scheinen die angeborenen »Schemata« viel offener zu sein und können durch recht verschiedene Umgebungsreize »geprägt« werden. So folgt das junge Gänschen jenem Lebewesen als »Beschützer«, das ihm zuerst nach dem Schlüpfen zu Gesicht kommt. Das ist meist die eigene Mutter, zuweilen ein Huhn; es kann aber auch der Mensch in diese Rolle eintreten. Aber auch diese »Prägbarkeit« setzt eine Struktur voraus, die darauf wartet, erregt zu werden. Nur sind die geforderten Gestaltmerkmale sehr vage. Von hohem Interesse ist es, daß es sich bei den angeborenen Strukturen nicht nur um die Erfüllung der Beziehungen zwischen Artgenossen handelt, sondern daß auch das »Bild« eines typischen Feindes angeboren, ererbt sein kann. So ducken sich junge Entenvögel, wenn über ihrem Käfig das Modell eines Raubvogels erscheint – wobei ein kurzer Hals und ein langer Schwanz wichtige Merkmale dieses Flugbildes sind. Wie eindeutig eine solche Struktur im Zentralnervensystem eingeordnet sein kann, zeigt sich gerade in diesem Fall: wird das Raubvogelmodell verkehrt bewegt, mit dem langen Schwanz voran, so bleibt es wirkungslos. Hier ist wirklich etwas ererbt, das dem Bild des »Erbfeindes« entspricht.

Wir wollen die zahllosen Situationen nicht verkennen, in denen das Verhalten von Tieren durch Erfahrungen, durch Gewöhnung bestimmt wird. Aber unsere Aufmerksamkeit gilt jetzt dem wichtigen Umstand, daß im Nerven- und Sinnessystem der Tiere Verhaltensweisen vorbereitet sein können, die sich auf zu erwartende Umgebungsbestandteile beziehen. Es liegen Strukturen bereit, die etwas zu erkennen ermöglichen, was nie zuvor wahrgenommen worden ist. Dieses Erkennen des Nie-Erfahrenen ist ein besonders bedeutsames Faktum, das uns die Experimente der Verhaltensforschung zeigen. Im Grunde gehört diese Tatsache derselben Ordnung an wie etwa die, daß in der Embryonalentwicklung sich Bewegungsorgane für ein ganz bestimmtes Medium, für die Luft zum Beispiel, ausbilden oder daß ein Darm auf ganz bestimmte Nahrung von Anfang an hingeordnet erscheint. Viele haben es verlernt, das Erstaunliche aller lebendigen Organisation bewußt zu erleben – darum wundern sie sich, daß auch die Erlebensart der Innerlichkeit eines Tieres durch feste Strukturen vorbestimmt, geordnet und gegeben ist. Allzusehr hat uns der Vergleich der Retina unseres Auges mit einer photographischen Platte von der Wirklichkeit der Eigenständigkeit der Retinaarbeit entfernt – allzuoft erscheint das Zentralnervensystem noch als die Schulwandtafel, auf der die Erfahrung allmählich ihre Lehren anschreibt.

Der Anteil erblich gegebener und arttypischer Strukturen der Innerlichkeit, den uns die Experimente aufdecken, wird noch augenfälliger, wenn wir Verhaltensweisen betrachten, durch die besondere »Werke« entstehen, Gebilde, die der Umgebung etwas Neues zufügen, das dem Wirken der tierischen Innerlichkeit entspringt. Die Nestbauten von Vögeln und Insekten, die Seidenkokons, die Köcher der Phryganidenlarven, vor allem aber die Spinnennetze, auch der Gesang der Vögel, sind solcher Art. Ihr zentraler Ursprung ist besonders deutlich: wird doch in solchen Werken etwas manifest, das nicht einem bereits bestehenden äußeren Gebilde entspricht, sondern das in bestimmten auslösenden Reizsituationen etwas zusätzlich Neues gestaltet. Peters hat solche Strukturen von dem Auslöserschema als »Produktionsschema« abgesondert. Fischel (zitiert nach Peters) würde sie als »Werkschema« bezeichnen[9].

Was soll diese Darstellung der Erforschung tierischen Verhaltens in einer Reihe von Arbeiten, die den Urbildern und damit einem zentralen Problem der komplexen Psychologie gewidmet sind? Dürfen wir denn erwarten, das verborgene Spiel der Faktoren, die in unserem Erleben wirken, könne durch biologische Methoden aufgeklärt werden, die sich auf sehr oberflächliche Merkmale des Verhaltens berufen müssen?

In der Tat glaube ich, daß von der hier nur in raschem Überblick erörterten biologischen Arbeit Anregungen auf die Untersuchung jener rätselhaften Strukturen ausgehen kann, die durch Jung als »Archetypen« bekannt geworden sind.

Einmal weist die biologische Arbeit im tierischen Zentralnervensystem Strukturen nach, die in gestalthafter Art geordnet sind und arttypische Handlungen anzuregen vermögen. Dabei kann die gestalthafte Struktur sowohl derart geordnet sein, daß sie spezifische Werke erzeugt, die in der Umgebung des Tiers ein neues Moment bedeuten (Spinnennetz, Vogelnest) – oder aber die Struktur ist von solcher Art, daß sie, erblich von Anfang an vorbereitet, das Erkennen von nie vorher wahrgenommenen neuen Gebilden der Umgebung ermöglicht, seien dies nun Artgenossen, Junge, Beuteobjekte, Erbfeinde.

Dieses Erkennen des Nie-Wahrgenommenen durch ererbte zentrale Struktur erscheint mir als das Entscheidende. Denn diese Feststellungen begegnen ja denen des Psychologen, der ähnliche geformte Wesenheiten in der unbewußten Sphäre unseres Seelenlebens am Werke findet. Ja die Parallele geht noch einen wichtigen Schritt weiter: der Psychologe ist diesem unbewußten seelischen Wirken gegenüber in einer Lage, die der des Biologen weitgehend entspricht, kann doch auch er nur auf indirektem Wege, aus »Äußerungen«, etwas über das Verborgene erfahren. Auch er muß aus relativ Oberflächlichem die Vorgänge in der Tiefe erschließen; auch dem Psychologen wird so die Oberfläche allmählich immer stärker Ausdruck der Tiefe. So vollzieht sich in der Psychologie dieselbe Umwertung des »Äußerlichen«, die sich auch hinsichtlich der tierischen Erscheinung anbahnt: mehr und mehr spricht das Äußere vom Innern, mehr und mehr wird so die unlösbare Einheit des Organismus, der Ausdruckswert der Gestalt als Erscheinung der Innerlichkeit eindrücklich.

So darf denn auch der Biologe versuchen, aus seiner Arbeit heraus an die Fragen heranzutreten, welche die Psychologie im Begriff des »Archetypus« vor sich hat.

In der vorsprachlichen Periode unseres individuellen Lebens, in der Säuglingszeit, trifft die Forschungsart der Psychologen besonders weitgehend die Verhältnisse an, unter denen auch der Biologe arbeitet. So ist denn auch diese Frühzeit der Entwicklung die einzige, in welcher der Nachweis von zentralnervösen Strukturen gelingt, die den »Auslösern« tierischen Verhaltens ähnlich sind. Der bedeutungsvollste Fund dieser Art ist wohl der Nachweis gestalthafter Strukturen, welche den vorsprachlichen Sozialkontakt des Lächelns auslösen. Ich denke dabei an die Untersuchungen von E. Kaila (1932) sowie von R. A. Spitz und K. M.

Wolf (1946)[10], die ich hier im Überblick zusammenfasse. Sie zeigen, daß in der Zeit vom dritten bis zirka sechsten Monat das menschliche Gesicht nicht durch bestimmte individuelle Züge wirkt, auch nicht durch Ausdruck eines bestimmten Gefühls, sondern lediglich durch allgemeine Gestaltmerkmale, unter denen eine glatte, gewölbte Stirn, zwei symmetrische Augen und die Nase sowie eine leichte Bewegung die wichtigsten sind. Der Hinweis auf die Symmetrie der Augen schließt ein, daß dies Gesichtsschema sich »en face« zeigen muß. Der Nachweis dieser einfachen Gestaltwirkung gelingt durch allerhand Defigurationen des lebenden Gesichts sowie durch Maskenexperimente. Auffällig ist das Fehlen des Mundes in der Reihe der erforderlichen Gestaltmerkmale. Wer dieses Gesichtsschema, diesen »Auslöser«, darzustellen versucht, der erzeugt mundlose Gebilde, wie sie ähnlich in prähistorischen australischen Felsbildern oder auf einer irischen Miniatur aus dem 9. Jahrhundert sich finden[11]. Da der Nachweis dieser Gestaltwirkung beim Säugling erst vom dritten Monat an sicher möglich ist, so bleibt die Frage offen, ob die zentralnervöse Struktur, die das Erkennen des menschlichen Gesichtes und die Sozialantwort des Lächelns ermöglicht, offeneren, das heißt geprägten, oder aber völlig angeborenen Charakter hat. Alle uns zugänglichen Indizien sprechen für ein weitgehend angeborenes Gestaltschema, doch bleibt die Frage offen. Vom sechsten Monat an gliedern sich diesem allgemeinen Gestaltschema neue Merkmale des Gefühlsausdrucks an und bereichern die Antworten des Kindes auf soziale Situationen. Ich erwähnte diesen »Auslöser« des Lächelns besonders, weil wir hier einer zentralen Struktur begegnen, welche ganz besonders klar dem entspricht, was C. G. Jung als »Archetypus« beschrieben hat: das Abbild einer verborgenen, psychischen Struktur, die mit Umgehung des Bewußtseins durch angeborene Bereitschaft ein Verhalten auslöst, das im Sinne einer psychischen Notwendigkeit liegt[12].

Aber selbst in diesem einfachen Falle, der einen so wichtigen »Auslöser« wie den für das menschliche Gesicht betrifft, ist der strenge Nachweis des angeborenen Verhaltens nicht möglich. Ich glaube, daß dieser Umstand ernste Beachtung verdient, mahnt er uns doch daran, daß der Nachweis eines angeborenen Verhaltens, der schon für so frühe Sozialantworten wie das Lächeln fraglich ist, erst recht schwierig und stets anfechtbar sein wird, wo es um Verhaltensweisen geht, die im Individualleben erst später auftreten.

Wenn hier auf diese Schwierigkeit des Nachweises angeborener Strukturen hingewiesen wird, so geschieht es nicht aus der überheblichen Ansicht, wir müßten vom Psychologen dasselbe methodische Vorgehen fordern, das die biologische Verhaltensforschung kennzeichnet. Wir vergessen nicht, daß die experimentellen Methoden ja in Hinsicht auf eine mögliche »Tierpsychologie« nur der notwendige Umweg sind, weil die sprachliche Kommunikation mit dem Forschungsobjekt unmöglich ist. Auch bin ich der Auffassung, daß jede Forschungsart ihre besondere Methode und ihre Anforderungen aus ihren Möglichkeiten heraus entwickeln muß. Wer den Reichtum der Tatsachen auch nur näherungsweise kennt, auf dem die Lehre von den Archetypen durch C. G. Jung begründet ist, der wird deren Ergebnisse nicht mit Argumenten einschränken wollen, die einem anderen Bereich des Forschens entstammen.

Trotzdem wage ich aus den eben angeführten Erwägungen die Anregung, daß man im Felde der Psychologie mit der Annahme von Erblichkeit der erschlossenen psychischen Strukturen äußerst vorsichtig umgehen sollte. Der Nachweis des Wirkens von »Urbildern« ist ja fast immer an ein so spätes Alter gebunden, daß wir unmöglich die Fülle der vorangegangenen unbewußten Einflüsse auf den werdenden Seelenschatz richtig taxieren können. Im allgemeinen neigt die Psychologie noch immer dazu, das Ausmaß der Aktivität in den ersten vier bis fünf menschlichen Jahren zu gering zu sehen, den Reichtum der Kombinationsmöglichkeiten in dieser ersten nachgeburtlichen Zeit zu unterschätzen. Wer diesem Lebensabschnitt seine größte Aufmerksamkeit zuwendet, der wird der »Prägung«, der allmählichen oder auch einmalig-plötzlichen Festlegung von anfangs weit offenen Strukturanlagen, einen sehr großen Anteil zubilligen. Die Bestimmung aber dieser anfänglichen, »offenen« Anlagen zu psychischer Strukturbildung dürfte eine der schwierigsten Aufgaben einer echten anthropologischen Forschung bilden. Darum möchte ich anregen, die Frage der Erblichkeit in den Versuchen zur Darstellung der »Archetypen« zurückzudrängen und rein deskriptive Formulierungen den genetischen vorzuziehen.

Ich wage von den Erfahrungen biologischer Arbeit aus den Versuch, die Möglichkeiten archetypischer Strukturen als Mitbestimmer menschlichen Verhaltens in großen Zügen zu gliedern. Dieser Versuch geschieht in voller Anerkennung der Eigenständigkeit der psychologischen Arbeit und ist als Anregung von einem Grenzgebiete aus gedacht.

Drei große Gruppen der Möglichkeit archetypischer Struktur lassen sich abgrenzen, wenn man die menschliche Entwicklung der ersten vier bis fünf Jahre in der vorhin betonten Weise sieht:

1. Strukturen, die erblich gegebenen, sehr offenen Gestaltanlagen ihren Ursprung verdanken und die von Anfang an einen fest geordneten Gestaltcharakter haben, der dem von bei Tieren festgestellten »Auslösern« entspricht. Das Erkennen des menschlichen Gesichts scheint auf einem solchen Archetypus zu beruhen. Es liegt in der Schwierigkeit des strengen Nachweises der Erblichkeit begründet, daß die Zahl solcher gesicherter erblicher Archetypen stets eine kleine sein wird. Wie weit zum Beispiel die Urbilder der »Frau« und des »Mannes«, des Vaters, der Mutter, des Artgenossen ohne weiteres hierher gerechnet werden dürfen, ist mir sehr fraglich.

2. Als eine weitere, zweite Gruppe von psychischen Wirkungen, die sich im Sinne von »Archetypen« zeigen, müssen solche Strukturen betrachtet werden, an denen erbliche Dispositionen nur in sehr offener, allgemeiner Art als Anlage beteiligt sind, die dagegen besonders bestimmt werden in ihrer Gestaltung durch individuelle »Prägung«, in der Art, wie sie in jüngster Zeit in der tierischen Verhaltensforschung festgestellt worden ist. Solche Archetypen dürfen nicht als erblich festgelegt aufgefaßt werden, weil ihre Eigenart gerade vom nicht Ererbten, vom Geprägten, her bestimmt ist. Ich neige dazu, archetypische Bilder wie Mann und Frau als sehr weitgehend von solcher erlebnisbedingter Prägung bestimmt zu sehen – gerade in Hinsicht auf solche Gegebenheiten scheint mir die allgemeine biologisch faßbare Anlage jedes Individuums zu Bisexualität nur sehr unscharfe Voraussetzungen und nicht schon konkrete Bilder zu liefern. Auch Archetypen wie der des Heims, des Hauses, scheinen auf einer sehr unbestimmten Voraussetzung von Bedürfnissen der Wertung zu beruhen, in ihrer eigentlichen Wirkweise aber »geprägt«, nicht ererbt zu sein. Mir scheint diese zweite Gruppe von geprägten

138

Archetypen einen sehr großen Anteil zu liefern; doch bedarf eine solche Annahme selbstverständlich einer weit vertiefteren Grundlegung.

3. Eine dritte Gruppe von archetypischen Wirkungen scheint mir von viel abgeleiteterem Charakter zu sein als die beiden ersten. Das sind psychische Wirkungen von sekundären Komplexen, die dem geordneten, gestalteten Traditionsgut, der Überlieferung einer Menschengruppe entstammen. Ihre Genese kann sehr früh einsetzen, wird von der bewußten Aufnahme der Traditionsgüter mächtig bestimmt und führt durch Übung, Gewöhnung und durch die verstärkende Macht sozialer Wertschätzung und Geltung zu komplexen Gebilden, die sekundär im Unbewußten geformt werden und von dort zur stetigen Wirkung kommen. Zu dieser dritten Gruppe gehört all das, was G. Bachelard als »Complexe de Culture[13]« bezeichnet hat. Auch viele der archetypischen Wirkweisen, die Jung im alchimischen Denken aufdecken konnte, dürften ihren Platz in dieser Gruppe haben, die vielleicht die umfassendste aller archetypischen Wirkarten ist. In ihr ist die ererbte Anlage so allgemeiner Art, daß wir kaum noch berechtigt sind, das Ererbte besonders stark zu betonen, sondern daß im Gegenteil das Kulturbedingte hier herausgehoben werden muß. Dabei handelt es sich wohl immer um uraltes Kulturgut; doch darf aus solchem ehrwürdigem Alter nicht in einer Art von lamarckistischem Denken eine »gewisse Erblichkeit« solcher Geistesgüter angenommen werden, eine Denkweise, zu der der Hang nur allzuweit verbreitet ist.

Die Gruppenbildung, wie sie hier versucht wird, kann nur den Wert einer Anregung haben; sie soll die Versuche unterstützen, die – überzeugt von der Realität archetypischer Wirkweisen – verhindern wollen, daß eine bedeutende Entdeckung durch allzu leichtfertigen Gebrauch zum bloßen Gerede Anlaß gibt. Daß diese Gefahr besteht, werden gewiß die meisten bestätigen, denen an wahrhaft wissenschaftlicher Klärung der Vorstellungen gelegen ist – und es würde leichtfallen, drastische Beispiele zur Abschreckung aufzuzählen.

Unser Versuch geschieht aus dem Ahnen der Größe der Erscheinung, die da erforscht werden soll, und aus der Überzeugung, daß die biologische Anregung manche Klippen deutlicher machen kann. Die gefährlichste ist die kryptolamarckistische Denkweise, die unbemerkt weiterwirkt und dazu neigt, »Erblichwerden« anzunehmen in Lagen, in denen nicht das kleinste wissenschaftliche Argument dafür beizubringen ist. Mit lamarckistischer Denkart ist immer ganz besonders die Bereitschaft zu rein verbalen Lösungen verbunden: »ganz allmählich« werden da individuelle Erfahrungen vererbt, »Schritt für Schritt« bereichert sich der »unbewußte Erinnerungsschatz der Menschheit«, »im Laufe der Jahrtausende« geschehen derart im Keimplasma Dinge, die wir nie erweisen können. Die Verschüttung der eigentlichen Probleme ist bei der Annahme solcher Formeln unvermeidlich. Ob der Archetypus ein Niederschlag ungezählter Erfahrungen oder ob er überhaupt erst die vorgegebene Voraussetzung von menschlicher Erfahrung sei, das wissen wir nicht, das ist ja eben die Frage.

Die wissenschaftliche Frage wieder zu sehen, dazu kann uns vielleicht im Erforschen des Archetypischen die biologische Arbeit helfen. Hören wir, was auf Grund jahrelangen Studiums des Verhaltens eines Rotbrüstchens einer unserer Kenner und ein trefflicher Experimentator wie David Lack in Oxford sagt: »Die Welt eines Rotbrüstchens ist so seltsam und fern von unserer Erfahrung, daß wir kaum in sie einzudringen vermögen, es sei denn, um ahnend zu spüren, wie verschieden von der unsrigen sie sein muß ...« »In die Welt des Rotbrüstchens können wir nicht eindringen. Trotzdem können uns Beobachtung, Versuch und objektive Analyse eine gewisse Idee davon vermitteln, was in dieser Welt von Bedeutung ist[14].«

Diese Worte könnten in sinngemäßer Umschreibung auch die Situation schildern, in der sich unser Bewußtsein der unbewußten, fernen Welt der Archetypen gegenüber befindet. Der Pionier, der in kühnem Vorstoß in dieses ferne Land unserer eigenen Seele vorgedrungen ist und dem diese Studie in Verehrung gewidmet ist, C. G. Jung, wird es gewiß nicht ganz abwegig finden, wenn ich mit dem Wunsche schließe, die Erforschung der Urbilder möge stets die Menschen finden, die mit der innigen Teilnahme des Naturforschers dieses befremdliche Glied des menschlichen Lebens ergründen wollen.

1 Zoolog. Anzeiger, Bd. 119.

2 Zit. nach J. Jacobi, Die Psychologie von C. G. Jung, 3. Auflage, Zürich 1949 (vor allem S. 81-96).

3 Hans Spemann, Experim. Beiträge zu einer Theorie der Entwicklung, Berlin 1936.

4 R. Demoll, Über den Instinkt, Münchener Universitätsreden, Heft 25, München 1932.

5 D. Lack, Some Aspects of instinctive Behaviour and Display in Birds, The Ibis, 1941.

6 A. Vandel, L'Homme et l'Evolution, Coll. »Avenir de la Science«, Nr. 28, Paris 1949.

7 N. Tinbergen, Physiol. Instinktforschung, Experientia, Bd. IV, 1948.

8 Weitere Beispiele siehe S. 96 (Mythisches in der Naturforschung).

9 H. Peters, Grundfragen der Tierpsychologie. Ordnungs- und Gestaltprobleme, Stuttgart 1948 (enthält wichtige Literaturangaben).

10 E. Kaila, Die Reaktionen des Säuglings auf das menschliche Gesicht, Ann. Universitatis Aboensis, Bd. 17, 1932.
R. A. Spitz und K. M. Wolf, The smiling Response, Gen. Psychol. Monographs, 1946, Bd. 34.

11 Abbildungen und Deutungsversuch bei J. Gebser, Ursprung und Gegenwart, Stuttgart 1949.

12 Diese Darstellung des »Archetypus« variiert eine Formulierung von J. Jacobi in »Die Psychologie von C. G. Jung«, 3. Auflage, Zürich 1949, S. 81.

13 G. Bachelard, La Psychoanalyse du feu, 2. Auflage, Gallimard, Paris 1948. – L'Eau et les Rêves (1942), L'Air et les Songes (1943), La Terre et les Rêveries de la Volonté (1948), La Terre et les Rêveries du Repos (1948). Corti, Paris.

14 D. Lack, The Life of the Robin, 4. Auflage, London 1946, S. 158/59.

Die Zeit im Leben der Organismen

I.

In diesen Tagen voll starker und bewegender Eindrücke über Zeitvorstellungen und über das Erleben von Zeit ist Ihr inneres Auge in die Fernen der Geschichte und in die Zone des mythischen Denkens, in die schwer faßbaren Bereiche der verflossenen und der kommenden Zeit und zu den Rätseln der Ewigkeit geführt worden.

Gewiß ruhte zuweilen der Blick Ihrer Augen und vielleicht auch manchmal der Ihres Geistes auf den Blumen, die hier um uns und mit uns atmen und leben. Oder Ihr Auge ging den Faltern nach, die da kommen und gehen. Vielleicht richtete sich Ihr Gedanke zuweilen auf alle die vielen Lebensformen, welche in uns dem Bild der Jahreszeiten Farbe und Gestalt geben, und Sie dachten an die ersten und die letzten Blumen im Jahr, die Christrosen und die Zeitlosen, an den Zitronenfalter im Vorfrühling, an den Vogelgesang im maigrünen Wald, an die ziehenden Schwalben des Herbstes. Vielleicht sannen Sie auch einen Moment all den lebendigen Wesen nach, die den Tag zum immer neu erfüllten Erlebnis machen: den Nacht- und Tagfaltern und den duftenden Blüten, die sich am Abend erst öffnen, den leuchtenden Blumen, welche zu so verschiedenen Stunden des Tageslichtes aufblühen. Alle diese Bilder führen zu dem, was dem Biologen zu tun bleibt bei unserem Gang durch die Zeit im Leben des Menschen.

Unser Thema – die Zeit im Leben der Organismen – hat gar viele Aspekte, und wenige nur können davon berührt werden. Wir wenden uns zuerst jener Seite der Frage zu, die in manchen der vorangegangenen Vorträge berührt worden ist, den Erdzeiten, die so weit über die menschlichen Maße und über die Hinfälligkeit unseres Lebens hinausweisen.

Die erdgeschichtliche Forschung sucht jene Gestaltungsvorgänge zu ermitteln, die einen Teil des Kosmos zu unserer Erde mit ihren besonderen Umwandlungen gemacht haben. Es hat bei diesem Bemühen im Okzident bewegte Geisteskämpfe gebraucht, um die ursprüngliche, dem Alltagsdenken entstammende alttestamentliche Zeitrechnung zu überwinden und eine neue Auffassung der erdgeschichtlichen Abläufe zu festigen. Wir wollen nicht vergessen, welche große Rolle bei der Umstellung des okzidentalen Denkens auf neue erdgeschichtliche Zeiten die ersten Einblicke in das östliche Welterleben bedeutet haben. Eine der Folgen zeigt sich im Wagnis von Buffon um die Mitte des 18. Jahrhunderts, in seiner »Histoire de la Terre« statt etwa sechstausend Jahre Erdgeschichte deren fünfundsiebzigtausend einzusetzen. In großen Schritten hat sich daraufhin unsere Vorstellung gewandelt, so daß um 1830 Charles Lyell eine Berechnung vorlegen konnte, in der die Zeit für die Ablagerung der Schichtgesteine mit zweihundertdreißig Millionen Jahren angegeben wird. Seltsam genug für den heutigen Betrachter, daß damals gerade die Physiker diese Zeitrechnungen als übertrieben zurückgewiesen haben. Sowohl Helmholtz wie Lord Kelvin betrachteten hundert Millionen Jahre übertrieben und waren höchstens bereit, deren etwa zehn bis zwanzig als Zeit für die umstrittene Gesteinsablagerung zuzugestehen. Durch die neuesten Methoden der Zeitbestimmung, welche auf der Ermittlung der Radioaktivität von Gesteinen beruhen, gewöhnen nun gerade die Physiker unseren Geist wieder aufs neue an viel größere Zahlen, als sie noch Lyell zu denken wagte: elfhundert Millionen Jahre dürften nach diesen neueren Erfahrungen verflossen sein, seit auf der Erde sichere Lebensspuren hinterlassen sind. Die Formung der ältesten datierbaren Mineralien geht auf etwa neunzehnhundert Millionen Jahre zurück. Was an noch höheren Zahlen geboten werden mag, gehört dem umstrittenen Bereich der Forschung an: jenem Bereich, in dem auch die Naturforscher in das völlige Dunkel alles Ursprungsdenkens geraten, jenem Bereich, in dem auch der nüchterne Forscher nur noch mit dem uns Menschen allen angeborenen Drang der Ergänzung ein Bild zu schaffen vermag. Nicht umsonst nähern sich in diesen Gebieten die wissenschaftlichen Aussagen der modernen Kosmologen allen den uralten Mythen von Schöpfung, den Sagen von Zyklen und Zeitaltern.

Alle die Zahlen der wirklichen Forschung, soweit diese in einem relativ engen Abschnitt eine gewisse Sicherheit verbürgt, beziehen sich auf *verstandene Zeit*. Eine wirkliche Vorstellung von den mit dem Verstand errechneten Zahlen erreichen wir nur auf Umwegen über Bilder, und auch dann bleibt sie immer unzulänglich.

Auch die okzidentale Forschung erreicht mit solchen Zahlen meist nur das, was auch Vishnu gegen Indra erreicht hat: den Eindruck unserer Lebenszeit als kurzen Traum vor der unabsehbaren Weite der Erdzeiten. Angesichts dieser nach wie vor urtümlichen Situation des modernen Forschers ist es vielleicht gut, sich daran zu erinnern, daß unserer Gegenwart die Aufgabe gestellt ist, ein neues Gleichgewicht zwischen dem Erleben der uns zugemessenen irdischen Zeit und der Auffassung der vom Verstande errechneten Erdzeiten zu erreichen. Das unablässige Mühen um ein solches Gleichgewicht sollte eine der wichtigen »psychotherapeutischen« Aufgaben der wissenschaftlichen Lehre sein. Während die einen an dieser Aufgabe der Bestimmung erdgeschichtlicher Zeiten arbeiten, suchen andere Forscher das wirkliche innere Zeiterleben des Menschen und wenn möglich auch etwas von dem der Tiere zu erfassen. Auch wir wollen uns, für einen Augenblick nur, der Erforschung dieser zyklisch erlebten Zeit zuwenden, der Beobachtung des hier und jetzt erlebenden Subjektes, das in einem ihm von Art zu Art besonders zugemessenen Rhythmus Tage und Jahre durchlebt. Wenn auch der wissenschaftliche Versuch, die Gesetze dieses Zeiterlebens, also der Entstehung der Erfahrung vom Nacheinander, zu bestimmen, heute noch wenig Sicheres gibt, so wollen wir doch versuchen, einiges vom relativ Gesicherten zu erfassen.

Differenzierte Erfahrung setzt Wechsel der Eindrücke voraus in räumlicher Sonderung oder in zeitlicher Folge. Ein Zeiteindrücke vermittelndes Instrument muß also imstande sein, die Möglichkeit eines raschen Nacheinanders sich erneuernder gesonderter Impulse zu schaffen. Es muß eine geringste Dauer und Wirkweise geben, die in unserem Erleben einen Eindruck hinterläßt. Wir wollen dieses Element des Erlebens als »Moment« bezeichnen. Von den Bemühungen um die Messung der Dauer eines »Eindrucks« nur ein paar wenige Andeutungen. Für Abläufe in unserer Hirnrinde finden die Nervenforscher eine Minimalzeit von etwa $1/14$ Sekunde (siebzig Mikrosekunden). Die Prüfung des Gesichtssinnes führt zur Erkenntnis, daß eine Folge von sechzehn bis achtzehn Bildern in der Sekunde den Eindruck eines fließenden, ununterbrochenen Geschehens macht, wenn jedes dieser Bilder während $1/16$ bis $1/18$ Sekunde ruhend dargeboten wird. Prüfen wir das Erleben des Schalles, so zeigt sich, daß bei weniger als achtzehn Einzelreizen in der Sekunde nur einzelne Luftwellen registriert werden. Von achtzehn Reizen an erscheint aber eine ganz neue Empfindungsform: wir erleben Töne. Auch hier begegnet uns also die Grenze von achtzehn Reizen in der Sekunde als eine wichtige Schwelle.

Untersuchungen über den Tastsinn zeigen ebenfalls, daß bei etwa achtzehn Reizen pro Sekunde die Empfindungsweise wechselt: bei weniger als achtzehn Reizen stellen wir klar gesonderte Tasteindrücke fest; bei mehr als achtzehn Einzelwirkungen in der Sekunde erleben wir dagegen die neue Empfindung von Vibration. Die auffällige Konstanz dieser Schwelle von achtzehn Reizen deutet darauf hin, daß für das Erleben von zeitlich geordnetem Geschehen eine zentrale Apparatur entscheidend sein dürfte, deren Arbeitsrhythmus eben dieser wichtigen Zeit (etwa $1/18$ Sekunde) entspricht. Durch Einwirkung von Giftstoffen, und zwar von erregenden sowohl als von dämpfenden, wird das Erleben der Eindrücke verändert: die Dauer eines Momentes verlängert sich bis auf etwa $1/12$ Sekunde. Diese Dauer eines »menschlichen Momentes« ist für die ganze Art unserer Welterfahrung entscheidend. Daher hat es auch schon immer die Phantasie der Forscher gereizt, Lebensformen zu ersinnen, bei denen eine ganz andere Dauer des Momentes eine völlig andere Erfahrung der Welt zur Folge hat. H. Plessner hat uns dieser Tage an das Beispiel erinnert, das Thomas Mann im »Zauberberg« erwähnt und das sicher durch die Gedankengänge von Karl Ernst von Baer angeregt worden ist. Was der Dichter im Fluge der Phantasie zu schauen versucht, das trachtet der Forscher in mühevoller Prüfung objektiv festzustellen. Wir müssen es uns hier versagen, auf die spannenden Schliche und Ränke einzugehen, mit denen versucht worden ist, die Dauer eines Momentes im Experiment für einzelne Tierarten zu bestimmen. Es muß genügen, darauf hinzuweisen, daß solche Versuche für den Hund einen dem unsrigen ähnlichen Moment bezeugen, daß dagegen der Moment der Schnecke etwa $1/4$ Sekunde beträgt, derjenige eines Kampffisches aber zirka $1/30$ Sekunde. Die Zeiteinheit enthält also bei der Schnecke viel weniger Eindrücke als bei uns, beim Kampffisch aber sehr viel mehr als beim Menschen[1]. Was solche Unterschiede in der Dauer des Momentes indessen für Folgen im subjektiven Erleben und im Weltaufbau für das Tier haben, ist schwer zu sagen, und auch der Forscher tut gut, nicht allzuviel über die innere Welt der Schnecke und des Kampffisches, das heißt über die Art ihres Erlebens, aussagen zu wollen. Immerhin ist es von großem Wert, durch den Tierversuch wieder von einer neuen Seite zu erfahren, wie sehr das Erleben der Welt von unserer Struktur abhängt und wie bedeutungsvoll die Frage deshalb wird, ob diese Struktur dem Erkennen der verborgenen Realität adäquat sei! Mit welch verschiedenen Verhältnissen wir in diesem Bereich des »Umgangs mit der Zeit« – wenn ich so sagen darf – rechnen müssen, zeigen die Feststellungen an Filmaufnahmen fliegender Kolibris. Diese kleinsten Vögel machen an Ort in einer Achtelsekunde etwa eine volle Drehung um die Längsachse und eine ebensolche um die Querachse, wobei sie noch viermal mit den Flügeln schlagen. Das läßt auf eine Reaktionsfähigkeit von erstaunlicher Raschheit schließen, der auch in der Erlebensart besondere Einrichtungen entsprechen müssen[2].

Wir wenden uns einem weiteren wissenschaftlichen Versuch zu, in die Zeiterfahrung eines fremden Organismus einzudringen: den erstaunlichen Ergebnissen, welche Karl von Frisch in seinen genialen Versuchen mit Bienen ermittelt hat. Wie es gelingt, Bienen auf eine bestimmte Farbe zu dressieren, so daß sie ihr Futter zuletzt nur auf dieser Farbunterlage suchen, so ist es auch möglich, Bienen an bestimmte Zeiten des Tages zu gewöhnen, so daß sie schließlich ihr Futter nur noch zu dieser »Dressurzeit« suchen. Was das Gelingen dieser Versuche alles an Vorkenntnissen voraussetzt, das muß man in der prachtvollen Darstellung nachlesen, die von Frisch selbst von seinen Versuchen gegeben hat. Wir nehmen hier die Ergebnisse vorweg, die auf Grund von lange dauernden Vorversuchen gezeitigt worden sind. Von Frisch hat nachgewiesen, daß sich die Bienen eines Stockes ebensogut auf eine bestimmte Dressurzeit im Tage wie auch auf zwei oder drei derartige Dressurzeiten in einem Tag einzustellen vermögen. Er hat ferner nachgewiesen, daß in einer Dunkelkammer bei konstantem Licht, also unter völligem Ausschluß des Tag-Nacht-Rhythmus der Sonne, die Zeitdressur genau so gelingt. Das Zeitgedächtnis der Bienen zeigt sich als unabhängig vom Wechsel des Sonnenlichtes und scheint viel genauer zu sein als das des Menschen. In einer besonders spannenden Ausweitung seiner Versuche ist es von Frisch gelungen, nachzuweisen, daß die Dressur auf

146

eine bestimmte Zeit bei Bienen nur gelingt, wenn die Dressurzeit im Rhythmus von vierundzwanzig Stunden wiederkehrt. Dressuren auf andere Rhythmen, auch auf solche von achtundvierzig Stunden, sind erfolglos; im letzteren Falle kommen die Bienen alle vierundzwanzig Stunden zur Dressurzeit ans Futter. Über die Vorgänge im Nervensystem, welche dieses Zeiterleben des Insekts regeln, wissen wir nichts. Doch weist der Umstand, daß der Vierundzwanzig-Stunden-Rhythmus eine entscheidende Rolle spielt, darauf hin, daß diesem Zeitgedächtnis eine wichtige Bedeutung im Alltag der Biene zukommt. Die Blumen bieten ja sowohl Pollen wie Nektar zu gewissen Tageszeiten reichlicher als zu anderen. Ein Gedächtnis für die Zeitlichkeit dieser Spende ermöglicht den Bienen, die notwendigen Stunden der Ruhe im Schutze des Stockes zu verbringen. Dem Zeitgedächtnis kommt also sicher ein Wert für die Arterhaltung zu[3]. Wie gerne wüßten wir etwas über die Bewußtseinsseite des Geschehens, das uns von Frisch in diesen großartigen Versuchen aufgedeckt hat! Doch wenn wir auch wohl auf alle Zeit auf solche Einblicke in das wirkliche Innerste tierischer Innerlichkeit verzichten müssen, so öffnet der Tierversuch doch ein weites Feld von Einsichten, in denen auch das so viel reichere Wissen um unser eigenes Erleben immer wieder in neuem und unerwartetem Lichte erscheint. Vom Widerschein des Tierlebens neu beleuchtet, wird unser menschliches Erleben deutlicher in seiner humanen Sonderart.

II.

Jede Lebensform ist vor uns als eine Gestalt, die nicht nur im Raume, sondern auch in der Zeit ihre artgemäße Entfaltung erfährt. Lebendige Wesen sind in gewissem Sinne geformte Zeit, wie Melodien; das Leben äußert sich auch in Zeitgestalten: das ist die besondere Beziehung, in der wir die Organismen nun noch erkennen müssen.

Es ist in diesen Tagen viel die Rede gewesen von profaner und sakraler Zeit; auch vom geheiligten Charakter der Mondtiere ist bei dieser Gelegenheit gesprochen worden. Lassen Sie mich darum die Betrachtung der Tiere als Zeitgestalten mit einem Beispiel einleiten, das uns in den Bereich sakraler Mondtiere führt. Ich spreche von jenem seltsamen Wurm, der unter dem Namen Palolo bekanntgeworden ist und in weiten Gebieten der Südsee für die Zeitrechnung der Eingeborenen entscheidende Bedeutung hat. Die Eingeborenen Ozeaniens haben zwei Jahreszählungen: einmal das Jahr der Landwirtschaft, das nach der Yams-Pflanzung orientiert ist und im März beginnt, dann aber das ebenso wichtige sakrale Jahr, das im Herbst einsetzt und sich nach dem eben erwähnten Mondtier richtet. Dieser Wurm (Eunice viridis), ein Bewohner der Korallenriffe, mit einem samoanischen Worte Palolo genannt, hat die seltsame Eigenschaft, einmal im Jahre einen Teil seines Körpers mit Geschlechtsstoffen beladen abzustoßen. Die Fortpflanzung findet im offenen Meere statt, indes der Wurm sich wieder ergänzt, um im kommenden Jahr wiederum dieselben Erscheinungen zu erzeugen. Nun ist aber die Zeit, zu der diese Phänomene sich abspielen, erstaunlich konstant und hängt in einer vorläufig noch ungeklärten Weise mit den Phasen des Mondes zusammen. So ist etwa der Palolo auf Atchin (Malekula), wo ihn Layard studiert hat, an den zwanzigsten Tag des Mondmonats gebunden, der im Oktober und November abläuft. Ein viel schwächeres Vorspiel und ein ebenso schwaches Nachspiel findet jeweils genau einen Mondmonat früher und später statt. Für die Eingeborenen gibt es ein auffälliges Signal, das sie zum Aufmerken mahnt und von dem an sie das Nahen der Palolozeit sorgfältig feststellen: es ist das Blühen eines Baumes voll scharlachroter Blüten (Erythrina indica), der in der Tropenzone des immergrünen Lebens besonders beachtet wird, weil seine Blütezeit einer ebenso strengen Regel folgt, wie sie sich im Leben des Palolo äußert. Wir wollen hier nicht die vielerlei Beziehungen verfolgen, in denen die mondgebundene Regelmäßigkeit des Palolo dem Eingeborenen erscheint. Für den Biologen steht dieses Phänomen in einem weiteren Zusammenhang, in den er auch das Leben anderer mariner Organismen eingespannt findet. Folgt doch auch die Fortpflanzung der Seeigel im ägyptischen Mittelmeer, die der Auster und der Pilgermuschel in gemäßigten Meeren ähnlichen Zeitrhythmen des Mondwechsels. Auch paloloartige Phänomene sind dem Meeresforscher in unseren Breiten nicht unbekannt, obwohl sie nicht die erstaunlichen Ausmaße erreichen, welche so tief in das Leben der Südseebewohner eingreifen. Überhaupt dürfte sich bei vermehrtem und vertieftem Wissen noch in manchem Tierleben der Einfluß des Mondes nachweisen lassen.

Das Beispiel des Palolo führt uns mitten hinein in die Tatsache des tierischen Lebens als einer Zeitgestalt. Zeitigung, das ist ja bei Tieren nicht bloßes Ertragen und Bestehen des Zeitablaufs; es ist ein Widerstand gegen die Zeit, eine im Protoplasma der einzelnen Art vorgesehene Weise der Gestaltung, die den lediglichen Abläufen in der Materie entgegenarbeitet, wie sie Physik und Chemie erforschen. Wir wollen einen Blick tun in die Besonderheiten, die dem Organismus gerade als Zeitgestalt eigen sind. Dabei gehen wir wohl am besten von jenen Fällen aus, die man als Metamorphosen bezeichnet und in denen der Wechsel der Gestalten in der Zeit besonders deutlich sich kundtut. Wir verfolgen zusammen einen Augenblick die Verwandlung einer Raupe zum Falter. Einen Vorgang, den man kaum recht beachtet und der doch geeignet wäre, uns besonders kennzeichnende Geschehnisse des Organischen vor Augen zu führen. Was sich in der letzten Verwandlung zum farbigen, großflügligen Falter herausstellt, was in der Ruhephase der Puppenzeit sich verborgen vorbereitet, das ist bereits in frühesten Larvenperioden in die Raupe eingebaut. Es gelingt durch sinnreiche Versuche, mit Strahleneinwirkungen ein Insektenei so zu beeinflussen, daß die gesamte Entwicklung zwar normal verläuft, an der späteren Endgestalt aber, die man als die Imago bezeichnet, manche wichtige und charakteristische Organe fehlen oder abnorm geformt sind, die Flügel etwa, die Beine oder auch die Mundwerkzeuge. Es gelingt also im Ei bereits, eine ausschließlich auf die Imago bezogene Organanlage zu schädigen. Wir müssen aus diesen Versuchen den Schluß ziehen, daß schon im Ei in uns noch unzugänglicher Form gerade diese besondere Bildung der Reifegestalt vorbereitet ist. In der Larve gelingt es denn auch, diese Organe körperlich festzustellen: es sind kleine Gruppen von Zellen, die wir als Imaginalscheiben bezeichnen. Sie liegen hier bereit, um im entscheidenden Geschehen der Metamorphose in Bewegung zu geraten und sich zur Endform zu entfalten. So wie in einem reichen Feuerwerk verschiedene Leuchtfiguren kunstvoll eingebaut und zu einer bestimmten Zeitgestalt verbunden sein können, so finden wir im Leben vieler Insekten von Stufe zu Stufe neue Organbildungen bereitgestellt, die ebenfalls in einem genau geregelten Zeitgeschehen zur Entfaltung kommen.

Die ungenannten und unbekannten Mächte der Naturgestaltung

Siphonophora

Wer die ganze Weite des tierischen Lebens ermessen will, muß sich auch um die Anschauung jener fernsten Meereswesen bemühen, die als durchsichtiges Leben die weiten Meeresräume bewohnen.

Unser Bild zeigt zwei dieser Gebilde aus einer solchen schwer zu erfassenden Tiergruppe. Es sind Vermehrungsstadien einer marinen Tiergruppe, welche die Zoologen Siphonophora nennen. Sie messen wenige Millimeter, und etwa fünfundneunzig Prozent ihres durchsichtigen Körpers sind Wasser. Und doch gibt der Lebensstoff jeder Art ihre unverwechselbare Gestalt, so daß auch die dem Schweben dienenden »Glocken« im einen Fall in kantigem, im andern in einem gerundeten Stil gebaut sind. Im Innern der Glocken hängen kleine Schläuche, die der Ernährung, und nesselnde Fäden, die dem Beutefang dienen. Dazu kommen die Fortpflanzungsschläuche, die einen mit durchsichtigen kugligen Eizellen, die andern wegen der Samenmasse völlig undurchsichtig und oft lebhaft gelb oder rot gefärbt. Sinn dieser zarten, kleinen Gebilde ist nur die Reifung der Keimzellen, die sich im Meerwasser zum Lebensbeginn einer neuen Generation finden. Die ausgewachsenen Tiere, von denen sich unsere Glöckchenstadien abgelöst haben, sind große, durchsichtige Hochseewesen, die in großer Zahl diese kleinen Schwimmer als Delegierte der Fortpflanzung auf Reisen schicken.

Da sind Tiere ohne Augen und Ohren, ohne ein Gehirn. Und doch üben sie alle Lebensleistungen aus, und die Schönheit ihrer Formen ist ebenso groß wie die verborgene Ordnung ihres ganzen Lebens. Der Umgang mit solchen fremden Wesen steigert die Bereitschaft, auch im unbewußten Leben der Menschen diese große verborgene Ordnung zu ahnen. Das Studium der fernsten Tiergestalten mahnt an die unzugänglichen Tiefen in uns selbst.   (Zeichnung Sabine Baur)

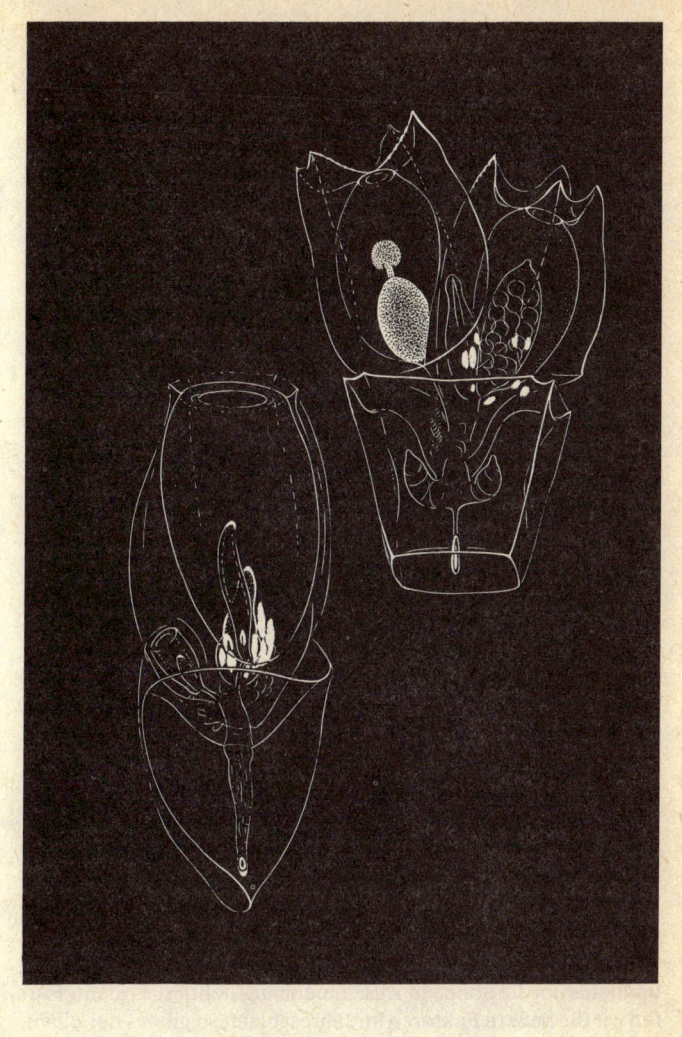

bedienen sich auf vielerlei Art der Möglichkeit einer Entfaltung in der Zeit, um durch Auswertung dieser Dimension, durch Stadienformung, das heißt mittels verschiedener Zeitgestalten einer Art, den Reichtum der Erscheinungen zu vermehren. Wir sprachen vom Insekt, aber es ist uns allen vor Augen, daß auch in unserem eigenen Leben ein solcher Einbau von zeitgebundenen Entwicklungsabläufen vorbereitet ist. Ich brauche wohl kaum besonders zu erinnern an die Periodität der Frau; es ist aber vielleicht gut, daran zu denken, daß auch die spät eintretende Geschlechtsreife sowie das eigenartige, für den Menschen bezeichnende Wachstum in der Pubertätszeit und die Besonderheit des menschlichen Alters Phänomene sind, die manches mit der Metamorphose der Insekten gemein haben[4]. Daß alle diese Zeitgestalten mit ihrer Montage künftiger Möglichkeiten uns mitten in die Probleme von »Potenz und Akt« hineinführen, braucht wohl kaum betont zu werden.

Mir liegt es vor allem daran, an einem besonders rätselvollen Beispiel die Eingliederung einer lebendigen Zeitgestalt in den Jahreszyklus unseres planetaren Geschehens genauer zu zeigen. Wir wählen dafür das seltsame Geschehen des Vogelzuges, und es ist wohl nötig, zuerst in einigen Zügen die Mannigfaltigkeit dieser Erscheinung ruhig zu betrachten.
Stellen wir allem voran fest, daß die Lenkung des Vogels dem Reich des Unbewußten und nie zu Lernenden angehört, einem Erfahrungsgebiet also, das von vornherein die größte Aufmerksamkeit des Psychologen beanspruchen muß. Wie unbewußt die Lenkung des Zuges ist, das zeigt uns drastisch der Umstand, daß Jungvögel, die zum erstenmal den Zug unternehmen, bei vielen Arten vor den Eltern die Brutgebiete verlassen und trotz dieser Führungslosigkeit, wie die Beringungsergebnisse zeigen, auf den uralten Zugstraßen wandern, welche für die Art charakteristisch sind. Daß der Vogelzug in den Ablauf des Erdenjahres eingegliedert ist, daß er also mit dem zyklischen Geschehen des Planetenumlaufes um die Sonne in Zusammenhang steht, ist evident. Prüfen wir die äußern Faktoren im Jahresablauf, so gibt es nur einen, der so regelmäßig im Jahre wechselt, daß er als Auslöser für ein solches Kalenderphänomen in Frage kommt; es ist die Belichtung der Erde, deren Intensität vom wechselnden Sonnenstand gere-

gelt wird. Wie wirkt ein Unterschied der Belichtung auf den Vogel? Die Versuche, die sich seit vielen Jahren von den verschiedensten Seiten um eine Antwort auf diese Frage bemühen, geben uns einige bedeutsame erste Resultate. Das Licht wirkt sicher auf das Auge, von da an auf Nervenwegen auf eine besondere Hormondrüse, den Hirnanhang (die Hypophyse), wobei freilich dieser selbe Hirnanhang auch auf anderen Wegen beeinflußt werden kann. Von der Hypophyse gehen Blutstoffe aus, welche die verschiedensten Organänderungen zur Folge haben, so etwa solche im Zustand der Keimdrüsen, andere in der Stimmung des Zentralnervensystems. Alle diese kombinierten Einwirkungen, auf die ich im einzelnen nicht eingehen kann, schaffen einen Gesamtzustand im Vogel, bei dem alle die Erscheinungen in Bewegung gesetzt werden, die den Vogelzug zur Folge haben. Wir sprechen dann vom »Wandertrieb«, und gar mancher meint, mit diesem Wort ein Geschehen rätselvoller Art erklärt zu haben, während er mit einem trügerisch verständlichen Wort ein Problem verhüllt.

Die eingebauten Organisationen der Sehorgane, der Blutdrüsen und anderer Strukturen sind also Voraussetzungen des Vogelzugs. Die Kenntnis dieser Abhängigkeit vom Licht gibt vielleicht ein erstes allgemeinstes Verständnis für gewisse Erscheinungen, welche die Vogelzugsforschung ermittelt hat. Die Regelmäßigkeit des Lichtablaufs im Jahre konnte wohl auf solchen Wegen eine entsprechende Abhängigkeit des Vogels vom Sonnenstande in gewissen Grenzen verständlich machen. In der Tat sagt uns eine der Regeln, welche die Vogelzugsforschung als erste grobe Annäherung an die noch zu leistende Darstellung der verflochtenen Wirklichkeiten zu formulieren sucht, daß viele Vögel relativ genau so viele Wochen vor der Sonnenwende bei uns ankommen, als sie Wochen nach der Sommersonnenwende bei uns im Lande bleiben (die untenstehende Übersicht gibt einige Beispiele).

	Wochen vor und nach der Sonnenwende	
Pirol	9–6	7–9
Schwarzkehlchen	17–15	15–16
Blaukehlchen	14–10	10–14
Hohltaube	17–14	15–17

Wir wollen aber vorsichtig sein und aus solchen groben Regeln nicht allzuviel Wesens machen. Mir liegt nicht an vorschnellen Lösungen, sondern daran, Ihnen die Komplexität der Erscheinung »Vogelzug« vor Augen zu stellen. Zur vorigen Regel daher noch ein zusätzliches Beispiel. Der Mauersegler steht so sehr unter der Wirkung der Zugtriebe, daß er zuweilen seine verspätete Brut im Neste verhungern läßt und fortzieht, wenn die Sonnenzeit es ihm befiehlt. Die Schwalbe dagegen, trotz ähnlichen Zugswegen, pflegt eine solche späte Brut jeweils zu Ende, und erst beim Abklingen dieses Pflegetriebes wird der Zugtrieb dann übermächtig.

Daß wir mit der vorhin erwähnten Abhängigkeit vom Lichte nur einen Ausschnitt der ganzen Erscheinung erfassen, zeigt der Umstand, daß die eben erwähnte Lichteinwirkung bei allen Vögeln eingebaut ist, daß aber trotzdem nur ein Teil von ihnen Zugvögel sind, während nahe Verwandte am Orte verharren. Es ist auch nicht unwichtig, zu beachten, daß eine einzige Art ganz verschiedene Typen des Zugsverhaltens hervorbringen kann. So sind zum Beispiel die europäischen Stare des Kontinents ausgesprochene Zugvögel, während der englische Star auf seiner Insel überwintert. Unter den Festlandstaren wiederum zeigen die Schweizer und die Ostpreußen eine Sonderneigung, indem sie alle im ersten Jugendalter einen Sommerzug ausführen, dessen Richtung von der des Herbstzuges beträchtlich abweicht.

Verwandtschaftsgruppe	Standvogel	Zugvogel
Hühner	Rebhuhn	Wachtel
Drosseln	Amsel	Singdrossel
Meisen	Kleiber	Kohlmeise
Finkenvögel	Grünfink	Distelfink

Wie sehr übrigens die vorhin bemerkte Lichtwirkung von anderen Faktoren beeinflußt wird, das mag der Umstand beleuchten, daß unsere heimischen Zugvögel, soweit sie den Äquator überschreiten, in Gebiete mit zunehmender Tageslänge geraten. Im Experiment (wenn sie bei uns zurückgehalten werden) reifen unter solchen Umständen die Keimdrüsen mitten im Winter heran, und der Zugsdrang erlischt. Ist aber der Vogel frei und hat seinen

Zug begonnen, dann wirkt die zunehmende Tageslänge im Frühling der südlichen Erdhälfte (in unserem Spätherbst also) nicht mehr so wie die Verlängerung der täglichen Belichtung im Experiment. Vielleicht ist es in diesem Zusammenhang auch gut, sich in Erinnerung zu halten, daß manche unserer Vögel in den Äquatorialzonen überwintern und daß in diesem Gebiet die Unterschiede der Tagesdauer wegfallen. Trotzdem ziehen auch diese Vögel im Frühling aus den Tropen wieder nach Norden. Es müssen also noch manche verborgene Faktoren den Rhythmus bestimmen, die nicht alle vom Wechsel der Tagesdauer abhängen. Damit wir so recht überblicken, wie vielerlei Erscheinungen im Zeitphänomen des Vogelzugs vor uns sind, muß ich auch noch an eine andere Tatsache erinnern, welche durch die tiergeographische Forschung aufgedeckt wird. Diese weist nach, daß es in der Nordhälfte der Festländer zwei ganz verschiedene Typen von Zugvögeln gibt, die im Laufe erdgeschichtlicher Prozesse geprägt worden sind. Da sind einmal alle die vielen Arten (sie dürften in unseren Gebieten die Mehrzahl sein), die einstmals von einer lange dauernden Eiszeit aus einem ursprünglichen Gebiet nach Süden verdrängt worden sind, die nun, durch erblich fixierte Instinkte getrieben, seit dem Rückzug der Vereisung ihre angestammten, uralten Brutgebiete im Sommer immer wieder besiedeln und im Winter durch neu eingeborene Instinkte wieder nach Süden ziehen. In das Erbgefüge dieser Vogelarten ist also ein neuer Apparat eingebaut worden, der den Wegzug aus den angestammten Brutgebieten im Winter und die Rückkehr dorthin regelt. Wie ein solcher neuer Einbau in ein altes Struktursystem erfolgt, das wissen wir noch nicht. Anderseits leben heute bei uns manche Formen, so etwa die Segler, oder in Nordamerika die Kolibris, die in wärmeren Zonen ihre Heimat haben und die sicher erst nach der großen Vereisung ihre Brutareale in nördliche Zonen hinein ausdehnten, wo sie die lichtreicheren Tage für die Brutgeschäfte ausnützen. Sie ziehen also nach dem Abklingen der Fortpflanzungstriebe zurück in eine ursprüngliche Heimat. Gewiß sind die inneren Faktoren, welche im heute lebenden Vogel die Zugsabläufe regeln, bei diesen zwei Gruppen im Laufe der Erdzeit durch sehr verschiedene Weise der Umstimmung kombiniert worden. Auch diese erdgeschichtliche Seite des Problems drängt uns dazu, wie alle die Zeitgestalten der Tiere auch den vielseitigen Vorgang der Zeitigung des Vogellebens nicht zu einfach sehen zu wollen.

Ich mußte etwas ausführlicher auf die Mannigfaltigkeit des Vogelzugs eingehen, um ja recht deutlich zu machen, daß mit der Klärung der Beziehung des Vogels zum Wechsel des Sonnenlichtes nicht alles getan ist. Nur die behutsamste Schilderung und die Berücksichtigung vieler Faktoren kann uns davor retten, bei der Deutung der Vogelwanderungen in eine falsche, vorschnelle Verallgemeinerung zu verfallen. Bei all dem habe ich ja das schwere Problem der Orientierung des Vogels auf dem Zug noch gar nicht berührt und kann es auch gar nicht berühren. Wir wollen uns daher mit der allgemeinen Mahnung begnügen, auch diese Frage als eine vielschichtige zu sehen und vor allem daran zu denken, daß die Orientierung der Zugvögel nicht einfach dieselbe ist wie die der Brieftauben bei ihrer Rückkehr zum heimischen Schlag. Das ist wohl schon zur Genüge durch die bereits erwähnte Tatsache gezeigt, daß viele Jungvögel in ihrem ersten Lebenssommer lange vor den Eltern den Zug unternehmen und dabei den uralten Zugsstraßen und -richtungen ihrer Art folgen.
Wir wollen nunmehr versuchen, die Eingliederung einer Vogelart in den Jahreszyklus an einem Beispiel zu verfolgen. Dazu wählen wir das Verhalten der Küstenseeschwalbe (Sterna macrura oder paradisea). Dieser zartgebaute, den Möwen verwandte weiße Seevogel brütet im ganzen Nordpolargebiet; seine südlichsten Brutplätze liegen auf den deutschen Nordseeinseln. Die Eier werden im Sande abgelegt, ohne kunstvolles Nest, und nach zwanzig bis dreiundzwanzig Tagen Brutzeit schlüpfen die Jungen aus. Wir gedenken einen Augenblick der Tatsache, daß in dieser verborgenen Periode, eingeschlossen im Ei und gesteuert durch zum voraus geregelte Erbabläufe, alle die Organe sich formen, von denen später der Vogelzug abhängt: die Anlage der besonders schlanken Flügel, welche diesen Möwen den Namen Seeschwalben einbrachten, die Besonderheiten der Nervenzentren, der zum Zug erforderliche spezielle Einbau der Hormonwirkungen in das Lebensgetriebe – alles das wird durch die unbewußt ablaufenden Entwicklungsgeschehnisse geleistet. Nicht umsonst sprechen manche Lebensforscher von den Entwicklungsinstinkten, wenn sie diesen Ablauf schildern. Wie das erwachsene Tier

sich »instinktiv« verhält, ebenso regelt das Artplasma in der Entwicklung auf angeborene Weise die Zeitfolge seiner Gestaltungsvorgänge. Das Artplasma baut »sich selber« (!) alle seine Organe auf. Wir sind uns klar darüber, welches schwere Problem wir mit einem solchen einfachen Satze aussprechen und daß uns eine solche Aussage in nächste Beziehung zu den Psychologen bringt, nach denen ein verborgenes »Selbst« eine besondere lenkende Rolle im Lebensgeschehen spielt.

Einen Monat etwa dauert die Nestzeit des geschlüpften Jungvogels. Bei intensiver Fütterung durch die Eltern wachsen die Jungen rasch heran, und nach etwas mehr als einem Monat Nestleben erwacht in ihnen durch erblich fixierte Vorgänge, die Teil des Entwicklungsgeschehens sind, der Drang zur Abreise. Welche Rätsel stellen sich uns, wenn wir die Feststellung bedenken, die sich so einfach ausspricht und anhört: daß ein erblich fixierter Drang erwache. Diese Aussage mahnt an eine kaum faßbare Komplexität einer Montage im Organismus, die sich uns zunächst einmal als ein Montagevorgang in der Embryonalzeit eines jeden einzelnen Vogels darstellt, die aber außerdem noch gedacht werden muß als eine in langen erdgeschichtlichen Vorgängen in der Artumbildung geschehene Montage. Dieser Vorgang in der Artgeschichte hat aus einem Standvogel einen Zugvogel gemacht – und, verwoben mit diesem Evolutionsgeschehen, mußten sich die entsprechenden Änderungen im Keimaufbau vollziehen, die in jeder Generation wieder neu die Vorgänge der Zeitigung eines Zugvogels und seines Jahresrhythmus sichern. Die Entwicklungsgeschehnisse mahnen uns eindrücklich an die Bedeutung des Aufbaus von Zeitabläufen im Organismus. Und welch ein machtvoller Drang ist es doch, der gerade in unserer Seeschwalbe »erwacht«! Lange vor den Alten und völlig unbeeinflußt von diesen beginnen die Jungvögel ihre erste Reise, im wahren Sinn eine Weltreise. Die nordeuropäischen Seeschwalben durchqueren unseren Kontinent, folgen den Küsten Afrikas, wobei sie im fernsten afrikanischen Süden zuweilen mit amerikanischen Artgenossen zusammentreffen, die vielleicht von Labrador her durch ganz Mittelamerika geflogen sind und darauf den Atlantik überquert haben. Zuweilen geht die Reise noch weiter südlich ins antarktische Gebiet, denn bis zu sechsundsechzig Grad südlicher Breite sind Küstenseeschwalben einwandfrei beobachtet worden.

Wenn sie bei uns wegfliegen, ist es Sommer; und wenn sie im »Winterquartier« ankommen, wird es wieder Sommer mit langen Tagen: der Südsommer nimmt die wandernden Seeschwalben für einige Wochen auf. Im Südherbst, wenn also bei uns alles zum Frühling rüstet, treibt aufs neue der unbekannte Drang die Küstenseeschwalben nordwärts, wo jetzt die längeren Tage aufgehen. In den ersten Tagen des Mai sind sie wieder im Nordseegebiet, in der angestammten Brutzone, angekommen. Zweimal im Jahr legt der kleine weiße Vogel im Fluge den gewaltigen Weg zurück, der ihn fast von Pol zu Pol, von einem Sommer in den anderen, von einem Leben in den langen, lichten Tagen der Nordhälfte unserer Erde zu einem anderen von ebenso langen und hellen Sonnentagen in der südlichen Hemisphäre führt. Die Versuche mit Markierung durch Ringe haben zwölf Jahre als Lebensalter für diese Art sicher nachgewiesen; wer weiß aber, ob Seeschwalben nicht auch älter werden? Jeder dieser alternden Vögel hat also wenigstens vierundzwanzig Flüge durchgeführt, und jede dieser Reisen durchmaß den Großteil eines Erdmeridians. Was diese Luftfahrten an Leistungen vom Vogelkörper fordern, das wissen wir noch zu wenig, und auch die Naturforscher bedenken wohl noch zu wenig, was für ein ganz außergewöhnliches Lebewesen ein Vogel mitten in seiner Zugzeit in seinem inneren Zustande sein muß. Auch diese Umwandlung vieler Leistungsstrukturen beim Wechsel von der Brutzeit zur Zugperiode gehört in das Bild des Vogels als eines Wesens, in dem die Dimension der Zeit mit wechselndem Lebensgehalt, mit Wandlungen der Struktur und des Tuns besonders reich erfüllt und ausgewertet ist: eine extreme Zeitgestalt.

Die Seeschwalbe ist als eine Lebensform vor uns, die in mancher Beziehung höchste Steigerung einer Tiergestalt bedeutet. Eine Steigerung, die nicht nur wie für alle flugfähigen Vögel einer Reptilienform durch die Umbildung der vorderen Gliedmaßen zum Flügelpaar den Luftraum als dritte Dimension erschließt, sondern in der durch komplizierte zusätzliche Eingliederungen der verschiedensten inneren Strukturen auch die Möglichkeit einer variablen Gestaltung in der Zeit zu hoher Auswertung kommt. Das bei allen Vögeln vorgebildete Vermögen, den Wechsel des Lichtes als Anlaß zu inneren Wandlungen auszunützen, ist beim Zugvogel durch einen besonderen Einbau so gefügt, daß der Vogel von einem Zeitfaktor, dem irdischen Lichtjahr, gelenkt wird. Die innere Organisation einer Seeschwalbe ist doch erblich so geartet, daß der Vogel jahraus, jahrein den Zonen mit größter Tageslichtdauer im rhythmischen Wechsel zustrebt und dabei nicht nur von der räumlichen Anordnung der Kontinente, sondern auch vom zeitlichen Wechsel des Sonnenstandes dauernd gelenkt wird. Vergleichen wir noch einmal den in engem Areal verharrenden Standvogel mit diesem Luftfahrer auf Meridianen. In beiden Fällen eine vollkommene Flugorganisation, in beiden Fällen die Möglichkeit, daß das Sonnenlicht über das Auge und den Hirnanhang einwirkt; und doch, wie verschieden ist das Leben des Standvogels von dem des weltweit ziehenden Wanderers. Der Zugvogel erscheint uns so als eine höchste Entfaltung, eine Verwirklichung von Möglichkeiten, die alle mit der Existenz des Vogeltypus bereits grundsätzlich gegeben sind, von denen aber der am Ort verharrende Vogel doch nur einen kleinen Ausschnitt verwirklicht. Es liegt uns ferne, zu verkennen oder gar zu bestreiten, daß auch mit der Einrichtung des Vogelzuges mancherlei ökologische Probleme gelöst werden, daß ungünstige Jahreszeiten vermieden, günstige Situationen ausgenützt werden können. Wer indessen offenen Auges den Reichtum dieser Zugsphänomene in allen Aspekten beobachtet, für den wird immer deutlicher, daß es sich auch in diesem »Raum-Zeit-Phänomen« um ein Geschehnis handelt, das über alle elementaren Notwendigkeiten der Erhaltung, über alle bloßen Zweckmäßigkeiten utilitärer Art hinausweist. Alle Notwendigkeit wird überschritten in großen Gestaltungen, in denen Abläufe des tellurischen Geschehens als großartige Weckorgane zur Bereicherung des organischen Lebens in der Zeit eingebaut sind. Der Ablauf einer an sich sinnleeren Uhrzeit ist in den Dienst der Bereicherung des Lebens eingefügt. Braucht es wohl noch des besonderen Hinweises, daß auch die menschliche Lebensform in großartiger Weise zu einer solchen Zeitgestalt geformt ist, in welcher die Folge der Lebensalter immer wieder neue Möglichkeiten der Zeitigung und damit des lebendigen Reichtums hervorbringt?

Niemand von uns weiß, was Lebewesen sind. So suchen wir ja auch danach, zu wissen, was wir selber sind im Ganzen aller irdischen und der uns unbekannten kosmischen Lebensformen. Echtes Wissen vertieft ja das große Geheimnis der Gestaltung; statt zu entzaubern, läßt es erst recht die Verborgenheit der Ursprünge ahnen. So ist ja auch die Erforschung des Unbewußten als Glied der unabsehbaren Lebensforschung ein stetes Loten in diese Tiefen. Es bringt uns darum auch in ganz besonderer Weise die Schwere und Größe des Ursprungsproblems vor Augen. Im Erforschen des Unbewußten – und ein solches ist letztlich die gesamte biologische Arbeit – üben wir uns unablässig in der Gedankenarbeit, die uralten archaischen Sonderungen von Leib, Seele und Geist zu überwinden, nicht weil wir die damit bezeichneten Sachverhalte etwa geringachteten, sondern weil wir die Lebensformen, an denen einst diese Sonderungen vollzogen worden sind, mit neuen Augen sehen. Gerade die Bedeutung einer vertieften Kenntnis aller Lebensvorgänge hat ja dazu geführt, an den Eranos-Tagungen auch die Lebensforschung zum Worte kommen zu lassen.

Es geht aber bei dieser Mitarbeit nicht um bloße Mehrung von Kenntnissen, um Häufung interessanter Einzelergebnisse des biologischen Schaffens. Wie wichtig uns solche Ausweitung unserer Kenntnisse auch ist, so arbeiten wir hier doch noch an einer ganz anderen Aufgabe, an deren Lösung wir alle beteiligt sind, die Sprecher ebenso wie der Kreis der Mitgehenden, die ja nicht nur Zuhörer sind. Wir sind längst ausgetreten in einer langen geschichtlichen Entwicklung aus jener Phase, in der das Imaginäre das geistige Leben beherrschte und in der die Welt der Bilder das Denken und Fühlen entscheidend bestimmt hat. Nach schweren Erschütterungen durch die neue Naturforschung und die ihr folgende Technik sucht unsere veränderte Lebensform jetzt wieder nach einem neuen Gleichgewicht. Wir trachten darum nicht nur nach der Mehrung von Kenntnissen. Nach neuer Ergänzung suchen wir, nach Betätigung der brachliegenden Kräfte unserer Imagination; wir sehnen uns nach neuen Bildern, die den Ergebnissen der Forschung nicht widersprechen, sondern diese umfassen und sie übersteigen. Im Blick auf die neuen Forschungen möchten wir Nahrung für neue lebendige Welten der Seele finden. Es ist von E. Neumann bereits darauf hingewiesen worden, wie stark in der Kunst unserer Gegenwart gerade auch diese Heilkräfte des Geistes am Werke sind[5]. In diese Ordnung von heilenden Möglichkeiten gehört auch das intensivere Erleben der Naturgestalten, ein geistiger Umgang mit ihnen, der zu einem wahren innigen Wirken dieser Erscheinungen in unserem Leben führt, zu einer »Einbildung« des Naturlebens im wörtlichsten Sinne dieses Begriffs. Wie die großen Kunstwerke, so verwirklichen auch die Lebensformen alle Stufen vom Schönen bis zum Schrecklichen, und daher können auch von ihnen die Kräfte ausgehen für neue Erschütterung unserer Innerlichkeit. Darum möchte ich zum Schluß gerade dieser Aufgabe noch einen Augenblick gedenken.

Man spricht innerhalb der Wissenschaft sehr viel von der Notwendigkeit des Überwindens der imaginierenden Denkform, der vorwissenschaftlichen Denkarten, die in Bildern des Alltagserlebens und in Entsprechungen arbeitete, nach einer Arbeitsart also, die im alchimischen Forschen in beispielhafter Deutlichkeit vor uns ist. In der Tat ist die okzidentale Wissenschaft mit all ihren großen Ergebnissen nur durch eine stetige Überwindung dieser Denkform möglich geworden. Aber vergessen wir nicht, daß mit diesem Sieg der rationalen Wissenschaft über das archaische Erleben auch eine neue große Bedrohung des Humanen entstanden ist. Die Ganzheit menschlichen Seins ist gefährdet; die imaginative Funktion stirbt ab; lebendige schöpferische Einbildung ist der Verkümmerung preisgegeben, und damit ist eine tief verborgene Quelle des Schaffens am Versiegen, aus der letztlich auch die wissenschaftliche Arbeit ihre Anregungen empfängt. Die Eranos-Tagungen, die gerade den archaischen Menschen zu erkennen suchen und ihn so tief ernst nehmen, bezeugen damit zugleich auch die Größe der Gefahr, die heute jede volle Menschlichkeit bedroht. Der archaische Mensch war ein umfassend schöpferischer Mensch; die einseitige Steigerung der rationalen Funktion droht, gerade weil sie anderseits so Großes ermöglicht, uns eines Teils der vollen menschlichen Möglichkeiten zu berauben, indem sie wesentliche komplementäre Funktionen verkümmern läßt.

Dem Naturforscher, der sich den mitmenschlichen Aufgaben nicht entzieht, stellt sich darum heute eine neue Forderung. Er muß nicht nur an der Entfaltung der rationalen Möglichkeiten unseres Geistes mitarbeiten, sondern auch auf die notwendige Ernährung der imaginierenden Kräfte bedacht sein, auf die sorgsame Pflege der vielen heute brachliegenden Bedürfnisse der Einbildung und des Sinneslebens. Einen Teil dieser Arbeit leistet auch Eranos, indem wir bei unserem Zusammensein stets danach trachten, die Größe und Weite alles Geistigen sichtbar zu machen, den ganzen Umfang der Kräfte des Humanen zu sehen und sie alle einzusetzen beim Versuch, den Kosmos zu erkennen. Zu dieser Aufgabe der Forschung gehört auch das Sichtbarmachen der wahren Größe alles Lebendigen – ist doch dieses die mächtigste Gestaltung, die wir auf Erden erkennen, und wohnt ihm doch dadurch die besondere Kraft inne, unsere Vorstellungen in die unzugänglichen Weiten des Kosmischen auszusenden. So hat auch der Beitrag des Biologen in der Ergründung des Humanen seine Stelle, indem er danach trachtet, den Reichtum der uns verborgenen Innerlichkeit einer Lebensform im Darstellungswert ihrer Gestalt zu erfassen.

Alle Gestalten des Lebens sind in ihrer Erscheinung stets viel mehr, als sich durch die elementare Notwendigkeit, durch die vom Leben geforderte Zweckmäßigkeit erklären läßt. Die Gestalten übersteigen an Reichtum der Erscheinung die bloße Notdurft der Erhaltung. In ihnen kommt zur Sprache – in den Strukturen ihres Lebensstoffes als Möglichkeit vorgebildet und im Laufe der Entwicklung voll ausgeformt –, was immer mehr ist als bloßes Vegetieren. Der Mannigfaltigkeit des uns verborgenen Innenlebens entspricht in rätselvoller Zuordnung der Reichtum der sinnfälligen Erscheinung. Alle Sinnesbereiche werden zu einer Ausbreitung verwertet, in den Dimensionen des Raumes breiten sich Formen aus, die man immer wieder mit den Begriffen der Kunstforschung beschreiben möchte. Und ein Medium dieser Ausbreitung der Erscheinung ist auch die Zeit. Im Vogelgesang wird die Zeitfolge benützt, um die kennzeichnende Darstellung einer besonderen Lebensgestalt zu erhöhen – durch das Blühen wird eine verborgene Zustandsänderung der Pflanze in der Zeit manifest; durch das Nacheinander von Jugendtracht, Reifekleid, Hochzeitsfarben, Alterserscheinung wird im höheren Tierleben die innerste Wandlung in sichtbaren Gestalten ausgebreitet, wird das kaum merkliche Fließen einer unveränderten Lebensform unterbrochen, gegliedert und damit reicher an Erscheinung. Es wird die Form in steigendem Maße mit höheren Lebensstufen ein Ausdruck ihrer innersten Wesensart. Die Folge der Erscheinungen in der Zeit steigert die Ausdrucksmacht eines sich innerlich wandelnden Organismus. So wird die Dimension der Zeit einer Erhöhung der Lebensfülle dienstbar, leere Uhrenzeit dient dem Gestaltwerden von verborgenen Wandlungen des Lebens. Dafür wird auch das Sonnenjahr und die Möglichkeit des Wechsels, die es auf Erden schafft, von den Mächten des Lebens eingegliedert; extreme Lebensfülle wird im Zugvogel verwirklicht, welcher, der wechselnden Tagesdauer folgend, erdweite Wanderungen vollführt. Zeitigung ist hier ein wichtiges Glied des Lebensbildes. Diesen Reichtum des Darstellungswertes durch die besondere Fülle der Zeitgestaltungen im Reiche des Lebendigen zu bezeugen und unserer Betrachtung näherzubringen, das war ein Ziel dieses Ganges durch die Zeit im Leben der Organismen. Unser Versuch wollte hinweisen auf die Erfüllung der Zeit durch Mannigfaltigkeit, die in allem höheren Leben sich zeigt. Der Anblick dieser gesteigerten Erfüllung leeren Zeitablaufs in den höheren Lebensformen führt zu den Aufgaben des humanen Daseins. Wir suchen ja alle nach Ausweitung der Erfahrung und nach Betätigung der eigenen bildenden Kräfte. Wir suchen aus dem bloßen Aufnehmen von Kenntnissen in die Phase des Gestaltens vorzudringen und zu einer gesteigerten Intensität unseres innersten Erlebens zu gelangen. Wir möchten, daß das von allen Seiten Gegebene und Empfangene in jedem von uns weiterschaffe an dem großen Gewebe, das unser Leben im äußeren und inneren Sich-Erfüllen ist. Wohl sind wir nicht alle Forscher oder Künstler, doch sind wir alle schaffende Menschen. Nicht nur darum geht es uns ja, möglichst viel und vieles zu wissen, sondern darum, möglichst vieles durch wissende Liebe in zeugendes Leben zu verwandeln. In dieser Weise vollziehen wir an unseren Tagungen auf unsere besondere Art einen Ritus, so etwas wie das Himmelsopfer, von dem seinerzeit selbst ein Konfuzius den Sinn nicht wußte. Wissende Liebe, so möchte ich die Antriebskraft nennen, welche das Sagen und Hören und das gemeinsame Verschaffen dieser Tagung bewegt. Wir weben alle mit an einem Bilde, an einem Sinngefüge, in dem die Kräfte der Einbildung mit denen des Verstandes wie Zettel und Einschlag das Ganze zu verwirklichen suchen.

1 Näheres bei G. A. Brecher, Die Entstehung und biologische Bedeutung der subjektiven Zeiteinheit – des Momentes. Zeitschr. f. vergleich. Physiol., Bd. 18, 1932.

2 W. Knoll, Über den Schwirrflug der Kolibris, Vierteljahrsschrift Naturf. Ges. Zürich, Bd. 96, 1951.

3 K. von Frisch, Aus dem Leben der Bienen, 4. Auflage, Springer, Wien 1948.

4 Siehe darüber A. Portmann, Biolog. Fragmente zu einer Lehre vom Menschen, 2. Auflage, B. Schwabe, Basel 1951.

5 E. Neumann, Kunst und Zeit, in: Eranos-Jahrbuch XX, 1951.

Die Bedeutung
der Bilder in der lebendigen
Energiewandlung

I.

Vor mehr als drei Jahrzehnten, als Maeterlinck eines seiner Werke »L'intelligence des fleurs« nannte, da ließen die Naturforscher das lächelnd geschehen und reihten solche Taten in der Rubrik der poetischen Freiheiten ein, wo sie klar abgesondert von der Wissenschaft ihr Werk tun mochten. Sie ließen sich nicht träumen, daß im Jahre 1950 der französische Biologe A. Vandel vom Instinkt als der »intelligence spécifique« sprechen würde und daß um die Jahrhundertmitte Naturwissenschaft und Symbolforschung sich gemeinsam um Einblick in die Natur der angeborenen Formen der Erfahrung und des geistigen Ausdrucks mühen würden.

Der Weg, den die Erforschung des Lebendigen in diesen drei Jahrzehnten zurückgelegt hat, ist groß, und weit dehnt sich vor unserm Blick das wiederentdeckte Land der Seelengründe und der Geisteswelt.

Auch im diesjährigen Gespräch, das um das zentrale Problem von Mensch und Energie kreist, ist der Beitrag des Biologen eine notwendige Ergänzung der Darstellung des Humanen; kann er doch deutlicher machen, was in der Dynamik der Bilder, die unser geistiges Leben beherrschen, allgemeinen Regeln des Lebendigen folgt und was dagegen besondere Eigenart der menschlichen Energiewandlung ist. So wendet sich denn unser Blick zunächst der Besonderheit des Tierischen zu, um im zweiten Teil das Humane im biologischen Aspekt zu sehen. Wenn die Welt der Pflanzen nur dann und wann erwähnt wird, so wollen wir doch ihrer Weite und Sonderart stets gedenken und uns daran erinnern, an wieviel komplizierte Erscheinungen in unserem eigenen Wesen das Wort vom »Vegetativen« rührt.

Wir suchen das Tier als handelndes Zentrum zu erfassen. An einem Einzelfall wollen wir einiges von der Eigenart tierischer Lebensform zu erkennen suchen, an einem Insekt, das in diesem

Garten und am Waldhang von Moscia jetzt im Sommer täglich um uns ist, ohne doch *mit* uns zu leben. Ich meine den großen goldbraunen, dunkel gemusterten Falter, welchen wir Kaisermantel nennen (Argynnis paphia L.) und der sich besonders gern auf den violetten Blütenrispen der Buddleya zum Nektartrinken niederläßt.

Am Ufer des Sees folgen wir dem Paarungsflug der Kaisermäntel, bei dem der weibliche Falter geradeaus fliegt – was auf dem hellen Wasserspiegel sehr auffällig ist –, indes der männliche Partner ihn im Zickzack umflattert. Das Erkennen der beiden erfolgt zunächst optisch – zuweilen irrt sich ein Männchen und fliegt einen anderen Falter oder ein fallendes braunes Blatt an, nur selten aber läßt er sich durch einen gelben oder weißen Falter täuschen. Ein gestalteter Sinnenreiz ist es also, der dem Kaisermantel den Artgenossen meldet. Duftreize, die von beiden Geschlechtern ausgehen, bringen die Tiere schließlich vollends in die Stimmung zur Begattung, die auf Blumen oder Blättern ruhend beendet wird.

Reifen nun im weiblichen Körper die Eier heran, so beherrscht ein neues »Befinden« den goldbraunen Sommervogel – jetzt sucht er am Waldboden nach Veilchenblättern, die er vermutlich durch das manchen Insekten eigene tastende Schmecken mit den Endgliedern der Vorderfüße herausfindet aus all dem andern Grün. Veilchen sind die Nährpflanzen dieser Kaisermäntel. Das Weibchen begeht aber nicht den Fehler, nun gleich auf diese vergänglichen Blätter seine Eier zu legen. Die Raupen sollen im Frühjahr die neuen Veilchenblätter finden: das ist der Sinn dieser Suche. Darum fliegt der Falter zur eigentlichen Eiablage den nächsten Baum an und legt die Eier einzeln sorgsam unter den Schutz von Rindenschuppen. Die Räuplein schlüpfen bald; sie spinnen sich ein und warten ihre Zeit ab; im Frühjahr suchen sie dann die frisch ergrünten Veilchen, deren Nähe ihnen durch das »unbewußte Wissen« der Mutter im Sommer vorher gesichert worden ist[1].

Suchen wir das im Augenblick für uns Wichtige im Gebaren dieser Schmetterlinge. Da ist zunächst der bedeutsame Umstand, daß die Falter zu verschiedenen Stadien ihres kurzen Lebens nicht in einer und derselben inneren Verfassung sind. Ihr Verhalten verrät wechselnde innere Zustände und zeugt von Drang nach jeweils verschiedenen Erfüllungen, vom Suchen aus einer inneren »Stimmung« heraus. Solche Stimmung ist ein Zwang zum Fahnden nach etwas Besonderem, das der Erwartung des Tiers in einer uns unbekannten Weise bereits gegeben ist.

Der Kaisermantel hat sich oder seinesgleichen nie geschaut oder erduftet, seine Raupe nie ein Veilchenblatt geschmeckt – trotzdem ist das Erfahren des Geschlechtspartners und das der Nährpflanze in nervösen Strukturen vorbereitet, wie etwa ein Empfangsgerät unserer Radiotechnik auf eine bestimmte Sendung abgestimmt ist und für sie bereitsteht. Die für das Individuum lebenswichtigen neuen Erfahrungen sind für das überindividuelle System der Art nicht wirklich neu: das Erkennen von Zugehörigem ist vorbereitet. Das Wort »Erkennen« drängt sich dem Beobachter auf – und wenn wir auch um die hohe Besonderheit des menschlichen Erkennens wissen, so müssen wir doch klar sehen, daß im »Erkennen von Zugehörigem« bei Tieren eine vitale Struktur vorliegt, die wesentliche Züge auch des menschlichen Welterlebens enthält. Auch der Umstand, daß wir über die Bewußtseinslage beim Tier wenig wissen, darf uns nicht der Einsicht verschließen, daß allgemein beim Tier »Erkennen« in solch weitestem Sinne die Grundlage des Handelns bildet. A. Vandels Formel von der »intelligence spécifique« meint denselben Sachverhalt und verwendet darum auch ein Wort aus der Erkenntnissphäre!

Erkennen ist Wirken. Was da wirkt, sind komplexe Strukturen. Wenn wir sie im folgenden »Bilder« nennen, so steht die Bezeichnung für eine der auffälligsten Gestalten, die optische, als Symbol für alle andern, so etwa die akustischen Formen wie auch für Komplexe mit Geschmacks-, Tast- und Geruchskomponenten. Auf alle diese gestalthaften Reizgefüge ist der Organismus abgestimmt; sie werden durch uns noch immer unverständliche Vorgänge transformiert in innerliche Prozesse, die tausendfach unbewußt in uns am Werke sind und von denen wir im Bewußtsein eine uns ebenfalls unverständliche Spiegelung erleben. Diese Reizgestalten, die »Bilder«, sind Glied einer Transformation, die ein besonderes Charakteristikum der tierischen Lebensform ist. Nicht die beliebig angeordnete Summe von erregenden Reizen ist das Wirksame: es bedarf der Konfiguration; wir sind wahrhaft im Reich von »Bildern«. Die Transformation ist eine zentral-ner-

Manteltiere

Jahr für Jahr suchen wir Forschungsstätten am Meere auf, um in gemeinsamer Arbeit die Farben und Formen dieser marinen Welt wieder zu erfahren. Dort treffen wir auch die Sterne dieser Kolonien von Manteltieren wieder, die der Gattung Botryllus angehören. Wenige Millimeter große Einzeltierchen, durch Knospung aus einem Keim entstanden, ordnen sich in Rosetten um eine gemeinsame Öffnung. Durch Sproßbildung entstehen neue Rosetten in einer gemeinsamen Gallerte, deren verschiedene Farben mit dem hellen Muster der Tiersterne einen wundervollen Anblick bilden.

Es ist wenig, was wir vom Leben so ferner Gestalten aussagen können – aber die Freude der Augen ist groß und immer neu. Dabei sind die winzigen lebenden Bläschen in diesen Rosetten weitläufige Verwandte unseres eigenen Gestaltungskreises der Wirbeltiere. Wenn wir nach Formvarianten und den Ursprüngen dieses Tiertypus forschen, der uns so sehr angeht, so treffen wir unweigerlich auch auf die Gruppe der Manteltiere; die ersten Entwicklungsschritte der Eizelle dieser fernsten Verwandten geben uns die Anschauung wichtiger Grundzüge der Formbildung aller Wirbeltiere. Wer die Eigenart des menschlichen Werdens im Mutterleibe auf dem weitesten Hintergrund der Wirbeltierentwicklung sehen will, muß in dieses Bild auch den Werdegang aufnehmen, den die Manteltiere uns zeigen. (Zeichnung Sabine Baur)

vöse, letztlich also protoplasmatische Dynamik, bei der die in der Reizgestalt übertragene und wirkende Energie so gering ist, daß wir ihren Anteil am inneren Geschehen im Organismus mit den Vorgängen bei der chemischen Katalyse vergleichen müssen. Die Anlaß-Energie ist so gering, daß wir die inneren Prozesse weitgehend als Glied eines geschlossenen Systems auffassen dürfen. Dieses Gefüge enthält Verstärker-Strukturen, welche der energetischen Wandlung durch das Mittel von Bildern dienen, deren Wirken wir feststellen, deren Bau uns aber noch völlig verschlossen ist.

Der Einbau von Sinnesorganen als Vermittlern von Weltbeziehung in Erleben und Handeln tritt uns heute immer klarer als eine der wichtigen Eigenarten des Tierischen vor Augen. Diese Einsicht hat denn auch eine wichtige Umstellung in den Forschungszielen gebracht. Galt früher den meisten Biologen eine Übersetzung der am Lebenden beobachteten Erscheinungen in die Sprache von Physik und Chemie als das zu erstrebende Endziel, so ist heute der Eigenwert der Welt des Qualitativen anerkannt, und die neue, eben sich entfaltende Verhaltensforschung baut völlig auf der Anerkennung dieses Eigenwertes auf. Die quantitativen Methoden des Messens dienen zur Exaktheit der Feststellungen, ohne daß dieser Übersetzung ein besonderer Erkenntniswert zukäme: Dienstbarkeit der Meßmethoden, nicht Rückführung auf Quantität, das ist der Sinn aller exakten Methodik in der Verhaltensforschung.

Die Weise und die Wirkungen dieses tierischen »Erkennens« gehören jenem Bereich an, den Neumann das »extrane Wissen« genannt hat – eine Bezeichnung, die als Kontrast zur besonderen bewußten Innerlichkeit des Menschen ihren Sinn hat. Der Verhaltensforscher hat das Wirken der Bilder zu studieren begonnen und gezeigt, daß zwischen starren, angeborenen Strukturen, deren Reizkomplexe zuweilen als »Auslöser« benannt werden, und den durch Eindrücke neu »geprägten« Strukturen vielerlei Varianten gestufter Plastizität bestehen.

Wenige Beispiele mögen die Vielfalt der transformatorischen Wirkungen bezeugen: Das Bild des Artgenossen löst bei Tauben und andern Vögeln nicht nur die sexuelle Bereitschaft, die Paarungsstimmung aus, sondern seine länger dauernde Wirkung erreicht auf dem Wege über Gehirn, Hypophyse und deren Hormone auf dem Wege der Blutbahnen den Eierstock und regt hier die Eibildung an, ebenso wie im Gehirn den Bruttrieb und in der Bauchhaut die Veränderungen, die zum Brüten nötig sind. Die Reizgestalt, die hier wirkt und die in der Innerlichkeit wohl auch beim Tier einen Bewußtseinszustand auslöst, wirkt also nachweisbar zugleich auf ganz verschiedene Systeme der inneren Organisation.

Die Wirkung kann aber auch eine verhältnismäßig eng umschriebene sein. Das auffällig weiß oder schillernd gefärbte und scharf abgesetzte Feld auf dem Entenflügel, das man den »Spiegel« nennt, wirkt als ein klares Signal, dessen Sichtbarwerden den Alarm zum gemeinsamen Auffliegen gibt. Die artgemäße Verschiedenheit der Muster dient dem »Erkennen des Zugehörigen«, von dem mehrmals schon die Rede war.

Manche Fische können durch gleichzeitiges Aufstellen der Flossen und Auswärtsdrehen des Kiemendeckels, durch Farbwechsel und Gehaben ihr ganzes Aussehen von Grund auf ändern. Ihr Auftreten wirkt in diesem Zustand, in dem sie ein gewähltes Territorium, etwa den Nestplatz, verteidigen, sehr eindrücklich und einschüchternd auf Rivalen, die denn auch das »Feld« räumen, wenn ihnen solche Drohstellung beim Eindringen in einen fremden Bereich begegnet. Die Ausdrucksmacht dieser Gestaltwandlung und ihre energetischen Wirkungen auf den Artgenossen sind Zeugen eines inneren Zustandes – dieser Fisch »imponiert« nicht fälschlich, wie ein aufgeblasener Tropf unter Menschen es tun kann –, er »ist« in seinem innersten Wesen, im Besitzaffekt und Drang so, wie er sich gibt. Wie fein dieser Drang gestuft sein kann, zeigt sich sogleich, wenn sich die gleiche Begegnung außerhalb des eigenen Territoriums wiederholt: dann fehlt unserem Fisch die Spannung, die ihn eben noch ausgezeichnet hat, und der Beginn seiner Drohgebärde kann sehr bald in Rückzug und in eine Unterwerfungsgestalt übergehen. Das Bild, das hier auf Artgenossen wirkt, sagt in seiner für uns befremdlichen Art sehr viel aus über den inneren Zustand des Fisches, und diese Aussage ist wirksam: ihr Erscheinungswert als »Bild« ist das Wirkende, nicht die Energiesumme allein, welche durch die Gesamtheit dieser Reize ausgeübt wird.

Die Einsicht, daß »Bilder« die wirksamen Transformatoren sind, welche bei höheren Tieren das Verhalten bestimmen, hat die Verhaltensforscher zum Problem der hier vor sich gehenden energetischen Prozesse geführt. Bei den Hypothesen und Theorien, mit denen wir diese Fragen zu klären versuchen, muß sich der Forscher stets daran erinnern, daß angesichts des Befremdlichen, das hier vor uns ist, nur vergleichsweise Analogien mit dem erlaubt sind, was uns aus Physik und Chemie vertrauter ist. Die theoretische Bewältigung des Energieproblems im vitalen Bereich muß vorerst streng bemüht sein, das Besondere dieser Sphäre des Lebens zu zeigen, um nicht durch vorschnelle Verallgemeinerung den Blick auf die Eigenart ihres Objektes zu verlieren.

Es ist in dieser Hinsicht bezeichnend, daß ohne jede Rückkehr zu überlebten Ideen des älteren Vitalismus die Biologie von »lebendigen« Energien sprechen muß. Nur in diesem allgemeinsten Sinn gebrauche ich hier das Wort Bio-Energie. Sie ist sich auch der bedeutsamen Tatsache bewußt, daß die im Verhalten beobachteten Transformationen dieser Energien nur der eine Aspekt eines Geschehens sind, welches seine andere Seite in der Innerlichkeit des Organismus hat und dort als Emotion einen besonderen Spannungszustand des Erlebens schafft, den wir aus unserer Erlebensweise kennen, dessen Erforschung aber beim höheren Tier mit außerordentlichen Schwierigkeiten verbunden ist.

Soweit eine gewisse Übereinstimmung in der Auffassung dieser Vorgänge erreicht ist, dominiert wohl die Ansicht, daß die Energie, die aus der Transformation der Reizgestalt-Wirkungen resultiert, ein relativ generelles dynamisches Phänomen sein müsse, daß von den verschiedensten Reizkomplexen ein Geschehen unterhalten werde, das zu einer relativ beliebigen Verfügung bereitstehende Energie liefert. Daß diese Transformation durch Bilder und ihre Verstärker-Systeme Spannungszustände unterhalten, die zu längeren Leistungen anspornen müssen, mag ein harmloses Beispiel vom Brutleben der Vögel zeigen. Werden doch hier Arbeiten ausgeführt, die wir in ihrem Umfang wohl kaum genügend einschätzen. Eine kleine Schwanzmeise zum Beispiel hat in ihrem wundervollen Beutelnest 1558 Federn verarbeitet, die sie zusammengetragen hat in vielen Arbeitsgängen. Die Anzahl der täglichen Fütterungen eines Blaumeisenpaars steigert sich in den sechzehn Tagen der Nestzeit von etwa 310 am Anfang auf einen Höhepunkt von ungefähr 650 am fünfzehnten Tag, und auch in den letzten Tagen kommt es noch immer zu 550 täglichen Besuchen[2]. Darf es uns wundern, wenn vielerlei energetische Einrichtungen da sind, um diese gesteigerte Aktivität während der für die Arterhaltung so entscheidenden Brutzeit zu erreichen und zu bewahren? Das Erstaunliche ist eher, daß die Bilder oder Laute des Partners oder der Jungen als Apparate der Transformation in dieser lebendigen Organisation verwendet werden können.

Die eigenartigen Verhaltensweisen, die in steigender Zahl unter den Sammelnamen der »Übersprung-Bewegungen«, der »displacement-reactions« beschrieben werden, zeigen uns, daß angesammelte Energien unter Umständen zwangsläufigen »Abfluß« oder »Entladung« suchen (die physikalischen Worte sind Bilder) und diesen Ausweg in zwanghaften Verhaltensweisen finden, die wir auch beim Menschen in großer Zahl bei solchen Spannungszuständen kennen. Nur ist das Phänomen, das bei uns in nervösem Klopfen der Finger oder in erregter Bewegung sich kundtut, bei Tieren viel drastischer, indem Fressen, Baden, Gefiederputzen, Sexualverhalten und viele andere typischen Weisen des Gebarens als »displacement« auftreten. Es ist, als müsse das nervöse System einen Hahn öffnen, eine Schaltung vornehmen, um Energie in eine der wartend bereitliegenden Apparaturen zu entlassen. Das Gesamtsystem zeigt klare, normale Bahnen, welche spezifisches, funktionell sinnvolles Verhalten sichern. Für erhöhte Spannung des Energiesystems aber stehen viele Varianten des Ablaufs bereit, die nur im allgemeinen Haushalt sinnvoll, im besonderen Sosein aber beliebig, belanglos sind. Die Forschung wird wohl in Zukunft durch Auswertung dieses »Displacement-Verhaltens« Wege öffnen, die das Eigenartige der menschlichen Möglichkeit des bremsenden Willens, der »Beherrschung«, deutlicher machen können.

Wie weit im Zentralnervensystem größere Apparate für gesonderte Typen von Energien vorgebildet sind, das wissen wir nicht. Wenn heute die Verhaltensforschung bei Vögeln annimmt, daß die Gefühle (das heißt die Innerlichkeit des Energie-Geschehens, von dem wir sprechen) weniger differenziert sind als bei uns und daß also eine Art von generellerer Stimmung besteht, eine Art

»Proto-Emotion« (Armstrong), so wollen wir in dieser Aussage vor allem den Willen sehen, das Besondere der Vögel und anderer Tiere im Vergleich zum Menschen im Auge zu behalten, und uns trotzdem vor einer allzu raschen Verallgemeinerung hüten. Die Verhaltensforschung hebt seit einiger Zeit hervor, daß die wirkenden Gestalten sich durch Einfachheit und Auffälligkeit auszeichnen, so daß sie sich häufig durch sehr deformierte und einfache Modelle und Attrappen ersetzen lassen, denen nur wenige Merkmale der normalen Reizgestalt zukommen müssen. Sehr oft ist es die hohe Unwahrscheinlichkeit der Wirkmuster, ihre einzigartige Prägnanz, die sie gleichsam zu besonderen Schlüsseln macht, welche die Tür zu ganz bestimmten und nur gerade diesen Wirkweisen aufschließen. Die Unwahrscheinlichkeit des speziellen Soseins einer Reizgestalt ist gleichsam ein Schlüsselbart von komplizierter Form, für ein einziges Kunstschloß gebaut. Nicht umsonst erscheinen uns die optischen Muster im Anblick von Vögeln und Fischen oft wie heraldische Symbole, wie Flaggen, Feldzeichen, Wappen, denen ja auch in Zeiten, wo sie ihre volle Bedeutung hatten, der Wert des Auffälligen, des Unverwechselbaren, des Kennzeichens, der Prägnanz zukommen mußte. Eben dieser Art sind viele der Reizgestalten, seien es Blüten, welche auf die bestäubenden Insekten zu wirken bestimmt sind, Früchte, deren Samen von Vögeln verbreitet werden sollen, oder auch jene Marken am Körper, welche das Erkennen von Sexualpartnern oder Artgenossen, Nestjungen oder Feinden vorbereiten.

Die experimentelle Erforschung solcher Wirkgestalten, die durch ihre transformierenden Aktionen Handlungen auslösen, hat gezeigt, daß diese Schlüsselreize einzelne Wesenszüge enthalten, die, in selektiver Steigerung dargeboten, zu extrem wirksamen, übernormalen Gestaltreizen werden. Tinbergen hat deren eine größere Anzahl zusammengestellt, von denen wir nur wenige Beispiele anführen[3].

Dunkelbraune Sammetfalter finden ihresgleichen wie die Kaisermäntel, von denen wir ausgegangen sind, auf Grund von optischen Reizen. Verwenden wir im Versuch Faltermodelle verschiedener Tönung, von Weiß bis Schwarz, so lockt nicht etwa das eigene Sammetbraun dieser Sommervögel am stärksten und sichersten an, sondern seine Steigerung zu Schwarz. Hier liegt also eine »Neigung« vor, die in der Natur nicht befriedigt wird, die aber vielleicht eines Tages, wenn erbliche schwärzliche Mutationen auftreten sollten, sich in der Auslese der Partner betätigen könnte. Wer weiß, ob nicht solche Vorerwartungen von bestimmten Reizgestalten auch bei der Erhaltung und Förderung neu entstehender Varianten ihre Rolle spielen, indem sie einen der die Evolutionsrichtung bestimmenden Faktoren des Selektionsvorgangs darstellen?

Nestjunge der Heringsmöwen betteln die Alten um Futter an und richten ihre Bettelgebärde gegen einen auffälligen roten Punkt am gelben Unterschnabel des Altvogels. Wieder treffen wir ein uns recht »beliebig« erscheinendes Kennzeichen der Art im Dienste des Lebens, wirkend als Bild, das lebenswichtige Verhaltensweisen auslöst. Tinbergen hat mit seinen Mitarbeitern diese Merkmale in gründlichen Studien auf alle Eigenheiten hin untersucht. Als Resultat dieser Einblicke hat er einen übernormal wirksamen Möwenschnabel gebaut: ein schlankes, dunkles Stäbchen mit drei Flecken nahe der Spitze, mit den Farbmarken nach abwärts dargeboten, wirkt aufreizender als der Elternschnabel. Wie wichtig ist dabei die Richtung des Stäbchens! Deutlich zeigt sich darin der Gestaltcharakter dieser Reizkombination.

Nicht nur die Bewegungen des bettelnden Jungen werden durch Gestaltreize ausgelöst; auch der Fütterungsdrang der Altvögel wird durch die charakteristischen Bettelbewegungen des Jungen gefördert. Die Bewegungsgestalt dieses Bettelns bleibt als innere Möglichkeit in der Organisation des Vogels erhalten; wenn das Junge erwachsen ist, dann kann sie bei manchen Arten neuerdings auftreten, eingebaut in die sexuellen Rituale. Die transformierenden Bilder können in die verschiedensten Funktionskreise eingegliedert werden.

Eine andere Seite der im Tier wirksamen Energie-Wandlungen zeigt uns das Umschlagen der Bedeutung eines Bildes im Wechsel der inneren Stimmung. Durch J. H. Fabres »Souvenirs entomologiques« ist seinerzeit der seltsame Hochzeitsbrauch der Gottesanbeterin und mancher Spinnen bekanntgeworden, die nach der Begattung den männlichen Partner auffressen. Hier begegnet uns der Vorgang des Erkennens in seiner tierischen Begrenztheit: das Männchen wird in der Stimmung des Begattungsdrangs als

Geschlechtspartner erkannt; nach Abklingen dieser Stimmung wird ein neuer Innenzustand wirksam, indem die Reizgestalt des Partners nunmehr »Beute« wird und eine entsprechende Handlung auslöst. Wie dürftig auch unser Wissen vom Umschlag der Valenz tierischer »Bilder« ist, so mahnen uns doch solche Tatsachen sehr eindringlich an unbewußtes Umschlagen der Wertigkeit im verborgenen Seelenleben des Menschen. Die tierischen Fakten sind nicht bloß Kuriositäten der Biologie; sie können Modelle liefern für ein Verständnis ähnlicher Transformation in uns selber.

Die energetischen Wirkungen von Reizgestalten erreichen im Sozialleben der Tiere eine besondere Bedeutung. Auf Zusammenleben ist ja die ganze Einrichtung der Transformation durch Bildwirkung eingestellt – wirkliches Zusammensein ist nur auf dieser Basis eines elementaren Bilder-Erkennens möglich. Erst diese, dem animalen Bereich eigene energetische Transformation von Gestaltreizen in Bilder und weiterhin in von diesen Bildern »katalysierte« Handlungen schafft die überindividuellen Beziehungen, auf denen alle höheren Formen sozialen Lebens beruhen. Das Überindividuelle ist in allgemeineren, verbreiteteren Strukturen des Lebendigen gegeben. Wie bedeutungsvoll auch die individuelle Erfahrung ist, so ist doch deren Möglichkeit strukturell vorgegeben im Aufbau der Tierart, so wie auch der Drang zu solcher Erfahrung von vornherein gegeben ist. Die strukturellen Einrichtungen, welche das Zusammentreffen der Geschlechtszellen sichern, die reziproken Bindungen von Tierkindern und -eltern, sie alle gehören einem weiten Bereich überindividueller Strukturen an. Das Sozialleben erscheint als ein Spezialfall, der höhere zentralnervöse Organisation im Individuum voraussetzt, aber seinerseits nur auf der allgemeinen Basis überindividueller Lebensstruktur des Artplasmas möglich ist.

Wir suchen darum die energetische Rolle des Überindividuellen zuerst in einem Falle zu erfassen, wo lediglich zwei Geschlechtspartner einer Art im Spiele sind. Bei Libellen werden die Eier meist sehr bald nach der Paarung abgelegt, sei es frei ins Wasser, sei es durch Einstich in Pflanzenstengel oder Blätter. Bei vielen Arten, wie bei den meisten Insekten, besorgt das weibliche Tier diese Etappe der Arterhaltung allein. Bei manchen Gruppen aber geschieht dieser letzte Akt gemeinsam unmittelbar nach der Paarung. Das vereinte Paar fliegt nach der Begattung als seltsame achtflüglige Einheit weiter, und in einer gesteigerten gemeinsamen Erregung geschieht nun die Eiablage. Das männliche Tier hält seinen Partner durch sinnreiche Klammereinrichtungen seines Körperendes am Kopfe und am vordersten Thorax fest. Bei den Formen, die ihre Eier in Pflanzen einstechen, steht die männliche Libelle hoch aufgerichtet und zitternd auf dem Thorax des Weibchens. In anderen Fällen, wo die Eiablage durch Abwurf frei ins Wasser erfolgt, fliegt das Paar über der Wasserfläche; das Männchen gibt durch rhythmisches Senken des Hinterleibs dem Weibchen das Signal zum Fallenlassen einiger Eier. Einen hohen Grad von Präzision erreicht dieses tänzerische Spiel bei der amerikanischen Gattung *Tramea,* die Kennedy (1917) beobachtet hat:

»Gewöhnlich hatte jedes Weibchen einen sehr aufmerksamen männlichen Begleiter. Da *Tramea* selten ruht, so fängt das Männchen das Weibchen im Fluge. Paarweise fliegen nun die Tiere über die Weiherfläche, gelegentlich zur Eiablage im Fluge innehaltend, über Stellen, die von Algenschaum und von Lemna frei sind. Etwa sechs Zoll über dem Wasser schwebt das Paar. Das Männchen läßt das Weibchen los und bleibt schwebend stehen, während das Weibchen zur Wasserfläche niedersinkt und mit kurzem Schwung ein einziges Mal die Oberfläche berührt; dann erhebt es sich wieder auf die Höhe, wo das Männchen fliegt, und dieses packt das Weibchen augenblicklich mit seinen Abdominalanhängen, ohne es erst mit den Füßen zu ergreifen. So wird die Eiablage fortgesetzt. Dieses rasche Loslassen und das fast sofortige Wiederergreifen des Weibchens war eine der sichersten Funktionen, die ich jemals bei Libellen beobachtet hatte[4].«

Die Gegenwart des Partners bei dieser Eiablage erhöht die Erregung der beiden Libellen und sichert so vermutlich durch Ritualisierung einen Vorgang von arterhaltender Bedeutung.

Ist die letztere Rolle bei dem paarweisen Tanze der Libellen zu vermuten, so läßt sich der arterhaltende Wert des Rituals bei kolonial brütenden Vögeln klarer nachweisen. Betrachten wir die transformierenden Wirkungen der akustischen und optischen Reizgestalten in Brutkolonien der Vögel von der energetischen Seite.

Frazer Darling[5] hat durch eingehende Beobachtung von Heringsmöwen gezeigt, daß in großen Kolonien die Gesamtzeit für Eiablage, Brüten, Aufzucht der Jungen bis zu deren Ausfliegen merklich kürzer ist als bei kleineren und kleinsten Kolonien derselben Art. Durch diese Verkürzung reduziert sich auch die Zeitspanne, in der die Erbfeinde dieser Möwen ihren normalen Tribut an Eiern und hilflosen Nestjungen aus der Kolonie entnehmen. Damit steigt der relative Anteil an Nestjungen, welche das Stadium der Selbstverteidigung erreichen. Uns beschäftigt die energetische Seite der »katalytischen« Wirkungen des Rituals. Wir wissen, daß rituelle Bewegungsgestalten und Laute die hormonalen Geschehnisse der Eibildung und der Brutinstinkte sowie die Intensität von Bettel- und Fütterungstrieb beeinflussen. Die Wirkung dieser Reizgestalten wird im Zentralnervensystem energetisch verstärkt und regt schließlich die zentralste Hormondrüse, die Hypophyse, welche nahe dem Gehirn liegt, zur Absonderung von Blutstoffen an. Diese Hormone bringen darauf ihrerseits andere Organe des Vogelkörpers in Aktion. Die gemeinsame Lebensform der Kolonie hat zur Folge, daß von Beginn der Brutzeit an die ritualen Bilder in multipler Weise wirken. Was der einzelne Vogel aus innerem Drange an rituellen Haltungen und Lauten leistet, wirkt auf viele Vögel in seiner Umgebung erregend und innere Transformationen steigernd. Anderseits wirkt auch, was in seiner Umgebung geschieht, vielfältig in das Innenleben des einzelnen zurück. So kommt schließlich ein Gesamteffekt zustande, welcher die Bildtransformationen gegenüber isolierten Paaren mächtig steigert und nicht allein die Dynamik im Ganzen intensiviert, sondern auch durch diese erhöhte Wirkung eine Synchronisierung der Hormonleistungen und damit der Handlungen bewirkt. Das Brüten in großen Kolonien nützt also zur Erhöhung der Lebensform die besonderen animalen Wirkweisen aus, welche durch Bildtransformationen gegeben sind. Damit ist nicht etwa das Leben in Brutkolonien »erklärt« – wir mahnen nur an einen sehr positiven Wert dieser Lebensform, die im übrigen von ganz anderen Faktoren abhängt – etwa von der Gegenwart überreicher Nahrungsgründe, wie die fischreiche See und vor allem in einzigartigem Ausmaß die kühlen Polarmeere sie bieten!

Die Wirkung der Bildtransformation ist im Vorhergehenden so dargestellt worden, als sei sie bloß eine montierte Apparatur für

Synchronisierung physiologischer Prozesse im Sozialleben. Im Hinblick auf das Problem der Energetik tierischen Lebens mag eine solche Vereinfachung für einen Augenblick erlaubt sein. Wir dürfen aber nie vergessen, daß im höheren Tierleben nicht nur der Sozialverband komplizierte Strukturen verwirklicht, sondern daß eine kompliziertere Erlebensform des Individuums sowohl Voraussetzung dieser Sozialgestaltung ist wie auch ihre Folge. Das Individuum ist nicht einfach Glied seiner Kolonie, auch sein Eigenwert wird durch das Zusammensein mit Artgenossen erhöht. Im Sozialleben »reicht das Individuum über sich selbst hinaus, über seine Isolation hinweg, und erstrebt jenen Einklang zwischen sich selbst und der umgebenden äußeren Welt, ohne welchen weder Gesundheit noch Glück möglich sind und von dem die Erhaltung der Art abhängt« (Armstrong)[6]. Diese Worte stehen in einem reichdokumentierten, nüchternen Werke über das Verhalten der Vögel und zeugen von der neuen Auffassung vom höheren Tierleben, welche die jetzige Verhaltensforschung vermittelt. Die uns im einzelnen verborgene Innerlichkeit des Tieres wird durch die Möglichkeiten des Soziallebens bereichert, und erst damit wird das Leben des Einzelwesens intensiv und voll!

Blicken wir noch einmal zurück auf das entscheidend Besondere des höheren tierischen Lebens:

Das Zentralnervensystem ist so gebaut, daß auf dem Wege über Reizgestalten der Umgebung im Nervensystem Transformationen stattfinden, welche einerseits in sehr verschiedenen und schwer faßbaren Ausmaßen zum bewußten Erleben solcher Reizgestalten führen, anderseits Anlaß zu Handlungen, zu Verhaltensweisen werden, deren Ablauf durch Zuordnung von Reizgestalt und Aktion geregelt wird. Die äußeren Energien, die bei solcher Gestalt-Transformation wirken, sind so gering, daß wir die inneren Einrichtungen auch als bedeutende Verstärker-Strukturen auffassen müssen. Die Wirkung der Reizgestalten ist also in mancher Hinsicht dem Katalysator-Geschehen vergleichbar, wobei aber eine besondere »Biokatalyse« vorliegt, bei der die Wirkungen von einem gestalthaft wirkenden »Anlaß« ausgehen. Durch solche Gestalt-Transformation entstehen die Beziehungen zu Dingen der Umwelt, zu Blatt und Blüte, aber auch zu Artgenossen und fremdartigen Wesen, die das Besondere, den inneren Reichtum des animalischen Lebensbereiches, ausma-

179

chen. Die artgemäße Sonderheit jeder Zuordnung von Tier und Umgebung ist erbliche Struktur. Erbstrukturen dieser Art sind elementare Grundlage jedes Erkennens, das also in seiner artgemäßen Vollendung ererbte Vorerwartung wie auch Neuerfahrung in mannigfacher Verbindung sein kann.

Die biologische Analyse der tierischen Transformationen durch Bilder erlaubt nur vage Vermutungen über die Bewußtseinsmöglichkeiten, die durch diese energetischen Vorgänge geschaffen werden. Sie weist uns daher schon aus diesem Grunde zur Ergänzung auf das Studium des menschlichen Welterlebens. Der Einblick in unser eigenes Erleben liefert bei umsichtiger Verwendung wesentliche Elemente für das Erfassen auch der verborgenen tierischen Innerlichkeit. Doch gilt unser Vergleich nicht nur dieser Möglichkeit; wir trachten zugleich nach der Erkenntnis der besonderen humanen Züge.

II.

»Bilder«, also Reizgestalten im weitesten Sinne, finden wir im Energie-System aller höheren Tiere am Werke. Diese besondere Art der Transformation von Energien ist also nicht ein Vorrecht des Menschen, sie gehört allem höheren Tierleben schlechthin zu (wobei die unteren Grenzen dieses höheren Lebens wegen der großen Schwierigkeit der Analyse schwer zu bestimmen sind). So stellt sich dem Biologen die Aufgabe, die Eigenart dieser Energetik im Einzelfall des Humanen zu prüfen.

Diese Prüfung muß ausgehen von einem Vergleich der objektiv faßbaren Strukturen, um zunächst die Entsprechungen bei Mensch und Tier nachzuweisen und so schließlich auf die Unterschiede geführt zu werden. Wir folgen dabei dem Grundgefüge der transformierenden Organisation, das aus Sinnesorganen, zentralem Nervensystem und Wirkorganen aufgebaut ist. Das Studium dieser Organisation ist um so wichtiger, als wir beim Tier ja nur geringe Anzeichen des Erlebens zu deuten vermögen und der Vergleich sich also wesentlich auf den von Strukturen gründen muß.

Die eingehendere Kenntnis der Leistungen tierischer Sinnesorgane wird uns wohl eines Tages bedeutsame Unterschiede im Transformationsprozeß der Bilder im Vergleichen verschiedener

180

Tiergruppen untereinander und mit dem Menschen zeigen: die gesteigerte Sehschärfe des Vogelauges und seine vermuteten Möglichkeiten der Fernsicht, die Überschall-Wahrnehmung der Fledermäuse, die Seitenlinienorgane niederer Wirbeltiere, der Haut-Geschmackssinn mancher Fische, der Tastgeschmack an den Vorderfüßen von Faltern, die Möglichkeit vieler Insekten, Ultraviolett zu sehen – wie viele Besonderheiten müssen solche Eigenheiten im Aufbau der Bilderwelt bedingen! Im ganzen weisen aber die experimentellen Befunde doch immer wieder auf eine sehr weitgehende Entsprechung im Sinnesleben der höheren Tiere und des Menschen hin. Immerhin dürfte die mit unserer Nacktheit verbundene Steigerung der Hautsinne uns einen Reichtum des Tastsinns und seiner Kombinationen bringen, der unserer Bilderwelt ganz besonders reiche Möglichkeiten erweiterten und verfeinerten Erlebens gibt. Die Bedeutung der Tastgefühle für die Imagination des Menschen, wie sie G. Bachelard darstellt, hängt auch mit dieser strukturellen Eigenart zusammen[7]. Ihre Bedeutung im Überpersönlichen, im liebenden Zusammensein ist kaum zu überschätzen.

Auch die Besonderheiten der Wirkorgane des Menschen müssen beachtet werden, wenn wir die Eigenart unserer Energetik erfassen wollen. Nicht nur die Bewegungsfreiheit von Arm und Hand, auch die bei vielen Säugern beobachtete Eingliederung der Hautdrüsen und der Hautkapillaren in den Dienst des Ausdrucks verlangt das eingehende Studium der menschlichen Eigenart. Ich denke etwa an die besondere Stellung des Errötens und Erblassens, an Antworten also, die einerseits von den Zentren der Wärmeregulation ausgelöst werden können, anderseits im Dienste der Bildertransformation als Ausdruck von Gemütsbewegung auftreten und hier wiederum in reicher Nuancierung dem Ausdruck von elementaren Affekten bis zu der humanen Besonderheit des Schamgefühls dienen können. Diese Mannigfaltigkeit der Zuordnung eines Wirksystems wie der Hautkapillaren mahnt uns an die bedeutendste Eigenart unserer transformierenden Struktur, an die Besonderheit unseres menschlichen Zentralsystems, vor allem des Gehirns.

Wir müssen versuchen, uns von der Einordnung dieses Organs in das Ganze des Menschen eine umfassende richtige Vorstellung zu machen. Das Gehirn ist ein Glied, das, vom plasmatischen Ganzen des Keims – von diesem Umfassendsten, das der biologischen Untersuchung noch zugänglich ist – selber aufgebaut, im Laufe der Entwicklungsprozesse ausgegliedert wird. Das plasmatische Ganze vom Keim bis zum Tode ist immer mehr als das nervöse Zentralorgan, obschon es im undifferenzierten Zustand zu den besonderen Leistungen des Gehirns nicht fähig wäre. Wir staunen heute über die »übermenschlichen« Leistungen der elektronischen Gehirn-Maschinen. Diese Apparate sind aber von Menschen geschaffen; sie wären nie ohne ihn, und sie werden nie sinnvoll arbeiten können ohne ihn. Ihre Funktionen geschehen nach einem Vorgang, für den der menschliche Geist selber die verwirklichenden Strukturen ersonnen und aufgebaut hat. Die Stellung unseres Zentralnervensystems zum plasmatischen Ganzen des Menschen muß im Bilde dieses Vergleichs erfaßt werden. Nur so werden wir uns der Beziehungen einigermaßen bewußt, in denen das nervöse Zentralorgan zu dem so schwer faßbaren Ganzen steht, zu dem die Naturforschung am Menschen immer wieder hinführt. In diesen weiteren Horizont aber müssen wir alle Erkenntnisse eingliedern, die uns das Studium des menschlichen Zentralorgans bieten kann.

Nur zwei Erscheinungen seien hier im Vergleich des menschlichen Gehirns mit dem höherer Tiere hervorgehoben: die gesteigerte Gehirnmasse und die gelockerte Instinktorganisation, beide bedeutungsvoll für die humane Variante der energetischen Bildwirkungen. – Wir bestimmen durch jetzt nicht weiter zu erörternde Methoden die relative Masse der einzelnen Hirnteile. Der Vergleich nimmt zur Grundlage die jeweils für eine bestimmte Tiergröße unumgängliche Masse eines klar umrissenen Hirnteils. Die so ermittelten Indizes erlauben einen Vergleich, der die Unterschiede der Körpergröße ausschaltet. Unsere Tabelle gibt einige Indexwerte für das höchste Zentrum, den Mantel der Großhirnhemisphären, ferner für das Kleinhirn und den Stammrest, der selbst mit dem »Niveau« des Zentralnervensystems an Masse zunimmt[8].

Die ersten vier Reihen, der nebenstehenden Tabelle, betreffen Primaten (Halbaffen und Affen), also die unserer Organisation am nächsten stehenden Säugetiere; die letzten drei Reihen sollen lediglich einen Vergleich mit Säugern ermöglichen, die innerhalb ihrer Gruppen ein hochentwickeltes Gehirn aufweisen.

	Mantel der Großhirnhemisphären	Kleinhirn	Stammrest
Lemur	13,5	3,24	3,72
Meerkatze	33,9	4,90	4,79
Pavian	47,9	5,13	6,24
Schimpanse	49,0	7,59	4,47
Homo	170,0	25,70	10,00
Bär	23,3	5,10	4,65
Pferd	32,3	5,34	6,82
Elefant	70,0	30,20	9,95

Die Zahlen zeigen, daß die relative Größe des Stammrestes und des Kleinhirns beim Menschen an der oberen Grenze liegt, die auch für hochentwickelte Säuger wie den Elefanten gilt, daß aber die Masse des Großhirnmantels alle tierischen Werte, die wir kennen, weit übertrifft. Dieser Massenentfaltung, welche kompliziert gebaute Hirnregionen betrifft, steht eine auffällige Auflösung der vielerlei erblich gegebenen Strukturen entgegen, die bei Tieren das Verhalten artgemäß fixieren und das Tier zu weitgehend festgelegtem Gebaren nötigen.

Die Tatsache, daß einer gewaltigen Massensteigerung der höchsten Nervenstrukturen beim Menschen nicht etwa eine entsprechende Vermehrung von gebundenen, erblich geregelten Verhaltensweisen entspricht, sondern eine Lockerung und Unbestimmtheit dieser vorgegebenen Strukturen – dieser den Menschen auszeichnende Umstand ist immer wieder in den Erwägungen über unsere energetische Eigenart beachtet worden. Der Begriff des »Triebüberschusses«, der entsprechende von »freier Libido« sind psychologische Fassungen dieses Gegensatzes von Hirnmasse und Instinktauflösung. Diesen Begriffen liegt die Auffassung zugrunde, daß beim Menschen die zentralnervöse Organisation nicht so weitgehend in erblich festgelegten Abläufen fixiert sei, wie das beim Tier angenommen wird.

Das Modelldenken, mit dem wir in das Unbekannte der nervösen Strukturen in immer erneuten Versuchen einzudringen trachten – dieses Formen von Denkmodellen sinnt also hier an eine Art von Reservoir mit wechselndem Niveau für jenes Etwas, was sich in den nervösen Geschehnissen, im ganzen Verhalten als »Erregung« äußert. Aus diesem Reservoir fließt das unbekannte Geschehen, dessen innerliche Erlebensseite Drang oder Trieb ist, in die verschiedensten Bahnen, wobei der Abfluß durch besondere nervöse Regelungen gesteuert wird.

Jeder Biologe ist sich über die grobe Unzulänglichkeit eines solchen Bildes klar. Wir brauchen es denn auch nur als allererste Erleichterung des Denkens an die Geschehnisse, die wir da erforschen. Dieses »Reservoir« relativ freier Energie, diese unbekannte Struktur, welche unsere nervösen Spannungen bestimmt, wäre also beim Menschen besonders groß! Wir wollen bei dieser Feststellung uns noch einmal daran erinnern, daß die neueren Einblicke in das Verhalten der höheren Tiere auch bei diesen immer deutlicher für eine solche reservoirartige Struktur und damit für frei verfügbare Energien sprechen (s. Armstrong!). Der Unterschied im nervösen System der höheren Wirbeltiere gegenüber dem des Menschen liegt, abgesehen von der Quantität, vor allem in der Regelung des Ablaufs. Beim Tier herrscht ein Zwang zum Abfluß der Energie in bestimmte Handlungsstrukturen, wenn einmal das Geschehen im Gange ist: wir fanden die »Displacement«-Aktivitäten als besonders drastischen Ausdruck solchen Zwanges. Obwohl dieselbe Zwangsläufigkeit auch beim Menschen vorkommt, so ist doch für uns die Ablaufsregelung durch die humane Möglichkeit der willentlichen »Beherrschung« charakterisiert. Für uns ist bezeichnend, daß jenes Erstaunliche, der »Wille«, einzugreifen vermag, sei es, um den Ablauf von Erregungsvorgängen völlig zu hemmen, sei es, um ihn in gänzlich von »Absichten« abhängige Bahnen zu zwingen. Diese Möglichkeiten, für die sich beim Tier kaum Ansätze finden, machen die Eigenart der humanen Dynamik aus; ihr entspricht das Besondere des »beherrschten Ausdrucks« in Geste und Sprache, von dem noch zu sprechen sein wird.

Was in dieser Eigenart des Humanen das außerordentlich gesteigerte Volumen der Hemisphärenmasse alles bedeutet – und seine Rolle ist sicher eine vielseitige –, das ist noch lange nicht erfaßt. Wir müssen uns darum hüten, in den Indexzahlen bloße mengenmäßige Steigerung einer qualitativ gleichartigen Grundtatsache zu erkennen, wie dies etwa die Hilfsidee des Reservoirs mit sich bringt. Übrigens gilt dasselbe von der Großhirnmasse der Vögel. Auch hier wissen wir noch nicht, was alles in einer Indexsteigerung seinen Ausdruck findet, wenn etwa bei Papageien die Hemisphärenindizes von zirka 10 bis zirka 29 variieren oder bei Sperlingsvögeln von zirka 4 bis etwa 18, während sie bei Gänsen und Schwänen trotz gewaltigen Größenunterschieden im Bereiche von zirka 5 bis 7 verharren. Sicher sind diese Unterschiede auch für die energetischen Vorgänge von Bedeutung.

Man hat zuweilen versucht, die humane Eigenart in die Gruppe von Domestikationserscheinungen einzureihen und sie so als Folge einer »Selbstdomestikation« zu verstehen. Es ist darum nötig, nachdrücklich auf zwei Erscheinungen hinzuweisen, welche die menschliche Lebensform von der domestizierter Säuger unterscheiden: bei allen Säugern ist die Hirnmasse der domestizierten Formen bei vergleichbarer Körpermasse geringer als die der Wildform, anderseits ist die Geschlechtsreife verfrüht, während sie beim Menschen weit hinausgeschoben ist. Die hohe Zerebralisation und die späte Reife stehen mit der Eigenart unserer Daseinsform im Zusammenhang, bei der wesentliche Verhaltensweisen durch Tradition weitergegeben und erlernt werden müssen. Der Vergleich mancher menschlicher Eigenheiten mit solchen domestizierter Tiere deckt wohl einzelne interessante Parallelen auf; die Einordnung der humanen Lebensform in das Phänomen der Domestikation verdeckt aber dem Blick gerade die wesentlichen Sondermerkmale unserer Art. Domestikation ist eine Erscheinung, welche menschliche Kultur voraussetzt, nicht aber sie begründen und verständlich machen kann.

Das Verständnis der besonderen energetischen Situation des Menschen muß von der Erfassung seiner ganzen Daseinsform ausgehen, der die besondere Energetik ebenso zugeordnet ist wie die Enge erblich fixierter Verhaltensweisen der Lebensform des Kaisermantels!

So wie der einzelne Kaisermantel zugleich auch die überindividuelle Einheit der vielen Kaisermäntel ist und die ganze Weltbeziehung dieser Tierart – so ist auch der Mensch ein überindividueller Gesamtentwurf mit einer eigenen Weltbeziehung, ein Entwurf, in dem eine gelockerte Instinktstruktur und erhöhte Hirnmasse einer gewaltigen Bewußtseinssteigerung entspricht. Die Erhöhung des bewußten Erlebens bringt neue Möglichkeiten des Erkennens von Weltbeständen, indem neben erblich fixierten Gliedern des Erlebens solche von individuellem Erwerb in überwältigendem Ausmaß vorkommen können. Zu diesem Erfahrungsbestande gehört auch die Gewißheit des individuellen Todes.

In welchen Strukturtatsachen äußert sich diese Eigenart des humanen Welterlebens, und was ergibt der Vergleich dieser Tatsachen mit dem bei höheren Tieren Vorgefundenen? Wir können im beschränkten Raum unserer Darstellung nur ein Merkmal hervorheben – das die gesamte humane Daseinsform kennzeichnet: Es ist die Lockerung der Unmittelbarkeit von Reizsituation und Antwort, jener instinktiven Bindung also, die für das Tier so bezeichnend ist. Diese Lockerung kann bis zur völligen Aufhebung jeder Zwangsbeziehung gehen. Aus tierischer Unmittelbarkeit wird Mittelbarkeit – zwischen die katalysierte Transformation einer Reizgestalt und die Antwortorganisation unseres Handelns schiebt sich eine sehr komplexe, variantenreiche Verarbeitung der transformierten »Bilder« ein. Alle Versuche der Anthropologie erkennen diese Trennung von Reizkomplex und Handlung; ob sie dabei einfach von »Mittelbarkeit« sprechen oder von der Möglichkeit einer »exzentrischen Position«, von »Distanzierung«, von einem »Hiatus«, von »Reflexion« – in allen diesen räumlichen Vergleichen für ein unräumliches Faktum steht dieselbe Eigenart unseres Verhaltens zur Diskussion.

Eine der mittelbaren spezifischen Verhaltensweisen des Menschen ist unsere besondere Art des Ausdrucks. Ob Sprache, Gebärde, technisches Werk oder Kunstschöpfung: immer verfügt der Mensch über ein Ausdruckssystem, das wir dem tierischen spontanen und ererbten als das des *beherrschten* und *erlernten* Ausdrucks gegenüberstellen. »Beherrscht«, das heißt ein von unserem Wesen in einer relativen Freiheit benützbares, durch Tradition veränderliches Werkzeug des Ausdruckes. Daß wir diesen beherrschten Ausdruck zuweilen »unbeherrscht« gebrauchen, spricht nicht gegen unsere Einordnung, sondern es zeugt nur von unseren Grenzen: auch unser Ungeist ist ja Geist, auch menschliche Unkultur ist stets ein Geschehen im Kulturwerk! Die Sprache ist die bezeichnendste Variante des beherrschten Ausdruckes; sie ist eine neue energetische Wirksamkeit eines primär pluralen, sozialen Organismus. Die Bildtransformation läuft nicht mehr ausschließlich in verschiedensten Handlungen, Verhaltensweisen ab, sondern sie erzeugt und benützt unter anderem Strukturen, welche für das Bild ein neues Äquivalent schaffen, das Wort, den Namen, ein Äquivalent, das, einmal geformt, durch Tradition gestärkt und verbreitet, seinerseits ein bereitliegendes energetisches Werkzeug wird. Das einmal befestigte Wort wird selbst zum Transformator, zu einer Art von besonderem humanem Biokatalysator. Von diesen selbsterzeugten Bedeutungslauten (sowie von den ihnen entsprechenden Schriftzeichen oder Gebärden) gehen energetische Prozesse aus, die denen vergleichbar sind, die ursprünglich von den äußeren oder erblich gegebenen Reizgestalten ausgelöst werden können. Das Nennen und das Denken in Worten ist ein Handeln im besonderen humanen Raum, ein mittelbares statt tierisch unmittelbares Verhalten. Magie der Worte hat eine sehr wirkliche, energetische Grundlage in unserer zentralnervösen Struktur. Nicht umsonst ist der Drang zum Sprechen, später der zum Wissen der Namen, zum »Nennen« beim Kinde so urmächtig: unser umfassendstes Selbst bemächtigt sich hier des größten humanen Zaubermittels, das unserer Natur zugeordnet ist und in uns vorbereitet wartet: der Möglichkeit zur Wortschöpfung, zum Selbstaufbau transformierender Bilder, Energien transformierender innerer Reizgestalten, die im Gedächtnis bewahrt und verfügbar sind. Die Freiheit des Verfügens über diesen humanen Transformator bildhafter Art, über das Wort, ist die gewaltige menschliche Besonderheit. Wir wissen wohl, wie viele Umstände die Freiheit des Verfügens einengen, wieviel Zwang von innen wie von außen bestimmte Transformatorenwirkungen erzwingt – diese Relativierung läßt das grundsätzlich Besondere des Menschen, die Möglichkeit der Freiheit, unangetastet. Die menschliche Freiheit ist in unserer Natur begründet, unser ganzes Wesen enthält die besondere Möglichkeit des Schaffens verfügbarer Wortbilder als spezifisch humaner Transformatoren von Energie. Dadurch gelangt unsere Innerlichkeit in den Besitz jenes Instruments, das dem Tier nur in situationsmäßig sehr eingeschränkter Art als Reizsteigerung durch koloniales Zusammenleben für bestimmte Funktionen gegeben ist: stete Präsenz von transformierenden Reizgestalten. Aber diese stete Präsenz ist in ihrer Wirkung in bedeutungsvoller Weise nuanciert, indem die innere Reizgestalt des Wortes präsent ist, ohne dauernd zu wirken; indem es verfügungsbereit wartet auf eine Situation, in der es lebenswichtig wird, indem es aufgerufen werden kann, schenkt das Wort uns Menschen ein Werkzeug von unerhörten energetischen Möglichkeiten. Nie kann dieses Wunder der Sprache genug bedacht und erlebt werden.

In der Sicht der Energetik, die uns hier beschäftigt, gehört das Schaffen aller Kulturgebilde als der Herstellung von verfügbaren Reizgestalten in dieselbe Gruppe von besonderen humanen Wirkmöglichkeiten. Trägt etwa ein australischer Laubenvogel auf einem Balzplatz farbige Dinge von besonderer Reizqualität zusammen, so konzentriert er damit zeitweise zu stetigerer Verfügbarkeit einige privilegierte Wertobjekte seiner Vogelwelt. In unabsehbarer Steigerung leistet sich dies der kulturgestaltende Mensch. Seine Kunstwerke sind alle im elementaren Aspekt, den wir jetzt betrachten, solche Transformatoren, welche als Glieder unseres Systems der Bilder alle energetischen Wandlungen mitbestimmen, die über unser Tun und Lassen entscheiden. Die freie Verwendung von Form und Farbe, von Ton und Duft bereichert unsere Menschenwelt um Reizgestalten, wie die außermenschliche Natur sie nie darbietet, und die Freiheit unseres Zentralsystems, solch neugeformte Gebilde aufzunehmen, also nicht nur erblich Fixiertes wieder zu *erkennen,* sondern Neues *anzuerkennen* – diese humane Möglichkeit erweitert gewaltig den energetischen Wirkungskreis. Aber nicht die Erweiterung allein, nicht der neue objektive Reichtum an sich ist das Bedeutsame. Ebenso entscheidend human und folgenschwer ist die Beliebigkeit, die Freiheit des Verfügens über Gebilde, die als potentielle Reizgestalten wartend bereitliegen. Der Umstand, daß der Ablauf des Verhaltens nicht durch erbliche fixierte Regelungen des Nervensystems besorgt wird, begründet für den Menschen die Notwendigkeit der eigenen Verfügung. In dieser dauernden Notwendigkeit liegt, primär und zentral zu unserem Wesen gehörig, die Freiheit des Entscheidens, dies eigenartige Ganze von Freiheit und Notwendigkeit. Zugleich liegt in der eigenartigen Struktur des Menschen, der sich beliebige Reizkomplexe zu freier Benützung schaffen kann, einer der elementarsten Anlässe zur Steigerung solcher Möglichkeit, zur Ansammlung von derartigen Kom-

plexen, zum *Besitz* also. Die unserem Wesen fundamentale
nervöse Organisation der freien Verfügung schafft eine besondere Variante des Dranges nach Besitz und steigert diese bereits
bei höheren Tieren entwickelte und verbreitete Anlage. Die
energetische Bedeutung freier Bestimmung über wirksame Reizgestalten ist ein Umstand, der das ganze Sozialleben mitformt
und von Sozialtheorien stets berücksichtigt werden muß, wenn es
gilt, das unumgänglich Notwendige für das Dasein von glücklichen und vollwertigen Menschen zu regeln.

Die Einblicke der neuesten Verhaltensforschung in tierisches
Leben beruhen auf Beobachtung und Experiment und sind weitgehend unabhängig von denen, welche die Erforschung der Gehirnstrukturen bisher ergeben hat. Abgesehen von einigen sehr
vagen Zuordnungen bei Vögeln, welche die Rolle einzelner großer Hirnregionen betreffen, wissen wir noch nichts über die
strukturellen Grundlagen der Verhaltensweisen; weder kennen
wir die zentralnervöse Kombination, die auf den Empfang ein-
fachster Schlüsselreize abgestimmt ist, wie sie von sogenannten
»Auslösern« ausgehen können, noch wissen wir etwas über die
physiologische Seite der energetischen Vorgänge, die man zur
Zeit etwa im Bilde des »Reservoirs« von lebendiger Energie oder
in dem der Verteilung dieser Energie auf besondere Apparate
darzustellen versucht.
Es ist nötig, sich dieser Ungewißheit bewußt zu bleiben, damit
nicht der Vergleich des Menschen mit dem höheren Tier durch
vorschnelle Generalisierungen in falsche Bahnen gelenkt werde.
Die Vorstellungen über die dem instinktiven Verhalten der Tiere
zugrunde liegenden Strukturen sind so unbestimmt wie die, welche dem Sachverhalt des Archetypischen in unserem Seelenleben
nervöse Strukturen zuordnen wollen. In diesem Stadium der Einsicht ist daher ein Vergleich von Instinkten und Archetypen verfrüht und täuscht Lösungen vor, wo in Wirklichkeit schwere Probleme vor uns sind.
Wie schwierig ist zum Beispiel der Nachweis ererbter Verhaltensweisen, also durch vorgegebene Strukturen gesicherter
Handlungen, beim Menschen. Wenn wir absehen vom Suchen
der Mutterbrust – auf wie schwachem Grund steht zum Beispiel
eine Annahme wie die der ererbten Reaktion auf das menschliche

Gesicht. Die Untersuchungen von Kaila und die von Spitz und Wolf zeigen in ausgezeichneter Methodik den Gestaltcharakter der frühen Gesichtswahrnehmung und die spät erst eintretende Nuancierung der Antwort des Kindes auf den wechselnden Ausdruck.

Nicht umsonst betonten Spitz und Wolf, daß ihre Untersuchungen nicht entscheiden können über eine angeborene Verhaltensweise, da die klar erkennbare Antwort des Lächelns erst nach Wochen extrauterinen Erlebens und Reifens auftritt. Bedenkt man, daß viele wesentliche Verhaltensarten erst Monate oder Jahre nach der Geburt auftreten, so wird man skeptisch bleiben gegenüber den Methoden, mit denen zuweilen angeborene Verhaltensweisen beim Menschen aufgezeigt werden. Die trefflichen Ergebnisse, die Lorenz und viele andere im Studium ererbter Handlungsformen bei Tieren erzielt haben, beruhen auf einer völlig anderen methodischen Grundlage des Experimentierens als entsprechende Aussagen über angeborenes Verhalten beim Menschen!

Zeigt bereits die Erforschung tierischen Lebens im Bereich des ererbten Verhaltens ein komplexes Zusammenspiel von relativ starren Teilprozessen mit oft sehr plastischen Gliedern des Vorgangs – wieviel größer und schwieriger zu erfassen ist diese Gliederung beim Menschen. Die lernend-reifende Herausbildung so arttypischer Merkmale wie des Stehens, der Sprache, des einsichtigen Handelns weisen uns auf eine Besonderheit in der Herausbildung der menschlichen Lebensart hin, die bedeutend von der höherer Tiere abweicht und von deren strukturellen Hierarchien des Angeborenen, des einmalig Prägbaren, des reifend Erlernten wir noch nichts wissen. Die nachfolgenden Bemerkungen zum Problem der ererbten Verhaltensweisen des Tieres und ihrer Beziehung zu den Archetypen der Psychologie wollen nur als eine Aufforderung zu umfassender Prüfung dieser schwer zugänglichen Fragen gewertet sein.

Die ererbten Verhaltensweisen weisen in dem als »Auslöser-Wirkung« bezeichneten Anteil Strukturen auf, die weitgehend dem entsprechen, was auch wir in unserer menschlichen Wahrnehmung als auffällige, unwahrscheinliche und prägnante Gestaltungen bezeichnen, in denen Kontraste von Schwarz-Weiß, reine Spektralfarben und geschlossene Formen eine bedeutende

Rolle spielen. Bei höheren Wirbeltieren kommt dazu die Sinnbetonung des Kopfes, der ein Bedeutungsträger wird und durch Häufung der Farb- und Formkontraste und auszeichnender Zutaten ein besonders prägnantes Kennzeichen darstellt. Nicht umsonst sind solche Köpfe von Jagdwild die beliebte Trophäe des Jägers geworden: sie stellen wirklich für sich allein Wesentliches einer Tierart dar. Ähnliche Sinnbetonung kann bei Säugern der Analpol erlangen.

Solche Gestaltmerkmale, deren Eigenheiten die Gestaltpsychologie erforscht, spielen im Bereich unserer Wahrnehmung und unserer Imagination eine große Rolle. Die verarbeitenden Organe unseres Nervensystems, auch die erfindenden unserer Phantasie, bedienen sich mit besonderer Leichtigkeit solcher Formen: sie fallen uns auf in unserer Umgebung, wir formen sie unwillkürlich auch da, wo sie der Formwirklichkeit widersprechen, zum Beispiel bei der Täuschung durch getarnte Objekte. Auch im Schaffen unserer Phantasiewelt haben Gestalten wie Kreis, Quadrat, Kreuz und ähnliche Formen einen bedeutenden Vorzug. Da solche Wirkung auf in uns selber waltenden Strukturen beruhen muß, wollen wir diese Art des Wirkens »Evokator-Wirkung« nennen: Formen des akustischen oder optischen Bereichs, die besonders leicht erfaßt, also von außen »aufgerufen« werden können und die anderseits von den schöpferischen Vorgängen auch von innen heraus relativ leicht produziert werden. Diese Strukturen wirken also auch bei uns mit in den energetischen Transformationen durch Bilder, da sie für den Aufruf von außen oder innen bereitliegen. Sie müssen als Hilfsorgane zentralerer oder übergeordneter Gestaltungsfunktionen aufgefaßt werden, die sich ihrer bedienen[9].

Wie weit auch bei tierischen Auslöser-Wirkungen ähnliche Grundformen der Bild-Erzeugung (in optischen wie akustischen und gemischten Komplexen) vorkommen, kann erst die vertiefte Forschung entscheiden. Vorderhand wird es richtiger sein, die im Sammelwort des »Archetypischen« vereinigten Sachverhalte mit den Methoden der menschlichen Seelenforschung klarer zu erkennen, bevor der Vergleich mit tierischem Verhalten zu weit getrieben wird. Daß beide Verfahren sich Modelle der Vorstellung ausleihen, kann bei umsichtigem Gebrauch nur fruchtbar sein. Die vorhin als »Evokator-Wirkung« bezeichnete Möglichkeit des

Gestaltens meint bereits einen viel plastischeren Gebrauch von ererbten Gestaltungsweisen, als er in der relativen Gebundenheit tierischer Auslösungs-Reaktionen vorliegt. Die so bezeichneten Gliedprozesse humanen Erlebens dürften an Zahl relativ beschränkt sein. In dieser Begrenzung liegt vielleicht auch ein Moment der Erklärung für die relative Beschränktheit der formenden Phantasie, wenn wir die Schöpfungen der künstlerischen Gestaltung vergleichen mit dem andrängenden Unbekannten des Numinosen, das sich durch uns äußern will.

Unser ganzes Dasein »weiß« mehr als unser Bewußtsein, wenn wir vom Verhalten und vom sinnvollen Funktionieren her das »Wissen« taxieren. Die Bezeichnungen des »extranen Wissens«, mit der Neumann diese Erscheinungen zu fassen versucht, die der »intelligence spécifique« von Vandel gelten nur, wenn man dieses umfassendere Sein, von dem Bewußtsein nur ein Teil ist, als das handelnde Subjekt auffaßt, wenn man den Begriff des Wissens gewaltig ausdehnt und alles sinnvolle Antworten auf Anforderungen des Lebens in die Worte »Wissen« oder »Erkennen« einschließt. Diese Ausdehnung ist in dieser Darstellung ebenfalls vollzogen worden, obschon deutlich genug auch die Gefahren solcher Überdehnung eines Begriffs uns vor Augen sind. Die Anwendung solcher Worte dient vorderhand dem Ziele, das umfassende Objekt jeder biologischen Darstellung, das Lebewesen als handelndes Subjekt, deutlicher hervortreten zu lassen und die Tatsache seiner sinnvollen Zuordnung zu bestimmten Sachverhalten der Welt schärfer zu zeigen und den Organismus aus der Isolation herauszuheben, in die ihn manche biologische Arbeitsrichtungen verbannt haben. Hilfsmittel sollen solche Begriffserweiterungen sein auf dem Wege der Wandlung unserer Vorstellungen vom Organismus.

Wie eigenartig verborgen dieses handelnde Subjekt sein kann, wie schwer faßbar seine Zuordnung, das mag durch ein Beispiel deutlicher werden, in welchem zwei Lebenssysteme von sehr verschiedener Komplexität der Struktur in ihren energetischen Systemen streng einander zugeordnet sind; ein Beispiel, in dem die einfachste Organisationsstufe eines Virus die energetischen Systeme, auch die bildtransformierenden der höchsten Lebensform, die wir kennen, des warmblütigen Wirbeltiers, seiner Seinsweise unterordnet.

Eine Betrachtung über die energetischen Wandlungen im Lebenden darf an diesen Seiten der lebendigen Möglichkeiten nicht blind vorübergehen. Sie gehören zu den Tatsachen, deren Kenntnis über Tiefe und Art unseres Weltbildes entscheidet. Wir sind vom extranen Wissen der Kaisermäntel ausgegangen – ein heiteres Bild, das an lichte, hoffnungsfrohe Seiten unseres Daseins mahnt. Seit ältesten Zeiten ist der Lebensgang der Falter ein Gleichnis von Auferstehung und Wiedergeburt. Nun aber wendet sich unser Blick einem anderen Aspekt der energetischen Wandlung zu, in dem wir selbst eine schwer faßbare Rolle zu spielen haben. Wir gehen also an die Grenzen des Lebendigen, ins Reich der Virusstoffe, wo es zweifelhaft wird, ob die Erscheinungen, die wir feststellen, noch Leben genannt werden können. Seltsame Einwohner höheren Lebens – denn nur als solche kennen wir die Virusstoffe –, die als einfachste Strukturen imstande sind, diese höheren Lebensformen in ihren Dienst zu nehmen, über sie zu verfügen in einer Weise, die wir selbst nur auf dem Wege über ein umfassendes Wissen verwirklichen könnten.

Wir verfolgen das Verhalten des Virus der Tollwut, der Rabies canina oder Lyssa; wir treten in einen Bereich des Rätselhaften ein. Wenn auch der wissenschaftliche Kampf gegen Tollwut das Leiden in unseren Breiten eingedämmt, ja selten gemacht hat – der Sprachgebrauch bewahrt doch in Worten wie rabiat, toll und tollkühn die Erinnerung an eine einst häufige Bedrohung, und der Zoologe gibt noch immer einem Knorpelstab in der Zunge mancher Säuger den Namen Lyssa, weil früher dieses weiche Skelettstück als Ursache der Tollwut gegolten hat.

In wenigen Strichen nur sei rasch das Bild dieser Infektion gezeichnet:

Der Biß eines tollwütigen Hundes reißt eine blutende Wunde, in die der virushaltige Speichel des Tiers eindringt. Die Erfahrung zeigt, daß der Virusstoff nur längs der Nervenstämme wandern kann – die Bloßlegung der Nerven durch den Biß ist ein notwendiges Glied in der Kette der Ereignisse. Das Virus erreicht das Rückenmark, wandert in das Gehirn und vermehrt sich dort im Hirnstamm. Ein Teil der Substanzen wandert peripher, den Nerven folgend, in die Speicheldrüsen, wo sie sich anhäufen und so in Mengen zur Übertragung bereitstehen. Frühestens vierzehn Tage nach dem Biß, selten später als neun Wochen zeigen sich die Folgen dieser Infektion im Verhalten. (Wir sprechen vom Menschen – bei Caniden, Pferden, Rindern, Vögeln sind die Zeiten etwas verschieden.) Das Opfer zeigt dann eine gesteigerte Aggressivität und unwiderstehliche Beißwut, dazu einen starken Wandertrieb und eine erstaunliche Wasserscheu. Dazu kommen Krämpfe im Schlund- und Speiseröhrengebiet, die das Schlucken und Schlingen verhindern. Eine seltsame Kombination; chaotisch und unzusammenhängend erscheint sie auf den ersten Blick, wie zufällige Folge der Beeinflussung sehr verschiedener Hirnzentren. Doch diese Erscheinungen sind regelmäßig; sie sind die Folge einer für eine kurze Zeitspanne selektiven Wirkung des Virus im Gehirn.

Die Infektion führt in etwa drei bis zehn Tagen nach dem Auftreten der erwähnten Symptome zur progressiven Lähmung der Muskulatur, zu Zerfall und Tod. In den wenigen Tagen muß daher, falls der Virusstoff erhalten bleiben soll, ein neuer Warmblüter angebissen und infiziert werden. Falls der Virusstoff erhalten bleiben soll! Mit dieser Frage tritt der besondere Aspekt ins Licht, dem unsere Aufmerksamkeit gilt. Denn die Erscheinungen der Tollwut, vom Menschen aus beurteilt, sind zunächst vor uns wie eine zufällige Sammlung sinnloser Leiden, wie scheinbar anarchische Folgen einer Infektion. Wechseln wir aber den Standort und suchen einen biologischen Ausblick, in dessen Zentrum die Lebensform des Virus steht, wie ändert sich dann die Bewertung! Wie grausam sinnvoll werden mit einem Male die Erscheinungen am Menschen oder am Hunde, am Wolf, wenn wir sie den Lebensnotwendigkeiten des Virus zuordnen.

In den wenigen Tagen zwischen dem vollen Auftreten der Symptome und der Lähmung muß ein, noch besser, mehr als ein neues Opfer gebissen, wirksam gebissen werden; denn nur längs der bloßgelegten Nervenstämme wandert der Virusstoff, im bloßen Muskelfleisch findet er seinen Weg nicht. Da ist also – immer vom Leben des Virus aus gesehen – die Notwendigkeit der Beißwut, die in der Tat bei isoliert gehaltenen Kranken zur Selbstverletzung führen kann. Da ist die Notwendigkeit der Aggressivität und des ruhelosen Wanderns – wie sie auch beim befallenen Menschen auftreten. Aber die Einordnung des Warmblüters in den Viruszyklus geht viel weiter. Muß doch auch verhindert werden, daß der Speichel verschluckt wird, welcher die Keime in Menge enthält. Oder daß dieser Geifer etwa weggespült werde durch vermehrtes Trinken. So haben denn auch diese Schluck- und Schlingkrämpfe ihren Ort im Lebensplan des Virus, hindern sie doch das Herabwürgen der Keime; auch die zunächst so unverständliche Wasserscheu der Opfer hat ihren Platz – auch sie muß den Keimträger von jeder Möglichkeit des Wegschwemmens, des nutzlosen Vergeudens der Keime bewahren.

Die Energetik des Zentralnervensystems, auch die transformierende Bilderwelt, welche unser Triebleben ordnet, wird hier vom einfachsten aller Lebewesen völlig in die Energetik seines Eigenlebens eingegliedert. Wir sind nicht einfach »krank« und im Zerfall, sondern wir sollen krank sein und schließlich zerfallen im Dienst einer anderen Lebensform, für die wir zeitweilige Herberge und Vehikel sind. Das rätselhafte Subjekt, dem diese Unterjochung dient, ist das einfachste uns bekannte Wesen, auf das Attribute des Lebens passen. Dieses Zusammenspielen gewandelter Triebhandlungen des Opfers im Sinne der Viruserhaltung zeigt deutlich, daß im Zentralnervensystem von Tier und Mensch durch das Virus eine im einzelnen noch unverständliche Selektion auf bestimmte Zentren vor sich geht. Das Opfer wird so zu einer Handlungsweise genötigt, die als »fremddienliche Zweckmäßigkeit« bezeichnet werden muß. Der Virusstoff handelt in einer Weise, die wir dem vorhin als extranes Wissen bezeichneten Bereich zuordnen müssen, wie sehr sich auch unser Denken angesichts der strukturellen Einfachheit des Virus gegen diese Zuordnung sträuben mag. Die Einfachheit der Virusstruktur mahnt uns in diesem Fall eben an das ganze ungelöste Problem des Unbewußten, der Zuordnung von Handlungsweisen eines Tieres zu Gegebenheiten des Milieus oder zum Verhalten anderer Tiere – diese Einfachheit mahnt uns daran, daß die schaffenden Mächte, die solche Kombinationen leisten, uns verborgen sind und daß die Forschung dieser Verborgenheit mindestens als einer bedeutenden Tatsache gedenken sollte. Das Einfachste, was wir an lebensartigen Gebilden kennen, nötigt im Falle der Tollwut die höchste irdische Lebensform, den Menschen, in einer Weise in ihren Dienst, die uns wohl das Wort dämonisch aufzwingt. Zum Bedenken dieses Problems mag der Umstand nicht unwesentlich sein, daß der Warmblüter als Opfer wohl bereits vorhanden sein mußte, als seine Ausnützung im

Dienste des Virus erfolgte: in evolutiver Sicht muß also wohl dieses besondere Virus das Spätere sein[10].

Das Beispiel der Tollwut steht nicht allein; diese Seite des parasitären Lebens begegnet dem Biologen in vielen Varianten. Nicht umsonst hat die Frage der »fremddienlichen Zweckmäßigkeit« in den letzten Jahrzehnten manche Diskussionen ausgelöst. Der Mediziner kennt auch in andern menschlichen Infektionskrankheiten derartige uns aufgenötigte Reaktionen; der Botaniker wie der Zoologe begegnet ihnen bei der Gallenbildung der Pflanzen in erstaunlichen Beispielen. Die extremen Fälle müssen geradezu als eine Aufhebung des Daseinskampfes zwischen zwei Formen aufgefaßt werden, als die Erreichung einer Stufe, auf der die eine Seite einen »Normaltribut« entrichtet, während die andere Seite die parasitäre Einwirkung in erträglichen Grenzen hält. Das Gallenbeispiel ist wohl der meist dargebotene Fall von fremddienlicher Zweckmäßigkeit; er entspricht auch einer meist unausgesprochenen Bevorzugung harmloser und optimistischer Beispiele der Lebenserscheinungen – eine Einseitigkeit, die eine Gefahr für jede Formung eines umfassenden Weltbildes darstellt.

Die entsetzliche Zuordnung, die unser eigenes Wesen im Lebenslauf des Virus erfahren kann, mahnt uns wieder daran, wie rätselhaft und befremdlich die Erscheinungen des Lebens sind. Daß unser Kampf gegen dieses Feindliche eine erste Aufgabe der Forschung ist – wer würde es bestreiten? Aber der Sieg über diese Bedrohung menschlichen Lebens darf uns nicht zur Täuschung verleiten, mit solcher Beherrschung sei die Erscheinung selbst erkannt und durchschaut.

Die Eingliederung so einfacher Gebilde, wie Virusstoffe es sind, in die Energetik eines so viel komplexeren Warmblüters, die Ausbeutung dieser höheren Organisation durch das Virus stellt die Frage nach den ordnenden Faktoren in diesem lebendigen Geschehen mit einer Eindringlichkeit, welche die Erforschung der leblosen Natursphären nicht kennt. So führen denn diese erschreckenden Erscheinungen ebenso wie die erstaunlichen Tatsachen der Gestaltung der Lebewesen den Geist über die Grenzen des wissenschaftlich Faßbaren hinaus in das Dunkel des Umfassenden, in das ewig Verborgene, aus dem solche Ordnungsweisen entspringen.

Unsere Arbeit dient der Erforschung aller menschlichen Versuche, Welt und Leben zu verstehen und das Unzugängliche, das eben noch zu Ahnende in großen Symbolen darzustellen. Um dieses unseres Zieles willen wollen wir auch das dunkle Bild der Rabies in tiefem Ernst bedenken, so wie wir das frohe und heitere des Kaisermantels bedacht haben. Wie freudig uns auch der durchsonnte Garten am See zu unserer Arbeit stimmt, so will doch unser Denken und Fühlen nicht in bloßer Gartenfreude sich ergehen, sondern auch die düsteren Seiten der lebendigen Natur in ihrer Schwere erwägen und in unser Bild der Welt eingliedern.

Die Lebensforschung führt mit solch dunklen Bildern immer wieder in jene Regionen, welche unsere Einbildungskraft seit Urzeiten durch die Gestalten der Dämonen zu deuten trachtet. Vielleicht wird so auch vom Biologischen her sichtbar, daß diese Welt der Dämonen nicht einfach vor einem technischen Fortschreiten langsam entweicht oder sich auflöst, sondern daß sie unser Teil ist, solange Menschen im Spannungsfelde von Angst und Vertrauen ihr Leben gestalten.

1 Einzelheiten in Dietr. Magnus, Beobachtungen zur Balz und Eiablage des Kaisermantels, Zeitschr. f. Tierpsych., Bd. 7, 1950, S. 345-349.

2 Angaben von J. Bussmann, Hitzkirch, und A. Portmann, Die Ontogenese der Vögel als Evolutionsproblem, Verhandl. Schweiz. Nat. Gesellsch., Solothurn 1936, S. 224-241.

3 N. Tinbergen, The Study of Instincts, Clarendon Press, Oxford 1951.

4 C. Kennedy, Notes on the Life History and Ecology of the Dragon flies of Central California and Nevada. Proceed. U.S. Nat. Museum, Bd. 52, 1917.

5 F. Frazer Darling, Bird Flocks and the Breeding Cycle, Univ. Press, Cambridge 1938.

6 E. A. Armstrong, Bird Display and Behaviour, 2. Auflage, London 1947.

7 G. Bachelard, La Terre et les rêveries de la volonté und La Terre et les rêveries du repos. Beide José Corti, Paris 1948.

8 Näheres bei A. Portmann, Etudes sur la Cérébralisation chez les oiseaux, Alauda, Bd. 14 und 15, 1946/47.
K. Wirz, Zur quantitativen Bestimmung der Rangordnung bei Säugetieren, Acta Anatomica, Bd. 9, 1950.

9 Diese Ansicht steht der von A. Gehlen nahe, der die »Evokator-Wirkung« als Appellqualität von sehr generellen Auslösereigenschaften

auffaßt. A. Gehlen, Nichtbewußte kulturanthropologische Kategorien, Zeitschr. f. phil. Forsch., Bd. IV, Heft 3.

10 Das Problem der Tollwut wird vom allgemein biologischen Standpunkt vom Nervenarzt Dr. A. Müller behandelt: A. Müller, Das Krankheitsgeschehen bei der Lyssa und die sogenannte Fremddienlichkeit, Studium Generale, Bd. V, Heft 6, 1952.

Die Erde als
Heimat des Lebens

I.

Wie wir die uralten Vorstellungsweisen – die gewaltigen Bilder von kosmischen Zeugungen, Urzeugung von Erde, Himmel, Land, Meer, Leben, von Wundern des Geistes! – welche die erste Entstehung der Erde und ihres Lebens zu verstehen suchen, in tiefem Ernst aufnehmen, ebenso ernst müssen wir auch die Vorstellungen prüfen, in denen Naturforscher der Gegenwart den Ursprung von Erde, Leben und Mensch darzustellen trachten.

So wie uns jeder Mythos über die Schaffung von Menschen etwas angeht als ein Zeugnis vom Versuch uralter Bewältigung der Lebensaufgabe, etwas von dieser Welt zu verstehen, ebenso muß uns etwas angehen, was die Forschung dieser Zeit zum Rätsel der Menschwerdung an vereinzelten Gewißheiten beizubringen vermag.

Denn auch unsere Zeit muß ja dieselben uralten Fragen als echte Lebensaufgaben bewältigen. Volles Menschentum wird sich nur entfalten, wo solchen Fragen nicht ausgewichen wird und wo auch die Ergebnisse der neuen Forschungsweisen der Zeit hineinverwoben werden in unser Bild des Daseins.

Mensch und Erde – das ist ein großes Thema der Naturwissenschaft, so gewaltig, daß es ein einzelner hier auch nicht im Überblick darlegen könnte, wenn er mehr geben will als das Inhaltsverzeichnis eines entsprechenden Sammelwerkes. So muß also vor diesem Versuch, den ich »Die Erde als Heimat des Lebens« nenne, die Bitte um Nachsicht stehen.

Die Erde als Heimat des Lebens – dieser Titel unseres Versuchs ist eigentlich zunächst eine Frage. Gibt es doch in der Naturforschung auch eine mit vielen Argumenten begründete Ansicht, die im Leben eine weitverbreitete kosmische Erscheinung sieht und universell vorkommende Lebenskeime annimmt, welche unter besonders günstigen Bedingungen auf Weltkörpern den Beginn einer Evolution von Lebensformen einleiten können, wie wir sie auf unserer Erde feststellen.

Die Majorität der Biologen vermutet indessen eher einen eigentlichen Lebensbeginn auf der Erde. Die Theorien freilich, welche es unternehmen, diesen Beginn darzustellen, bauen zur Zeit auf einem höchst unsicheren Grunde, indem die physikalisch-chemischen Vorstellungen über die Entstehung unserer heutigen Erdoberfläche sich in einer Phase derart rascher und bedeutender Wandlung befinden, daß der Biologe zur Zeit auch nicht mit einigermaßen gesicherten Vorstellungen rechnen darf, die ihm eine tragende Basis für seine Hypothesen über den Ursprung des Lebens bieten würden. Ob wir mit der allmählichen Abkühlung einer ursprünglich glühenden Erde auf Temperaturen rechnen müssen, mit denen schließlich Leben vereinbar ist, oder eher mit einem kalten Anfangszustand – das ist heute so ungewiß, daß auch die scharfsinnigste biologische Theorie resignieren muß. Ob die Erde mit ihrer Lebensfülle ein seltener, ja einzigartiger Ausnahmefall sei, wie manche Theoretiker vermuten, oder ob im Gegenteil Planeten wie der unsrige eine sehr häufige Erscheinung im Universum seien, ist ebenfalls nicht entschieden. Neuere Auffassungen scheinen eher der letzteren Ansicht zuzuneigen[1].

Fragt man einen Naturforscher, wie das uns bekannte Leben entstanden sei, dann wird er sagen, daß das zur Zeit niemand weiß; er wird aber in den meisten Fällen beifügen, daß wir der Annahme einer Urzeugung nicht entgehen, also der Hypothese eines Geschehens an Molekülen oder Molekülgruppen, von denen die vorausgehenden noch nicht lebendig, die neuentstandenen lebendig genannt werden müssen. Vom Vorgang, den diese Worte bezeichnen, weiß niemand Genaues. Urzeugung auf Erden ist also ein Postulat der Wissenschaft; das ist wohl die Meinung der meisten Forscher. Die Mehrzahl der Biologen lehnt für die Gegenwart »Urzeugung« ab. Davon bleibt freilich ausgenommen der vom Menschengeist vorgenommene Versuch zur Konstruktion vom Leben, da diese ja nicht ein Naturvorgang ist, sondern auf der Schaffung gesetzmäßiger Ausgangslagen durch unsere Planung beruhen würde.

Wir sprechen von der Erde als Heimat des Lebens, indem wir die Entstehung auf der Erde für wahrscheinlicher halten als die Lehre von der kosmischen Herkunft der Lebenskeime – welcher Art auch diese Entstehung auf Erden gewesen sein mag.

Damit ergibt sich eine zweite Frage: War diese Heimat des Lebens von der Zeit an, da Lebewesen auftraten, die uns vertraute Erde mit ihrem Meer und Land? Von welcher Erdzeit an dürfen wir von der vertrauten Erde sprechen?

Wir treten ein in dunkelste oder hellste, feurigste Fernen der Erdgeschichte von drei Milliarden Jahren; wir benötigen ein Zeitmaß, mit dem man zwar rechnen kann, das aber niemand erlebnismäßig zu fassen fähig ist.

So wenig, wie wir etwas Sicheres über den Urzustand der Erdoberfläche aussagen können, so unbestimmt sind auch die Aussagen über den frühesten Zustand der Lufthülle. Dabei hängt gerade von unseren Vorstellungen über das Werden der Erdatmosphäre die andere ab, die wir uns von der Ernährung der Urlebewesen machen müssen. Wir können heute nicht sagen, ob das pflanzenhafte oder das tierartige Leben das ursprünglichere sei. Das klingt seltsam, wissen wir doch, daß das uns vertraute Leben der Gegenwart auf der Grundlage der aus anorganischen Substanzen sich nährenden Pflanzen ruht, von deren Tätigkeit das Tierleben abhängt, dem ja als wichtigste Nährquellen Eiweiße, Kohlehydrate und Fette als bereits vorgebildete organische Substanz zur Verfügung stehen müssen. Zu dieser heutigen Situation gehört auch der Umstand, daß die Tiere Kohlensäure an die Umgebung abgeben, welche den grünen Pflanzen als Ausgangsmaterial für die Synthese von Kohlehydraten dient, und daß anderseits die Pflanzen im Licht bei dieser Synthese Sauerstoff abgeben, der eine Lebensbedingung für Pflanze und Tier ist. Aber diese Zustände der Erdgegenwart sind geworden; in Urzeiten war die Lage sicher eine andere, obschon wir sie nicht genauer angeben können.

So ist denn unter den Theorien, welche frühe Lebensbedingungen darzustellen suchen, heute die Auffassung herrschend, die ursprünglichen Lebensformen könnten sich tierhaft aus vorgebildeten organischen Substanzen ernährt haben, die sich als Aminosäuren und Kohlenwasserstoffe im Urmeere unter ganz besonderen Verhältnissen geformt hätten. Der ultravioletten Strahlung der Sonne wird in diesem Geschehen eine große Rolle zugeschrieben. In diesem Lichte gesehen, erscheint die auf anorganischer Grundlage aufbauende, die »autotrophe« Lebensweise, als eine späte Möglichkeit des Lebens – wie ursprünglich auch dem Verstande diese Art des Stoffaufbaues erscheinen mag und wie wichtig sie auch heute als Voraussetzung für tierisches Leben geworden ist.

Wir müssen im gegenwärtigen Augenblick der Naturforschung bereit sein, unsere Ansichten über ursprüngliche Lebensverhältnisse sehr weit offen zu lassen und immer wieder neue Einsichten der astrophysischen Forschung und der Lehre vom Weltall in unsere Theorien aufzunehmen.

Dazu gehört auch die stets neu zu prüfende Frage, ob die anorganischen Verhältnisse früherer und heutiger Zeit in Hinsicht auf die lebendigen Gestalten indifferent oder ob sie im Gegenteil in besonderem Maß dem irdischen Leben günstig seien. Sind doch etwa manche eigenartige »Anomalien« des Wassers, die Tatsache zum Beispiel, daß sein fester Zustand, das Eis, leichter ist als der flüssige, in besonderem Maße lebensbegünstigend. Diese »Eignung« des Wassers wie auch manche Eigenschaften des Kohlenstoffs oder des Sauerstoffs erscheinen als ein nicht unwesentliches Gegenstück zu der viel mehr beachteten »Eignung« der lebenden Gestalten für ihre jeweilige Umwelt[2].

Wer von der Erde als Heimat des Lebens berichtet, muß auch die Erscheinung des Menschen in dieses irdische Leben einordnen. Setzen wir die Zeit, seit der wir irgendwelche Lebensspuren kennen, mit etwa achthundert Millionen Jahren (von heute an rückwärts gerechnet), so beginnen etwa mit fünfhundert Millionen die klarer lesbaren Lebenszeugen. Sechzig Millionen Jahre vor unserer Zeit setzt die größte Entfaltung der Säugetiere ein und vor etwa dreißig Millionen Jahren die der Primaten, welche den engeren Formenkreis bilden, dem auch der Mensch angehört. Etwa in die letzten zehn Millionen Jahre fällt die Evolution höchster Typen von Primaten, unter ihnen die der Hominiden im weitesten Sinne dieses Wortes.

Die Physiker geben uns Möglichkeiten, diese Jahresangaben recht genau zu prüfen: wenn ich also sage »die letzten zehn Millionen Jahre«, so mögen es acht oder zwölf sein – aber wohl kaum mehr als diese zwölf und auch nicht weniger als diese acht.

Die neuesten Funde in Südafrika präzisieren diese Hominidenevolution. Sie bezeugen, daß eine oder einige wichtige Phasen der eigentlichen Menschwerdung in später Tertiärzeit anzunehmen sind. Schwerer ist die Lokalisierung im Raum zu beantworten, denn niemand kann jetzt schon sagen, ob die faszinierenden südafrikanischen Funde auf ein tertiäres ausschließlich afrikanisches Hominidenzentrum deuten oder ob ähnliche Fundstätten in anderen Erdteilen der Erschließung harren.

Die südafrikanischen Funde bringen ein neues Moment in die Diskussion, sprechen sie doch zugunsten der Annahme, daß diese »Australopithecinen« aufrecht gegangen seien, dabei aber nur ein geringes Hirnvolumen von zirka sechshundert bis sechshundertfünfzig Kubikzentimeter hatten, das über dem der Menschenaffen (etwa vierhundertfünfzig), aber unter dem des Peking- und Javamenschen (neunhundert bis tausend) lag. So erhält der Gedanke eine neue Stütze, daß die Aufrichtung des Körpers der Gehirnentwicklung in der Menschwerdung vorangegangen sein könnte[3].

Wir erwarten von der paläontologischen Forschung eine immer genauere Bestimmung von Zeit und Ort der Menschwerdung. Aber diese Präzision löst nicht die Frage nach den Vorgängen. Unsere Vorstellungen vom Geschehen der Menschwerdung sind abhängig vom ganzen Denken um den Menschen. Erst die umfassendste Idee vom Menschen stellt der Forschung um den Ursprung ihre eigentliche Aufgabe: die Erklärung der Entstehung einer vollen humanen Daseinsform und der Eigenart ihrer Weltbeziehung. Das Zeitalter der Naturforschung beginnt eben erst, sich die große Vorstellung vom Menschen zu formen, die die Voraussetzung für eine entsprechend umfassende, weite Vorstellung vom Ursprung ist. An dieser Idee vom Menschen in seinem besonderen Zusammenhang mit der Erde möchte der zweite Teil dieses Vortrags mitformen!

II.

Wenn etwas die biologische Arbeit unserer Zeit kennzeichnet (mag es auch wenig beachtet werden), so ist es ihr steter Umgang mit unbewußten Ordnungsweisen. Und wenn ich den Punkt angeben sollte, der die Mitarbeit im Eranos-Kreise für den Biologen ganz besonders bedeutsam werden läßt, so ist es gerade dieser Umgang mit den Vorgängen des Unbewußten, deren Äußerungen wir ja auf diesen Tagungen verfolgen und durchdenken. So möchte ich versuchen, den unbewußten Beziehungen des Menschen zur Erde mit dem Rüstzeug der Biologen nachzuspüren und so, aufsteigend zum Bewußtsein, an der Aufgabe dieser Tagung mitzuformen.

Wir leben alle in einer unbewußten, stetigen Beziehung zum Schwerefeld der Erde. Mit vielen anderen, niedrigen und hochorganisierten Tiergestalten ist der Mensch durch besondere Sinnesreize in dieses Feld der Erdanziehung als wahrnehmendes Wesen eingegliedert. Diese Organe sind bei uns nach dem Grundplan der sogenannten Statocysten gebaut – Blasen, in denen ein schwererer Körper beim Sinken auf Sinneszellen wirkt und so Erregungszustände auslöst, die je nach der Lage des Körpers sich ändern und die im zentralen Nervensystem verarbeitet werden. Solche Lagemeldungen sind im Wasserleben von besonderer Bedeutung, insbesondere bei Organismen, deren spezifisches Gewicht dem des Wassers annähernd entspricht und deren Körper daher nicht durch Schwerewirkung einfach nach unten sinkt[4].

Im Land- und Luftbereich ist die Lage anders. Hier erfahren wir durch die physikalischen Tatsachen der Anziehung unseres schweren Körpers die Wirkung des Gravitationsfeldes. Die Apparatur der Lagemeldung wird daher bei den Wirbeltieren in einen neuen Dienst eingegliedert: ihre Erregungen werden von Art zu Art so geordnet, daß eine charakteristische »Haltung« entsteht, eine »normale« Stellung der Gliedmaßen, das besondere »Tragen« des Kopfes oder des Schwanzes bei Säugetieren. Die Studien von Girard in Frankreich (1923, 1947), von Lebedkin in Rußland (1924) und von de Beer in England (1947) zeigen, wie sehr die artgemäße Normalhaltung der Säugetiere insbesondere durch die Lage des horizontalen unter den drei Bogengängen des statischen Apparates geregelt wird[5].

Die »hochnäsige« Kopfhaltung eines Kamels zum Beispiel ist die schlichte Folge dieser Lage des Bogengangs und hat selbstverständlich mit der naheliegenden Deutung durch den gesunden Menschenverstand nichts zu tun. Die typische Haltung tritt bei Säugetieren meist im Zustand ruhigen Aufmerkens ein. Beim Menschen liegen die Verhältnisse eigenartig. Im Zustand optischer Aufmerksamkeit ist unser horizontaler Bogengang in einem Winkel von etwa dreißig Grad nach hinten geneigt. Horizontal liegt er, wenn wir nachdenklich vor uns hinblicken auf einen Punkt etwa ein bis zwei Meter vor uns am Boden. Das Problem, das diese Tatsachen stellen, ist anthropologisch noch kaum beachtet. Es weist nach zwei Richtungen: es kann im Sinne der Evolutionstheorie beurteilt werden, wobei sich als eine vorläufige Deutung die Möglichkeit ergibt, die besondere Stellung unseres horizontalen Bogengangs sei eine Etappe der stufenweisen Aufrichtung unseres Körpers – eine noch nicht vollständig vollzogene Umlagerung des statischen Systems, das ursprünglich einer anderen Normallage zugeordnet war; die andere Deutung stellt diese phylogenetische Möglichkeit in zweite Linie und sieht in der Bogengangslage eine typische humane Situation, die einer besonderen akustischen Aufmerksamkeit und Normalhaltung entsprechen könnte. Diese zwei Deutungen schließen sich im übrigen nicht aus, da sie sehr verschiedene Aspekte einer komplexen Realität betreffen.

Auf jeden Fall steht der Mensch ununterbrochen, im Wachen wie im Schlafen, im Schwerefeld der Erde, dem er durch die unbewußt arbeitende Organisation seiner nervösen Strukturen eingegliedert ist. Unser ganzes Wesen und Dasein ist nicht nur erdverbunden und erdgebunden in Hinsicht auf die bewußten Bedürfnisse und Taten, sondern noch stärker durch die unbewußten Wirkweisen, deren vielfältige Einflüsse wir nur zum geringsten Teil kennen.

Das Schwerefeld der Erde steht in Wechselwirkung mit dem des Mondes. Ebbe und Flut der Ozeane sind die auffälligsten Zeugen dieser Beziehung naher Weltkörper – aber in noch rätselhafter Weise steht dann auch der Lebensrhythmus mariner Tiere unter dem Einfluß des Mondes. Die Fortpflanzung mariner Ringelwürmer – unter ihnen der berühmte Palolo –, die mancher Seeigel und Austern in einzelnen Meeresgebieten tritt im Zusammenhang mit Mondphasen auf, ohne daß uns die besondere Art der Einwirkung bekannt wäre. Beim Menschen ist indessen keine einzige Beziehung irgendwelcher Funktionen zum Mondumlauf bekannt, die sich mit wissenschaftlichen Mitteln nachweisen ließe.

Aber nicht nur diesem Gravitationsfeld ist der Mensch durch angeborene Strukturen eingefügt – auch dem Lichtreich der Sonne sind wir durch viele unbewußte Regungen eingeordnet, auch wenn wir von der reichen Rolle des bewußten Licht-Erlebens zunächst ganz absehen. Wir stehen natürlich nicht allein mit dieser

Zuordnung zum Lichte. Die Zoologen wissen um manche Tiere, einzelne Krebse zum Beispiel, bei denen kein Schweresinn die Lage im Raum bestimmt, wo aber dafür in erster Linie das Licht die orientierende Funktion übernommen hat. Ordnen wir den Lebensraum eines solchen Wesens um, indem wir zum Beispiel in einem Glasaquarium im Dunkelraum die Lichtquelle von unten her leuchten lassen, dann drehen sich solche Krebse und schwimmen dauernd auf dem Rücken. Die Schwerewirkung ist ja für sie wegen ihrer Gewichtsübereinstimmung mit dem Wasser aufgehoben, so daß sie sich nun subjektiv in der Normallage befinden. Sie schwimmen so, daß in ihrer kleinen Welt das Licht von oben scheint: sie orientieren sich in »Licht-Rückenstellung«. Ein Fisch, dem die statischen Organe entfernt worden sind, verhält sich gleich (von Holst)[6].

Auch unserem eigenen Welterleben ist die Orientierung »Licht oben« sicher tief eingeboren. Wir bemerken den Tageslauf der Sonne, doch steht das Gestirn in jedem Augenblick hinsichtlich der übrigen Umwelt »fest« – wenn wir von den kurzen Zeiten des Aufgangs und des Untergangs absehen. Unser ganzes unbewußtes Leben ist so strukturiert, daß es diese Lichtquelle »oben« als für den Augenblick fest taxiert und die feinsten Bewegungen auf Grund dieser unbewußten Ordnung beurteilt. Wir »beurteilen« ja Bewegungen, bevor wir bewußt darüber Rechenschaft erlangen oder gar nachdenken. Wir können das immer wieder erleben, wenn wir ein wenig auf unsere Regungen achten. Wenn wir in einem städtischen Park – am besten in der Zeit der entlaubten Bäume – nachts bei künstlichem Licht schlendern, dann kann uns plötzlich ein seltsames Schwindelgefühl für einen Augenblick erfassen. Wenn nämlich bei völliger Ruhe und Stille die Baumschatten, die über unseren Weg fallen, leicht ruckartig schwanken, dann überkommt uns dieser leichte Schwindel. Es handelt sich um das augenblickliche, unbemerkte Arbeiten unserer gesamten Orientierungsapparaturen, die, allem Verstand voraus, stetsfort unser Tun an die Situation anzupassen tätig sind. Diese Orientierungsorgane arbeiten in einem teils angeborenen, teils früh individuell gefestigten Gefüge der Welteingliederung, in einer unbewußt gegenwärtigen »richtigen« Umweltordnung. Diese Ordnung heißt für Menschen im Wachzustand: Boden unter den Füßen, Schwerpunkt senkrecht über der Stützfläche – im Lichtfelde Licht oben und Lichtquelle unbewegt. Dieser letztere Punkt ist im herbstlich-winterlichen Park gestört, wenn die aufgehängten Lampen im kaum spürbaren Lufthauch oder durch sonstige Schwingung der Drähte schwanken: dann treten wir für Augenblicke in eine unrichtige Umwelt ein, in der die Hauptregel »Lichtquelle ohne sichtbare Bewegung« nicht gilt. Unsere unbewußte Verarbeitung der Sinneseindrücke antwortet darauf mit einer Orientierungsschwankung, mit einem für den Augenblick sinnlosen Chaos von Impulsen zu unseren Muskeln und Nervenzentren, deren erlebnismäßiges Ergebnis das Schwindelgefühl ist. Das Schwindelgefühl hört mit der verstandesmäßigen Prüfung auf. Aber es beweist uns, daß der Untersuchung durch den Verstand eine unbewußte »Taxierung« der Situation vorausging, und weist darauf hin, daß diese Taxierung von Voraussetzungen ausgeht, die unbewußt gegeben sind und unsere Eindrücke zu ordnen bestrebt sind.

Ich ging auf dieses Erleben im nächtlichen Park etwas ausführlicher ein, weil wir uns viel mehr, als es meist geschieht, an alles der bewußten, verstandesmäßig erworbenen Erfahrung vorangehende Orientierungsgeschehen unseres Selbst besinnen sollten, wenn wir das Erstaunliche eines lebendigen Wesens und seines Seins in der Welt intensiver bedenken möchten.

Die Zuordnung des wachen Menschen im Lichtfeld mahnt uns auch daran, daß dem Rhythmus von Tag und Nacht unsere innere Ordnung von Wachen und Schlafen entspricht und daß im Schlaf andere Regeln der Weltordnung in Aktion treten, von denen ja die Träume unsere steten, so schwer verständlichen Zeugen sind. Wie weit uns diese unbewußt ordnenden Orientierungsweisen durch ererbte Anlagen gegeben sind und was an ihnen in frühestem Erleben erst geprägt wird, das ist schwer zu erfahren, weil wir über die entscheidende frühe Phase beim Menschen weder durch bewußtes Selbsterleben noch durch echtes Experimentieren sichere Aussagen erlangen können. So bleibt denn auch die Frage offen, ob das normale Daseinsfeld mit »Licht oben« und »Lichtquelle nicht merkbar sich bewegend« ererbt, also eine Art echten Sonnenarchetypus ist, oder aber ein Orientierungskomplex, der sich erst individuell, immer wieder neu aus frühen Erfahrungsprozessen aufbaut.

Von der Möglichkeit weitgehend angeborener Sonnenbeziehung,

also Orientierung im Lichtfelde, zeugen die Versuche an Vögeln. G. Kramer hat durch sinnvolle Versuche erwiesen, daß Zugvögel – er hat vor allem mit Staren gearbeitet – ihre Zugrichtung durch Orientierung zum Sonnenstande einzuhalten vermögen und daß ihre komplizierten inneren Ordnungsstrukturen die Verarbeitung des im Tageslaufe wechselnden Sonnenstandes ermöglichen. Wir können hier nicht auf die Einzelheiten dieser spannenden Experimente eingehen, doch möchte ich die Worte zitieren, mit denen der vorsichtige Forscher selber das Vermögen der zentralen Organisation der Zugvögel beschreibt:

»Es ist sicher, daß der Vogel die von ihm einzuhaltende Richtung errechnen muß. Unsere Versuche erstrecken sich auf eine Spanne des Tages, in der die Sonne einen Winkel von neunzig Grad zurücklegt. Die Richtung unseres Vogels bleibt meist innerhalb der Grenzen der Ablesungsgenauigkeit die gleiche. Der tatsächliche Stand der Sonne in jedem Augenblick ist nur eines der drei Daten, die hierzu nötig sind. Die zweite Größe ist die Tageszeit, die offenbar in der zentralen Rechenmaschine mit großer Präzision fortgesetzt dargestellt wird. Und die dritte ist die Winkelgeschwindigkeit, mit der die Sonne sich über den Himmel bewegt... Das gibt einen Begriff der Leistung in diesem Vogelgehirn, das solches aber nur in der ›Stimmung‹ des Ziehens in dieser Art leistet, also darüber hinaus für andere Lebensphasen über andere Beziehungsweisen verfügt[7].«

Wir können hier nicht in die wissenschaftlichen Probleme dieser unbewußten Tages- und Sonnenrechnung eintreten, welche vom Zentralnervensystem der Vögel geleistet wird und zu der auch erstaunliche Parallelen bei Bienen gefunden worden sind[8].

Für den Augenblick ist uns das allgemeine Ergebnis dieser biologischen Experimente wichtig: die Organisation der tierischen Gestalten weist Strukturen auf, die Beziehungen verschiedenster Art zur unbelebten Umgebung stiften. Diese Strukturen nehmen mit der gesamten Differenzierung der Lebensformen an Ausmaß und Kompliziertheit zu und umfassen auch solche Komponenten, die auf große planetarische Gegebenheiten abgestimmt sind: organisierte Eingliederung in das Schwerefeld und Auswertung der Gravitation als Reizwirkung, ebensolche organisierte Eingliederung in das Lichtfeld der Sonnenstrahlung und den durch Tag-

und Nachtwechsel gegebenen Rhythmus. Diese Strukturen sind alle im unbewußt ablaufenden Leben in kompliziertem Zusammenspiel gegeben und ordnen auch uns Menschen vor und jenseits aller bewußten Erlebnisse in dieses tellurische Geschehen ein.

Die bewußte Auseinandersetzung mit diesen bewußtlos ablaufenden Beziehungsweisen ist eine sekundäre menschliche Möglichkeit, die aber eine gewaltige und hohe Ordnung des Unbewußten voraussetzt, auf der das Leben beruht.

Wie wesentlich uns völlig verborgene Organe im zentralen Nervensystem die Beziehungen zu unserer Umgebung regeln – das mag noch ein Blick auf Orientierungsexperimente mit Umkehrbrillen zeigen. Sie geben uns ein eindrückliches Zeugnis von der Komplexität der im Verborgensten wirkenden Ordnungsfaktoren, die unsere Weltbeziehung bestimmen, unsere Eindrücke bewältigen.

Das auf der Netzhaut entstehende Bild der Umgebung ist umgekehrt; das ist uns allen verstandesmäßig bekannt, und wir nehmen es auch ohne allzu großes Staunen hin, daß diese Umkehr in zentraleren Regionen des Sehvorgangs – von den »Augen« hinter den Augen – wieder ausgeglichen wird. Man kann durch besondere Einrichtungen (Straton-Brille) das Netzhautbild nochmals umkehren. Dann steht das »Innere« vor einer neuen Situation, denn da es das von der Peripherie gelieferte Bild umzukehren gewohnt ist, steht nun die Umwelt auf dem Kopf. Was das für die Versuchspersonen an Mühsal und Desorientierung bringt, lassen wir jetzt aus dem Spiel. Nach etwa fünf Tagen aber »gewöhnt« sich unser Nervenwesen an die neue Lage und nun kehrt es das ungewohnte Bild wieder so, daß die Welt normal aussieht. Wir sollten wenigstens im Nachdenken versuchen, uns von dieser Orientierungsleistung, von dieser richtenden Einordnung in die Welt, einen Begriff zu machen. Sie ist eine Leistung des Unbewußten.

In der Übergangsperiode gegen den fünften Tag hin zeigen sich besonders aufschlußreiche Erscheinungen. Ein Pendel, das vor der Versuchsperson hängt, steht infolge der Brillenwirkung wie die ganze Umgebung nach oben: wie eine Frucht am Stiel ragt das Pendel nach oben. Sobald aber die Versuchsperson (um die angegebene Zeit des Versuchsablaufs) die Schnur des Pendels selber in die Hand nimmt, den Zug der Schwere also erlebt, so kehrt sich das Pendel in dieser verkehrten Welt in die »richtige« Stellung um, und dieser Vorgang reißt andere Umkehrprozesse in der Umgebung mit. In anderen Versuchen wird der umgekehrt gesehene Kopf eines Rauchers, dessen Zigarettenrauch also abwärts »steigt«, umgedreht. Ebenso wirkt der Widerspruch einer angezündeten Kerze, die nun nach unten brennt, irritierend und führt zu zentraler Umkehr des Bildes. »Es war« – so sagt der Bericht – »direkt eine Offenbarung ... fast einen Sprung hat sie (die Versuchsperson) gemacht.« In vorgeschrittenem Stadium kehrt sich ein Bild in »Normallage« um, wenn die Versuchsperson den Gegenstand selbst berührt, wenn also Tasteindrücke richtend mitarbeiten[9].

Wir beachten, daß eine paradoxe Erscheinung, ein Widersinn wie die nach unten brennende Flamme, das nach oben steigende Senkblei – also Eindrücke, die dem durch Erfahrung erworbenen Umweltbild widersprechen – ein unbewußt arbeitendes Zentralorgan zum Umbau der Sinneseindrücke veranlassen, die von außen in den zentralen Nervenorganen anlangen. Die Macht dieser innersten Schaltung, die zur augenblicklichen Umkehr eines optischen Eindrucks führen kann, erscheint in diesen Versuchen in ihrer erstaunlichen Größe und Fremdheit. Wie vieles in unserem alltäglichen Welterleben ist durch uns völlig verborgene Wirkweisen der ererbten humanen Struktur bereits vorbereitet!

Im Organ, das die Wirbeltiere mit dem Schwerefeld der Erde in Beziehung setzt, im sogenannten inneren Ohr, ist eine der rätselhaftesten Umwandlungen vor sich gegangen, die wir im Bereich des Sinneslebens kennen: die Entstehung eines Hörorgans. Ein Teil des Statocystenapparates wird zu etwas völlig Abweichendem: zum Transformator von mechanischen Schwingungen, die in einem bestimmten Schwingungsbereich als Töne wahrgenommen werden und mit Bewußtsein verbunden sind. So wird ein Teilstück des Statocystensystems besonderen Zustandsänderungen der Umgebung zugeordnet – die Umgebung wird dadurch zu einer Quelle neuer Eindrücke, zur Hörsphäre eines Lebewesens. Der Bereich von Schwingungen, welche die Hörsphäre des Menschen ausmachen, wird bei manchen Tiergruppen überschritten: sie hören im Gebiet, das wir als Ultraschall bezeichnen. Die Rolle dieses Ultraschalls im Leben der Fledermäuse ist ja im Gefolge neuer experimenteller Untersuchungen besonders beachtet worden.

Dieses Novum des Hörens ist ungemein viel seltener verwirklicht als das Sehen: wenige Krebsarten, einzelne Insektengruppen und die Wirbeltiere sind die Privilegierten. Wie vielerlei wir auch wissenschaftlich über diesen Sinn auszusagen vermögen, so ist uns doch auch hier der Ursprung verborgen: kein Forscher vermag zur Zeit zu sagen, was sich in einer Zellgruppe eines statischen Organs ändern müßte, um dieser Gruppe der besonderen Umformung von mechanischen Schwingungen fähig zu machen, und was in den nervösen Zentralorganen geschehen muß, damit dort »gehört« werden kann.

Mit diesem Gehör entsteht aber noch eine weitere Sonderleistung sehr hoher tierischer Organisation: die Erzeugung von Lauten, die Produktion von Eigenreizen durch das Tier selbst, die dann der Kommunikation von Artgenossen wie auch oft der von Individuen verschiedener Arten dienen können.

Mit der Eigenart der menschlichen Lebensform ist aus dieser den höheren Wirbeltieren eigenen Beziehung von Hören und Lauterzeugung unsere Sprache geworden. Die Ursprungsfrage ist auch hinsichtlich dieses humanen Merkmals nicht gelöst – trotz vielen scharfsinnigen Ansätzen –, weil wir Sprechen, Denken und menschlich vorsorgliches Handeln als eine Einheit vorfinden und keinen dieser Komplexe als sicher »später« herauslösen können. Wir wissen nichts von der menschlichen Sprache in einer frühen Phase der Menschheit und müssen uns also an den Menschen halten, so wie wir ihn heute in vielen Varianten kennen, die alle durch die grundsätzliche Möglichkeit des Verstehens ihrer verschiedenen Sprachen eine innere Einheit bekunden.

Wir begegnen der Sprache stets in einer doppelten Funktion: in der Rolle als Zeichen und der als Darstellung. Wenn ich sage: »Heute ist der Abschluß dieser Tagung«, so ist der Sinnbezug dieser Aussage ein ganz anderer, als wenn ich jemandem sage: »Sie sehen heute so heiter drein.« In der ersten Aussage sind lediglich Begriffe verwendet, die durch Konvention verständlich über Beziehungen berichten. In der zweiten Aussage aber liegt mit eingeschlossen (außer der erlernbaren Konvention der Worte) ein Sinnbezug, der meinem Gefühl die Gewißheit gibt, daß in einem Wort wie »heiter« gewisse Aspekte der Welt sehr allgemein wirkende Seelenzustände abbilden, daß dieses der Umwelt entnommene Bild in einer gewissen Richtung Wesentliches von unserem Innenleben ausspricht.

Auch wenn ich jedes einzelne Wort immer durch Tradition in seinem Sinn erlernen muß, so haben doch gewisse Worte einen besonderen, unmittelbaren Ausdruckswert. – Wir können auch sagen, daß die erlebten Dinge der Welt einen Darstellungswert besitzen. Unsere menschliche Sprache ist wohl von Anfang an Darstellung sowohl wie Mitteilung, Ausdruck wie Zeichen.

Unsere Eranos-Tagung muß diesen Doppelaspekt ganz besonders beachten. Orientieren wir uns doch in den reichen Mitteilungen dieser Tage mittels der Zeichenfunktion unserer Sprachen über die Beziehungen des Menschen zu einer Welt, in deren sprachlichen Zeugnissen der Darstellungswert der Weltdinge ganz besonders eindrücklich zur Geltung kommt. Entsprechungen wie etwa der Bilderkreis von Erde, Dunkel, Innerem, Mutterschoß, Höhle, Embryo, Grab, Geburt, Tod, Auferstehung – sie formen ein Ganzes, das völlig vom Darstellungsgehalt und Beziehungsreichtum der erwähnten Sachverhalte lebt und in unserem Gemüte webt. Auch im Erleben des Kindes bedeuten die Weltdinge gar vieles und uns Wesentliches, bevor die objektive Erkenntnis ihrer Eigenart unser Wesen zu orientieren beginnt. »Alle gelben sind böse«, sagte mir ein Kind vor einer Frühlingswiese, auf der Krokus von verschiedenen Farben blühten. »Das ganze Antlitz Gottes ist Laburnum«; diese Aussage eines Kindes berichtet uns Herbert Read. Die Erforschung der Traumwelt hat es unablässig mit dieser Bedeutungsfunktion der Weltdinge zu tun, die Gestalt-Psychologie muß sich mit dem Bedeutungsgehalt von Umweltdingen auseinandersetzen, mit einem Welterleben, in dem »oben« und »unten« Bedeutungsrichtungen sind, nicht indifferente Raumdimensionen – ein Erleben, in dem eine Linie nur dann »steigt« (im Abendlande mindestens), wenn sie von links nach rechts aufsteigt; liegt dagegen der höchste Punkt links, so »sinkt« sie!

Wir müssen an diese höchsten Dinge einen Augenblick denken, auch wenn in einer gedrängten Übersicht der Reichtum der Darstellungsfunktion, von der alle Sprachkunst lebt, nur ungenügend gezeigt werden kann. Denn dieses Problem der Bedeutung der

Weltdinge, der Darstellungsfunktion des Umwelterlebens öffnet die unabsehbaren Fragen nach dem Ursprung solcher Bedeutungen, nach dem Anteil des Angeborenen und zuletzt darum die Frage nach der Art und Weise, in der unsere zentrale Nervenorganisation auf das Erleben der Welt und auf die Darstellung dieses Erlebens durch das Bild der Weltdinge abgestimmt ist.

Ein unabsehbares Reich von unbewußten Vorgängen im Erleben und seiner Darstellung ist in uns mächtig. Die unzugänglichen Wunder des Sprechaktes und des Hörens heben Einzelheiten dieses Geschehens ins Bewußtsein, aber dieses Erfahren im Bewußtsein ist das Ende eines weiten unbewußten Geschehens, durch das wir fundamental – auf Grund unseres gesamten menschlichen Daseins – mit der Welt in Beziehung stehen.

Das Wunder dieses Sprachschöpfens aus den unbekannten Schätzen unbewußten Lebens wird man in seiner befremdlichen Größe nie erschüttert genug erleben. Ein uns völlig unbekannter zentraler Akt des Individuums stiftet eine sprachliche Aussage, die von der banalsten Mitteilung bis zur unwiederholbaren, einmaligen Schöpfung des nie zuvor Gesagten reichen kann, wie sie dem Dichter und dem Seher, dem Mystiker oder dem Forscher zuweilen glücken mag. Denken wir auch oft genug daran, daß alles Glücken oder Verfehlen dieser einmaligen Schöpfung außerhalb unserer Willensmacht steht, daß wir darin abhängen von dem, was umfassender ist als das von sich wissende Ich? Sprache und Hören führen uns unmittelbar vor das große Geheimnis der Beziehung von Mensch und Erde, zu dem umfassenderen Leben des unbewußten Geschöpfes, das wir sind und von dem das bewußte Erfahren und Wissen nur einen Teil zu erkennen vermag. In der Hörstruktur, die aus der ursprünglichen Beziehung zum Schwerefeld entwickelt ist, und in dem korrespondierenden Sprachorgan, das aus dem Atemorgan geformt wurde, ist die ganze Sonderwelt des Menschen nochmals in ihrer Rätselhaftigkeit vor uns. Aus der Beziehung zum Schwerefeld der Erde und zur Atmosphäre, unserem Atembereich, entwickelt das unbewußte Leben die höchsten Organe bewußten Lebens – in einer strengen Bindung an die Gegebenheiten unserer irdischen Umwelt.

Wir sind den unbewußten Strukturen nachgegangen, die unser ganzes Wesen mit unserer irdischen Heimat verbinden: wir finden uns eingegliedert in ein Schwerefeld unseres Planeten, unbewußt, aber mächtig zugeordnet dem Lichtfelde der Sonne und dem Wechsel, den die Erdbewegung dieser Lichtwirkung aufzwingt. Und wir erleben, daß unser wesentlichstes Kommunikationsmittel, die Sprache, in einer ursprünglichen Weise den erfahrbaren Dingen dieses irdischen Lebens einen Bedeutungsgehalt verleiht, der sie geeignet macht zur Darstellung unseres Erlebens. So wird der Ausdruck, den diese menschliche Eigenwelt sich schafft, geleistet vom Darstellungswert der Bilder unserer irdischen Umgebung.

Von welcher Seite wir die unbewußten Voraussetzungen unseres Lebens prüfen, überall erweisen sie sich als in jeder Hinsicht geozentrisch. Das im neuzeitlichen wissenschaftlichen Denken überwundene ptolemäische Weltgebäude entspricht nicht nur unserer naiven bewußten Erfahrung, es entspricht in wesentlichen Zügen auch der natürlichen, ererbten Organisation des Menschen, deren Arbeitsweise völlig unbewußt verläuft. Eine der Grundlagen des ptolemäischen Weltbildes ist die bewußte, denkende Gestaltung von unmittelbaren Erfahrungen; aber die wichtige Grundlage dieser unmittelbaren Erfahrung ihrerseits ist die vorgegebene Organisation des menschlichen Erlebens, vom Protoplasma – als letzter erkennbarer Grundlage – in jedem Individuum aufgebaut. Diese werdende Struktur selbst ist als uns unbekanntes Ganzes von Anfang an in diese geozentrische Umgebung eingefügt, sie ist von Anfang an dem Welterfahren als ein Glied der Welt so zugeordnet, daß alles unmittelbare Erleben des reifenden Organismus streng geozentrisch wird.

Wir sind Ptolemäer – wenn wir das Wort in einem etwas weiteren Sinne brauchen, als es meist geschieht[10]. Und wir werden Ptolemäer bleiben, solange der Mensch der Typus sein wird, den wir heute als Menschen kennen. Glied dieses weitesten Ptolemäertums ist unsere ganze Beziehung zum Schwerefeld unserer Planeten, zum Tag- und Nachtwechsel, zur oberen Lichtwelt und zum dunklen Erdinnern. Glied dieses Ptolemäertums ist die ursprüngliche menschliche Sprache als vollwertige Kundgabe unserer erdgebundenen Einbildungskraft. Alles Träumen, alles ursprüngliche, vorstellungsmächtige Denken ist in dieser ptolemäischen Welt daheim, in der ungebrochenen Vorstellungswelt der primären Erlebensweise einer primären Erdbeziehung. Wie weit

214

auch Denken und Phantasie schweifen, sie arbeiten zunächst immer mit den Bildern einer ursprünglichen Erlebensbindung, welcher die Erde echte Heimat ist.

Was an der Bewältigung des Menschseins auf dieser frühen Stufe des Humanen immer neu fesselt, das ist ja eben der Reichtum, in dem sich ursprüngliche Kontraste der Umwelt wie auch der Menschengruppen zeigen, das sind aber auch die ebenso ursprünglichen tiefen Gleichheiten der menschlichen Anlagen, wie sie sich in den sonst so verschiedenen Schöpfungen der Religion, der Mythen, Riten und Symbole äußern.

Eben sagte ich, daß zum primären Welterleben die Unterschiede der Gruppen ebenso gehören wie die Gemeinsamkeiten alles humanen Welterlebens.

Das mahnt uns an zwei wesentliche Dinge, die für den Biologen auf Grund von Tausenden von Sachverhalten feststehen und mit unserer Beziehung zur Erde zu tun haben.

Das erste: das ursprüngliche, primäre menschliche Welterleben ist das der kleinen Gruppe, nicht etwa das des Individuums, das überhaupt nur sozial gedacht werden kann. Nur von der starken Solidarität der vertrauten Kleingruppe her kann man verstehen, was auch heute noch immer der »Wildfremde« bedeutet. Eliade hat die primäre echte Autochthonie als die stärkste Bindung des primären Menschen gezeigt, als eine mystische Solidarität mit dem Boden der Heimat[11]. Diese ist in direkter Beziehung zu unserer primären Struktur, zu unserem ursprünglichen Ptolemäertum.

Das zweite: das ist das gemeinsame Humane. Wir können es uns nicht anders vorstellen als beruhend auf einer strukturellen Einheit des humanen Erlebens, welche trotz den traditionellen Unterschieden des Sprachwerkzeugs den Sprachgebrauch in weitgehender Weise einheitlich gestaltet.

Diese Strukturen, in denen ich nur die vor aller Erfahrung ererbte Gemeinsamkeit von Welterleben und Weltdarstellung fassen möchte – diese Strukturen sind wohl Grundlage der rätselhaften Archetypen. Auch die Welt der Archetypen ist ptolemäisch, geozentrisch – ich glaube, daß wir gerade das besonders betonen müssen, wenn wir etwas von dem Kontrast erfassen wollen, der das primäre Erfahren der Welt von unserem sekundären Welterfahren sondert. Wie immer wir uns die strukturelle Seite dieser

Grundlagen unserer inneren Weltbildung ausdenken, sie formen alle an einem ptolemäischen Bilde der Welt.

Der Übergang in die kopernikanische Stufe der Menschwerdung, den das Abendland zunächst am intensivsten vollzogen hat, ist nicht umsonst historisch so schwierig gewesen und kann nur in gewaltigem individuellem Aufschwung vollzogen werden.

Die Erde ist der kosmische Feldbereich, in dem wir wirklich heimisch sind. Doch wir alle leben auch in einer anderen Welt, die wir eine sekundäre nennen müssen. Dieser Lebenslage möchte ich mich noch eine kleine Weile intensiver zuwenden.

Wir sind im Abendlande längst aus der primären Welt herausgetreten, und Jahr für Jahr erreicht dieses Schicksal neue Völker anderer Zonen in verschiedenem Ausmaß von Verheerung und Zerstörung einer einheitlichen Lebensform. Eine Aufgabe unserer Zeit wird sichtbar, die selten in ihrer vollen Bedeutung erkannt ist: unsere in ihrem gründenden Aufbau geozentrische Lebensform wächst langsam durch eigene Forschung, durch die Ausweitung indirekter Erkenntnisse in eine neue Weltsicht hinein, die nicht mehr geozentrisch ist und die durch das Gewicht neuer Erfahrungsweisen der Naturforschung immer mächtiger wird. Die Tektonik der humanen Daseinsform wird dadurch nicht geändert; um so gewaltiger sind die Spannungen, die eintreten müssen in die Auseinandersetzung zwischen einem archaischen Bild der Welt, dessen geozentrische Anlage mit unserer Struktur in Harmonie ist, und einer Weltansicht, die diese ursprüngliche Harmonie aufhebt.

Der Darstellungswert der Weltdinge, der ihre Symbolmacht in unserem Geistesleben bedingt, wird stets unserer Struktur entsprechend der geozentrischen Sphäre verhaftet bleiben. Sie ist für die Gestaltung unseres Welterlebens die große Ausdrucksmacht. Wir müssen die Bedeutung der Aufgabe erkennen, die darin besteht, einerseits um unsere strukturelle Verankerung im Geozentrischen zu wissen, anderseits aber auch die Notwendigkeit des Hinauswachsens aus dieser Welterfahrung in eine weitere zu erkennen. Wir müssen diese geistige Metamorphose in tiefstem Ernste leisten – eine Wandlung vollziehen lernen, die nicht zur überlegenen Mißachtung des primären Welterlebens führt, sich aber auch nicht aus Furcht vor der geforderten Leistung zu einem resignierenden bloßen Verharren in einer Tradition verführen läßt. Das Wissen um die Zugehörigkeit zu beiden Ordnungen führt zu der Aufgabe, einerseits die Bedeutung der Mythen und Symbole als Äußerungen einer ursprünglichen Weltbeziehung in ihrem gewaltigen Ausmaß kennenzulernen, aus berufenem Munde die historische Wirkung und Macht dieser Geistwerke zu erfahren und anderseits die neuen Einblicke in unsere Weltbeziehung, die uns der Naturforscher vermittelt, in unser Dasein einzugliedern. Nur so wird die kopernikanische Wandlung, die jeder von uns Ptolemäern heute zu bestehen hat, nicht bloß zu blassen intellektuellen Begriffen und zu rechenhaften Möglichkeiten führen, sondern zu einer reichen Vorstellungswelt, die eine geistige Macht in uns sein kann.

Jahr für Jahr vollzieht sich mitten in dieser Landschaft der Eranos-Tagungen ein lebendiges Geschehen von planetarischem Ausmaß. Auf den Drähten der Fernleitungen, welche das Delta dieser Seelandschaft durchziehen, sammeln sich in Scharen die Schwalben zu ihrem Zug nach Süden. Die Jungen der letzten Brut sind eben noch flügge geworden und gesellen sich zu den erfahrenen Fliegern.

Diese Schwalbenversammlung ist eines der Merkzeichen des Jahreslaufs, Gleichnis des Spätsommers, so regelmäßig wie das Verstummen des Vogelgesangs, wie der Wechsel der Blumen im Garten, eines der vielen Zeichen des Jahresganges, die gering erscheinen und doch so geheimnisvoll sind. Mit dem ersten Entwicklungsgeschehen im Schwalbenei formt sich auch schon die Grundlage dieser weltweiten Beziehung zur Umgebung, bilden sich die nervösen und hormonalen Strukturen, welche später einmal die Zugsunruhe zur rechten Zeit auslösen, die Orientierungsweisen der ziehenden Vögel festlegen und sie so zu Wanderern über Meere und Kontinente machen, die den Weg vom europäischen Norden bis zum Süden Afrikas zweimal in einem Jahreslaufe zurücklegen.

Diese ganz im Verborgenen wachsenden, ererbten Strukturen schaffen die unbewußt tätigen Werkzeuge für eine der erstaunlichsten Weltbeziehungen, die den einzelnen Vogel über weite Länder und Meere führen und in einem unerhörten Maße ihm die verschiedensten Zonen unseres Planeten als heimisch zuordnen. Diese komplexen Gefüge, die einem Lebewesen seine Heimat bestimmen, die es mit Erdraum wie mit Erdzeit in reiche Beziehung setzen – sie sind uns ein Gleichnis für die ebenso reichen entsprechenden Strukturen in unserer eigenen Organisation, die nur viel offener sind und viel mehr Wahl und Freiheit der Entscheidung ebensosehr zulassen wie fordern!

Wenn der östliche Denker die Natur als hilfreich und freundlich erlebt – hier ist eine solche große Beziehung, die wir nicht anders denn als hilfreich und freundlich für das Lebewesen auffassen können, welches immer auch unsere Vorstellungen über die Art ihrer Entstehung sein mögen. Neben den mächtigen Eindrücken des Unheimlichen müssen diese gewaltigen Tatsachen der hilfreichen Beziehung von Organismus und Erde in ihrem vollen Gewicht erfahren werden.

Unfaßbar gewaltig tritt uns dieses Verhältnis zur Natur in der Art und Weise entgegen, wie das unbekannte rätselvolle Ganze des Menschen von Anfang an dem Welterfahren zugeordnet ist als ein Glied der Welt und im besonderen des Irdischen. Unsern Lebensstoff als der Erbauer seiner Sinneswerkzeuge, seiner Nervenorgane, seiner stimmungsfördernden und reizschaffenden Hormondrüsen – diesen Lebensstoff in seinen rätselvollen Zuwendungsweisen zum Ganzen der Natur –, das alles sehen wir heute auch in der Naturforschung in einer Weise, die uns in manchem der Naturbeziehung des Ostens näher bringen kann, als man dies oft sehen will.

1 C. F. von Weizsäcker, Die Geschichte der Natur, Zürich 1948.
  A. J. Oparin, Die Entstehung des Lebens auf der Erde, Berlin/Leipzig 1949, enthält alle wichtigen Literaturangaben.
2 L. J. Henderson. Die Umwelt des Lebens (Übersetzung aus dem Englischen), Wiesbaden 1914.
3 R. Broom, J. T. Robinson, G. W. H. Schepers, Sterkfontein Ape-Man Plesianthropus, Transvaal Museum, Memoir 4, Pretoria 1950. Seit dieser Vortrag geschrieben worden ist, sind die prähistorischen Funde durch die neue Deutung von Oreopithecus durch Dr. J. Hürzeler erweitert worden (siehe Fußnote 5, S. 72).
4 W. von Buddenbrock, Vergleichende Physiologie, Bd. I, Sinnesphysiologie, Basel 1952.
5 G. R. de Beer, How Animals hold their Heads, Proceed. Linnean Soc. London, Vol. 159, Pt. 2, 1947. Enthält alle Literaturhinweise.
6 E. von Holst, Quantitative Messung von Stimmungen im Verhalten

der Fische, Symposia Soc. of Exper. Biology, Nr. IV, Cambridge 1950.

7 G. Kramer, Eine neue Methode zur Erforschung der Zugorientie-rung ... in: Proceed. Xth Internat. Congress of Ornithology, Uppsala 1951.

8 K. von Frisch. Aus dem Leben der Bienen, 5. Auflage, 1953.

9 Ivo Kohler, Warum sehen wir aufrecht – obwohl die Bilder im Innern des Auges verkehrt stehen? Die Pyramide, 1951, S. 28.
   – Umgewöhnung im Wahrnehmungsbereich. Die Pyramide, 1953, S. 92 und 109.

10 Gottfried Benn (Der Ptolemäer; Berliner Novellen, 1947, Limes-Verlag) verwendet das Bild des Ptolemäers in anderer Weise.

11 Mircea Eliade, La Terre-Mère et les Hiérogamies cosmiques, in: Eranos-Jahrbuch, XXII, 1953.

Metamorphose der Tiere

Die Wandlung des Individuums
und des Typus

Die Gestaltwandlung der Tiere im Laufe des individuellen Lebens gehört zum ältesten Bilderschatz, mit dem die lebendigen Wesen die Welt menschlichen Ausdrucks bereichert haben. Seit Urzeiten ist die Verwandlung der Raupe in einen lichten Sommervogel ein Gleichnis für Ahnungen höheren Seins. Und der gleiche Lebenslauf bietet in der ruhenden Puppe, der Nymphe oder Chrysalide, das hieratisch strenge Bild von Versenkung, gesammelter Erwartung des Kommenden und der Verheißung der Auferstehung.

Wer die Verwandlung einer Libelle mit ansieht, der kann sich, wenn sein Gemüt empfänglich ist, nicht eines Ansturms innerer Bilder erwehren, die in dieselbe Richtung weisen, in der seinerzeit Jan Swammerdam als erster die Verwandlung der Eintagsfliegen als »Abbildung des Menschenlebens« in Ehrfurcht dargestellt hat. Solchen zyklischen Wandlungen, die immer wieder zum gleichen Ausgangspunkt, zum Ei, zurückführen, soll der erste Teil unserer Darstellung gelten.

Das Wort »Metamorphose«, mit dem wir diese Gestaltänderungen bezeichnen, wird freilich von Biologen in mehreren Bedeutungen gebraucht. Wer vom Literarischen herkommt, weiß vielleicht um den Begriff der Metamorphose, wie ihn Goethe gebraucht hat und wie ihn noch immer die vergleichende Formenlehre verwendet: die verschieden geformten Ausprägungen eines Grundtypus oder Bauplans. Goethes »Metamorphose der Pflanzen« spricht von dieser Art der Gestaltwandlung, und alle Evolutionstheorien setzen sich mit solchen Metamorphosen auseinander, wobei also die Frage, wie aus einem Grundtypus ein neuer werde, im Zentrum der Diskussion steht.

Beide Möglichkeiten von Wandlung stehen an unserer Tagung in so vielen Varianten zur Diskussion, daß es sich rechtfertigt, wenn im Beitrag des Biologen versucht wird, beide Aspekte von seinem Standort aus erscheinen zu lassen. So gilt denn der zweite Teil unserer Darstellung der Wandlung des Typus. Nicht um ein letztes

Wort zu beanspruchen, steht dieser Vortrag am Ende. Er ist das Ende, weil der Blick auf Naturgegebenes uns zum Anfang zurückführt, falls er wirklich seinen Gegenstand voll auffaßt. Er steht am Ende, weil unsere Tagungen getragen sind vom Geist der Begegnung und des Zusammenfügens der Erkenntnisse aus allen Gebieten des Wissens.

I.

Wir wenden uns also zunächst jener seltsamen Umbildung der Gestalt zu, die manche Tiere im Laufe ihres Lebens erfahren, indem ein Individuum in mehreren Erscheinungsweisen auftritt, sich selbst von der einen in die andere verwandelnd. Dabei kann die erste Erscheinung, zuweilen sogar mehrere der frühen Gestalten von der Reifeform so sehr abweichen, daß die Zugehörigkeit zu einer Art oder gar zu einer Tiergruppe nicht mehr deutlich hervortritt: die frühe Erscheinung »maskiert« den Typus der Reifegestalt und wird daher als »Larve« bezeichnet. Herauszufinden, welchen Lebensläufen die vielen Larvenformen zugehören, ist eine der großen Forschungsaufgaben der Zoologie, die noch immer nicht völlig gelöst ist. Wie manche Larvengestalt gibt es, die einstweilen mit einem eigenen Gattungsnamen die Vorstellung der Biologen beschäftigt. Insekten und Krebse, Würmer, Schnecken, Muscheln und Stachelhäuter sind die Tiergruppen, in denen Metamorphosen besonders vielgestaltig am Werke sind. Aber Frosch und Molch bieten uns von Kindheit vertraute Beispiele bei Wirbeltieren.

In dieser Metamorphose stellt sich uns das Problem der Gestaltwandlung eines Wesens besonders deutlich – und damit die Frage nach dem Wesen, das sich da wandelt, und nach dem Ausmaß dieser inneren und äußeren Umgestaltung. Wir wählen für die Darstellung des Problems das Beispiel des Schmetterlings – es ist unserem Vorstellungskreis vertraut genug, so daß wir vielleicht das Befremdliche seiner Einrichtungen stärker zu erleben vermögen. Die Metamorphose der Insekten, und das Studium der Falter ganz besonders, hat uns bedeutende Einblicke in das Getriebe dieser Vorgänge vermittelt. Und gerade die Forschung der letzten Jahre ist so aufschlußreich, daß es sich rechtfertigt, diesen Ausschnitt für die allgemeine Darstellung eines Wandlungsproblems zu bevorzugen.

Ein erstes Problem, das der Forschung aufgegeben war, ist in den Jahren 1926 bis 1940 in den Grundzügen geklärt worden: die Frage, zu welchem Zeitpunkt der Entwicklung die später zu ver- wirklichenden Formen in ersten faßbaren Weisen angelegt wer- den. Durch Eingriffe in die Entwicklung von Eiern gelingt es, die Zeit zu erfahren, zu der wesentliche Züge in der Ausbildung der verschiedenen Organe fixiert sind, das Schicksal ihrer Anlagen also bestimmt ist. Besonders subtile Möglichkeiten bietet die Be- strahlung der Eier mit ultraviolettem Licht: es bewirkt lokali- sierte Schädigungen, die uns etwas über Ort und Zeit der frühe- sten Organanlagen aussagen. So gelingt es, in der ersten Embryonalentwicklung zu bestimmten Zeitpunkten – den sensi- blen Phasen – Schädigungen zu erzeugen, durch welche die Bil- dung der Larve gar nicht, die Metamorphose zur Reifeform da- gegen beträchtlich gestört wird. Bei Fliegen, wo besonders viele Organe (Rüssel, Augen, Beine, Flügel) erst im letzten Akt der Entwicklung sichtbar gebildet werden, ließ sich zeigen, daß diese Organe alle in der frühesten Keimentwicklung bereits in einer für den mikroskopischen Anblick zwar undifferenzierten, aber schicksalmäßig weitgehend oder völlig festgelegten Form bereit- gestellt sind. Der Zeitpunkt, zu dem diese Festlegung erfolgt, ist von einer Insektengruppe zur anderen verschieden. Bei den In- sekten mit voller Verwandlung, das heißt mit Larvenform, Pup- penstadium und Reifetier (= Imago), enthält also das Ei bereits alle Einrichtungen als Anlagen, die diese drei Stadien auszeich- nen, und dazu auch alle Vorkehrungen für die Vorgänge, die von einem Stadium zum nächsten führen. Daß diese Experimente dem Biologen die Frage stellen, in welcher Form im submikro- skopischen Strukturbereich das Muster der Organe und die Weise ihrer zeitlichen Verkettung vorgebildet sein kann – diese Frage wollen wir hier nur erwähnen, ohne sie zu erörtern, weil sie eines der großen Rätsel aufgibt, um dessen Lösung sich Biolo- gen, Chemiker, Virusforscher und Physiker gemeinsam mühen. Drei Gestalten werden also auch im Ei des Falters bereits ange- legt – Gestalten von größter Verschiedenheit. Im Raupenzu- stand, wo viele Organe schon vollwertig arbeiten, verharren manche Glieder der Imago auf dem Zustand kleiner Zellgruppen, die man Imaginalscheiben nennt. Das Experiment deckt eine komplizierte Montage auf, durch welche die Folge der Gestalten und ihre Verwandlungen fest geregelt sind. Zugleich mahnt uns aber das Studium der ersten Aufbauprozesse daran, daß das winzige Quantum lebender Substanz, welches ein Ei ausmacht, selber diese Anlagen ausbaut, selber die Geschehnisse führt und festlegt, aus denen schließlich die in allen Einzelheiten vorbereitete Folge des späteren Entwicklungsgeschehens hervorgeht. Die Entdeckung dieses Gefügeaufbaues reduziert das Ei nicht zu einem Mosaik von Anlagen, die wir als die Teile einer Maschine im Zusammenwirken verstehen, sondern sie stellt uns diese Aufbauorganisation als das »sich selber« entwickelnde System vor Augen, als ein Geschehen, das die ganze Eigenart der lebendigen Wesen in sich schließt. Im Selbstaufbau zeigt sich uns die Grenze jedes Maschinenvergleichs im Organismus: ein solcher hat stets nur eine ganz eng umschriebene Geltung und darf nur im Wissen um die übermaschinelle Eigenart jedes Lebewesens angewandt werden. Keines von den im Keim vorgebauten, rätselhaft entworfenen Geschehnissen der Metamorphose ist so sinnfällig wie die plötzliche Verwandlung der Raupe zur Puppe und das letzte: das Schlüpfen und Reifen des Falters. Die gewöhnlichen Häutungen, durch die das Wachstum der Raupen von wenigen Millimetern beim Verlassen des Eies bis zu bisweilen fingerlangen und noch größeren Wesen erfolgt – auch diese Häutungen sind Wandlungen; auch sie erfordern manche der Geschehnisse, die auch die letzte Metamorphose kennzeichnen. Wir werden sie in unserer Schilderung streifen müssen, wenden uns aber dem letzten Akt des Raupenlebens, der eigentlichen Verwandlung, zu[1]. Welcher Stimmungswechsel geht in einer Raupe vor sich, daß sie sich nach langer eintöniger Nährzeit an einer bestimmten Pflanze – häufig auf einer ganz bestimmten und nur auf dieser – plötzlich nach einem ganz anderen Ort umsieht, der zur Verpuppung günstig wäre? Welche Wandlung geschieht, wenn diese Raupe sich in die ruhende Chrysalide umformt und dazu bei vielen Faltern vorher einen zarten Kokon aus Fasern spinnt – der ja uns Menschen die kostbare Seide lieferte, solange unsere Technik nur natürliche Werkstoffe kannte? Welcher Wechsel der Stimmung bringt manche Raupen dazu, plötzlich einen zarten, aber festen Fasergürtel zu spinnen, in dessen Schlinge sie sich als Puppe aufhängen? Und was führt schließlich zum immer wieder aufs neue erstaunlichen Verlassen der Puppenhülle, zum Ausbreiten der

Flügel und zu der ganzen Umstimmung zur Lebensweise des Falters? Wir können nichts von der Innerlichkeit dieser Wandlungen aussagen – aber wir wollen wenigstens dessen eingedenk sein, daß diese Stimmungen und ihr Wechsel mächtige Gliedprozesse in der Wirklichkeit sind, von deren »Montage« unsere biologische Experimentierkunst einiges Zusammenarbeiten aufdeckt. Wir wollen in dieses Geschehen so weit hineinblicken, als es uns die Forschung zur Zeit erlaubt.

In den letzten zwei Jahrzehnten sind wichtige Glieder in der Kette der Faktoren durch umsichtiges Experimentieren aufgedeckt worden, wobei die Schmetterlinge besonders eingehend untersucht worden sind. Diese Experimente brachten eine entscheidende Wandlung im Denken über die Metamorphose der Insekten. Galt es doch noch etwa vor drei Jahrzehnten als ausgemacht, daß Insekten keine Hormone produzieren – weil damals die Versuche mit Verpflanzung von Keimdrüsen, entgegen den ganz auffälligen Folgen bei Wirbeltieren, keine hormonale Beeinflussung des Körpers erkennen ließen. Heute blicken wir in ein vielfältiges Geschehen, das mit dem der Wirbeltiere manche Parallelen zeigt, wenn wir absehen von der ganz anderen Eingliederung der Keimdrüsen in den zwei Gruppen. Auch dieser Umschwung gehört ja zu unserem Thema der Wandlungen!

Eine Reihe dieser Experimente zeigt zunächst, daß das Gehirn des Insekts einen notwendigen Einfluß auf die Auslösung der ganzen Metamorphose hat. Ohne Gehirn kann man zwar das Raupengewebe noch eine beträchtliche Zeit lebend halten, doch erfolgt keine Metamorphose. Zu einem bestimmten Zeitpunkt – wir werden noch davon sprechen müssen – beginnt diese besondere Hirntätigkeit: es entsteht dadurch ein Zustand der Bereitschaft zur Umwandlung im ganzen Tier. Auch isolierte Teile machen, wenn sie einmal unter diese Wirkung geraten sind, die Umwandlung durch. Wie bewirkt aber das Insektenhirn solches Bereitwerden?

Die Erkundung dieses heimlichen Geschehens darf als eine bedeutsame Leistung der Zoologie der letzten fünfzehn bis zwanzig Jahre gelten. Führte sie doch zur Entdeckung, daß im Insektenhirn neben den typischen Nervenzellen Zellgruppen am Werke sind, denen die Bildung von Hormonen aufgetragen ist, von Stoffen also, die durch die Blutflüssigkeit zu den verschiedenen Orten

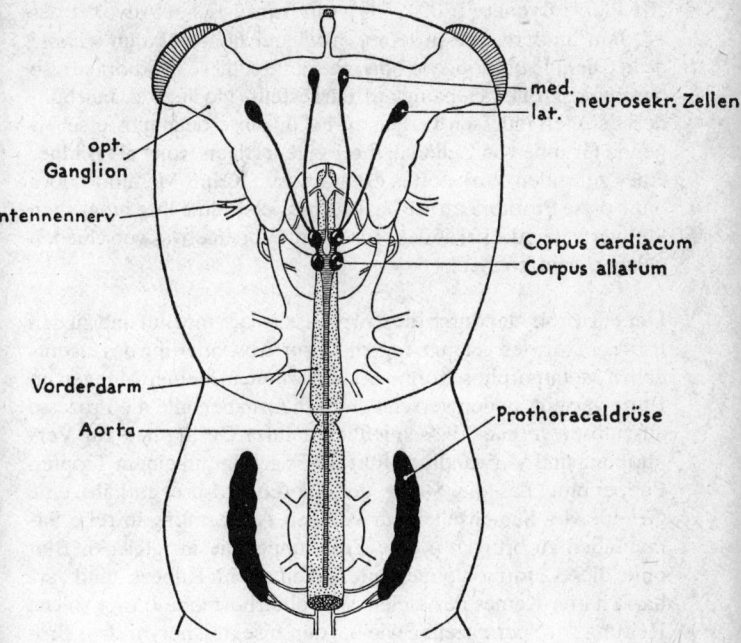

Schema des Vorderkörpers eines Insekts mit den wichtigsten Hormondrüsen

ihrer Wirkung gebracht werden. Sorgfältigste Zergliederung des
Gehirns hat zwei Paar solcher Zellgruppen im Vorderhirn der Insekten entdeckt, die beide neurosekretorisch arbeiten (siehe Abbildung).
Wir wissen auch, daß diese Hormone längs der Nervenfasern
transportiert werden und zu zwei kleinen Drüsen gelangen, die
als Corpora cardiaca bekannt sind. Ob die Hirnhormone dort
noch weiter verändert werden, ist ungewiß – sicher ist aber, daß
sie in diesen Corpora cardiaca noch nicht zur Wirkung kommen.
Erst ihr Einfluß durch das Blut auf einen anderen Hormonbild-
ner, die Prothorakaldrüse – im vordersten der drei Brustseg-
mente der Raupe gelegen –, hat weittragende Folgen. Der treffli-

che Pierre Lyonet (1709-1789), ein französischer Advokat des 18. Jahrhunderts, hat in seiner arbeitsreichen Muße im »Traité de la Chenille qui ronge le bois des Saules« diese Prothoraxdrüse bereits in großer Genauigkeit dargestellt. Noch zwei Jahrhunderte sollten indessen vergehen, bevor diese belanglos erscheinende Gruppe von Zellen in ihrer eigenartigen Rolle als Bildner eines zentralen Wirkstoffes erkannt war. Keine Metamorphose ohne diese Prothoraxdrüse beziehungsweise ohne ihre möglichen Stellvertreter, die bei andern Insektengruppen etwas verschieden gelagert sein können.

Der Hirnstoff, der durch die Corpora cardiaca ins Blut und zu den Prothoraxdrüsen gelangt, regt diese zur Absonderung des eigentlichen Metamorphosehormons an, das nun, in kleinen Mengen im Blute verteilt, in den verschiedensten Organen alle die Prozesse auszulösen vermag, die schließlich in ihrer Gesamtheit zur Verpuppung und Verwandlung führen. Es gelingt, in einem Tropfen Puppenblut, das die Stoffe der Prothoraxdrüse enthält, eine Gruppe von Samenzellen zur völligen Ausformung in reife Samenfäden zu bringen – eine Zellgruppe, die im gleichen Blut ohne dieses Hormon ohne weitere Reifung im Ruhezustand verharrt hätte. Keines der vielen Wirbeltierhormone bringt solche Reifung der Spermazellen wie bei den Insekten hervor. Das Prothoraxhormon ist ein ganz eigener Saft!
Bei manchen Schmetterlingen beobachten wir noch eine andere Einwirkung, welche zeigt, wie innig die lebendigen Formen in ihre Umwelt eingefügt sind. Bei einem großen Seidenspinner, Platysamia cecropia, wandelt sich die Raupe zunächst wie erwartet in die Puppe um. Diese aber benötigt zur Weiterentwicklung eine Ruhephase mit beträchtlicher Kühle, eine sogenannte Diapause. Ungekühlte Puppen verwandeln sich nie in Falter. Die gekühlte Puppe anderseits läßt sich bei etwa fünf Grad monatelang aufbewahren und zu beliebiger Zeit in einen Schmetterling verwandeln. Ein Experiment von C. Williams in Harvard, der gerade diese Art und ihre Verwandten besonders intensiv erforscht hat, gibt wesentliche Aufschlüsse: der Experimentator entfernt in einer ungekühlten Puppe das Gehirn – diese Puppe hätte sich von jetzt an nicht mehr verwandeln können. Er setzt ihr aber ein Gehirn ein, das vorher an seinem ursprünglichen Ort die nötige

Kühlung durchgemacht hat. Und dieses vorher gekühlte Hirn genügt, das ganze Geschehen der Metamorphose auch in der ungekühlten Puppe auszulösen. Im normalen Leben bewirkt die Winterruhe die notwendige Kühlung und wird so zu einem lebenfördernden und regelnden Faktor. Die Fachsprache sagt: die Kühlung macht das Hirn für Metamorphose »kompetent« – die nachfolgende Wärme aber schafft das »aktive« Gehirn. Daß es dabei nur um stoffliche Einflüsse geht, die durch die Blutflüssigkeit wirken, geht daraus hervor, daß das eingesetzte Gehirn gar nicht an der anatomisch richtigen Stelle einwachsen muß, sondern nur »da« sein muß.

Das Zusammenwirken von Hirn- und Prothoraxdrüsen ist nur ein Teil des komplizierten Geschehens. Wir müssen nach weiteren Partnern des Metamorphosespiels ausschauen. Das Gehirn mit seinen neurosekretorischen Zellen (im ganzen sechsundzwanzig bei dem Versuchstier von C. Williams) ist in der Raupenzeit stets vorhanden, die Prothoraxdrüse gleichfalls. Was hindert denn dieses Duo, seine Wirkstoffe zu beliebiger Raupenzeit zu erzeugen? Was hindert also die jüngeren Raupen daran, sich früh schon umzuwandeln und kleinere Puppen und Falter zu erzeugen?

Durch subtile Studien der experimentellen Biologie kennen wir einen besonders wichtigen Mitspieler, der in der Frühzeit die Metamorphose hemmt. Nahe dem Gehirn, am Vorderende des großen Rückengefäßes der Insekten liegen zwei kleine Drüsen, die Corpora allata, oft mit den Corpora cardiaca eng vereint. Im Jahre 1938 hat der französische Biologe J. J. Bounhiol in Bordeaux nachgewiesen, daß diesen Corpora allata – wie klein sie auch sind – eine wichtige Rolle zukommt. Sie schütten dauernd einen Stoff ins Blut des Insekts, der vielerlei Stoffwechselvorgänge beeinflußt, der aber ganz besonders die Gewebe alle im jugendlich-larvalen Zustand erhält. Das Experiment ist völlig eindeutig, an vielen Insekten ausgeführt – von den technischen Schwierigkeiten spreche ich nicht –: Entfernung der Corpora allata löst Metamorphose aus! Diesen zwei Drüsenkörperchen entströmt der bremsende Stoff, der normalerweise das große letzte Geschehen des Insektenlebens aufspart, hinausschiebt von Häutung zu Häutung. Man hat darum die Corpora allata auch »Juvenildrüsen« oder »Status-quo-Drüsen« genannt, ihren Stoff geradezu als

Caliphylla

Wir sind gewohnt, die lebendigen Erscheinungen in ihren Formen und Farben als für Augen, für anschauende Wesen geschaffen aufzufassen. Zu wenig denkt man an die Gestalten, deren Farbenkleid und Gestaltung in ihrem Lebensraum gar nicht für anschauende Augen geschaffen sind. Caliphylla, die marine Schnecke auf unserem Bild, gehört zu ihnen. Im Miniaturwalde der grünen, braunen und roten Algen der Mittelmeerküsten verborgen lebt diese schalenlose Schnecke. Auf ihrem Rücken formt sie seltsame Blätter, in denen je ein Ast der Verdauungsorgane eindringt und mit seinen Zweigen die Blattnerven mimt. Wer einmal angefangen hat, die kleine Welt dieser Schnecken zu beobachten, der tritt in ein Zauberreich ein, das uns gefangenhält durch den Reiz der unerwarteten Farben und Gestalten. Bei der Begegnung mit dieser besonderen Gruppe von Meerestieren ist mir so recht die eigenartige Rolle der Oberfläche vor Augen getreten, welche im höheren Organismus die inneren Organe des Lebensbetriebs durch vielerlei Mittel verhüllt, die alle die ursprüngliche Durchsichtigkeit und Halbtransparenz der tierischen Gewebe aufheben. Eine gegensätzliche Entwicklung ist der weitere Gang der Dinge: das Innere vergrößert immer mehr die funktionswichtigen inneren Oberflächen und wird dabei stark unsymmetrisch in der Anordnung der Organe – das undurchsichtige Äußere aber wird zur klaren symmetrischen Gestalt, an deren Prägnanz die farbigen Muster mitwirken. Die große Lehre der kleinen Schnecken, die uns zur Einsicht in diese besondere Rolle der Oberfläche hinlenken, hat ihre Auswirkung noch kaum begonnen.   (Zeichnung Sabine Baur)

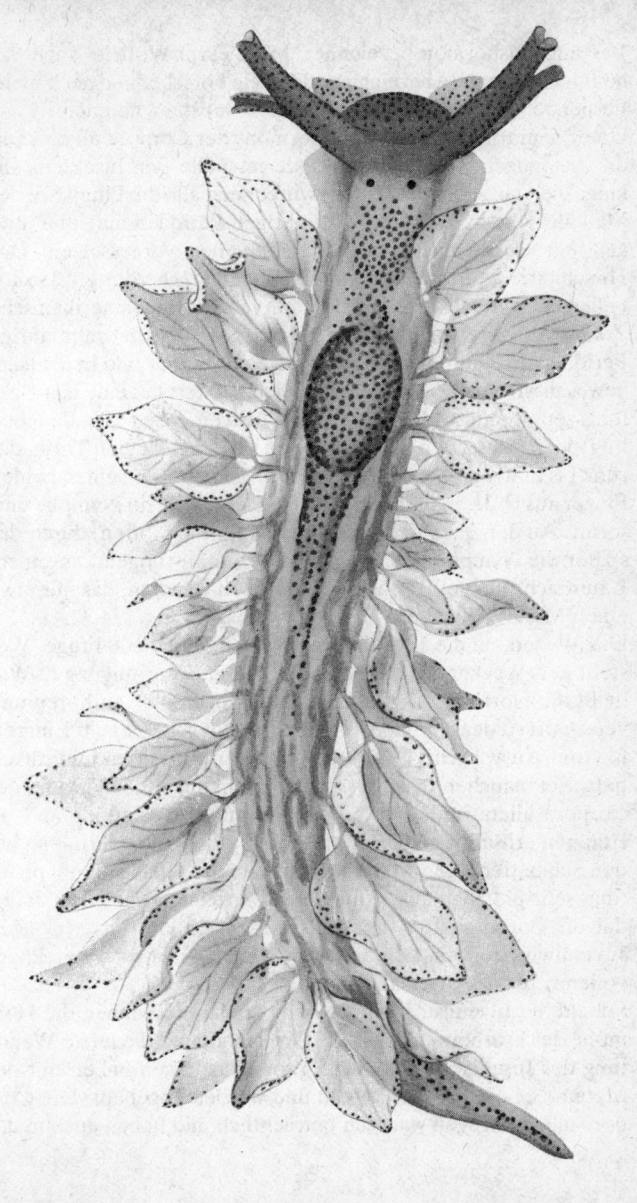

Verjüngungshormon bezeichnet. Mit diesem Wort ist auch das heimliche Interesse bezeichnet, das viele Forscher und noch mehr Fernerstehende an dieser rätselhaften Substanz nehmen!

Unter dem Einfluß des Juvenilhormons der Corpora allata kann die Jugendzeit, die Larvenperiode im Falle der Insekten, auf lange Zeit ausgedehnt werden: wir kennen alle die Flugjahre der Maikäfer, die in drei- oder vierjährigen Perioden auftreten und also ein entsprechend langes Larvenleben voraussetzen. Der Hirschkäfer lebt fünf Jahre larval; auch manche der großen Libellen bringen mehrere Jahre als Larven zu. Eine amerikanische Zikadenart (Magicicada septemdecim) zeigt eine siebzehnjährige Periode, die den Indianern des Westens bekannt und bedeutsam gewesen ist. Eine südliche Rasse derselben Art hat eine Entwicklungszeit von dreizehn Jahren. Die Larven dieser Zikade leben im Boden. Im letzten Stadium bauen sie einen kleinen Turm, der zehn bis fünfzehn Zentimeter Höhe erreichen kann: einen hohlen Finger aus Erde, in dessen Spitze die Larve sich zur Nymphe umformt. An der Basis des Turms bleibt ein Loch offen, durch das später die Nymphe den Bau verläßt, um aufsteigend an einem Baum sich zum voll geflügelten Insekt zu wandeln, das nur etwa einen Monat lebt.

Das Wissen um die Juvenilhormone stellt eine neue Frage. Wer stellt den Wecker für das Stillegen dieser »Verjüngung«? Wer heißt die Hormonbildung im rechten Augenblick aufhören und verschafft so den Metamorphosen die Möglichkeit zum Eingreifen und Auswirken? Das ist noch immer umstritten und rätselhaft. Bei manchen Insekten nimmt die hemmende Wirkung der Corpora allata in der Larve von Häutung zu Häutung ab – in Etappen erlischt also der bremsende Faktor. In andern – so bei den Schmetterlingen – hört sie erst nach der letzten Raupenhäutung sehr plötzlich auf – ja manche Anzeichen sprechen dafür, daß die Corpora allata sogar selber die noch im Blut kreisenden Juvenilwirkstoffe in sich aufnehmen und sie in spätester Phase vollends unwirksam machen.

Sobald die Juvenilstoffe nicht mehr kreisen, gewinnen die Hormone der Prothorakaldrüse die Oberhand, und die letzte Wandlung des Insekts setzt ein. Die Prothoraxdrüsen haben mit der Metamorphose ihr Werk getan und werden abgebaut. Die Corpora allata dagegen wachsen beträchtlich und haben auch in der

Imago sicher noch weitere, noch ungenügend bekannte Funktionen. Es gibt noch andere Drüsen im Insektenkörper, denen die Biologen Bedeutung für die Metamorphose beimessen. Doch ist ihre Rolle ungewiß, und ich erwähne sie nur, um einer allzu einfachen Vorstellung vorzubeugen.

Wir kennen also Wirkstoffe, Hormone, die in geringen Mengen wesentliche Vorgänge des Insektenlebens auslösen und lenken. Es ist vielleicht gut, sich einen Moment darauf zu besinnen, wie es um das Wirken dieser Hormone bestellt ist. Erst die Einordnung der Hormondrüsen und ihrer Stoffe in die Gesamtheit des Entwicklungsgeschehens gibt uns die Vorstellung vom Organismus, soweit ein vorläufiges Urteil über diese rätselhafte Verborgenheit überhaupt möglich ist.

Eines ist besonders zu beachten. Die Stoffe der Hormondrüsen sind unspezifisch oder wenig spezifisch: das Hormon der Prothoraxdrüse einer Fliege wirkt wie das eines Falters; die Corpora allata ganz verschiedener Herkunft erzeugen bei Einpflanzung fast überall den typischen Effekt.

Das bringt eine erste wichtige Einsicht: die Hormondrüsen sind sehr generelle Aktionssysteme von weitverbreiteter, austauschbarer Art. Die für jedes Insekt bezeichnende Reaktion, die Ausformung der Falterflügel mit ihren artgemäßen Mustern, die des Rüssels bei der Fliege, die besondere Wuchsweise der Beine, durch die sich eine Maulwurfgrille von einem grünen Heupferd unterscheidet, alle Farben und Formen, die jede einzelne Insektenart kennzeichnen – all dieses Artgemäße, das »Spezifische«, wird nicht von den Hormonen geleistet. Es ist das Werk der erblich festgelegten Reaktionsweise der Gewebe, die alle mit dem ganz besonderen Bildungsvermögen ihrer Art ausgerüstet sind, einem Vermögen, zu dessen Verwirklichung die Hormone als Vermittler zwar notwendig sind, das sie aber nicht selber schaffen, sondern das sie als verborgenen Schatz von Reaktionsweisen in jeder Tierart vorfinden.

Die lebendige Artsubstanz legt in der Frühentwicklung alles das an: sie weist jeder Körperstelle ihre Ausgestaltungsmöglichkeiten zu, jedem Nervenzentrum seine Antwortweisen. Diese Artsubstanz stellt zugleich die Hormonzentren her, und in all diesen embryonalen Bereitstellungen regelt sie bereits den Ablauf der

Stadien, die Wandlungen, die in der letzten Metamorphose gipfeln.

Darum spricht der Biologe hier nicht einfach von Ursachen und Wirkungen. Das Prothorakalhormon ist nicht die Ursache der Metamorphose, so wenig wie der Wirkstoff der Corpora allata diejenige der Verwandlungshemmung ist. Ebenso wie die Hormone könnten wir die Reaktionsnormen jedes Organs als »Ursache« der Hemmung oder der Verwandlung bezeichnen. Beides ist irrig: Hormon und Reaktionsnormen gehören zusammen, sie entstammen den Bildungsprozessen einer Eizelle. Als Aktionssystem und Reaktionssystem sind sie Glieder eines Systems, das in der Eizelle bereits auf Wandlung der Gestalt in der Zeit abgestimmt ist.

In der Eizelle hebt in aller Frühe diese Bereitstellung aller Wandlungseinrichtungen an. Bei manchen Insekten, den Fliegen zum Beispiel, gehört zu diesem Vorbereiten auf frühester Stufe auch das Abseitsstellen von neuen Keimzellen, in denen – noch bevor das Individuum, zu dem dieses Ei bestimmt ist, seinen Lebenslauf selbständig beginnt – schon die folgende Generation vorsorglich bereitgestellt wird. Sieht man das Artplasma so früh schon das Ende des Individuums und die nächste Generation einrichten – wie gut wird man verstehen, daß auch der Biologe einer Aussage zuneigt, wie sie der Mystiker wagt: daß im Anfang das Ende, im Ende der Anfang sei.

Das Beispiel des Falters macht uns nicht nur mit bedeutenden neuen Ergebnissen der Forschung bekannt, es bringt auch nicht bloß das Faktum der Wandlung am Sonderfall einer menschenfernen Tiergruppe zur Anschauung und bereichert damit unser Naturbild. Ich stellte diesen Fall ausgiebiger dar, weil er, trotz der befremdlichen Andersheit seiner ganzen Anlage, doch eine heimliche Beziehung zu den Problemen unserer eigenen Wandlungen im Lebenslaufe hat, die ja unter anderem auch überindividuellen Gesetzen der menschlichen Daseinsform gehorchen. Dieser Frage müssen wir noch einen Moment unsere Aufmerksamkeit geben.

Auch in uns ist im Ei bereits das Ablaufgefüge determiniert, sind viele Anlagen schicksalmäßig festgelegt, die Aktions- und Reaktionsgefüge bereitgestellt, die an den Wandlungen der Lebensalter, an den Mischungen von Konstitutionen und Temperamenten arbeiten. Sehen wir nur ein paar der wichtigsten Entsprechungen, auf welche unsere Erfahrungen mit der Metamorphose von Faltern Licht werfen.

Dem Zusammenspiel von Hirnhormon und Prothorakaldrüsen entspricht auffällig eine Arbeitsweise im Wirbeltier, die man erst in den letzten Jahren eingehender verfolgt und erforscht hat. Im Zwischenhirn der Wirbeltiere werden von neurosekretorischen Zellgruppen Hormone erzeugt, die in den Fortsätzen dieser Zellen wandern und sich in einem besonderen Teil des Hirnanhanges, der Hypophyse, ansammeln, der sich im Embryo aus dem Nervensystem bildet. Diese Neurohypophyse spielt in gewisser Hinsicht die Rolle der Corpora cardiaca der Insekten. Von ihr aus geht dann die Ausschüttung der gespeicherten Hormone ins Blut, wodurch andere Wirkstätten, die Nebennieren zum Beispiel, erreicht werden können, in denen weitere Wirkungen ausgelöst werden. Unter den von der Neurohypophyse gelenkten Vorgängen scheint einer der sichersten der Einfluß auf den Wasserhaushalt. Eine andere Wirkweise der neurosekretorischen Zellen des Zwischenhirns ist bei Vögeln wahrscheinlich gemacht. Der Weg der Hormonbahnen zur Neurohypophyse ist umgeben von feinen Venen eines besonderen lokalen Hirnkreislaufs, der vielleicht die Hormone via Blutbahn zum Hauptgebiet der Hypophyse, zum sogenannten Vorderlappen, führt, von wo sie wieder ihre speziellen Wirkungen, zum Beispiel auf Keimdrüsen, ausüben.

Vergessen wir bei diesem Vergleich auch nicht, daß in manchen Fällen – so beim Menschen und bei höheren Säugern – die Thymus- oder Brustdrüse ein echtes Juvenilorgan ist und daß ihr Funktionswechsel und Umbau zur Zeit der Geschlechtsreife einen bedeutenden hormonalen Umschwung bewirkt. Es ist wahrscheinlich, daß wir noch weitere derartige Ablösungen, aber auch Synergismen entdecken werden.

Diese Parallelen äußern sich denn auch im Erscheinungsbilde, das manche Anklänge an Metamorphosen zeigen kann, wenn auch das Ausmaß der Geschehnisse ein viel geringeres ist als das bei Insekten.

Wenn wir nach den Wegen suchen, auf denen tiefgreifender Stimmungswechsel beim Wirbeltier und damit auch beim Menschen geschieht, so müssen wir uns an das Studium dieser besonderen Orchestrierung machen, in der neurosekretorische Zentren die Vermittlung zwischen Nerven- und Hormondrüsen spielen. Die verschiedenen Affekte und viele unbewußte Regungen werden, so dürfen wir mit großer Sicherheit annehmen, in dieser Weise ausgelöst.

Die Tatsache, daß wir bei Insekten einen ähnlich vorgebildeten Weg der Anregung finden, mahnt uns daran, wie ähnlich bei sehr verschieden gestalteten Tiertypen die Apparaturen gebaut sind, auf denen der Wechsel der Stimmung und der damit verbundene des Verhaltens beruht.

Wie stark die ererbte Orchestrierung der Hormondrüsen und der auf ihr Eingreifen wartenden Gewebe mit ihrer erblichen Reaktionsweise sich in der Erscheinung aussprechen kann, will ich nur in wenigen Zügen andeuten. Der Wechsel der Tracht bei Vögeln mag uns einen Einblick geben.

Wenn eine Lachmöwe im Nestalter ein schutzfarbenes Dunenkleid trägt, so ist der Übergang zum Juvenilkleid, einer normalen Federtracht, auch eine Art Metamorphose. Und dieses Jugendkleid wiederum ist sehr verschieden von dem der Altvögel, stark mit Braun gesprenkelt, ohne auffällige Kopffärbung. Der Schwanz aber trägt eine schwarze Endbinde, Schnabel und Füße sind graubraun und fleischfarben.

Das erste Brutkleid bringt als neues Zeichen den tiefbraunschwarzen Kopf der Erwachsenen mit dem Weiß ums Auge, aber gemischt mit weißen Federchen. Noch bleibt viel Braun in den Flügeldecken und zeigt die Jugendlichkeit an. Auch der Schwanz behält seine Endbinde und kennzeichnet mit der Kopfkappe die erstmals brütende Lachmöwe.

Erst im zweiten Jahr, als Zeichen der Vollreife, wird das herrliche Möwengrau der Flügel erreicht; der Schwanz wird nun rein weiß, die Kopffarbe ungetrübt tief dunkelbraun, fast schwärzlich, Füße und Schnabel sind kraftvoll rot.

Alle Lebensstufen stehen auch im Erscheinungsbilde klar ausgeprägt vor uns; die Oberfläche zeugt vom Wandel des Wesens für den Artgenossen, der diese Schrift aus erblicher Anlage zu deuten versteht – aber auch für den Forscher, der sie in mühevoller Arbeit entziffert hat.

Und noch ein anderer Wechsel kündet sich im Kleide an. Nach jeder durchlebten Fortpflanzungszeit verändert sich Jahr für Jahr im Sommer die Tracht, indem die dunkle Kopfkappe schwindet und nur wenig Schwarz in lockeren Flecken den Kopf auszeichnet. So kündet sich auch im Äußeren die Zeit der geschlechtlichen Ruhe als das Besondere gegenüber der Brutzeit an.

Ich wähle absichtlich diesen schlichten Fall eines einheimischen Vogels, um von vornherein die Meinung auszuschließen, es müßte sich stets um auffällige Schauspiele handeln. In dieser unauffälligen und doch prägnanten Form aber ist die Erscheinung weit verbreitet und verdient eine größere Beachtung, als sie ihr meist zuteil wird. Die Idee, daß es sich bei solchen Mustern um beliebige Oberflächenformen und -farben handle, muß der Einsicht weichen, daß sich in allem Geformten und in aller Funktion die gesamte Wesenheit eines besonderen lebendigen Wesens auswirkt. Die Oberfläche ist nicht weniger Wesen und Sinn des Ganzen als die Einzelfunktion irgendeines verborgenen Organs im Innern. In manchen der höchsten Tiergruppen, besonders in solchen, deren optischer Sinn bedeutend entfaltet ist, wie gerade bei den Vögeln, ist die Manifestation innerer Wandlungen in der Erscheinung ganz besonders ausgeprägt. Und diese Verwandlungen sind nicht bloße Begleiterscheinungen, nicht ein belangloses Spiel einer Oberfläche; sie werden von den Artgenossen aufgefaßt, »erkannt« und bestimmen deren Verhalten. Der Wandlung in Tracht und Gebaren entspricht nicht nur eine innere Wandlung im Individuum, nein, in jedem Individuum dieser Art liegen auch die Möglichkeiten bereit, die verschiedenen Zustände in der Erscheinung der Artgenossen zu erkennen und ihnen gemäß zu handeln.

Nicht nur die Tracht wechselt mit dem inneren Zustand – bei Vögeln wird ja auch der Gesang, der Laut, zu einem Mittel der Kundgabe, das dem Wechsel der Tracht an Varianten nicht nachsteht und neben den momentanen Umstimmungen auch den großen Lebensrhythmen einen starken Ausdruck gibt. Wir erinnern uns an das Waldleben im Jahreslauf: auch wenn wir von Vögeln nichts sehen: wie lebendig ist dieser Wald im Mai, im Frühsommer, wo auch die unsichtbaren Bewohner von ihrem Leben in Liedern und Lauten zeugen – wie anders im Spätsommer, wie seltsam diese Stille, welche die Metamorphose des heimlichen Waldvolkes der Singvögel bezeugt. Gesang ist Dasein – in ihm legt sich der Vogel dar, viel augenblicklicher noch die Stimmung des Moments bezeugend, als es durch die konstanteren Ausdrucksmittel der Tracht allein möglich ist.

Mit der Aufdeckung der tierischen Metamorphosen stellte sich den Biologen auch die Frage nach dem Sinn. Und wenn es auch als die erste Aufgabe des Forschers gelten muß, das Was und Wie zu ergründen, so stellt sich doch bei der Betrachtung des Lebendigen die Sinnfrage mit unabweisbarer Macht. Niemand kann sich der Frage nach dem »Wozu« und »Warum« entziehen – auch wenn es oft schwer ist, zu erkennen, wo diese Sinnfrage noch gestellt werden darf und wo die Grenzen der wissenschaftlichen Aussage überschritten sind.

Im Falle der Metamorphosen gilt ein erster Kreis der Sinnfrage den Bedeutungen, die sich als lebenserhaltend erweisen. Sie lassen sich im Rahmen wissenschaftlicher Aussage ohne weiteres einordnen, und ein weites Forschungsgebiet, die Ökologie, gibt sich unter anderem mit solchen Problemen ab.

In vielen tierischen Lebensläufen tritt Gestaltwandel im Zusammenhang mit einem auffälligen Wechsel des Milieus auf. So ganz besonders bei ungezählten Meereswesen, die als Larven auf freier, offener See schweben oder schwimmen. Im Süßwasser ist die Zahl echter Metamorphosen gering – ein Problem für sich! Sieht man genauer zu, so ist die Ausbildung freier Larven ganz besonders häufig und formal gesteigert bei Gruppen, deren Endgestalt an eine Stelle gefesselt oder wenigstens sehr unbeweglich ist. Die Seesterne und Seeigel, die Schnecken und Muscheln, die sandbewohnenden und die in Röhren lebenden Würmer – sie sind lauter Ortsgebundene; und gerade sie haben Larvenformen, die frei schweben. Sicher sind diese pelagischen Stadien ein Verbreitungsmittel, das der Art neue Areale erobert und durch den Zufall der Ausbreitung durch Meeresströmungen die Möglichkeiten für günstige Lebensbedingungen steigert. Man wird an die Samenbildung der Pflanzen gemahnt, die ja auch ähnlich ortsgebunden sind. So ist hier Formwandel ein bedeutendes Mittel der Arterhaltung.

Ebenso eindeutig ist diese Leistung der Metamorphose bei den vielen Parasiten, bei denen der Formwandel mit dem Wechsel des Wirtes verbunden ist und mithilft, die nächste Etappe des komplizierten Lebenslaufes zu bewältigen.

In der Formwandlung der Insekten wird man in dieser Blickrichtung auf arterhaltende Momente Entsprechendes finden. Hier sind es aber die Reifestadien, denen die Rolle der Artausbreitung zukommt. Die Larven sind oft an einen engen Nährkreis gebunden, an eine Nährpflanze, an den Boden, der weite Wanderungen hindert, an eine eng begrenzte Stelle in einem Bachgrunde oder in einen Tierkadaver, wenn es sich um Fliegenmaden handelt – in allen diesen Fällen schafft die Verwandlung in das geflügelte Insekt die große Möglichkeit der Gewinnung neuer Lebensräume, die oft durch weite Flüge erreicht werden. Je dynamischer die fliegende Form, desto weiter vermag sich die Art auszudehnen, die als Larve oft in engem Raum gebannt leben muß. Wer auf sommerlichen Pfaden fern vom Wasser Libellen ruhend sieht, der ist Zeuge einer solchen heimlichen Artausbreitung, die Gebirge, Wasserscheiden überwindet.

Die ökologische Deutung der Metamorphose bringt nur einen Aspekt zur Geltung. Überblicken wir die Verteilung der Verwandlungen im Gesamten des tierischen Lebens, so erschließt sich uns ein weiterer wichtiger Kreis von Tatsachen. Die tiefgreifendere, volle Metamorphose vom Typ der Seeigel oder Insekten ist auf die einfacheren Stufen der Organisation beschränkt – keine der höchsten Erscheinungen des Tierlebens zeigt sie.

Die Insekten und Krebse markieren im Bereich der wirbellosen Tiere die höchste Stufe, auf der echte Verwandlung auftritt. Die höchste Organisation der Wirbellosen, die der Cephalopoden, der Tintenfische, zeigt nur sehr dürftige Spuren von Verwandlung, die vor allem die Proportionen von Fangarmen und die Ausbildung der Flossen betreffen. Ordnen wir die Wirbeltiere nach dem Rang ihrer nervösen Organe, so zeigt sich auch hier die auffälligste Verwandlung auf rangniedrigste Gruppen beschränkt: eindrücklich ist die Metamorphose beim Lanzettfisch Amphioxus, sehr tiefgreifend bei den Neunaugen, bei den Molchen und Fröschen. Den Fischen mit hochdifferenzierten Nervensystemen, Haien, Rochen und Knochenfischen, fehlt eine eigentliche Metamorphose – nur wenige marine Arten zeigen sie in auffälligerer Weise, so die Aale, wobei aber auch hier die Metamorphose im wesentlichen Proportionsänderungen und Verwandlung der Färbung bringt, nie aber tiefergehenden Umbau. Keine der großen Landtiergruppen zeigt echte Gestaltwandlung, weder Reptilien noch Vögel oder Säuger.

Diese eigenartige Verteilung des vollen Gestaltwandels weist uns auf die Tatsache der Ranghöhe hin: die Tiergestalten um uns sind nicht allein in besondere Umwelten eingefügt und deren Bedingungen angepaßt. Sie sind Zentren eigener Aktivität, aus einer eigenen Erlebensform ihre Umwelt erlebend und erfüllend. Der Reichtum aber dieser Innerlichkeit und der von ihr vermittelten Weltbeziehungen ist den verschiedenen Tiergruppen gar ungleich zugeteilt – so ungleich, daß alle wissenschaftlichen Systeme mehr oder weniger eingestandenermaßen ihre Ordnung der großen Gruppen auf dieser Skala steigender Weltbeziehung aufbauen. Die Einsicht in diese Unterschiede hat sich freilich durch das Vorherrschen utilitärer Auffassungen seit etwa hundert Jahren bedenklich verflüchtigt; wir sind heute neu bemüht, sie mit objektiven Methoden zu festigen und die Aussagen darüber zu präzisieren. Verhaltensforschung und Morphologie stehen vor wichtigen neuen Aufgaben.

Voller Formwandel scheint mit den höchsten Stufen tierischen Lebens unvereinbar – das ist das erste, allgemeinste Ergebnis einer vergleichenden Übersicht. Volle Metamorphose: damit meinen wir ein Ausmaß des Umbaus, das wesentliche Änderungen des Verhaltens, der Funktionen des zentralen Nervensystems, auch der Sinnesorgane mitbringt – eine Metamorphose also, wie sie etwa durch das Geschehen in einem Puppenstadium gekennzeichnet ist. Auch die außerordentliche Verwandlung einer Pluteuslarve in einen Seeigel ist von dieser Art.
Die Begrenzung der vollen Metamorphose auf niedrige Rangstufen hat wiederum viele Aspekte, von denen wir nur einen betrachten: die Bedeutung des Individuellen.
Das hinfällige Einzelwesen ist dem Biologen zunächst der austauschbare Vertreter eines dauerhafteren Lebensgebildes: der Art. Und die Feststellung der primären Natur alles Überindividuellen hat diesem Standpunkt noch größere Geltung verschafft. So werden denn auch die erstaunlichen Einrichtungen zur Erhaltung und Ausrüstung des Individuums allzu ausschließlich und einseitig nur als Teilvorgang im System der arterhaltenden Momente gesehen. Wenn etwa Gebilde, die klar jeden Erhaltungswert überschreiten, als »hypertelisch« bezeichnet werden, so wird deutlich, daß als »Telos« hier nur Erhaltung der Art gesehen

wird und das Hypertelische als ein Nagel zum Sarg, als ein mahnendes Zeichen des Untergangs.

Es ist darum notwendig, die komplementäre Situation von Kollektiv und Individuum wieder in stärkerem Maße als eine zweiseitige zu sehen und den Aspekt der Evolution des Individuellen nicht zu vernachlässigen. Dies scheint mir auch ein nicht unwesentlicher Beitrag des Biologen zu den Problemen der Seelenforschung.

Wir müssen an dieser Stelle bereits die mögliche Mißdeutung ausschließen, als käme Individualität bei voller Metamorphose nicht vor. Sie ist ja eine generelle Eigenart des Lebendigen, und je sorgfältiger die Beobachtung, desto reicher sind die Zeugnisse von individuellen Unterschieden. Die Untersuchungen von Frischs und seiner Schüler an Bienen lockern immer mehr das ursprüngliche Bild relativ starrer Instinktabfolge zugunsten einer recht auffälligen Individualität des Verhaltens.

Das Vorkommen oder Fehlen einer echten, vollen Metamorphose wird im Problemkreis Art–Individuum betrachtet werden müssen. Solange die Erhaltung der Art über die Ausprägung des Individuums dominiert, so lange bleibt in der Evolutionsfolge eines Tiertypus die Metamorphose ein Entwicklungsweg, der manche Probleme trefflich löst und bedeutende Möglichkeiten extremer Gestaltvariation für Larve und Reifegestalt zuläßt. Wird aber die »Zentralität« des Individuums besonders stark, so verschließt sie mehr und mehr die Möglichkeit echter Metamorphose und damit völligen Gestaltwandels zugunsten des Durchhaltens einer besonderen Einzelerscheinung der Tierart.

Die höchsten Formen der Individualität, von denen auch die Erfahrungen mit höheren Wirbeltieren eindrücklich zeugen, kommen im Bereich voller Metamorphose nicht vor. Wir sagten bereits, daß auch bei Gestaltwandel das Individuelle nachweisbar ist – aber es ist nicht so, daß die intensivierte Beobachtung schließlich bei Faltern und Bienen, Termiten und Wespen immer feinere Unterschiede findet, die uns endlich eine Art Miniaturmenschen vor Augen bringen. Auch die feinere Beobachtung stellt hier lediglich Individualität fest, die im Rahmen der Variation aller komplex strukturierten Gebilde bleibt.

Die Verwirklichung höherer Stufen der Innerlichkeit, eines reicheren Weltaufbaus durch das Erleben im Einzelwesen ist eine

Erscheinung besonderer Art, die von den Biologen, die sich um die Einsicht ins Evolutionsgeschehen mühen, oft beachtet worden ist. Was etwa als »Elevation« der bloßen »Spezialisation« gegenübergestellt worden ist, ist dieses Faktum (V. Franz, 1935). Was Sewertzoff (1931) als »Aramorphose« bezeichnet, meint eine Steigerung aller Funktionen gegenüber einer »Idioadaptation«, die einseitig bestimmten Umweltverhältnissen zugeordnet erscheint[2]. Unsere eigenen Arbeiten über Cerebralisation kreisen um diese Probleme und streben nach objektiven Bestimmungen dieser »Elevation« oder »Aramorphose« durch die messende Untersuchung der höchsten Nervenzentren.

Die höchsten uns bekannten Elevationsgrade, die komplexeste Aramorphose, die gesteigerte Cerebralisation – sie bringen immer auch die Betonung des Individuums und damit einen besonderen Lebenswert, der die pure Arterhaltung oder Artumwandlung weit übersteigt.

II.

Die biologische Erforschung zyklischer Metamorphosen, wie der eben betrachteten eines Falters, geschieht im klar erkennbaren Rahmen eines individuellen Lebenslaufes. Wie schwierig auch manche technische und theoretische Aufgaben dieser Arbeiten zu bewältigen sind – das Bezugssystem ist wissenschaftlich eindeutig: mit der Aufdeckung von Wechselwirkungen der Aktions- und Reaktionsgefüge, mit der Zurückführung dieser Organe und Funktionen auf ihre Entstehung in der Eizelle sind wesentliche Fragen wissenschaftlich gelöst.

Die Biologie arbeitet aber noch an einem anderen Wandlungsproblem, das eine völlig andere Forschungsaufgabe darstellt: an der Ergründung der verborgenen Vorgänge, welche die unabänderliche Wiederkehr des artgemäßen Zyklus der Lebensläufe durchbrechen und so neue Lebensformen erzeugen. Die ungezählten Dokumente der Erdgeschichte und der vergleichenden Morphologie fordern eine solche Evolutionsforschung. Soweit diese biologische Arbeit experimentell in unserer Zeit geleistet wird, ergründet sie also neu erscheinende Lebensformen, mag das Neue an ihnen auch noch so unscheinbar sein. Durch diesen Wesenszug der Ergründung des völlig Neuen erwächst ihr auch eine große grundsätzliche Schwierigkeit, welche die Arbeit am

Problem der zyklischen Metamorphose nicht kennt: es ist der Evolutionsforschung unmöglich, die experimentell gefundenen Resultate in einem abgeschlossenen Bezugssystem zu interpretieren und ihnen – wie es jeder Physiologe (oft unbewußt, aber immer mit vollem Recht) tut – im Rahmen eines bekannten Ganzen einen Sinn zu geben. Die einzig mögliche Beziehung weist nach rückwärts, auf das Erbgut der Rasse oder Art, an der eine Änderung erzeugt worden ist. Der Nachweis heißt immer: Abweichung vom früher Vorhandenen! Nach vorwärts, in die Zukunft, aber führt kein hinweisendes Zeichen den wissenschaftlichen Verstand. Ist die Veränderung ziellos, zufällig, richtungslos? Folgt sie Regeln des Abänderns, die wir erst in fernster Zukunft aus der Folge der Veränderungen ablesen werden? Wenn die meisten experimentierenden Biologen die »Mutationen«, die wir faktisch feststellen, als zufällig, als ungerichtet taxieren, so müßten wir wohl bei der Beurteilung dieser Taxierung mit größter Vorsicht die Unmöglichkeit oder Schwierigkeit einer Feststellung betonen, die sich auf Zukünftiges bezieht. Würde die Eigenart der Evolutionsforschung sorgsamer beachtet, die sie von der zentralen physiologischen Arbeit trennt, so würde manche sterile Diskussion vermieden.

Angesichts dieser Schwierigkeit der experimentellen Evolutionsforschung scheint es mir besonders wichtig, das Bezugssystem zu bezeichnen, in dem die vergleichend-morphologische Arbeit am Evolutionsgeschehen sich vollzieht. Das Studium der erloschenen Tiergeschlechter, deren Vergleich mit den heute lebenden Formen muß mit den Vertretern der Gegenwart abschließen, falls es sich nicht um völlig ausgestorbene Gruppen handelt. So kann der Vergleich der Verwandtschaftsgruppe, zu der wir selbst gehören, die unbekannte Zukunft des Menschengeschlechts nicht mit umfassen. Aber das Studium großer abgeschlossener Reihen von Organismen, auch das von Gruppen, die bis zur Gegenwart reichen, erlaubt doch, die spätesten Formen mit den frühesten in ein Beziehungssystem zu schließen und so zu Schlüssen über evolutive Zusammenhänge zu gelangen, die dem experimentierenden Forscher zwangsläufig versagt sind. Über eine Wegstrecke solcher Forschung soll hier berichtet werden, um die zweite große Bedeutung zu illustrieren, die dem Begriff »Wandlung« in der Lebensforschung zukommt.

Embryo

Das Rätsel des Ursprungs zieht uns mit unwiderstehlicher Macht an. Ist uns der Gang in jene fernen Zeiten verwehrt, wo Falter oder Vögel, Säugetiere oder Menschen entstanden sind, so ergreifen wir um so intensiver die Möglichkeit, das Werden des Einzelwesens von der Eizelle an zu ergründen.

Früh in meinem Studium stand es einmal fest, daß Embryologie, die Erforschung der stillen Phase des Werdens im Ei oder im Mutterleib, das Arbeitsziel sein werde. Es sind dann freilich andere Aufgaben aus diesem ersten Suchen heraus gewachsen: die erste wissenschaftliche Arbeit galt dem Treiben der Libellen, und in letzter Zeit steht das zentrale Nervensystem und die Erscheinung der Reifegestalt im Zentrum. Aber alle diese Arbeiten führen zum Studium des Embryos zurück.

Je reicher die Möglichkeiten der Weltbeziehung eines Lebewesens sind, desto komplizierter sind alle die Einrichtungen, die aufgebaut werden müssen, um so länger wird auch die Lebenszeit des stillen embryonalen Wachsens und Werdens. Mit diesem Zwang zu langer Entwicklungszeit wächst auch die Fürsorge der Eltern; Nestbau und Brutpflege, lange Tragzeiten im Mutterkörper und Ernährung des werdenden Keims sind notwendige Folgen der gesteigerten Weltbeziehung.

Der Versuch, diese Beziehung von Eltern und Nachkommen bei verschiedenen Tiergruppen zu ermitteln, hat schließlich zu einer neuen Überprüfung der menschlichen Entwicklung und damit zu den anthropologischen Arbeiten der letzten zehn Jahre geführt. Unser Bild vom Embryo eines Wellensittichs mahnt an die Rolle, die dem Studium der Vögel in dieser Arbeit zugefallen ist.　　　　(Phot. H. R. Haefelfinger)

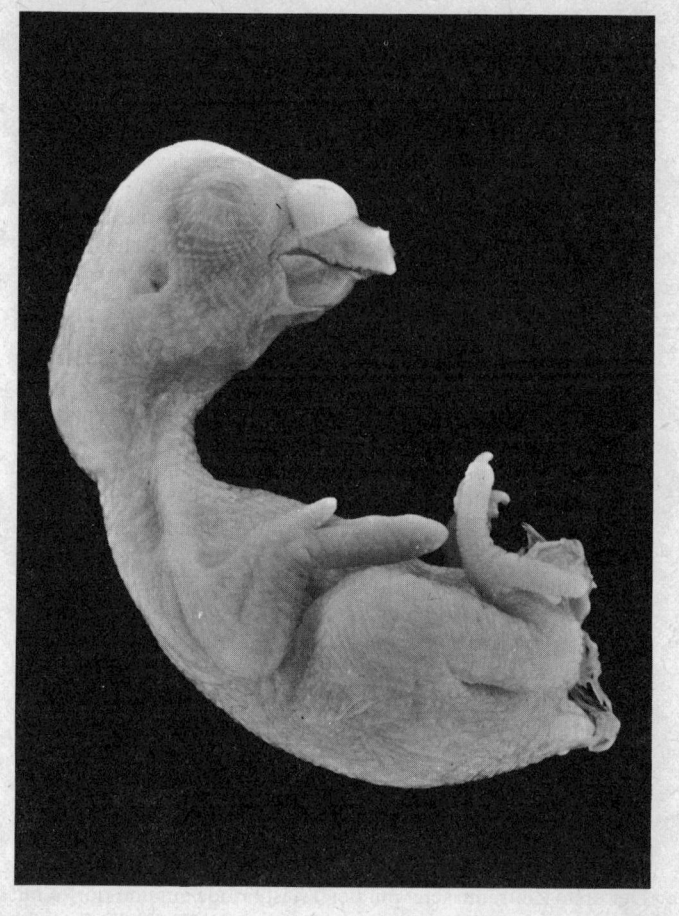

Wandlung der Typen – Metamorphose der lebendigen Gestalten. Die Frage, die vor uns ist, wenn diese Erscheinungen zur Sprache kommen, ist gleich dunkel und schwer zu beantworten, die Erscheinung gleich rätselhaft und bedeutungsvoll, ob wir nun die Verwandlung der Blütenpflanzen zu ergründen trachten oder die des Typus der Wirbeltiere, ob wir die etwas einheitlichere Formenfülle eines sehr viel engeren Kreises, etwa der Vögel, in den Gesetzen ihres Werdens erkennen möchten, auch die der Insekten, der Korallenpolypen, der Schnecken oder Muscheln, in deren Schalen ein so erstaunlicher Reichtum von Möglichkeiten der Gestaltung verwirklicht wird.

Wir wenden uns dem Typuswandel der Säugetiere zu und lassen alle anderen organischen Gestalten in diesem Überblick außer acht. In dieser Evolution des Säugertypus sind wir selber inbegriffen, und die Antwort auf die Frage nach dieser Wandlung schließt auch die nach unserem Werden mit ein.

Wir gehen von erdgeschichtlichen Tatsachen aus, um diese besondere Wandlung zeitlich einzugliedern in die Ordnungen der Lebensentwicklung, soweit sich diese durch Einblick in die Organismenwelt früherer Perioden gewinnen läßt.

Der Zeitraum mißt an die dreihundert Millionen Jahre und umfaßt drei große Perioden, an deren Grenzen zwei gewaltige Wandlungen stattgefunden haben, Ereignisse, die zu den zentralen Problemen der Evolutionsforschung gehören. In dieser Säugetierzeit geschahen viele sehr verschiedene Evolutionsvorgänge. Ich könnte versuchen, die zu schildern, welche die Lebensform der Pferde gebracht haben, oder die ganz andere, die zu den Gestalten der Elefanten, zu den marinen Riesen der Wale geführt haben oder zu Hirschen, Antilopen, Giraffen. Diese Vielheit muß uns wenigstens vor Augen sein, wenn wir im Folgenden nur eine einzelne Wandlungsrichtung auslesen.

Der erste Zeitraum setzt mit der Triasperiode ein und dürfte mit der spätesten Kreidezeit abzuschließen sein. Es ist die Periode, in der der erste, ursprünglichste Typus von Säugetieren auf Erden lebte, dessen Entstehung wir hier einfach feststellen. Eine große und vielgestaltige Formenfülle archaischer Säuger hat in dieser Zeit gelebt; unter ihnen ist uns die Gruppe besonders wichtig, die eine echte Plazenta bildet und die man Eutheria nennt.

Die zweite Periode setzt ein mit dem Beginn der von den Geologen Tertiär benannten Zeit und erreicht ihren Höhepunkt in der Mitte dieser Erdzeit, im Miozän etwa. In ihr entfaltet sich eine höhere Weise von Säugetiermöglichkeiten, auch jetzt wiederum vielgestaltig in Form und Lebensart. Aus beiden Zeitaltern leben vereinzelte Gruppen in der heutigen Zeit weiter, wenige aus der Frühzeit der Eutheria, viele aus der höheren Stufe, der die Hirsche, Antilopen, Elefanten und Pferde, Robben und Wale und Delphine, die Meerkatzen, Paviane und Menschenaffen zugezählt werden müssen.

In der Mitte der Tertiärzeit, wenn nicht schon früher, liegt die für uns besonders zentrale Wandlung, von der das Auftreten von Hominiden zeugt, von Formen, die unserem Menschentypus nahestehen, mit denen vielleicht auch unsere eigene Daseinsweise auftritt.

Was ich über diese drei Epochen und die zwei Wandlungen berichte, erstrebt nur ein Verständnis der allgemeinsten Züge. Ich versuche es in der Hoffnung, das Problem des Ursprungs unserer Daseinsform von einer besonderen Seite zu zeichnen, um an einem Beispiel, das uns besonders nahe angeht, die Fragen deutlicher zu machen, die einer biologischen Wandlungsforschung gestellt sind.

Suchen wir zunächst den archaischen Grundtyp zu sehen, von dem unsere Darstellung ausgeht. Wir lassen dabei sowohl Schnabeltier und Schnabeligel (die eierlegenden Säuger) wie die Beuteltiere aus dem Spiel, da alle diese Gruppen Sonderwege der Evolution hinter sich haben und uns nur sehr indirekte Aufschlüsse über die Wandlungen geben, denen unsere Aufmerksamkeit gilt. Die archaischen Vertreter der großen Eutheriengruppe waren relativ kleine Gestalten. Marder, Eichhörnchen oder Ziesel, auch Spitzmäuse und Igel bieten die Möglichkeit, uns eine allgemeine Vorstellung dieser ältesten Eutherien zu machen. Die Ausbildung der höheren Gehirnzentren ist gering, für die Umweltorientierung ist der Geruchssinn dominant, wie wichtig auch immer Auge und Ohr sein mögen. Wir bezeichnen darum diese Stufe als makrosmatisch[3]. Suchen wir, einer neueren Meßmethode folgend, einen Zahlenausdruck für die Gehirnausbildung, so ist diese archaische Stufe durch Indizes des Hirnmantels, eines wichtigen Teils des Vorderhirns, von 1,7 bis etwa 5 charakterisiert – Zahlen, die erst im Vergleich mit den Werten für höhere Stufen ihre Bedeutung erlangen. Diese frühen Säugetiere sind Lebensformen, die wohl nur wenige Jahre alt wurden (drei bis zehn Jahre mag diese Möglichkeit etwa begrenzen), dafür waren sie früh fortpflanzungsfähig, brachten fünf bis zehn Junge in einem Wurf zur Welt – vielleicht auch mehr – und hatten wohl alle eine kurze Tragzeit, die etwa fünf bis sechs Wochen betragen hat. Die Jungen sind hilflose, nackte Nesthocker – irgendwelche einfache Nestbauten sind meist vorhanden, oft mit Haaren der Mutter als Wärmeschutz ausgestattet. Die Ausbildung des Gehirns im Moment der Geburt ist so gering, daß dieses zentrale Organ sein Volumen etwa auf das Sieben- bis Zehnfache, zuweilen noch mehr, erhöhen muß, was eine Anfangszeit von beträchtlicher Hilflosigkeit bedingt. In rascher Entwicklung erreichen die Jungen ihre Reife. In vielen Formen und Lebensarten variiert dieser Plan, aber die erwähnten Grundzüge sind immer verwirklicht.

Ein besonderes Kennzeichen dieser uralten Erscheinungsform des Säugerlebens steht in Beziehung zur sehr frühen Geburt, die ihrerseits zu der geringen Körpergröße und der hohen Kinderzahl in jedem Wurf in Beziehung steht. Augen und Ohren sind noch unentwickelt; sie brauchen noch tagelang das flüssige Medium, das sonst der mütterliche Uterus bietet, das Urwasser der geschützten Frühzeit. Es wird ihnen gesichert durch einen vorübergehenden Verschluß. Am Auge verwachsen die beiden Lider; am Ohr legt sich die Ohrmuschel nach vorn um und verwächst mit der Haut; auch verwachsen die Wände des äußeren Gehörganges. Im Schutz dieser Verschlüsse entwickeln sich die beiden großen Fernsinne zur Endgestalt. Wie genau diese Verschlußeinrichtungen auf die frühe Geburt abgestimmt sind, bezeugen die Beuteltiere, bei denen die Geburt nach acht bis zehn Tagen erfolgt und wo der Verschluß der Sinnesorgane entsprechend früh einsetzt[4].

Die zweite Stufe der Säuger trägt manche neue Züge. Die Körpergröße ist erhöht, Riesenformen sind möglich. Die Ausformung der höheren Hirnzentren ist bedeutend kompliziert; im Zusammenspielen der Sinnesgebiete, im gesamten Erleben, gewinnt gegenüber der archaischeren Riechsphäre die optische und akustische Orientierung an Bedeutung – in manchen Gruppen, wie bei den Affen, ist der Geruch besonders auffällig zurückgesetzt, die Wale erreichen das Extrem dieser mikrosmatischen Richtung. Die Indizes für die Ausbildung des Hirnmantels gehen von etwa 8 oder 10 bis 70 (verglichen mit 1,7 bis 5 auf der ersten Stufe). Mit der Zunahme der Körpergröße ist die Lebensdauer verlängert; zwanzig bis dreißig, ja in einzelnen Gruppen bis vierzig Jahre sind möglich – die hohen Lebensalter, die Elefanten zugeschrieben werden, erfüllen bloß menschliche Bedürfnisse; in Wirklichkeit wird die Grenze von fünfzig Jahren nur selten um zwei bis drei Jahre überschritten. Fünfundzwanzig bis dreißig Jahre darf als Mitte gelten, um unsere Vorstellung von dieser Stufe zu fixieren.

Bedeutend ist auch die Wandlung der Fortpflanzungsweise. Die Geschlechtsreife ist ins zweite oder dritte Jahr hinausgeschoben, zuweilen noch mehr verspätet. Die Zahl der Nachkommen im Wurf ist herabgesetzt auf zwei oder eins. Der Geburtszustand der Jungtiere aber ist dem Reifezustand sehr viel näher als auf der archaischen Säugerstufe: das Junge ist in Gebaren und Proportionen ein kleines Abbild der Alten. Das Gehirn ist weit entwickelt: sein Volumen muß sich bis zur Vollreife höchstens verdoppeln oder verdreifachen, zuweilen – so bei Kamelen und Pferden – wächst es gar nur um etwa das Anderthalbfache. So sind diese Tierkinder extreme Nestflüchter, ein Zustand, der für die Jugendform der höheren Säuger bezeichnend ist. Wo das Kind, wie bei Affen, sich an der Mutter festhält und sich tragen läßt, geschieht das aktiv von seiten des Jungtiers, nicht etwa ausschließlich durch die Alttiere. Dieser weitentwickelte Geburtszustand wird durch eine verlängerte Trächtigkeit erreicht, die um viele Wochen über die Zeitdauer bei archaischen Formen hinausgeht, bei manchen Gruppen ein Jahr überschreitet, beim Pottwal sechzehn Monate, bei Elefanten zweiundzwanzig Monate erreicht. In dieser langen Zeit reift das Jungtier zur vollen Sinneswachheit des Erwachsenen, zur artgemäßen Haltung, zu den erblich fixierten sozialen Verhaltensweisen und zu voller Beweglichkeit heran. Alles das reift und wächst im Schutze des Uterus der Mutter. Vergessen wir eine weitere neue Einrichtung nicht: in vielen Gruppen wird mit der zweiten Säugerstufe der Blutverlust bei der Geburt entweder minimal oder ganz aufgehoben durch eine ganz besondere Form und Funktion der Verbindung von Mutter und Kind: die Wale und die höheren Huftiergruppen erreichen diese

Stufe, auch die Halbaffen unter den Primaten. Daß die eigentlichen Affen auch auf ihrer höheren Stufe die ursprüngliche Plazenta mit Blutverlust bei der Geburt bewahren, ist ein Problem für sich.

Unsere Darstellung dieser zweiten Stufe der Säuger bleibt statisch – aber jedes einzelne der eben erwähnten Merkmale stellt die Fragen des Werdens, der Wandlung.

Wir sprechen von gesteigerter Körpergröße und heben das verlängerte Individualleben hervor. Was bedeutet das an unbekannten Wandlungen im Gefüge der Grundsubstanz, des Artplasmas, wieviel Umgruppierung und Veränderung im Zusammenspiel der Wandlungssysteme, welche den Lebenslauf eines Säugers regeln. Wir wissen, daß diese Wandlung stärker die Reaktionssysteme der Organe betrifft als die Aktionssysteme der Hormondrüsen, die stets relativ unspezifische Wirkstoffe erzeugen. Die Änderung in der Orchestrierung der Sinnesbereiche, welche die Umwelterfahrung bestimmen, mahnt uns daran, welch umfassendes verborgenes Geschehen die Verwirklichung einer höheren Stufe des Säugerlebens bedeutet: nicht bloß eine Summe von verschiedenen Umbauten, sondern Wandlung zu einer neuen Weite der Umwelt und der Sozialbeziehungen. Die neue Stufe ist gesteigerte Ausprägung der Individualgestalt, sie bringt reicheres und zeitlich verlängertes Sammeln und Verwerten von individuellen Erfahrungen, die sich im Leben der Gruppe auswirken. Das alles steht, bedingt und bedingend, im Zusammenhang mit den Umformungen, die das erhöhte Wachstum und die vermehrte Lebensdauer bestimmen. Diese Eigenheiten sind nicht isolierte physiologische Eigenschaften. Nur wer sich dieses Gefüge von neuen Lebensmöglichkeiten vor Augen stellt, beginnt die Größe des Problems zu ahnen, das uns in der Erforschung solcher Wandlungen aufgegeben ist. Ob die Umformung in vielen unauffälligen Schritten vollzogen wurde oder in einzelnen bedeutenden Metamorphosen, das wissen wir nicht – sowenig wir wissen, ob die der heutigen Erfahrung im Experiment zugänglichen Wandlungsprozesse, die verschiedenen von der Genetik studierten Mutationen von der Art sind, um deren Verständnis es hier geht. Da und dort öffnet uns die vergleichend morphologische Forschung einen Spalt, durch den wir eine Teilerscheinung dieser umfassenden Vorgänge zu erkennen glauben. So wissen wir heute, daß die Umformung der Körpergestalt bereits auf Stufen relativ niedriger Hirnbildung einsetzt und das Wachsen der Körpergröße zu mächtigeren Reifegestalten ebenfalls, und daß viel später erst in der Ausformung der höheren Säuger die größere Hirnmasse verwirklicht worden ist[5]. Durch einen anderen Spalt fällt der Blick auf die Wandlung der Entwicklungsweise: in den meisten Säugetiergruppen entstand zuerst der neue Modus der Fortpflanzung, also Reduktion der Jungenzahl, Verlängerung der Tragzeit und Nestflüchterzustand bei der Geburt – und erst nachdem diese Art der Ausformung bereits voll verwirklicht war, setzten die Vorgänge der Gehirnumbildung ein. Dieses Vorangehen der Umformung von Körpergestalt, Wuchsart und Entwicklungsmodus vor der Vergrößerung der Gehirnmasse ist auch für Vögel nachgewiesen. Es dürfte sich dabei um eine bedeutsame Regel der Evolution höherer Tiergestalten handeln – wir sagen Regel, denn angesichts des Reichtums von Möglichkeiten werden wir vorsichtiger im Gebrauch des Ausdrucks »Naturgesetz«.

Der Entwicklungsmodus der höheren Säugerstufe zeigt aber noch eine Erscheinung, die wir beachten und bedenken sollten. In der Uteruszeit formen sich bei allen Säugern dieser zweiten Stufe während einiger Tage oder Wochen dieselben Verschlüsse der Augenlider und der Ohren, wie sie der ersten Stufe eigen sind. Alles geht vor sich, als bereite der werdende Säuger auf archaische Weise eine frühe Geburt mit Schutzeinrichtungen vor. In der Eizelle jeder höheren Säugerart sind diese Einrichtungen der Frühstufe erblich verankert, und die zugeordneten Prozesse laufen im Embryo ab – während im mütterlichen Organismus bereits die verlängerte Tragzeit der höheren Formstufe erblich eingegliedert ist. Diese Wiederholung von frühgeburtlichen Hilfsstrukturen ist eines der eindrücklichsten Zeugnisse für die tiefe Verwandtschaft aller Säuger untereinander. Dem Forscher ist es ein funktionell sinnloses Zeichen, das uns den Ablauf einer archaischen Periode im Uterus markiert und damit den Zeitpunkt zugleich, zu dem der Keim in eine neue Phase eintritt. Nun öffnen sich die Lider und das Ohr, und es setzt in der dunklen Ruhe des Uterus die Periode ein, die der archaische Säuger in der behüteten Welt des Nestes und in der Obhut der säugenden Mutter zugebracht hätte. Der Wert dieser Vorgänge als Markierung eines Übergangs ist von größter Bedeutung für unsere Erkenntnis der

Rangstufung der Säuger. Wie immer wir uns auch die Wandlung von einer Stufe zur höheren vorstellen mögen, die Realität des Stufenzusammenhangs, des Wandlungsgeschehens wird von solchen Erscheinungen bezeugt.

Und nun die dritte Stufe – die der Hominiden. Ihr gilt unsere Darstellung ganz besonders, und aus dem Überblick der drei Säugerstufen soll sich das Bild der menschlichen Eigenart auch bei ausgesprochen biologischer Betrachtung herausheben. Während wir aber für manche Gruppen der beiden ersten Stufen eine große Zahl von Dokumenten, fossilen Zeugnissen, besitzen, sind die der Hominidengruppe vergleichsweise noch immer spärlich. So wissen wir wenig über die erdgeschichtlich frühen Stadien. Da sind am Ende der Tertiärzeit, neben den nachtertiären Funden, die Australopithecinen Südafrikas, vermutlich aufrechtgehende Hominiden, mit einem relativ geringen Hirnvolumen um siebenhundert Kubikzentimeter. Je mehr wir sie studieren, desto humaner erscheinen sie; nicht umsonst taucht in der letzten Zeit ein neuer Name auf: Australanthropus statt des ursprünglicheren, der Süd-Affe bedeutet hat. Da ist – vor kurzem publiziert – der Fund eines Prähominiden, eines Vormenschentypus, aus dem oberen Miozän der Toskana: Oreopithecus – ein Zeugnis dafür, daß auch auf europäischem Boden diese Frühgestalten unseres Geschlechtes gelebt haben[6]. Wir können daher heute auch nicht sagen, mit welcher Körpergröße der Hominidentypus in seinen frühesten Gestalten auftritt. Die Australopithecinen der spätesten Tertiärzeit hatten bereits etwa die Größe der heute noch lebenden Zwergrassen der Menschheit.

Der biologische Vergleich muß jedes paläontologische Dokument so vollständig als möglich auswerten. Doch sind dieser Arbeit enge Grenzen gesetzt, und die Diskussion der fossilen Funde gibt um so geringere Einblicke, als ja die Hominiden allgemein gerade durch das Faktum der geringen gestaltlichen Spezialisierung auffallen. Es ist wahrscheinlich, daß bereits auf frühen Stufen wesentliche Züge dieses Typus sich lediglich im Verhalten, im Welterleben und in der Eigenart der sozialen Lebensform äußerten und daher nicht aus der Form fossiler Körperreste abgelesen werden können.

Der biologische Vergleich muß in jedem Fall aber von einer Darstellung der gesamten Lebensform ausgehen. Deshalb nehmen wir die von Menschen der geschichtlichen Zeit gelebte Daseinsart als die des Typus. Nur so lassen sich die Wandlungen ablesen, die sich in dem geheimnisvollen Prozeß der Menschwerdung vollzogen haben müssen. Es ist notwendig, von der umfassendsten Möglichkeit der Bestimmung unseres humanen Typus auszugehen, die der wissenschaftlichen Arbeit zugänglich ist, und die Befunde der Paläontologie in diesem Rahmen einzuordnen. Nur so erscheint zugleich mit der Bedeutung dieser Funde auch die Begrenzung ihres Wertes als Zeugnis unseres Werdens.

Der Vergleich mit den beiden vorangegangenen Stufen ergibt als erstes wichtiges Faktum die nochmalige Verlängerung der Lebensdauer des Individuums. Im Mittelwert beträgt die Lebensmöglichkeit das Doppelte der Lebensdauer höherer Säuger: sechzig bis siebzig statt dreißig, im extremeren Fall achtzig bis hundert statt vierzig bis fünfundvierzig Jahre. Wir wollen bei dieser statistischen Feststellung bleiben, aber uns doch darauf besinnen, daß wir nach einer Begründung dieser Lebensdauer noch immer forschen. Wir wissen auch von keinen in der besonderen Orchestrierung der hormonalen Drüsen gelegenen Eigenheiten, welche die humane Lebensspanne gegenüber der von hohen Säugern erklären. Da die Hormondrüsen selber Stoffe von genereller Wirksamkeit liefern, die bei verschiedenen Wirbeltieren einander weitgehend entsprechen, so muß wohl die verlängerte Lebensmöglichkeit eine Eigenschaft der Reaktionssysteme und damit letztlich wohl bereits des Eiplasmas und seiner Erbfaktoren sein. Ob die erhöhte Nervenmasse unseres Gehirns damit zu tun hat, wissen wir nicht. Unser Neopalliumindex mit 170 mißt mehr als das Dreifache von dem der Menschenaffen, er beträgt mehr als das Doppelte der Indexzahl der Elefanten. Die Funde der Paläontologen sprechen dafür, daß auch in der Wandlung zum Menschen die Gestaltwerdung – in unserem Fall die Aufrichtung – der hohen Gehirnbildung vorangegangen ist, daß also auch in der Formung des Menschen die Regel gilt, die wir auf niederen Stufen der Säuger und bei den Vögeln feststellen konnten.

Besonders groß und bedeutungsvoll sind die Wandlungen der Entwicklungsweise. Wir verstehen die Wirklichkeit zuweilen etwas besser, wenn wir sie an einer Konstruktion messen, die ein

Monstrum ist: in unserem Fall am Modell eines Menschentypus, der ein vollwertiges, echtes höheres Säugetier der zweiten Evolutionsstufe dieser Gruppe wäre. Die vergleichende Biologie aller höheren Säuger gibt uns ein reiches Material, das diese Konstruktion ermöglicht.

Schon die außergewöhnliche Hirnentwicklung fordert eine weit über Menschenaffen-Zustände verlängerte Schwangerschaft. Da alle höheren Säuger in artgemäßer Haltung zur Welt kommen, so müßte auch der neugeborene Tiermensch als ein Wesen geboren werden, das sich aufrechthalten könnte, das neuromuskulär so weit gereift wäre wie ein Füllen oder Kälbchen, wie kleine Makaken und Paviane, wie der Delphin und der neugeborene Wal. Die Überprüfung aller dieser Verhältnisse ergibt die Forderung einer Schwangerschaft von annähernd zwanzig bis zweiundzwanzig Monaten.

Seltsame Tatsache, daß dieser Forderung die menschliche Wuchsweise genau entspricht, daß unser Wachstum im ersten Jahr nach der Geburt seit 1903 durch E. von Lange als fötal erkannt worden ist. Der amerikanische Biologe Scammon hat 1922 diese Eigenart erneut hervorgehoben. Unsere Wachstumsprozesse folgen den Gesetzen fötaler Entwicklung bis zum Zeitpunkt, auf den unsere Konstruktion die Geburt des Tiermenschen legen muß. Aber die Wirklichkeit unserer Entwicklungsweise ist eine radikale Zweigliederung. Die lange, theoretisch geforderte Uteruszeit wird in zwei Medien verlegt: eine erste Hälfte ermöglicht im Uterus der Mutter ein reifendes Wachsen ererbter Anlagen, die zweite Hälfte aber wird durch frühe Geburt in das reichere Milieu des Gruppenlebens, gleichsam in einen sozialen Uterus eingebettet, in dem die Entwicklung in einer Synthese von Reifen und Eingliederungsprozessen der Erfahrung geschieht, durch einen Modus lernenden Reifens, der das besondere Geheimnis der humanen Stufe ist. Die Konstruktion des Tiermenschen hebt das Erstaunliche unserer Entwicklungsweise drastisch hervor, die nicht einfach, wie es zuweilen gesehen worden ist, Verlangsamung und Verlängerung einer tierischen ist. Unser menschliches Leben hat eine reichgegliederte Grundmelodie, ein großes Thema, dessen Variation die Individuen leben. Der als fötal zu wertende Teil bis zum Erreichen artgemäßer Haltung und Sprache ist scharf gesondert in eine rein mütterliche und eine reichere soziale Uteruszeit. Die nachfolgende Zeit bis zur Vollreife ist nochmals in Etappen gegliedert, denen nichts in der Entwicklung höherer Säuger entspricht und deren eigenartigste der späte Wachstumsschuß der Pubertät ist. Auf einige Instrumente dieser Gliederung haben wir im Vergleich mit der Metamorphose der Insekten im ersten Teil dieses Vortrags hingedeutet. Doch haben wir bereits auch erfahren, daß diese hormonalen Organe ganz genereller Art sind und das Humane nicht erklären, daß ihre Anordnung und Orchestrierung das Werk von spezifischen Strukturen ist, als deren Sitz wir das Plasma mit dem Erbgefüge der Zellkerne annehmen müssen, ohne daß wir das Besondere bis jetzt genauer bezeichnen können, dessen Ergebnis der verlängerte Lebenslauf und die Wandlungen eines Menschen sind.

Die unserer Daseinsform eigentümliche Gliederung der frühen Entwicklungszeit ist streng der Eigenart unserer menschlichen Lebensform zugeordnet. Ist diese doch darin einzigartig, daß dem großen erblich fixierten Anteil des Welterfahrens, der durch vorgegebene Organisation über viele Möglichkeiten unserer Erfahrung bestimmt – daß diesem erblichen Anteil in unserer Nervenorganisation ein gewaltiger Anteil freier Kombination von Ererbtem mit Eindrücken, mit später erst Geprägtem, zur Seite steht. Dem Geheimnis dessen, was man etwa unsere weltoffene Lebensweise genannt hat, entspricht das Geheimnis unserer Entwicklungsform, die in der sozialen Uteruszeit durch einen ganz besonderen Modus erfahrenden Reifens alle wesentlich menschlichen Verhaltensformen entstehen läßt. Die aufrechte Haltung, die Sprache, das einsichtige Handeln – diese Trias menschlicher Sondereigenschaften entsteht im Reifen von offenen Anlagen, an deren Ausformung sowohl die Gruppe der Mitmenschen mitformt – im Normalfall besonders die Mutter – als auch der ganze Reichtum der einmaligen, historisch geprägten Sozietät und der umgebenden Natur. Diesen Tatsachen entspricht denn auch die Eigenart, das Einmalige unseres Geburtszustandes, der nur von stumpfer Beobachtung einfach den Nesthockern der archaischen Säuger zugewiesen werden kann. Macht doch der menschliche Keim im Uterus zunächst jene archaische Phase des Verschlusses der Sinnespforten durch, die auf eine frühe Geburt hinzielt. Im zweiten bis fünften Monat unserer Entwicklung wird diese Phase intrauterin durchschritten. Und nun tritt der Embryo des Menschen in seine zweite Phase ein: in die des höheren Säugers, dem sich die Sinnespforten wieder auftun, als wäre er bereits geboren. In dieser Periode reifen die neuromuskulären Apparate rasch heran. Nicht umsonst haben die Neurologen den Reifungszustand der Nervenfasern bei unserer Geburt eher mit dem eines Füllens als etwa mit dem eines Junglöwen oder Bären vergleichen müssen. Der Mensch scheint auf dem Weg, den unser Modell fordert. Aber diese zweite Phase wird planvoll zu einer dritten umgelenkt. Früh schon bleiben die Hinterextremitäten im Wachsen zurück, den Armen an Proportion entsprechend, und der werdende Mensch wird zur Welt gebracht in der einzigartigen Rückenlage, in der er in seiner Hilflosigkeit der Mutter seine Augen zuwendet, was kein höheres Säugerkind im Saugakt tut. Nur als Geburt in den »Sozialuterus« können die Eigenarten unseres Neugeborenen sinnvoll eingegliedert werden.

Müßte ich im Problemkreis der Menschwerdung einen biologisch faßbaren Sachverhalt bezeichnen, der die gewaltigste Wandlung zur Stufe des Menschen vor Augen stellt, so müßte ich auf den Zusammenhang hinweisen, in dem unsere Weltoffenheit und Entscheidungsfreiheit mit der Zweigliederung der Frühentwicklung steht – insbesondere auf die Eigenart des ersten Lebensjahres, das ich vorhin als die soziale Uterusperiode herauszuheben versucht habe.
Die Wandlung aus dem umweltgebundenen Zustand mit erblich fixierten Möglichkeiten der Zuwendung zu relativ wenigen vorbestimmten Dingen der Welt zu einem weltoffenen Erfahren mit freier Interessenmöglichkeit, aber auch mit der Notwendigkeit freier Entscheidung über die Gestalt der Sozietät und die Form der Kommunikationsmittel – diese Wandlung ist das eine große Glied des Geschehens der Menschwerdung. Das andere ist das ihr komplementäre: die Transformation der Anlagen zur Weltzuwendung im Keim des Menschen aus erblich fixierten Strukturen mit geringer Prägefähigkeit in eigenartig »offene« Systeme, die nur in der Nachahmung der bereits bestehenden Gruppenstrukturen und in der Auseinandersetzung mit der Umgebung ihre artgemäße Struktur verwirklichen, und die auch in dieser Verwirklichung in individuell verschiedenem Maße zeitlebens wandlungs-

fähig, umstimmbar bleiben können. Ist doch die Eigenart schöpferischer Individuen gerade von dieser kindhaften Offenheit mitbestimmt. Und die stete Ergänzungsbedürftigkeit, die sich in den religiösen Beziehungen äußert, ist ein Teil dieses Offenseins, das ja ebenso im Bild der offenen Wunde wie in dem einer auf Vollendung harrenden Blüte gesehen werden kann. Welchen biologisch faßbaren Einzelheiten unserer humanen Struktur diese Eigenart des Offenseins und Offenbleibens in besonderem Maße zugeordnet werden muß, wissen wir noch nicht. Aber bei jedem Versuch der Lokalisierung werden wir daran denken müssen, daß auch dieses lokalisierte »Etwas«, sei es nun eine Struktur des Stammhirns oder der Hirnrinde, die Eigenart seines Aufbaus aus der plasmatischen Eigenart der humanen Anlagen herleitet.

Die paläontologische Forschung legte die Geschehnisse der Menschwerdung, von der Gegenwart gesehen, in weite Ferne zurück; sie hat sie aber auch von den älteren Erdzeiten nach vorn vordringend etwa auf die Mitte der Tertiärperiode fixiert, vielleicht etwa zwanzig Millionen Jahre vor unserer geschichtlichen Zeit.

Die vergleichende Biologie ihrerseits hat die großen typologischen Stufen darzustellen begonnen, welche die zum Menschen führende Wandlung bezeichnen. Diese vergleichende Forschung strebt heute nach einer neuen Betrachtungsweise. Suchte doch die Biologie bisher fast immer nur die Merkmale zu bestimmen, welche wir mit höheren, gestaltverwandten Tieren teilen. Bei diesem Verfahren mußte alles in Vergessenheit geraten und unbeachtet bleiben, was das eigentlich Menschliche ist und dessen Herkunft doch eben erklärt werden sollte. Das gegenteilige Verfahren, das nur nach trennenden Sondermerkmalen forscht, um vor allem unsere Sonderstellung zu betonen, übergeht ebenso einseitig die vielen wesentlichen Züge, die wir mit dem Tierleben teilen. Beides sind Abschnürungsverfahren, beide sprechen von einem künstlichen Präparat, das sie als »den« Menschen ausgeben und das doch nur eine leblose Konstruktion ist.

Unser vergleichender Versuch bemüht sich um eine Darstellung der ganzen Lebensform jeder Stufe. Wir gelangen damit zu Bildern, in denen die Entsprechungen wie die Unterschiede gegenwärtig sind, und machen damit sichtbar, was eigentlich in jedem

Schritt der Wandlung geschehen sein muß. Die Darstellung ist statisch. Aber indem sie die Kontraste der Stufen heraushebt, wird überhaupt erst sichtbar, was die Erforschung der dynamischen Aspekte der Menschwerdung eigentlich zu ergründen hat. Damit wird dann auch deutlich, daß die Erforschung der Fossilien nur einen Aspekt des Wandlungsproblems berührt. – Mir scheint es eine der großen Aufgaben der Biologie, auch das Ausmaß dieser Problematik sichtbar zu machen.

Erst dadurch ergeben sich die offenen Fragen: Ist das, was wir als die humane Stufe erkannt haben, in *einem* gewaltigen Geschehen verwirklicht worden? Oder ist es Wirklichkeit geworden in mehreren, in vielen einzelnen Schritten? Sind solche Schritte denen vergleichbar, welche die Laboratoriumsforschung als Mutationen bezeichnet; sind sie also Wandlungen kleineren Ausmaßes, aber in Jahrmillionen dauernd sich anhäufend? Oder öffnet uns die Kenntnis dieser experimentell verwirklichten Wandlungsarten lediglich den Blick auf eine Erscheinung besonderer Art, neben der völlig andere Modi der Typusverwandlung existiert haben und existieren, von denen wir noch keine experimentelle Kenntnis haben?

Eine eindeutige, entscheidende Antwort auf diese Fragen bleibt uns versagt. Daran ändern auch noch so positive Aussagen mancher Evolutionstheoretiker nichts. Die Wahl unter den von der Biologie angebotenen Möglichkeiten geschieht daher nicht allein durch den objektiven, evidenten Wirklichkeitsgehalt der einen oder der andern; diese Wahl wird wesentlich mitbestimmt durch die ganze Ordnung unseres persönlichen Welterlebens, in dem am Werke sind: religiöse Bedürfnisse, ästhetische Wertungen, historisches Wissen, viele theoretische Inhalte aller Art, dominierende Stimmungen, entscheidende Wandlungen durch Begegnung und Erfahrung, Macht der Intuition und wie vieles noch, gar nicht zu reden von der Kultursituation, die bewußt und noch stärker unbewußt die Stellungnahme entscheidend beeinflußt.

Je reicher die Erfahrung von der Eigenart der menschlichen Daseinsform und ihren besonderen Möglichkeiten der Weltbeziehung, je reicher insbesondere die Einsichten in die vorgegebene Ausgangsstruktur jedes menschlichen Individuums – desto geheimnisvoller und dunkler wird das Problem des Ursprungs.

An dieser Einsicht aber in die vorgegebenen Strukturen arbeiten wir alle, die wir hier zusammenwirken. Vielleicht ist durch den Überblick, den wir hier miteinander zu gewinnen versucht haben, die Größe des Ursprungsproblems von der Seite aus sichtbar geworden, die es der Lebensforschung bietet. Vielleicht hat sich unser Überblick auch klar genug abgehoben von einem trägen und bequemen Agnostizismus. Nicht darum kann es gehen, zu betonen, daß wir nichts wissen, vielmehr gilt es, in unablässiger strenger Forschung zu erfahren, was wir wissen können. Aus diesem

weitesten Wissen erst öffnet sich dem inneren Blick das Ungeheure des Verborgenen: erst jetzt blicken wir in das Dunkel, das verbirgt, was wir heute noch nicht wissen, was also wissenschaftliches Problem ist, aber auch die dunkle Sphäre des ewigen Geheimnisses der Wirklichkeit. Auch der Biologe blickt am Ende jedes Forschungsweges in jenes Dunkel, von dem dieser Tage als »lumineuses ténèbres« gesprochen worden ist. Da ist die Zone des Schweigens, wo die Rede ihre Grenzen hat. Indem wir wachen Sinnes unser Werk tun, kommen wir an die Grenzen, wo wir mit dem Zen-Meister es besser finden, einen Finger zu heben, statt etwas zu sagen.

1 Einzelheiten über die hier dargestellten Vorgänge finden sich in folgenden Publikationen: J. J. Bounhiol, Recherches expérimentales sur le déterminisme de la Métamorphose chez les Lepidoptères, Bull. Biol. de France et de Belg., Suppl. 24, 1938. – O. Pflugfelder, Entwicklungsphysiologie der Insekten, Leipzig 1952. – Berta Schorrer, Hormones in Insects, in: Thimann, The Action of Hormones in Plants and Invertebrates, Acad. Press, New York 1952. – C. M. Williams, Morphogenesis and the Metamorphosis of Insects, The Marvey Lectures, Ser. 47, Acad. Press, New York 1952. – Neueste Untersuchungen sind dargestellt in: Convegno sulla Neurosecrezione, Pubbl. Stazione Zoologica Napoli, Vol. 24, Suppl. 1954. – Ferner: B. Hanström, On the Transformation of ordinary Nerve Cells into neurosecretory Cells, Kungl. Fysiograph. Sällskapets i Lund Förhandlingar Bd. 24, 1954.
2 V. Franz, Der biologische Fortschritt, Jena 1935. – A. N. Sewertzoff, Morphologische Gesetzmäßigkeiten der Evolution, Jena 1931.
3 Weitere Einzelheiten zu den hier dargestellten Fragen sowie die Belege für die Detailangaben finden sich in: A. Portmann, Biologische Fragmente zu einer Lehre vom Menschen, 2. Auflage, Basel 1951. – A. Portmann, Die allgemeine biologische Bedeutung der

Cerebralisations-Studien, Bull. Schweiz. Akad. d. Mediz. Wiss., Bd. 8, 1952. – K. Wirz, Zur quantitativen Bestimmung der Rangordnung bei Säugetieren, Acta Anat., Bd. 9, 1950. – K. Wirz, Ontogenese und Cerebralisation bei Eutheria, Acta Anat., Bd. 20, 1954.

4 R. Weber, Transitorische Verschlüsse von Fernsinnesorganen in der Embryonalperiode bei Amnioten, Revue Suisse de Zool., T. 57, 1950.

5 T. Edinger, Die Palaeoneurologie am Beginn einer neuen Phase, Experientia, Bd. VI, 1950, S. 250-258. – Ferner: T. Edinger, Paleoneurology versus Comparative Brain Anatomy, Confinia Neurologica, Bd. IX, 1949 (Festschrift f. Goldstein).

6 J. Hürzeler, Zur systematischen Stellung von Oreopithecus, Verh. Naturf. Ges. Basel, Bd. 65, 1954, S. 88-95.

Goethes Naturforschung

Die Auseinandersetzung unserer Zeit mit den Naturforschungen Goethes steht im auffälligen Gegensatz zu der Tatsache, daß die Arbeit der Naturwissenschaft im allgemeinen dazu bestimmt ist, in der Anonymität des Wissens unterzugehen. Wer müht sich – von großen Gedenktagen abgesehen – heute um Kenntnis der Naturergründung, wie sie vor anderthalb Jahrhunderten erstrebt worden ist?

Mit Goethes Naturforschung aber steht es ganz anders. Von den verschiedensten Seiten wird unser Geist immer wieder zu ihr zurückgeführt; die verschiedensten Geistesarten fesselt es immer wieder, wie dieser umfassende Mensch die Natur ergründet. Aber es ist nicht die Wissenschaftsgeschichte, die uns zu solcher Rückkehr zu Goethes Forschen nötigt. Es läßt sich leicht zeigen, daß Goethes Schaffen den Gang der Naturforschung nicht entscheidend beeinflußt hat. Sogar die Arbeitsgebiete, auf denen er Bedeutendes getan hat, hätten ohne seine Mitarbeit eben den Entwicklungsweg eingeschlagen, den sie im 19. Jahrhundert genommen haben. Wir wollen dies in Ruhe, aber mit Nachdruck feststellen; werden wir doch nur durch diese Einsicht auf die eigentliche Bedeutung von Goethes Naturschau hingelenkt. Unsere Feststellung gilt ebensosehr im Gebiet der Pflanzenmorphologie wie im Bereich der Lehre von der Wirbeltiergestalt, noch viel mehr auf den Feldern von Geologie, Mineralogie und Physik. Goethes Arbeiten auf dem Gebiet der botanischen Morphologie, welche wohl die bedeutendste wissenschaftliche Geltung beanspruchen dürfen, die Studien zur Metamorphose der Pflanzen mögen seinen Namen im Werdegang der Botanik zu dem anderer Gestaltforscher gesellen – es ist aber sicher, daß diese intensive Tätigkeit Goethes nicht die wissenschaftliche Morphologie geschaffen hat, sondern daß diese Leistung auch ohne ihn von den führenden Zeittendenzen hervorgebracht worden wäre. »Was in der Luft ist und was die Zeit fordert, das kann in hundert Köpfen auf einmal entspringen, ohne daß einer es dem andern abborgt.« Das ist Goethes eigene Aussage.

So stellt denn die wissenschaftsgeschichtliche Untersuchung die

Frage nach der Besonderheit eines Forschens, das uns immer wieder in seinen Bann zieht, immer wieder zu neuer Auseinandersetzung zwingt.

Jede Prüfung dieses Sachverhalts muß davon ausgehen, daß Goethe selbst als solcher angesehen sein wollte. Schon 1791 schreibt er an seinen Verleger: »Wahrscheinlich werde ich in der Folge ebensoviel in der Naturlehre wie in der Dichtkunst arbeiten.« Und im späteren Alter: »Seit länger als einem halben Jahrhundert kennt man mich im Vaterlande und auch wohl auswärts als Dichter und läßt mich allenfalls als einen solchen gelten; daß ich aber mit großer Aufmerksamkeit mich um die Natur in ihren allgemein physischen und ihren organischen Phänomenen emsig bemüht und ernstlich angestellte Betrachtungen stetig und leidenschaftlich im stillen verfolgt, dieses ist nicht so allgemein bekannt und noch weniger mit Aufmerksamkeit bedacht worden.« Diesem Willen zur Geltung als Naturforscher entspricht denn auch eine ausgedehnte, intensive Beschäftigung mit der Natur in allen ihren Erscheinungen, eine Arbeit, die mit der Weimarer Zeit sich ganz besonders steigert und bis zum Tode weitergeht. In der ausgedehnten Korrespondenz nimmt das Fragen um naturwissenschaftliche Dinge, um wichtige Vergleichsobjekte einen breiten Platz ein – und wenn man die Mühen des Sammelns, die Ausdauer in den anatomischen und physikalischen Studien, die Leidenschaft der Auseinandersetzung mit der Botanik, die Kämpfe um seine Farbenlehre mitberücksichtigt, so kann man es wohl verstehen, daß Goethe solches Streben ernst genommen wissen wollte.

Das wollen wir denn auch tun. Wir wollen die Forschungsweise Goethes sehr ernst nehmen und ihr zunächst einmal im Gesamten unserer Naturwissenschaft ihre Stelle zu geben suchen. Es wird sich bei solchem Vorgehen vielleicht zeigen, ob dieser Versuch der Einordnung Goethes zur Naturwissenschaft führt, wie sie allgemein aufgefaßt wird, oder ob nicht dem einen Wort »Naturforschung« ein verschiedener Sinn innewohnt, je nach dem Forschenden.

Wir gehen bei unserem Versuch, die Eigenart von Goethes Forschen deutlicher zu sehen, von der Ergründung des Lebendigen aus, die Goethe ganz besonders stetig verfolgt hat.

Wir wollen mit einem Bilde beginnen, mit einem Vergleich, der hoffentlich etwas von dem Besonderen aufschließen wird, um das es Goethe ging.

Wir wollen für eine kurze Weile die Lebenserscheinungen mit einem Schauspiel vergleichen – wobei wir uns freilich vor Augen halten, daß jedem Vergleich enge Grenzen gezogen sind. Da es uns jetzt um die Einstellung der Naturforscher zu ihren Objekten geht, so richtet sich unser Blick auf die verschiedenen Möglichkeiten, sich mit einem Schauspiel auseinanderzusetzen. Dabei meinen wir die ganze Aufführung, das gesamte Bühnengeschehen. Wir suchen nach einem Standort. Meine Wissensbegierde kann mich *hinter* die Bühne führen und dort eine Menge interessanter Dinge beobachten lassen. Da entdecke ich, wie Geräusche gemacht werden, wie Lichteffekte erzeugt, wie die Schauspieler vorbereitet und geführt werden. Ich kann das alles als Liebhaber beobachten, doch kann ich es auch wissenschaftlich untersuchen. Ich kann die historische Entwicklung der Bühnentechnik studieren, und all das vermag für mich das eigentliche Zentrum meiner Aufmerksamkeit zu werden. Wir sind alle einig darüber, daß dies Geschehen hinter der Bühne eben einer Aufführung dient, daß es also noch einen ganz anderen Standpunkt fordert – ja, es bedarf keiner Worte darüber, daß dieser andere Ort des Betrachtens, *vor* der Bühne, in unserem Fall der wesentlichere ist, der Standort, für den das Schauspiel eigentlich verfaßt worden ist.

Vor der Bühne aber sehen wir etwas ganz anderes als hinter der Szene. Wir erleben ein »Stück«, einen sinnvollen Ablauf. Und je weniger wir von der Apparatur hinter der Bühne wissen, desto stärker vermag dieser Ablauf, dieser eigentliche Sinn des Schauspiels, auf den hingegebenen Beschauer zu wirken. Aber ich kann auch diesen Sinn wieder als ergriffen Teilnehmender erfahren oder dieses Geschehen in kühlerer, distanter Art wissenschaftlich prüfen, es historisch, psychologisch, soziologisch, philosophisch studieren.

Daß es auch noch die Möglichkeit des wechselnden Standortes gibt, ist uns für unsern Vergleich nicht unwichtig: so muß der Regisseur mit dem Geschehen vor und hinter der Bühne vertraut sein; so muß der echte Theaterdichter nicht nur die Wirkung einer Szene auf die Zuschauer, sondern auch die Möglichkeiten einer Aufführung praktisch beurteilen können.

Was soll uns heute dieses Bild vom Theater sagen? Die bunte Fülle der Naturerscheinungen ist eben wie ein solches Schauspiel. Auch hier kann ich mich mit dem Geschehen hinter der Bühne oder mit dem Ablauf vor der Bühne auseinandersetzen.

Hinter der Bühne sehe ich ins Getriebe der Geschehnisse in allen Einzelheiten hinein, beobachte die Vorbereitungen, studiere die Macharten, die Techniken, den Betrieb in diesen einzelnen Gestalten, die Zusammensetzung aus elementaren Stoffen. So stelle ich etwa fest, daß das blaue Kleid eines Vogels nicht mit chemischen Pigmenten gefärbt, sondern durch eine besondere Struktur blau schimmert – daß dagegen jenes andere Blau eines Rittersporns oder des Eisenhuts ein echter chemischer Farbstoff ist. Vor der Bühne wird diese Feststellung belanglos – obschon das ihren Wert in anderen Zusammenhängen gar nicht mindert. Vor der Bühne gilt nur eins: das Blau des Kleides. Denn dieses Blau hat eine Rolle zu spielen, heiße das Stück nun »Das Liebesleben der Blaudrossel« – oder »Das Erwachen des Rittersporns« oder »Hummel und Eisenhut«. Das technische Detail der Herkunft des Blaus ist belanglos, wichtig ist einzig die Rolle, die es im Stück zu spielen hat.

Unser Bild vom Theaterstück kann aber nur dort als Vergleich dienen, wo wir sicher sind, daß in den Naturerscheinungen ein »Stück« aufgeführt wird, das heißt, wo wir Geschehnisse beobachten, die einem größeren Ganzen sinnvoll zugeordnet sind.

Es gibt Naturbereiche, wo ich keinen solchen Sinnzusammenhang sehen kann, in den das einzelne Geschehen eingeordnet wäre, in dem es als notwendiges Glied seine Rolle spielte. In einem solchen Falle gibt es für den Naturforscher nur einen Standort der Untersuchung: den der Erforschung des unmittelbar Zugänglichen. Unseren Bühnenvergleich müssen wir in diesem Falle beiseite schieben; er klärt hier gar nichts.

Sobald aber unbelebte Naturvorgänge im Zusammenhang mit lebenden Organismen auftreten, so tritt der Vergleich in sein Recht ein: jetzt muß ich damit rechnen, daß es verschiedene Standorte des Betrachtens gibt, deren jeder seine besondere Blickrichtung, seine eigene »Richtigkeit«, hat – wenn wir dies Wort in seinem ursprünglichen Sinn nehmen.

Greifen wir eines der Objekte heraus, das Goethes Augenmerk ganz besonders beansprucht hat: die Beziehung von Blatt und

Blüte bei höheren Pflanzen: Wir wollen miteinander die seltsame Mißbildung des »Vergrünens« am roten Blumenblatt einer Tulpe beobachten, wie sie Goethe selbst sorgfältig gezeichnet hat.

Im modernen Laboratorium der botanischen Forschung wird das physiologische Geschehen analysiert, das an einer wachsenden und sich differenzierenden Sproßspitze – an einem Vegetationspunkt – aus anfangs ähnlichen Zellanlagen so verschiedene Gebilde wie Laubblätter, Kelchblätter, Kronblätter und Sexualorgane hervorgehen läßt. Da werden uns Beziehungen im Stoffwechsel gezeigt, die mitwirken bei der Differenzierung der Blüte; hormonartige Stoffe werden nachgewiesen; die Rolle des Zuckers, des Lichtes, der Temperatur, der Tagesdauer wird untersucht. So gelingt mir vielleicht der Nachweis, daß dieser oder jener Stoff auf die junge Knospe eingewirkt hat oder daß jener andere Stoff gefehlt hat und daß aus diesen Gründen das eine der Blumenblätter vergrünt. Das beobachtete Phänomen findet so seine kausale Erklärung.

Diese uns vertraute Art der Naturforschung, die aus Elementen das Komplizierte aufbaut und dieses dadurch versteht – sie ist groß geworden in einem Bereich, wo sie die allein mögliche Arbeitsweise darstellt, im Reich des unbelebten Stoffs, in der physikalischen und chemischen Forschung. Die bedeutenden Leistungen solchen Forschens haben dazu geführt, diese Methoden auch auf das Lebendige zu übertragen, wo sie in der Tat mit großem Erfolg angewendet worden sind. Da diese physikalisch-chemische Forschungsweise die Naturvorgänge nachzumachen und zu beherrschen trachtet, so sind ihre Methoden auch in der Anwendung auf Lebendiges überall dort besonders wichtig geworden, wo es gilt, die Vorgänge zu beeinflußen, zu lenken, für uns nutzbar zu machen.

Es gibt aber eine ganz andere Möglichkeit, die abnorm gebildete Tulpenblüte zu erfassen, sie in größerem Zusammenhang aufzufassen. Das ist die Möglichkeit des Vergleichens. Was ich bei diesem Blütenblatt der Tulpe als Anomalie, als Seltsamkeit beobachte – die Mittelstellung zwischen Laub und Blütenblatt –, das finden wir bei andern Pflanzen als Norm. Ich kann die Verwandlung, die sich im Blumenblatt andeutet, weiterverfolgen, indem ich in eine Bilderfolge zusammenstelle alle die Übergänge vom

Laubblatt zum Kelch- und Blütenblatt – oder auch die von Kronblättern zu Staubgefäßen. Eine solche Reihe deckt ein verborgenes Gesetz der Verwandlung auf, einen Sinn, ein »Stück«, das da gespielt wird und das »Metamorphose des Blattes« heißt. Ich entdecke bei solchem Vergleich, daß es ein Grundelement im Bau der höheren Pflanzen gibt, die Blattanlage, und daß dieses Grundgebilde, diese Einheit, einer Vielfalt von Varianten fähig ist, deren äußerste Möglichkeiten aber durch das Erbgut jeder Pflanzenart festgesetzt sind.

Wir entdecken, daß es Pflanzen gibt, wo die Übergänge vom grünen Laubblatt zum Blüten- und Staubblatt allmählich sind, andere, wo sie in Sprüngen erfolgen. Und die Abnormitäten, die Goethe mit so viel Hingabe beobachtet und gesammelt hat, sie berichten uns von den verborgenen Fähigkeiten, die solchen Blattanlagen mitgegeben sind, sie künden von Entscheidungen, die das Geschick einer Keimanlage bestimmen. Heute sehen wir in solchen Metamorphosen einen Teil des gewaltigen Dramas, das Sie alle unter dem Namen »Evolution der lebendigen Gestalten« kennen und in dem auch jene Verwandlungen ihre Rolle spielen, die Goethe im Schädel der Wirbeltiere mit so großer Hingabe, mit so weitem Blick verfolgt hat.

Ein wesentlicher Teil der vielen Mißverständnisse um Goethes Naturforschen rührt davon her, daß die meisten der heutigen Naturforscher hinter der Lebensbühne forschen, während Goethe zu der Gruppe gehört, die das lebendige Geschehen wie ein Schauspiel vor der Bühne in seinem Sinn zu erfassen sucht.

Wie sehr Goethe gerade diese seine Betrachtungsweise als die richtige erlebt hat, das geht deutlich genug aus seinem Widerwillen gegen das Gewaltsame des Experiments, des Eingriffs in die Naturabläufe hervor. Dem Naturforscher, der die Geschehnisse in allen Einzelheiten kennen und beherrschen will, ist der experimentelle Eingriff ein selbstverständliches Mittel zu neuer Erfahrung. Wer aber im sprachlosen Naturleben ein sinnvolles Geschehen erahnt, das zum hingegebenen Beschauer schließlich in Bildern sprechen wird, der wird geduldig das Stück zu erfassen suchen und nicht durch eigene Eingriffe dieses Geschehen ändern und stören. Dieses zurückhaltende Ausharren in der Rolle des aufmerksamen »Liebhabers« hat Goethe stets besonders geübt, und wo er Mißbildungen zur Deutung des Sinns beizieht, da sind es solche, die ihm die Natur selber bietet, die ihm daher auch ganz besonders beredt vom verborgenen Sinn zu künden scheinen. Wieder und wieder hören wir ihn das Besondere dieses seines Weges hervorheben:

»Es gibt eine zarte Empirie, die sich mit dem Gegenstand innigst identisch macht und dadurch zur eigentlichen Theorie wird. Diese Steigerung des geistigen Vermögens aber gehört einer hochgebildeten Zeit an.« – An anderer Stelle: »Ich habe mich in den Naturwissenschaften ziemlich nach allen Seiten hin versucht; jedoch gingen meine Richtungen immer nur auf solche Gegenstände, die mich irdisch umgaben und die unmittelbar durch die Sinne aufgenommen werden konnten, weshalb ich mich auch nie mit Astronomie beschäftigt habe, weil hierbei die Sinne nicht mehr ausreichen, sondern weil man hier schon zu Instrumenten, Rechnungen und Mechanik seine Zuflucht nehmen muß, die ein eigenes Leben erfordern und die nicht meine Sache waren.«

Ganz besonders betont er diese Zurückhaltung auf dem ihm so wichtigen Gebiet des Formenvergleiches: »Wir betrachten den organischen Körper insofern, als seine Teile noch Form haben, eine gewisse entschiedene Bestimmung bezeichnen und mit andern Teilen in Verhältnis stehen. Alles, was die Form des Teils zerstört, was den Muskel in Muskelfasern zertrennt, was den Knochen in Gallerte auflöst, wird von uns nicht angewandt. Nicht als ob wir jene weitere Zergliederung nicht kennen wollten und nicht zu schätzen wüßten, sondern weil wir, schon indem wir unsern ausgesprochenen Endzweck verfolgen, ein großes unbegrenztes Tagewerk vor uns sehen.«

Das ist, um in unserem Vergleich zu bleiben, die Rolle des Zuschauers vor der Bühne, der nicht hinter die Erscheinungen sehen will, sondern diese selbst rein zur Wirkung kommen läßt. Wie sehr sträubt sich Goethes Wesen gegen die Zerlegung des Lichtes, wie entrüstet verwirft er den Gedanken – ja auch jeden Beweis für dessen Richtigkeit –, daß das Reinste, was unseren Sinnen zugänglich, der weiße Glanz des Himmelslichtes, das Ergebnis eines Zusammenspiels von Farben sein solle.

Es gibt in der Tat einen Bereich, wo »Weiß« eine einfache letzte Tatsache ist: es ist das Reich des natürlichen, intellektuell unverstellten Farberlebens – so wie im Theater wahrlich der Donner grollt, wenn ich nicht hinter der Bühne die Maschinerie sehen muß, die dieses Grollen nach unserem Wunsch hervorbringt. »Die Phänomene müssen ein für allemal aus der düstern empirisch-mechanisch-dogmatischen Marterkammer (der Experimente!) vor die Jury des gemeinen Menschenverstandes gebracht werden«, so steht es in der Farbenlehre.

Goethes Bemühen um die Farben wird aber in dem Augenblick zum Unding, wo er mit der seinem Standort vor der Bühne gemäßen Einstellung Naturvorgänge zu verstehen sucht, zu deren Erforschung nur die Methoden der experimentierenden Naturwissenschaft das richtige Werkzeug liefern.

Unser Vergleich von vorhin geht deutlich genug aus von der Welt des Theaters, der Bühne, des Stückes, das gespielt wird. Er erhellt also, wie bereits gesagt wurde, nur jene Naturbereiche, in denen wir klar erkennen, daß ein Stück gespielt wird, daß ein Ganzes vor uns ist, das für jene besondere Betrachtung vom Zuschauerraum aus geschaffen ist. Da, wo es um das Verhältnis der Farben zu unserem Auge, zum Auge irgendeines Lebewesens geht, da sind wir mitten in einem »Stück«, das zu erforschen ist, da ist dieses Ganze, dieser geschlossene Kreis von Umwelt und Leben vor uns. Diese Darstellungen in Goethes Farbenlehre werden darum durch die Weite dieser Gesinnung und den Reichtum an Erfahrungen und Reflexionen immer stark auf unseren Geist wirken. Aber Goethe bestritt, daß es einen andern Standort gibt, von dem aus nicht die Rolle des Lichtes und der Farben im Drama der Lebensform den Forscher fesselt, sondern wo er mit den ihm zugänglichen Methoden die von unserer Menschennatur unabhängigen Erscheinungen durchschauen will. Darum mühte er sich in zermürbendem Streit gegen Newton und die Physiker und mußte schmerzlich erleben, daß ihm die Naturforscher nicht folgen mochten, nicht folgen konnten!

Man hat in dieser Haltung Goethes ein tragisches Verkennen, eine verblendete Ablehnung sehen wollen. Wir sollten aber mit unserem Urteil zurückhalten. Es könnte doch sein, daß diese Ablehnung ihren Grund nicht in Verkennung und Mißdeutung solcher Forschung hätte – daß sie einer weiter blickenden, in die Tiefen dringenden Einsicht entspränge!

Ich glaube in der Tat, daß wir tiefere Gründe für Goethes Haltung suchen müssen und uns nicht mit der allzu oberflächlichen Erklärung begnügen dürfen, es sei der Streit um die Farbenlehre und so manches andere eben lediglich Zeugnis für die Schranken, die auch dem Größten gesetzt sind. Mag auch vieles in Goethes Urteilen bloßes Mißverstehen oder hartnäckig verteidigter Irrtum sein – ein tieferer Grund hat die Eigenart seines Forschens bewirkt.

Ehrfurcht vor dem Geschaffenen ist dieser Grund. Das ist nun freilich die Tugend, die heute am seltensten zu finden ist.

Doch sind gerade die Heutigen dem Rande des Abgrundes so nahe, daß der Schrecken vor der Zukunft des technischen Zeitalters, der uns zuweilen lähmend befällt, vielleicht auch wieder jene Organe der Mahnung schärft, die uns eines Tages den langen Weg zur Ehrfurcht wieder finden lassen.

Wir verlangen doch laut genug von den Forschern Einsicht in die grauenhaften Folgen ihres Tuns. Wir möchten ihnen »Halt!« zurufen, bevor sie uns mit in den Abgrund reißen. Ich glaube nicht, daß es richtig ist, diese Forderung ausschließlich an die Forschenden zu richten: sie geht alle Träger von Verantwortung an! Doch geht es im Augenblick um eine andere Frage: Wer heute solche Forderungen an die Forschenden stellt, wer das Wissen um Verantwortung fordert, muß er nicht im Tiefsten seines Innern sich neigen vor der Weisheit eines Großen, der vor hundertfünfzig Jahren bereits nicht bloß die Haltung der Verantwortung, sondern die viel größere der sich beugenden Ehrfurcht tätig als Forscher vorgelebt hat?

In der Spätzeit Goethes setzt in stärkerem Maße jene Reihe von sozialen Vorgängen ein, an deren Anfang der Aufschwung der Naturwissenschaften, die industrielle Technik stehen und denen sehr rasch die europäische Bevölkerungsvermehrung folgt. Die Einsichtigen haben es längst verlernt, in diesen Geschehnissen einfach Fortschritt zu sehen und sie optimistisch zu beurteilen – stehen doch Vermassung, Staatsübermacht, Versklavung des Einzelnen, Verlust aller Humanität zu deutlich am Ende dieser Entwicklung. Heute braucht es keines besonderen Sehertums, um diesen Lauf der Dinge mit Schrecken zu erleben, wenn es auch mehr als je Kraft und Mut benötigt, sich dagegen zu wehren. Zu Goethes Zeit aber war es das dunkle Vorrecht des Sehers, die Abwertung des Humanen deutlich vorauszusehen. Und es ist seine Größe, daß er nicht bei der bloßen Ausschau und Aussage verharrte, sondern seiner tätigen Art gemäß auch nach solcher

Einsicht lebte und wirkte. Er hat es mit dieser Haltung auf sich genommen, nicht verstanden zu werden, und unbeirrt ausgesprochen, was ihm als das wahre Erforschen der Natur erschien: »Die Wissenschaft hilft uns vor allem, daß sie das Staunen, wozu wir berufen sind, einigermaßen erleichtere.« Er sieht das Besondere der Forschung, das Grenzenlose, sehr genau. Hören wir ihn selbst: »Die Menschen sind überhaupt der Kunst mehr gewachsen als der Wissenschaft. Jene gehört zur großen Hälfte ihnen selbst, diese zur großen Hälfte der Welt an. Bei jener läßt sich eine Entwicklung in reiner Folge, diese kaum ohne ein unendliches Zusammenhäufen denken. Was aber den Unterschied vorzüglich bestimmt: die Kunst schließt sich in ihren einzelnen Werken ab, die Wissenschaft erscheint uns grenzenlos.«

Und wie deutlich sieht er die Gefahr der kommenden Entwicklung: »Es gibt zwei Momente der Weltgeschichte, die bald aufeinander folgen, bald gleichzeitig, teils einzeln und abgesondert, teils höchst verschränkt, sich an Individuen und Völkern zeigen. Der erste ist derjenige, in welchem sich die einzelnen nebeneinander frei ausbilden; dies ist die Epoche des Werdens, des Friedens, des Nährens, der Künste, der Wissenschaften, der Gemütlichkeit, der Vernunft. Hier wirkt alles nach innen und strebt in den besten Zeiten zu einem glücklichen, häuslichen Aufbauen; doch löst sich dieser Zustand zuletzt in Parteisucht und Anarchie auf. Die zweite Epoche ist die des Benutzens, des Kriegens, des Verzehrens, der Technik, des Wissens, des Verstandes. Die Wirkungen sind nach außen gerichtet; im schönsten und höchsten Sinne gewährt dieser Zeitpunkt Dauer und Genuß unter gewissen Bedingungen. Leicht artet jedoch ein solcher Zustand in Selbstsucht und Tyrannei aus, wo man sich aber keineswegs den Tyrannen als eine einzelne Person zu denken nötig hat; es gibt eine Tyrannei ganzer Massen, die höchst gewaltsam und unwiderstehlich ist.«

Die Entscheidungen, welche den historischen Gang der abendländischen Entwicklung bestimmt haben, sind von einer andern als der von Goethe uns vorgelebten Gesinnung geleitet und gefördert worden. Nicht die zurückhaltende Forschungsweise Goethes, sondern eine aggressivere Naturforschung hat das Gesicht der späteren und unserer eigenen Zeit bestimmt.

Man ist heute nur zu rasch geneigt, sie gerade an ihren bittersten

Früchten zu erkennen. Man vergißt dabei, daß diese bittern Früchte nur eines der vielen Resultate der Naturforschung sind, daß unser Forschen im Zuge der menschlichen Möglichkeiten alle Wege zu Ende gehen muß und daß die Ergebnisse des Forschens indifferente, wertfreie Tatsachen sind. Daß diese Tatsachen, wenn sie in das soziale Spannungsfeld der Wertungen geraten, so oft zum Bösen gewendet werden, ist nicht die Schuld der Forschenden – alle Träger von Verantwortung sind schuld an diesem Umstand, nicht die besondere Forschungsweise einer Zeit.

Die experimentierende Naturforschung in ihrem unablässigen Drang des Fragens und des Versuchens ist eine der großen Taten des Geistes. Daß die Gesellschaft der Menschen noch nicht die Formen gefunden hat, in denen dieses Geistwirken der Naturforschung uns zum Segen gereicht, das ist eine andere Geschichte. Aber gerade die Forscher, welche um eine produktive Eingliederung der heutigen Naturforschung in eine neue, noch zu schaffende Gesellschaftsordnung ringen, gerade sie werden die Haltung Goethes in tiefer Ergriffenheit in ihrem wahren Wert erkennen, eine Haltung, die, vom zentralen Motiv der Ehrfurcht geleitet, die Entsagung, den Verzicht auf den zerstörenden Eingriff durchführt. Sie verwirklicht, sie predigt nicht bloß eine Art von Gewaltlosigkeit in der Naturforschung, der niemand Größe absprechen, niemand die innerste Hochachtung versagen kann. Die extreme Konsequenz, mit der Goethe diese Haltung bewahrt hat, wird vielleicht nicht immer genügend beachtet und ist doch eine der großen Konstanten in diesem an Wandlungen so reichen, langen Geistesleben.

Wir haben versucht, Goethes Art der Naturschau in einem Bilde zu erfassen, und haben sie verglichen mit dem Erleben eines Menschen vor der Bühne, eines Schauenden, der den Sinn des Geschehens erfassen will.

Die Gewaltlosigkeit dieses Goetheschen Forschens ist uns dann auch von einer andern Seite als bedeutsam erschienen: wir sehen in dieser Eigenart die Ehrfurcht vor dem Lebendigen. Wir ahnen aber zugleich, daß zu solcher Zurückhaltung auch ein tiefes Wissen um die Gefährdung der Ordnung ihn drängt – ein Wissen um das Selbstzerstörende, das aus jeder Mißachtung von Maß und Grenzen hervorbricht.

Wir haben uns gefragt, worin denn die fortdauernde Wirkung von

Goethes forschendem Schaffen begründet sei. Wir sahen – bei aller Achtung vor dem Werke –, daß diese Wirkung nicht von den ans Licht gebrachten Tatsachen und Gesetzen ausgeht. Wir werden auch eingestehen müssen, daß es nicht die große asketische Haltung der Gewaltlosigkeit des Forschens ist, die uns in ihren Bann zieht – die Größe dieser Haltung wird ja kaum recht beachtet; das Eigenartige von Goethes Standort beginnen wir erst langsam richtiger zu sehen. Wir müssen also nach weiteren Wirkweisen suchen, die von Goethes Art der Naturforschung ausgehen. In der Tat – wir würden die naturwissenschaftlichen Arbeiten Goethes ganz unzulänglich auffassen, sähen wir in ihnen nicht immer auch die Werke des Dichters, des künstlerisch Schaffenden. Wie sehr er selber auch als Forscher ernstgenommen sein will, keines seiner wissenschaftlichen Erzeugnisse kann recht gewürdigt werden, wenn es nicht im Ganzen eines Lebens gesehen wird, dessen Grundkraft dichterisches Umformen der Wirklichkeit, schöpferisches Neugestalten, war. Er selbst hat dies gerade im höchsten Alter betont. So schreibt er in den Morphologischen Heften: »In den gegenwärtigen wie in den früheren Heften habe ich die Absicht verfolgt: auszusprechen, wie ich die Natur anschaue, zugleich aber gewissermaßen mich selbst, mein Inneres, meine Art zu sein, insofern es möglich wäre, zu offenbaren.« Als »Bruchstücke einer großen Konfession« bezeichnet er seine wissenschaftliche Arbeit ein andermal.

Ich meine nun mit dieser Betonung des Dichterischen nicht die einfache Tatsache der sprachkünstlerischen Gestaltung, der sinnenstarken Ausdrucksform, nicht die Prägnanz in Farbe und Form. Viel entscheidender ist die ganze Art der Lenkung von Goethes Gedanken durch die sinnliche Anschauung. Ich denke an das völlige Vorwalten jener aus der Anschauung der Sinneswelt genährten, im tiefsten Wortsinn »poetischen« Erlebensweise, die wir wohl am besten dem Verstandesmäßigen, dem Begrifflichen, als die Imagination, als Einbildungskraft, gegenüberstellen. Das ist die Erlebensart, der das sinnlich Gegebene ein Elementares ist, ein Urmaterial, das nicht weiter zerlegt wird und das so, in dieser Form, unmittelbar als Grundstoff des denkenden Gestaltens dient. Diesem imaginierenden Denken ist »Weiß« ein elementarer Eindruck, »Rot« eine Grundfarbe – »Rosenduft« eine letzte sinnliche Tatsache –, und keines dieser letzten Elemente wird etwa in eine Vorstellungswelt von molekularen oder atomaren Einheiten weiterverwandelt und so ins Unsichtbare, ins Untere, transponiert. Goethe hat selber das Eigene seiner Auffassungsweise sehr stark erlebt. Sein Verfahren ist schon in seiner Zeit einmal als »gegenständliches Denken« bezeichnet worden, und er hat dieser Benennung selber als geistreichem Wort im hohen Alter noch 1823 eine besondere Skizze gewidmet. So kennzeichnet er es: daß sein Denken sich von den Gegenständen nicht sondere; daß die Elemente der Gegenstände, die Anschauungen in dasselbe eingehen und von ihm auf das innigste durchdrungen werden; daß sein Anschauen selbst ein Denken, sein Denken ein Anschauen sei!

Damit charakterisiert er selber die ursprünglichste menschliche Geistesart, die außerwissenschaftliche. Dieser Erfahrungsweise entspricht auch sein Wille, nicht hinter die Urphänomene zurückzugehen, im sinnenmäßig Gegebenen zu verharren, mit dessen Mitteln zu gestalten.

Es entspricht denn auch dieser geistigen Arbeitsart, daß starke Wertungen, mächtige Gefühle des Bevorzugens, daß Liebe oder Abneigung die Wahl der Forschungsobjekte und die forschende Arbeit selbst mitbestimmen. Daß Goethe manche Fragen und Probleme nicht sehen wollte, das wird uns in seinem wichtigsten Forschungsgebiet deutlich durch manche Lücken, die er, obwohl er sie sah, bestehen ließ. Angesichts der seinen morphologischen Lehren so ganz widerspenstigen Wurzeln spricht er offen seine Unlust aus, sich mit so widerspenstigen Gliedern der Pflanze abzugeben. Wie unmutig poltert das doch in seinen eigenen Worten: »Sie ging mich eigentlich gar nichts an; denn was habe ich mit einer Gestaltung zu tun, die in Fäden, Strängen, Bollen und Knollen und bei solcher Beschränkung sich nur in unerfreulichem Wechsel allenfalls darzustellen vermag, wo unendliche Varietäten zur Erscheinung kommen, niemals aber eine Steigerung.«

Wenn auch in jeder menschlichen Geistesarbeit dies imaginierende Schaffen am Werke ist, so arbeitet es doch in der eigentlich wissenschaftlichen nur in streng begrenzter Rolle und ist selbst in der Gestaltforschung als ein Hemmnis, ein Hindernis beim Eindringen erkannt worden. Die Imagination ist die Sprache der Dichtung; sie ist die Erlebensform des Traums; auch des Tagtraums. Die Imagination, auch die dichterische, nährt sich von den vertrauten und verborgeneren unmittelbaren Erfahrungen des Alltags und formt ihre Bilderwelt mit deren Hilfe. Versuchen wir zu erfassen, wie diese Erfahrungswelt des Alltags in der Darstellung Goethes wirkt, wie sie die Problemstellung lenkt und die Lösungen durch das ihr eigene heimliche Weben des irrationalen Geistesgrundes beeinflußt. Wir prüfen die Darstellung der Blüte: »Den Übergang zum Blütenstande sehen wir schneller oder langsamer geschehen. In dem letzten Falle bemerken wir gewöhnlich, daß die Stengelblätter von ihrer Peripherie herein sich wieder anfangen zusammenzuziehen, besonders ihre mannigfaltigen äußern Einteilungen zu verlieren, sich dagegen an ihren untern Teilen, wo sie mit dem Stengel zusammenhängen, mehr oder weniger auszudehnen; in gleicher Zeit sehen wir, wo nicht die Räume des Stengels von Knoten zu Knoten merklich verlängert, doch wenigstens denselben gegen seinen vorigen Zustand viel feiner und schmächtiger gebildet.«

»Man hat bemerkt, daß häufige Nahrung den Blütenstand einer Pflanze verhindere, mäßige, ja kärgliche Nahrung ihn beschleunige. Es zeigt sich hierdurch die Wirkung der Stammblätter, von welcher oben die Rede gewesen, noch deutlicher. Solange noch rohere Säfte abzuführen sind, so lange müssen sich die möglichen Organe der Pflanze zu Werkzeugen dieses Bedürfnisses ausbilden. Dringt übermäßige Nahrung zu, so muß jene Operation immer wiederholt werden, und der Blütenstand wird gleichsam unmöglich. Entzieht man der Pflanze die Nahrung, so erleichtert und verkürzt man dagegen jene Wirkung der Natur; die Organe der Knoten werden verfeinert, die Wirkung der unverfälschten Säfte reiner und kräftiger, die Umwandlung der Teile wird möglich und geschieht unaufhaltsam.«

Wir beachten, wie in Goethes Schilderung der Blüte mit den Vorstellungen der schaffenden Phantasie, mit dem Bilde des formenden Plastikers die Blätter der Pflanzen gedehnt und gemodelt werden, wie mit den aus dem Gärtnerleben vertrauten oder aus anderen Gewerben des Alltags stammenden Vorstellungen von Kräften und Säften operiert wird. Keine einzige dieser Ideen von »unverfälschten Säften«, von roherer Nahrung entspringt einer vertieften wissenschaftlichen Erfahrung, alle stammen sie aus der uns unmittelbar gegebenen Welt, aus der die Sprache der Dichtung ihre Kraft hat. Muß ich besonders betonen, daß dieses Hervorheben der Unmittelbarkeit vertrauter Erfahrung nicht eine Herabsetzung bedeuten kann? Daß es der Erkenntnis der Gestalt dieses Goetheschen Forschens dient, daß es die Sphäre zu bestimmen sucht, in der dieses Schaffen wahrhaft daheim ist: die Welt der Einbildung, im tiefsten Sinn dieses mächtigen Wortes. Immer, in allen Fällen, tritt das in unserem innersten Erleben und Fühlen Mächtige als Prinzip einer wissenschaftlichen Erklärung hervor: ein Drang, eine Tendenz tritt als schaffend auf, »die Säfte fließen reich oder spärlich« – »alles Lebendige, wenn es ausläuft ... pflegt sich zu krümmen«; dieses Lebendige hat »Charakter«.

Auch die gesamte Pflanze wird von den Alltagserfahrungen aus verstanden. Man meint zuweilen den umsichtigen Kellermeister beim Besorgen seiner Weine zu sehen: »Die Pflanze muß eine Masse wäßrige Feuchtigkeit haben, damit die Öle und Salze darin sich verbinden können. Die Blätter müssen diese wäßrige Feuchtigkeit abziehen, vielleicht modifizieren. Was das Erdreich der Wurzel ist, wird nachher die Pflanze den feineren Gefäßen, die sich in der Höhe entwickeln und aus der Pflanze die feineren Säfte aufsaugen.«

Mit den Bildern des menschlichen Tuns und Fühlens formt der Dichter die Abbilder des Unzugänglichen, des Verborgenen. So wird für Goethe die rätselhafte Gestalt der Entenmuscheln zum hohen Gleichnis: »Da ich nach meiner Art, zu forschen, zu wissen und zu genießen, mich nur an Symbole halten darf, so gehören diese Geschöpfe zu den Heiligtümern, welche fetischartig immer vor mir stehen und durch ihr seltsames Gebilde die nach dem Regellosen strebende, sich selbst immer regelnde und so im Kleinsten wie im Größten durchaus gott- und menschenähnliche Natur sinnlich vergegenwärtigen.« Solchem Erleben sind denn auch die Farben »Taten und Leiden des Lichtes«. Bei deren Ergründung, so sagt er selbst, ist er »dem Mathematiker aus dem Wege gegangen, hat dagegen gesucht, der Technik des Färbers zu begegnen«. Die Farben sind »entschieden« und »bedeutend«, sie sind »energisch« oder »emphatisch«. Goethes Bild der Natur wird unablässig von der imaginierenden Macht des Geistes gestaltet. Die Schmetterlinge sind ihm »wahrhaftige Ausgeburten des Lichtes und der Luft«. Im Walfisch, so sagt er, »mag sich ein ungeheurer Geist des Ozeans dartun«. Der Kiefer des Kamels erscheint ihm

»monströs in seiner Unentschiedenheit«, das Gebiß des Eisbären »charakterlos«. Aber, so sagt Goethe an einer andern Stelle, »solche Andeutungen müssen aufs leiseste geschehen, um uns an die ewige Kongruenz zu erinnern«.

Die ewige Kongruenz! Das ist nicht die Sprache der Naturwissenschaft, wie wir sie kennen – das ist die außerwissenschaftliche Sprache, die Aussage von Erlebnissen, welche jenseits alles Naturforschens sind. »Die ewige Kongruenz«: das ist die Sprache der Alchimie – in ihrer hohen Zeit, da sie eine Heilswissenschaft war. Wir wollen auch in diesem Vergleich nicht eine Abwertung sehen, sondern einen Versuch, Wesentliches zu erkennen. Denn diese Alchimie hat jahrhundertelang in der Metamorphose der Stoffe die tiefsten Geheimnisse des Seins aufzufinden und damit das Heil der Seele zu erreichen getrachtet. Sie suchte nach Erkenntnis mit der Vorstellungswelt der Imagination; mit dem Wissen um seelische und geistige Wandlung wollte sie die Stoffwandlungen durchschauen. Die psychologische Forschung hat in den letzten Jahrzehnten in diesem alchimischen Denken wichtige Grundformen menschlichen Geist- und Traumlebens gefunden, sie sieht in ihm bedeutsame Äußerungen religiösen Lebens. Solchem Denken, solcher Naturschau durch die Bilder des menschlichen Seelenlebens steht das Naturforschen Goethes immer und überall nahe. Es ist durchtränkt vom Denken in den polaren Gegensätzen von Tag und Nacht, von Licht und Dunkel, männlich und weiblich; es lebt vom Spiel zwischen Spannung in der Entzweiung und Erlösung durch die Vereinigung. Nicht umsonst überwältigen solche Bilder den Geist des Dichters und formen die Schau seines Geistes zum poetischen Gleichnis. Dieses bildhafte Erfahren fand denn auch seine hohe Befriedigung in der Begegnung mit neuplatonischem Denken, das seinerseits ja auch eine wesentliche Grundlage der alchimischen Weisheit und Heilslehre gewesen ist und das ja auch immer wieder wie ein stiller, unsichtbarer Grundwasserstrom des Geistes im Dunkeln die dichterischen Gestaltungen späterer Zeiten ernährt hat und noch immer befruchtet.

Das Denken in Entsprechungen und Analogien, das nicht hinter die Dinge zurückgehen, sondern im sinnenmäßig Zugänglichen seinen Ausdruck finden will – solches Denken, auch wo es sich wissenschaftlich gibt, steht dem Schaffen des Künstlers immer am nächsten. Wer in diesen Kreis bewußt sich einschränkt, wer, wie Goethe, in vollem Wissen innerhalb dieser Grenzen des sinnenmäßigen Auffassens verharrt, der mag sein Tun wohl Wissenschaft nennen – es ist trotzdem etwas anderes als das, was heute die Übereinkunft der Forschenden so nennt.

Wir haben vorhin Goethes Naturschau im weiteren Rahmen der Naturforschung einzuordnen versucht und haben sie als ein Erleben vor der Bühne bezeichnet.

Der Einblick in die Macht der imaginierenden Schaffensweise führt einen Schritt weiter: Goethes Interpretation der Natur steht in der Tat jener Naturforschung am nächsten, die vor der Bühne des Lebens die Stücke ergründet, die da gespielt werden. Doch überschreitet das mächtige Arbeiten von Goethes Imagination alle Grenzen, welche die Naturforschung sich setzt, sich setzen muß. Goethes Geist sucht im Bewußtsein der Fülle und im gebieterischen Drang des Gestaltens auch jene Stücke zu erkennen und zu durchschauen, vor denen die echte Naturforschung zurückhaltend erklären muß, daß da in einer ihr völlig unbekannten Sprache gespielt wird!

Wer dieses Strömen des dichterischen Geistes in seiner Größe erkennt, wird damit auch die Grenzen des Naturforschers in ruhiger Einsicht erkennen müssen. Um so mächtiger wird uns immer wieder die Gewalt jener mächtigen Strophen ergreifen, in denen Goethe zu uns spricht von der Erschütterung, die ihm die Betrachtung von Schillers Schädel erregte. Da redet doch wahrhaftig ein Gestaltforscher, aber einer, den mächtigere Kräfte des Gestaltens und Durchdringens bewegten, als sie dem Morphologen zugemessen sind. In den Knochentrümmern des Beinhauses hat der Siebenundsiebzigjährige den Schädel des früh verstorbenen Freundes gefunden:

>Und niemand kann die dürre Schale lieben,
    Welch herrlich edlen Kern sie auch bewahrte;
    Doch mir Adepten war die Schrift geschrieben,
Die heilgen Sinn nicht jedem offenbarte,
    Als ich inmitten solcher starren Menge
    Unschätzbar herrlich ein Gebild gewahrte,
Daß in des Raumes Moderkält' und Enge
    Ich frei und wärmefühlend mich erquickte,

Als ob ein Lebensquell dem Tod entspränge.
Wie mich geheimnisvoll die Form entzückte!
Die gottgedachte Spur, die sich erhalten!
Ein Blick, der mich an jenes Meer entrückte,
Das flutend strömt gesteigerte Gestalten.
Geheim Gefäß, Orakelsprüche spendend!
Wie bin ich wert, dich in der Hand zu halten,
Dich höchsten Schatz aus Moder fromm entwendend
Und in die freie Luft, zu freiem Sinnen,
Zum Sonnenlicht andächtig hin mich wendend!
Was kann der Mensch im Leben mehr gewinnen,
Als daß sich Gott-Natur ihm offenbare?
Wie sie das Feste läßt zu Geist verrinnen,
Wie sie das Geisterzeugte fest bewahre.«

Dieses Gebilde des Dichters weist uns auch das Besondere aller Erzeugnisse von Goethes naturforschendem Geist. In diesen Werken begegnet uns doch das ernsteste Bemühen, den verborgenen Sinn der Erscheinungen um uns aufzuzeigen, das geheimnisvolle Stück, das da um uns gespielt wird und in dem wir mitspielen, in die Sprache der Menschen zu übersetzen. Daß Goethe in diesem seinem naturwissenschaftlichen Wirken die Schranken der Naturforschung sprengt, das ist die Größe und die Grenze zugleich seines wissenschaftlichen Tuns – das ist zugleich aber auch die Macht dieser Werke, die uns immer wieder zu ihnen hinführt, während die Taten der schlichteren Forschung stetsfort in der anonymen Flut der Wissenschaft vergehen.
Immer wird die Sprache des imaginierenden Denkens der Ausdruck der großen künstlerisch Schaffenden sein. Darum werden wir uns immer wieder auch jenen Werken Goethes zuwenden, in denen er sich als Erforscher der Natur erlebt und aus dem überströmenden Reichtum dieses Erlebens uns beschenkt. Während ungezählte, den seinen verwandte Bemühungen seiner Zeit längst namenlos untergegangen, wie modernder Waldboden die kommende Forschung nähren, so leben Goethes Studien von Blatt und Blüte, so lebt sein Werk über die Farben, seine Arbeit über den Typus der Wirbeltiere weiter, weil aus ihnen mehr spricht als die Forschung, eben die zeugende Kraft der schöpferischen Gestaltung, der Naturdeutung durch wissende Liebe.

Um eine basale Anthropologie

I.

In den Auseinandersetzungen unserer Zeit, in der Diskussion der Philosophen und Theologen so gut wie in der Praxis der Technik oder im politischen Ringen, begegnen sich gewaltige Kontraste und Widersprüche in der Auffassung vom Menschen. Ausgesprochen oder verborgen sind die verschiedensten Menschenbilder am Werk, welche unser Tun und Lassen bestimmen und von denen so viele mit dem Anspruch auf ausschließliche Geltung auftreten. Niemand kann die Bedeutung dieser Leitbilder im Ringen der Gegenwart verkennen.

So stellt sich denn die Frage, ob in dieser selben Zeit durch wissenschaftliche Arbeit nicht auch die Grundlagen einer Einsicht in das Humane geschaffen worden seien – Grundlagen, durch welche sich Wesenszüge des Humanen darstellen lassen, die dem Kampf der bloßen Meinungen entrückt wären und die orientierend an unserer Lebensführung mitgestalten könnten. Dieser Frage nach den Möglichkeiten einer solchen grundlegenden Anthropologie gelten die folgenden Darstellungen.

Eine wissenschaftliche Lehre dieser Art könnte nicht einer der sich bekämpfenden Auffassungen unserer Beziehung zum Ganzen der Welt verpflichtet sein, sie kann weder christlich noch marxistisch, auch nicht taoistisch oder buddhistisch sein, auch wird sie nicht von einem der vielen synkretistischen Versuche religiöser Haltung inspiriert sein können. Allen diesen Haltungen ist ja gemeinsam, daß sie endgültige Auffassungen vom Menschen verkünden, die in alle Einzelheiten der Lebensführung bestimmend eingreifen. Solche Anthropologien sind abschließender Art; sie enthalten individuelle oder gruppenmäßige Entscheidungen, die über das wissenschaftlich Faßbare hinausgehen. Die wissenschaftliche Lehre vom Menschen müßte grundlegend dienend sein. Die Bedeutung dieser basalen Anthropologie und ihre Grenzen sollen an einigen Problemen gezeigt werden. Unsere notwendig fragmentarischen Notizen zu einem großen Thema beschäftigen sich in erster Linie mit dem Beitrag, der von der Biologie geleistet werden kann und der bereits da und dort an einer umfassenden wissenschaftlichen Anthropologie mitwirkt. Psychologie wie Soziologie beleuchten andere wichtige Aspekte unseres Aufgabenkreises.

Die Bedeutung einer anthropologischen Besinnung wird sichtbar, wenn wir versuchen, im Ringen der Gegenwart um den Sinn des Soziallebens und um den Wert des Individuums zu Einsichten zu kommen, auf denen eine Sozialgestaltung der Zukunft aufbauen könnte. Wir treffen auf festgefügte Komplexe von Meinungen, die hier einen besonderen Wert des Einzelmenschen verteidigen, dort diesen selben Einzelnen nur als austauschbares Glied des Sozialverbandes gelten lassen. Manche dieser Meinungen gebärden sich als Wissenschaft, sind aber in Wirklichkeit Vorentscheidungen, die mit echter Forschung wenig zu tun haben.

Nun hat aber der biologische Vergleich des tierischen und menschlichen Soziallebens eine Reihe von Tatsachen ans Licht gerückt, denen fundamentale Bedeutung zukommt und die sich in einer basalen Anthropologie voll auswirken müssen.

Die biologische Prüfung zeigt zunächst den primär überindividuellen Aufbau des tierischen Einzelwesens, einen über das Individuum hinausgreifenden Bau, der sich im Sexualverhalten besonders drastisch zeigt, der aber mit steigender Organisationshöhe bedeutend auffälliger wird. Alles höhere Tierleben ist primär sozial, auch die Arten, die man früher etwa als solitär abgesondert hat. Die verschiedenen Weisen, durch die solche scheinbar solitäre Wesen auf Distanz mit Artgenossen in Fühlung sind und so an einem überindividuellen Artganzen auch als lebendige Einzelne (nicht nur als abstrakte Träger des Artplasmas) Anteil haben – diese Beziehungssysteme beginnen wir erst seit wenigen Jahrzehnten besser kennenzulernen. Die Individuen einer Art erreichen erst in solchen Beziehungen zu Artgenossen die volle Auswirkung ihrer Anlagen. Und gar manche Merkmale, die man früher als »taxonomisch« dem Systematiker zur Beschreibung überließ, erweisen sich als optische, akustische, dufterzeugende Strukturen im Dienst sozialer Beziehungen. Denken wir einen Augenblick daran, daß selbst so individuelle Äußerungen des Stoffwechsels wie Harnentleerung und Kotabgabe bei vielen höheren Tieren in den Dienst des Soziallebens treten, als Markierung von Revieren, zur Bezeichnung bestimmter Stellen des gemeinsamen Lebensraumes, als Mittel individueller Beziehungen – so wird deutlich, in welchem Ausmaße das individuelle Leben höherer Tiere sozial ist. Der Gesang vieler männlicher Vögel, die sich ihre Brutbezirke abgrenzen, sich darin »isolieren«, ist ja Mittel der Isolation nur durch den weittragenden akustischen Kontakt, der den einzelnen Vögeln noch in dieser Absonderung Erleben des sozialen Verbandes ermöglicht und sie gerade dadurch als Einzelwesen erst vollwertig macht. Diese soziale Sonderung in Hörweiten – wie viele andere Tatsachen der Lebensforschung – demonstriert die große Bedeutung einer Individualsphäre, die über die Grenzen des eigenen Leibes beträchtlich hinausreichen kann und die durchaus nicht Sicherung eines Nährraumes zu sein braucht (obschon sie auch das noch sein kann). Die Biologie verschafft uns Einblicke in die Bedeutung und Notwendigkeit einer reich gegliederten Individualsphäre, sie zeigt aber auch die vitale Rolle des Sozialkontaktes sehr eindringlich.

Das Studium tierischer Sozialformen liefert indessen nicht Rezepte, welche im Einzelfall eines menschlichen Sozialproblems die »biologisch begründete« Lösung bringen. Aber die Verhaltensforschung demonstriert, in welchem Maße alles höhere Tierleben sozial angelegt ist, und führt dazu, den menschlichen Sonderfall dieser Anlagen zu untersuchen.

Diese Prüfung zeigt uns die eigenartige Offenheit der Anlagen unseres Verhaltens als das Bezeichnende, das Humane. Das heißt nicht, daß diese Anlagen »schwächer« seien als die Erbfaktoren, welche das tierische Leben ordnen. Nicht schwächer sind sie, sondern anders eingegliedert: mächtige Antriebe zum Zusammenleben wie zur Wahrung der Individualsphäre sind auch bei uns vorhanden. Aber die Art der Zuwendung zu den Dingen der Umgebung ist trotz erblichen Anlagen zur Weltbeziehung weitgehend offen und der Entscheidung freigestellt. Hinsichtlich des Soziallebens äußert sich diese Eigenart der Anlagen darin, daß einerseits ein Zwang zum Zusammenleben wie zur Sonderung des Einzelnen besteht, aber zugleich Freiheit in der Formfindung für die Eingliederung dieser Notwendigkeiten in die Wirklichkeit der Gruppe. Bei höheren Tieren dagegen ist nicht nur die Stärke des Dranges durch die erblichen Anlagen festgelegt: auch die Formen seiner Äußerungen sind hier in hohem Maße erblich bestimmt.

Die Offenheit unserer Anlagen der Zuwendung stellt jeden Einzelnen, jede Generation wieder neu vor die Aufgabe, die Lösung für die sozialen Beziehungen zu finden, die Synthese von relativ konstanten Naturgegebenheiten und der jeweils einmaligen historischen Situation zu suchen. Auch wo diese Form durch wirksame Traditionen sehr gefestigt erscheint und der Einzelne in eine klar geordnete Sozialwelt hineingeboren wird – auch da wirkt sich die einzigartige Tatsache des Ausnahmemenschen, der besonderen Fähigkeit bedeutender Individuen so aus, daß die Sozialwelt dauernd der Möglichkeit der Änderung ausgesetzt ist und daß auch das in der Tradition Bewährte sich in jeder Generation neu zu behaupten hat.

Das Finden wie das Bewahren sozialer Gestalten ist beim Menschen eine stete geistige Aufgabe. Das Studium des tierischen Lebens bezeugt uns tausendfach den arterhaltenden Wert der Regelung sozialer Beziehungen durch Rituale, deren Gestalt bei höheren Tieren meist ererbt, im Fall des Menschen aber immer wieder neu zu erfinden, zu bewahren und zu festigen ist.

Die gründende Anthropologie wird sich darum nie anmaßen, im einzelnen eine Form unseres Zusammenlebens als die »richtige«, etwa als die biologisch fundierte, herauszuheben. Sie wird gerade dadurch ihren gründenden Charakter bekunden und bewahren, daß sie die Bedeutung des Offenbleibens unserer Beziehungsanlagen hervorhebt und daß sie damit bezeugt, wie sehr die Findung der Sozialform wie der Individualsphäre stete humane Aufgabe ist. Scheitern doch viele anthropologische Bestrebungen daran, daß sie zeitbedingte Formen als die zu bewahrenden erklären und damit ein wesentliches Moment des Humanen mißachten: die dauernde Erfassung unseres ganzen Daseins als stete Aufgabe. Eine fundierende Lehre vom Menschen wird erst dann im höchsten Grade wirksam werden, wenn sie nicht eine erwählte Form als starren Zwang verkündet, sondern durch den Hinweis auf die Notwendigkeit der Formfindung ein wirksames Gefühl für eine dauernde Verpflichtung wachhält. Mit einer solchen Grundlage wäre uns mehr gedient als mit dem Predigen der trügerischen Erwartung, es werde sich ein naturgemäßer Endzustand zwangsläufig entwickeln, wenn man nur die einer vorgefaßten Idee widerstrebenden Menschen unerbittlich radikal und während genügend langer Zeiten ausmerze.

II.

Die Einordnung der Technik in das Ganze einer Auffassung vom Menschen zeigt uns im Spiegel eines anderen Problems die besondere Struktur der Anthropologie, um die wir uns gegenwärtig bemühen. Auch beim Blick auf die Technik gilt es, auf das Offene der menschlichen Entscheidungssphäre zu achten. Das fordert den Verzicht auf jede vorgefaßte Einstellung, welche in der Technik einfach den Fortschritt schlechthin sieht oder sie als die finstere Macht des Bösen auffaßt, dessen Wirkung Abstieg, Zerfall wäre.

Die wissenschaftlich gründende Anthropologie wird zunächst das Eigenartige der menschlichen Technik sorgfältig herausheben. Sie wird das Einschalten einer uns eigenen Welt von Gegenständen zwischen die menschliche Gruppe und die außermenschliche Natur vergleichen und unterscheiden von ähnlichen Leistungen der Tiere. Bei diesem Vergleich wird sie die bedeutenden tierischen Sozialformen nicht gering achten, sondern gerade an ihren erstaunlichen Ähnlichkeiten mit unseren eigenen Zivilisationsstrukturen die Entsprechungen ebenso wie den Unterschied zum Humanen zu erfassen suchen. Dabei stoßen wir auf die Eigenart unserer historischen Lebensform – Glied unserer weltoffenen Anlage –, in der neue Erfindungen durch Leistungen Einzelner den anderen Menschen mitgeteilt, von ihnen übernommen und weitergegeben werden können. Damit wird aber für jeden neu in unsere Gesellschaft tretenden Menschen die Ausgangslage neu, und diese Neuerungen erzeugen in ihrer Ansammlung neue Ausgangslagen auch für die sich folgenden Generationen. Die historische Wandlung ist ein Glied unserer Seinsweise, ein Teil unserer Natur. So wird denn auch das tierische »Verhalten« vom menschlichen »Arbeiten« gesondert, und jede dieser Weltbeziehungen erscheint deutlicher in ihrem Eigenwert. Die Mauersegler, die im Sommer am Himmel unserer Städte in sausendem Fluge jagen, nisten seit Jahrtausenden im Gemäuer der Menschen, ohne daß davon ihre Lebensform im geringsten berührt würde. Ob sie in griechischen Tempeln oder in gotischen Kathedralen ihre Nester bauen oder in den Fugen moderner Viadukte und Kraftwerke, ist für diese Segler belanglos. Für uns aber ist der Wandel der menschlichen Bauten, in denen diese Vögel immer wieder die artgemäßen Brutplätze finden, Ausdruck und Faktor gewaltiger Wandlungen der gesamten Daseinsführung der Menschen.

Aber die biologische Forschung weist noch auf einen anderen Zusammenhang hin, der für die Einsicht in die Rolle der Technik wichtig ist. Sie zeigt, daß bereits die Sozialfunktionen der Tiere in der Art ihrer Instrumentierung das zur elementaren Erhaltung von Individuum und Gruppe Notwendige nach allen Richtungen überschreiten. So kommt es zu Strukturen und Leistungen, die »hypertelisch« genannt werden oder auch »funktionslos«, wenn das Ziel lediglich die Erhaltung, wenn als Funktion nur die elementare Bewahrung des Lebens gilt. Die Erforschung der organischen Gestalten weist darauf hin, daß jedes Organ der sozialen Kommunikation als eine Möglichkeit des Ausdrucks immer auch Selbstdarstellung einer Lebensform und eines besonderen Individuums ist. Die Leistungen und Strukturen der Kundgabe überschreiten den Rahmen des im Sinne der Erhaltung Notwendigen und sind Glied einer Darstellung, die mit der Organisationshöhe an Bedeutung mächtig zunimmt. Anerkennt man diese Darstellungsfunktion als wesentliches Merkmal der organischen Gestalten, so erweitert sich der Begriff der Funktion in ähnlicher Weise, wie er sich dem modernen Architekten erweitert hat, als er begann, unsere menschliche Wohnung zu etwas anderem als einer bloßen »Wohnmaschine«, zu einem Glied unseres Daseins zu gestalten.

Dieser Darstellungsfunktion dient nicht nur die Stimme, die Gebärde, sondern auch die gesamte menschliche Technik. Sie ist von allem Anbeginn an mehr als der Ausgleich von Mängeln, sie leistet mehr als die bloße Kompensation von organischen Schwächen, sie ist nicht nur ein Ersatz fehlender somatischer Organe durch geistige Werke, sondern stets auch eine Organ-Überbietung, in der sich der Drang nach Selbststeigerung als Glied unserer humanen Darstellungsfunktion machtvoll äußert. So wenig wie ein Vogelnest oder ein Spinnennetz in seiner Bedeutung erfaßt ist, wenn es lediglich als ein Instrument der Brutfürsorge oder des Beutefangs taxiert wird – so wenig wird ein Erzeugnis der Technik erfaßt, wenn es nur im Dienst der Lebensfristung oder der Verbesserung einer wirtschaftlichen Situation gesehen wird und nicht auch als ein Mittel der Selbststeigerung und Darstellung. Wer etwa gegen den Lärm der Motorräder kämpft, wird bald gewahr, daß dieser Lärm für die Fahrenden nicht ohne weiteres ein schwer vermeidliches Übel bedeutet, sondern daß er eine akustische Manifestation des Fahrers, eine Selbststeigerung dieses Einzelnen, eine größte Erweiterung seiner Individual- oder Gruppen-Sphäre bedeutet. Soll also die Technik im menschlichen Dasein beurteilt werden, so darf dies nicht aus der Perspektive geschehen, die den Menschen als ein Mängelwesen ansieht, das seine Schwächen kompensiert, auch nicht von der Leitidee aus, daß wirtschaftliche Verhältnisse das zentralste treibende Moment des Soziallebens seien. Es ist die Aufgabe der Grundlagenforschung, die oft vernachlässigte Rolle der Technik als eines Mittels der Selbstdarstellung von Menschen und Menschengruppen in vollem Umfang zu sehen und damit die Dämonie des technischen Schaffens in ihrer Bedeutung zu erfassen. Diese Einsicht wird kräftig gefördert durch eine neue Auffassung vom Organismus, die sich in den letzten Jahrzehnten durchzusetzen beginnt. Doch wollen wir nicht verkennen, daß diese Auffassung selbst in der Naturforschung auf Widerstände stößt, die ihrerseits ihre Kraft und Beharrlichkeit gerade aus einer rein utilitaristischen Interpretation der Rolle menschlicher Technik beziehen. Dieser verhängnisvolle Kreislauf, in dem sich mechanistische Deutung der Lebensgestalten und utilitaristische Auffassung des menschlichen Daseins gegenseitig stützen, dieser Zirkel muß in gemeinsamer Arbeit von der Lebensforschung wie von der werdenden Anthropologie durchbrochen werden.

III.

Die Aufgaben einer grundlegenden Lehre vom Menschen zeigen sich deutlich, wenn wir einem so umstrittenen Problemkreis begegnen, wie er heute durch die psychosomatische Medizin geschaffen wird.
Diese Anschauung und Auffassung der medizinischen Arbeit bezeugt ihren kämpferischen Ursprung in der dualen Bezeichnung »psycho-somatisch«. Sie ist ein Glied im harten, verborgenen Kampf um die Überwindung des kartesianischen Denkens als Grundlage der Forschung – um so hemmender ist es deshalb, daß gerade sie in der nomenklatorischen Bindung von Psyche und

Soma eben jene Sonderung von zwei getrennten Bezirken fixiert, die als Voraussetzung biologischer Arbeit überwunden werden sollte. Das Bewußtsein für diese eigenartige Situation ist wach: so spricht Mitscherlich bereits 1945 von einer »Anthropotherapie« statt von Psychosomatik. Damit ist angedeutet, daß letztlich der Mensch als rätselhafte Einheit das Objekt dieser Bemühungen ist und daß unser Problem nicht das des Zusammen- oder Gegeneinanderwirkens zweier Einheiten sein kann, deren Sonderung ja einer vorwissenschaftlichen Phase des Denkens angehört. Daß die uralten Fakultätsgrenzen unserer Universitäten solche Trennungen sanktionieren, macht die Aufgabe eines neuen Denkens nicht leichter.

Wir leben in der paradoxen Situation, daß wir uns weder von unserer Leiblichkeit ablösen noch uns mit ihr identifizieren können, um eine Formel von Gabriel Marcel zu brauchen. Damit ist das Geheimnis unserer Seinsweise berührt, dieses verborgenen Realen, das ungesondert, als rätselvolles Forschungsobjekt vor uns ist.

Die biologische Arbeit kann heute bereits einige Grundlagen aufzeigen, welche diese menschliche Realität und das Problem einer psychosomatischen Therapie und damit schließlich auch das einer gründenden Lehre vom Menschen angehen. Der biologische Beitrag gilt dem zentralen Problem der »Innerlichkeit«, der Tatsache, daß Lebewesen Zentren eigener Aktivität sind, Zentren, deren Wirkungen über die Grenzen des Leibes hinausgehen und deren Zentralität sich mit zunehmender Differenzierung in steigendem Ausmaß durch reicheres Welterleben manifestiert. Dieses Erleben – wie schwer es auch zu fassen ist, wie sehr es sich beim höheren Tier jeder direkten Aussage entzieht – ist in vielen Ausdruckserscheinungen manifest. An dieser Innerlichkeit wird man nicht zweifeln, auch wenn die Skepsis hinsichtlich der Deutung ihrer Manifestationen noch so groß ist. Diesen Manifestationen geht die Verhaltensforschung beim Tier mit großem Erfolg nach, und wir berühren hier einige der Ergebnisse, die mit den psychosomatischen Fragen zu tun haben.

Die steigende Komplexität der tierischen Organisation führt zunächst zu einer immer auffälligeren Sonderung von Innen und Außen. Sie verhüllt immer mehr die innere Organisation der Erhaltung, des Betriebs vor einer »erscheinenden« Gestalt, und im

Zusammenhang mit dieser Sonderung wird die Beziehung der Organismen untereinander durch das Medium dieser Erscheinung immer reicher: das Sozialleben gewinnt an Bedeutung. Alles höhere Tierleben – auch das »solitäre« – ist sozial. Mit dieser steigenden Ranghöhe stellt sich eine Veränderung der Erscheinung ein, die wenig beachtet ist, die aber im Hinblick auf das Problem der Manifestation von tierischer Innerlichkeit bedeutsam ist.

Einfache Formen der vielzelligen Tiere sind häufig völlig durchsichtig, und innere Organe nehmen mit ihren Färbungen am Erscheinungsbilde beträchtlichen Anteil. Diese optische Transparenz der einfachsten Organisationsstufen weicht mehr und mehr einer opaken Struktur der Oberfläche. Es entsteht ein undurchsichtiges Äußeres, das eine komplizierte Binnenstruktur verhüllt. Das Äußere wird zu einem Erscheinungsfelde, das der Darstellung und der Kundgabe dient und das sich stark von der Apparatur der Erhaltung absondert. Die formale Entwicklung dieser Möglichkeiten überschreitet mit steigender Organisationshöhe immer mehr die elementaren Notwendigkeiten der Erhaltung sowohl im olfaktorischen wie im optischen und im akustischen Sinnesbereich zugunsten einer demonstrativen Rolle. Dieser neuen Funktion dienen auch Organe, die das Alltagsdenken ganz besonders den elementaren Leistungen der Erhaltung zugeordnet glaubt. Die Zähne der Säuger geben drastische Beispiele: sobald sie bei der Entblößung des Gebisses in den Bereich der Sichtbarkeit kommen, finden wir sie auch in vielen Fällen eingegliedert in diese demonstrativen Funktionen. Bildungen wie die Stoßzähne der Elefanten, die Hauer der Wildschweine oder gar des Hirschebers, der eine Riesenzahn des Narwals, die Eckzähne der Säbeltiger bleiben unverständlich, solange wir nicht neben ihren erhaltenden Leistungen auch ihre Darstellungs- und Ausdrucksfunktion mitbedenken. Eine so paradoxe Erscheinung wie die Verlagerung der männlichen Keimdrüsen der Säuger in einen sichtbaren Hodensack erhält nur in Hinsicht auf diese besonderen Gestaltungsgesetze der tierischen Erscheinung einen Sinn. Wir erwähnten bereits, daß bei höheren Tieren Stoffwechselleistungen, wie die Schweißabsonderung, die Kotentleerung oder die Harnabsonderung, soziale Funktionen, damit Darstellungswert erlangen. Das alles mahnt uns an das weite Ausgreifen solcher demonstrativer Wirkweisen mit steigendem tierischem Rang. Die Evolution des menschlichen Typus erweitert diesen Bereich der Darstellung und der Kundgabe. Daß Innerlichkeit, Bewußtsein, Reflexivität bei uns gewaltig gesteigert sind, ist einsichtig, auch wenn wir die schwer zugängliche tierische Innerlichkeit sehr hoch einschätzen. Wir müssen daher auch die Möglichkeit in Betracht ziehen, daß bei uns – verglichen mit den höheren Säugern – weitere Organe der verborgenen Region unter der Oberfläche in den Dienst der Darstellung treten, daß sie über ihre ursprünglichen elementaren Leistungen hinaus als Organe der Beantwortung von Erregungen und Stimmungen auftreten können. Ob wir diese Ausdehnung der Antwortmöglichkeiten insgesamt noch mit dem Sammelworte des »Ausdrucks« bezeichnen wollen, ist eine Frage der Übereinkunft. Kann es sich bei solchen Wirkweisen doch sehr wohl um einen Vorgang handeln, der primär nicht auf einen fremden Sozialpartner gerichtet ist, sondern dem inneren Selbstverkehr gilt, zum Beispiel als Herzklopfen, Beklemmung usw. zunächst der eigenen Innerlichkeit Ausdruck gibt und das Verhalten mitbestimmt. Unser Selbstverkehr vollzieht sich ja nach dem Vorbild des Sozialverkehrs, in den viele bewußtseinsfähige Regungen als Glieder einbezogen werden können. Daß Ähnliches auch beim Tier gilt, wissen wir aus Experimenten und Beobachtungen. So wird beim extremen Stutzen der Säuger der Herzschlag momentan unterbrochen; der Tierpfleger kennt die Reaktionen von Darm und Blase auf besondere Erregungen. Solche Erscheinungen des Selbstverkehrs gehen über in die schwerer zugänglichen Antworten, die in unbewußten Regionen erfolgen. Sie sind das Gebiet, das die psychosomatische Medizin besonders intensiv zu erkennen trachtet. Viele unserer Organe, die am primären Erscheinungsfeld, an der ursprünglichen Darstellungsseite des Organismus keinen direkten Anteil haben, werden so in den Dienst der Selbstdarstellung und Selbststeigerung gestellt. Das ursprünglich vor allem nach außen gerichtete Darstellungsfeld, dem im optischen Bereich die opake, als Erscheinung gestaltete Oberfläche entspricht, erweitert sich nach innen. Daß uns solche Ausweitungen oft genug paradoxal erscheinen, darf uns nicht von einer intensiven Erforschung dieser Sphäre abhalten.

Die anthropologische Grundlage, die sich aus der eben erwähnten Erforschung der Erweiterung des Darstellungsfeldes ergibt, kann nicht die Arbeit des Psychotherapeuten vorwegnehmen, der sich mit der jeweils biographisch zu erfassenden Individualität des Einzelnen auseinandersetzen muß. Sie wird aber die biologische Basis schaffen helfen, auf der ein Verständnis für die besonderen humanen Möglichkeiten auch der inneren Front unserer erweiterten Ausdruckssphäre aufgehen kann. Die biologische Vorarbeit hilft dadurch mit an der objektiven Abklärung der Grundlagen einer neuen »Anthropotherapie«. Die biologische Forschung arbeitet intensiv an einer neuen Auffassung vom Organismus, deren Ergebnisse, wie ich glaube, das Menschenbild der nächsten Zeit stark beeinflussen werden.

IV.

Eine gründende Lehre vom Menschen muß ihren basalen Charakter auch in der Beziehung zur allgemeinsten Frage, nach dem Sinn des Lebens, bekunden. Wird sie doch anerkennen, daß auch die letzte Sinngebung für den einzelnen wie für die Gruppe stets den Charakter einer Aufgabe hat und daher nicht von allem Anfang an als fertige Lösung vorliegt. Anderseits zeigt uns eine Fülle von Erfahrungen aus verschiedensten Feldern der menschlichen Lebensführung, daß die Findung eines Lebenssinnes eine Forderung ist, die erfüllt sein muß, wenn ein menschliches Dasein gelingen soll. Zu diesen Erfahrungen gehört auch die, daß bloße Erhaltung nur Voraussetzung, nicht aber Sinn des Lebens sein kann – eine Einsicht, welche uns auch die Beobachtung tierischen Lebens immer deutlicher demonstriert. Die vielerlei tierischen Strukturen und Verhaltensweisen, die heute unter den Begriff des »Funktionslosen« fallen, sind ja nur so lange ohne Funktion, als man diesen Begriff durch Definition auf die Leistungen der bloßen Erhaltung einschränkt. Sieht man die lebendigen Tätigkeiten in ihrem vollen Reichtum, so erhalten auch Verhaltensweisen eine Bedeutung, die nicht unmittelbar dem elementaren Erhaltungskreislauf eingegliedert, sondern zum Beispiel Ausdruck einer Hochstimmung sind, denen also kein sozialer Signalwert, sondern ein Darstellungswert zukommt. Wir sprachen bereits anläßlich der Technik von dieser Selbstdarstellung.
Die biologische Forschung zeigt, wie mit steigender Organisa-

Waldkauz

Der Weg ist weit von den durchsichtigen Hochseewesen und den schalen-losen marinen Schnecken zu den Vögeln. Diese sind denn auch in meiner eigentlichen zoologischen Arbeit spät erst besonders wichtig geworden, als ich nach den Jahren am Meer in Basel ein neues Arbeitsfeld auszu-bauen begann. Studien über Entwicklungsstadien führten zur Untersu-chung der Gehirnausbildung, zu allgemeineren Gestaltproblemen und solchen des Verhaltens und damit zum Rätsel der Innerlichkeit dieser herrlichen Tiere.

Je mächtiger diese Innerlichkeit, desto größer ist das Ausmaß der Selbst-darstellung in der Erscheinung, um deren Ermittlung seit Jahren ein Teil meiner biologischen Arbeit bemüht ist. Der Blick in die großen Augen des Waldkauzes, das Versenken in die Ausdrucksmacht dieses Kopfes, dieses Hauptes, mahnt uns daran, was das höhere Tierleben bedeutet. Hier blickt uns ein Wesen an, das sein eigenes Welterleben hat, das Raum und Zeit nach eigenem Artgesetz erlebt. Allem nachzuspüren, was von dieser Innerlichkeit zeugt, von der Struktur des Nervensystems und der Sinnesorgane bis zur Eigenart des Verhaltens, ist eine der großen Aufga-ben der zoologischen Arbeit. Dazu gehört auch die Ergründung der Dar-stellungsmittel, denen ein Teil der Arbeiten in der Zoologischen Anstalt der Basler Universität in den letzten Jahren gilt.   (Phot. E. Sutter)

tionshöhe der Eigenwert des Individuums im gleichen Maße zunimmt wie die Möglichkeiten seiner sozialen Rollen. Zugleich zeigt sie aber auch, daß im Lebendigen mit der Ausformung des Individuums von allem Anfang an auch die Aufhebung dieser Individualität angelegt ist – daß also die Erhaltung des Individuums nicht der volle Sinn seiner Existenz sein kann. Die Eingliederung der überindividuellen Aspekte des Lebens in die Fragen der Sinnfindung ist eine Forderung, die von einer basalen Anthropologie aufgestellt werden muß und die für das Glücken eines Daseins ebenso bedeutungsvoll ist wie die notwendige Untersuchung des Eigenwertes der Individualität. Die geistigen Gestaltungen aber, durch welche diese Forderungen im Leben der Einzelnen und Gruppen erfüllt werden, diese Lösungen der Frage nach dem Sinn des Ganzen können nicht von dieser gründenden Lehre vom Menschen gegeben werden. Solche Zurückhaltung ist nicht das Ergebnis von Skepsis oder ein Ausweichen vor persönlicher Entscheidung: sie folgt aus dem wissenschaftlichen Charakter einer gründenden Anthropologie, in welcher als eine basale Tatsache die Rätselhaftigkeit unseres besonderen menschlichen Seins, ja alles Lebens einen bedeutenden Platz haben muß.

Es erscheint mir eine der folgenschwersten Illusionen, anzunehmen, wir gingen zwangsläufig einer Einheit der Weltauffassung entgegen. Die Intensivierung der Beziehungen zwischen den Gruppen und die Ausbreitung der okzidentalen Technik schafft wohl einen Ausgleich vieler praktischer Lebensformen, doch hebt er die geschichtlich gewordenen Gruppenunterschiede nicht auf. Statt von einem Zeitalter des Ausgleichs zu träumen, erscheint es mir fruchtbarer, die Vielgestalt des Humanen als einen Reichtum zu sehen, als eine Vielfalt, die in der Gewißheit einer wesentlichen inneren Einheit des Menschlichen verschiedene Möglichkeiten dieser verborgenen Einheit zur Erscheinung bringt – eine Vielfalt, die auch in den Spannungen der Auseinandersetzung an der umfassenden Darstellung des Humanen mitgestaltet.

Die Zeiten sind vorüber, da die Trennung von Natur- und Geisteswissenschaften den trügerischen Schein einer Klärung der Forschungsbereiche verbreiten konnte. Der Kampf um die Stellung von Biologie, Psychologie, Soziologie, Ethnologie oder Prähistorie und die steigende Bedeutung aller dieser Arbeitsgebiete verlangt eine neue Besinnung, die besonders mächtig beeinflußt wird von den vielen wissenschaftlichen Versuchen der Erforschung des Unbewußten. Diese Auseinandersetzungen fordern den Versuch einer gründenden Zusammenfassung der wissenschaftlich möglichen Aussagen vom Menschen – eine schlichte basale Anthropologie, an deren Stelle heute eine Vielzahl meist uneingestandener, oft kaum bewußter »latenter Anthropologien« am Werke ist, wie sie H. Kunz einmal genannt hat. Die Institutionen der Wissensförderung und -übermittlung, als die unsere Universitäten da sind, haben sich mit dieser Forderung nach einer solchen gründenden Lehre vom Menschen auseinanderzusetzen. Wieviel fruchtbarer wäre die Diskussion des Ursprungsproblems, wie sie Theologen und Biologen versuchen, wenn gewisse gründende Sachverhalte durch eine basale Anthropologie gegeben wären. Wieviel wirksamer wären juristische und soziologische Auseinandersetzungen über Gesellschaft, Staat und Individuum, wenn die biologischen Resultate über die Rolle einer Individualsphäre sowohl wie auch die Bedeutung des Soziallebens zu den Voraussetzungen des Gespräches gehören würden. Dasselbe gilt von den Diskussionen um Marxismus, um Psychoanalyse und psychosomatische Medizin.

Wenn man sich auch keiner Illusion hingeben darf hinsichtlich der Schwierigkeiten eines Unternehmens, das sich nicht in den ehrwürdigen Rahmen der Fakultäten einfügt, so ist es doch nötig, in Stunden der Besinnung zuweilen die verborgeneren Wandlungen des Denkens zu erkunden, in denen sich neue Möglichkeiten in Vorzeichen zu erkennen geben.

Biologisches zur ästhetischen Erziehung

Die wenigen Bemerkungen, die ich heute zum unabsehbaren Problem der Formung von Menschen mache, sind das Ergebnis von vielerlei eigenen Erfahrungen. Sie sind unter anderen auch das Resultat von mehr als zehn Jahren verantwortlicher Arbeit an unserer Volkshochschule sowie der intensiven Arbeit durch das neue Instrument des Radios. Diese Erfahrungen begegneten andern, die aus einer intensiven Beschäftigung mit biologischen Problemen der Menschenkunde erwachsen sind. So haben sie sich schließlich zu Diagnosen verdichtet, und aus diesen sind Forderungen erwachsen, die seit langem in meinem eigenen Tun sich durchsetzen.

Es geht mir um Kritik an den Zielsetzungen der Formung von Menschen – nicht um Schulkritik. Wenn ich von der Schule spreche, so dient sie lediglich als Beispiel für das größere Ganze der Gesellschaft, von dessen Geist sie zeugt. Und wenn ich Forderungen stelle, so richten sich auch diese an das Ganze unserer Gesellschaft. Denn nur in ständiger Wechselwirkung können Änderungen vollzogen werden, nur so, daß die Gesellschaft und ihre Schule von neuen Impulsen gleichermaßen ergriffen werden und in Gemeinsamkeit nach neuen Lebensformen streben. Ich bin daher ein Gegner der bequemen Schulkritik, und meine Anstrengung richtet sich auf das Umfassendere, von dem die Schule ja nur der getreue Ausdruck sein kann.

Unser Thema ist die Atrophie des vergeistigten Sinneslebens, das Voraussetzung jedes vollen menschlichen Tuns ist.

Es mag im ersten Augenblick befremden, angesichts der heutigen Bilderflut von Atrophie des Sinneslebens zu sprechen, in einer Zeit, wo das Radio Musik ausschüttet in einer verschwenderischen Fülle, die nie so bestanden hat. Es mag seltsam klingen angesichts der Tatsache, daß der tönende Film der große Zeitvertreib und das Auge mehr und mehr das Mittel der Überredung im Alltag geworden ist.

Aber damit treffen wir gerade die entscheidende Situation. Die Fülle des künstlerischen Angebots, die von allen Seiten auf den Menschen eindringt, kann uns über die Tatsache nicht hinwegtäuschen, daß der lebende Künstler schwer um Verständnis ringt, daß viele klassische Kunstformen überlebt und fade erscheinen, die modernen aber von den meisten unverstanden bleiben. Die Absonderung des Schaffenden vom Volk ist eine Erscheinung, die in ihren Ursachen noch lange nicht umfassend genug gewürdigt wird. Und daß der starke Drang vieler schlichter Menschen, am Leben dieser Kunst teilzunehmen, nur selten befriedigt wird, dafür könnte ich Beweise in großer Zahl vorlegen. Daß die meist verlegene oder krampfhaft überlegen sich gebärdende Ablehnung vieler heutiger Kunstäußerungen ein Zustand ist, der im Leben der demokratischen Gemeinschaft ein schweres Problem darstellt, braucht auch keine besondere Illustration.

Ich versuche im folgenden den Nachweis, daß dies Malaise ein Ausdruck einer verborgenen Mangelkrankheit ist und daß diese Krankheit für die Zukunft unseres geistigen Lebens eine schwere, zu wenig erkannte Drohung darstellt!

Jede vollständige Geistesarbeit läßt in ihrem Reichtum zwei große Komponenten unterscheiden, die wir für eine Analyse mit einiger Deutlichkeit sondern können. Wir sind uns klar, daß ein solcher Eingriff nur ein »Präparat« liefern kann, das man mit dem des Anatomen vergleichen darf. Sowenig wir aber die Nützlichkeit des anatomischen Präparates für unsere Erkenntnis bestreiten würden, sowenig darf uns das zwangsläufig Gewaltsame einer Gliederung im Geistigen abhalten, sie für besondere Zwecke durchzuführen – auch wenn die Organisation, die es hier zu erkennen gilt, noch viel komplizierter ist als die der greifbaren körperlichen Bildungen.

Von den zwei Komponenten, die wir sondern, nennen wir die *eine* die *theoretische Funktion*. Sie ist jene Aktivität, die vor allem die Mittel des rationalen Denkens benützt, welche die Möglichkeiten wissenschaftlicher Analyse schafft und ausnützt, die sich des Rüstzeugs der Mathematik in vielen Fällen bedient. Sie führt den denkenden Geist sehr bald über das unmittelbar Gegebene der Sinnenwelt hinaus und verweilt mit besonderer Vorliebe im Reich der Zahl und der Quantität. Sie erstrebt die Transformation des qualitativ Gegebenen in die Sprache der Quantität. Wenn Töne auf Schwingungszahlen zurückgeführt, Farben in Wellenlängen ausgesprochen sind, so erscheint ein Zustand geistiger Befriedigung erreicht, ein Sieg errungen. Ich sage das ohne Ironie, als Versuch einer Charakterisierung.

Die *zweite* Komponente der geistigen Aktivität, die ich vorderhand als die *ästhetische Funktion* bezeichne, ist eine völlig andere Art des Erfahrens und Bewältigens der Eindrücke. Sie läßt zunächst einmal die primären Eindrücke der Sinne intakt, sie bewahrt das Ursprüngliche, Besondere, die Qualität von Form und Linie, Farbe und Laut, Geruch oder Tastgefühl.

Wir wollen gleich beachten, daß alle geistige Arbeit von diesen Sinneseindrücken als primären Erlebnissen ausgehen muß. Während aber die theoretische Funktion diese Qualitäten zu überwinden und durch meßbare Größen zu ersetzen trachtet, schenkt die ästhetische Funktion diesen primären Quellen des Geisteslebens Vertrauen, baut auf sie und formt mit ihnen ihre Bilder und ihre Wahrheiten!

In der Frühzeit eines jeden Entwicklungsganges dominiert die ästhetische Funktion. Lange bevor wir denkend die Erscheinungen erwägen – und später gar versuchen, »dahinter« zu kommen –, lange vorher formen wir uns das Bild unserer Welt durch die Qualitäten des Sinneslebens, schließen Freundschaften mit den einen dieser Reize, wehren andere ab und bauen uns eine Welt der Werte auf, die ihr Leben von der Macht der Sinneswirkungen empfängt. »Die gelben sind böse«, sagte mir ganz ungefragt im vergangenen Frühjahr ein kleines Kind in unseren Anlagen, wo weißer, violetter und golden leuchtender Krokus blühte. Und von einem englischen Kind berichtet Herbert Read die Aussage: »Das ganze Gesicht Gottes ist Laburnum[1].« Wie verschlossen uns auch diese Eigenwelt sein mag, wer möchte bezweifeln, daß dieses Wort etwas ganz Besonderes meint. Wer mit Kindern zu tun hat, weiß um diese eigenartige frühe Weltbemächtigung, deren Fülle und Schönheit ein kostbarer Schatz für das Leben ist. So sehr ist die ästhetische Funktion eine Grundlage des menschlichen Verhaltens, daß sie in allen, verglichen mit der unsrigen, ursprünglicheren Kulturen dominiert und der theoretischen Funktion nur geringen Raum läßt. Sie war auch im Okzident in paläolithischen Zeiten gewaltig entwickelt, und die Zeugnisse der Höhlenmalerei sind noch immer vor uns als Beweise der mächtigen Entfaltung der ganz allgemein menschlichen ästhetischen Funktion zu den gewaltigen, besonderen Leistungen hoher

Kunst. Die ästhetische Funktion bestimmte damals den Ausdruck des religiösen Lebens, sie regelte die sozialen Beziehungen, sie setzte sich durch in der Gestaltung aller Gebrauchsdinge. Das hohe Gefühl der Erfüllung, der Freude, das so viele Werke fremder und vergangener Kulturen in uns heraufrufen – es ist der Ausdruck einer Befriedigung tiefster Bedürfnisse, welche die Zivilisation unseres Abendlandes heute nur selten in gleicher Weise zu geben vermag. Die Sehnsucht, wie sie fremdartige, ferne Kulturen heute in uns nähren können, ist nicht milde romantische Würze unseres abendländischen Alltags; sie ist der Ausdruck des unbefriedigten Geistes, dessen Krisenzustand mehr oder weniger stark bewußt sein kann, der aber weithin sich auswirkt.

In der Tat, wenn wir das Ganze ihrer Aktivität überschauen: die abendländische Welt ist längst aus dem Zustand eines relativ harmonischen Gleichgewichts der geistigen Funktionen herausgeworfen. Sie hat eine folgenschwere Entscheidung getroffen – vor Jahrhunderten bereits –, und ihre Wahl ist auf die theoretische Funktion gefallen. Der Okzident hat den Wertakzent auf den wissenschaftlichen Verstand gelegt, auf die Eroberung des Quantitativen, und hat das Reich der Qualität in einen hinteren Rang gedrängt. Er hat die natürliche Einheit unserer Lebenshaltung preisgegeben und alles auf die Karte der Weltbeherrschung durch die Methoden der Forschung gesetzt. Wir streiten uns im Augenblick gar nicht etwa um die Bedeutung dieser wissenschaftlichen Beherrschung – ich denke, das Positive der Leistungen, die sowohl Folge wie weiterhin Ursache der Entscheidung des Okzidents zugunsten der theoretischen Funktion sind, dieses Große ist deutlich genug vor uns und bedarf nicht besonderen Lobes, um in unserem Bewußtsein zu erscheinen[2].

Uns scheint es heute notwendiger, eine der Schattenseiten dieser Entscheidung zu beachten. Man sieht diese meist im Überwuchern der Technik und klagt darüber, daß mit der technischen Beherrschung die geistige Entwicklung nicht Schritt gehalten habe. Man legt den Finger auf diese oder jene geistige Verwirrung und auf soziale Entwicklungen, denen man besonders schuld geben möchte an der unbestrittenen Krise unseres geistigen Lebens.

Wir wollen nicht in diese Klagen einstimmen. Es geht uns darum, auf wenig beachtete Tatsachen hinzuweisen, die an unserer geistigen Lage unmittelbaren Anteil haben, viel unmittelbarer als die Technik, und die zudem jeden Erzieher angehen: ich meine damit eben die vorhin festgestellte Entscheidung zugunsten der theoretischen und gegen die ästhetische Funktion im Geistesleben des Abendlandes. Ich kann hier keine Geschichte dieser Entwicklung geben – dies wäre eine Untersuchung für sich. Doch ich glaube, die Wurzeln der gegenwärtigen Zustände dürften sich sehr leicht bis ins 12./13. Jahrhundert verfolgen lassen. Im 16. Jahrhundert ist die Entscheidung bereits vollzogene Tatsache. Besonders deutlich wird dies im Blick auf die Entwicklung der bildenden Kunst seit jener Zeit. So reiche Schätze wir finden, so zeigen sich immer neue Zeugnisse der einseitigen Taxierung der Höchstwertung einer besonderen Ausprägung naturalistischer Kunst. Sie folgt aus der Bevorzugung der theoretischen Funktion, und ihr geht parallel eine ausgesprochene Ächtung und Verkümmerung aller jener Kunst, die völlig anderen geistigen Akzenten entspricht. Wenn es trotzdem solche andere Kunst gibt und gegeben hat, wenn etwa der Surrealismus heute eine stattliche Ahnengalerie, einen wahren Stammbaum, aufzeigen kann, so sind das Kunstwerke des »Trotzdem«; es sind Untergrundbewegungen, ein Maquis von verdrängten Geistesarten. Es genügt, auf die Entwicklung etwa der Perspektive hinzuweisen, um zu sehen, welche tyrannische Gewalt die theoretische Funktion ausgeübt hat. Wir denken aber auch an die Auswirkungen der Helldunkelmalerei für die Wiedergabe der Körperwelt, an die anatomische Schulung des Künstlers, die zu den unerschütterlichsten Pfeilern der abendländischen Künstlerbildung geworden ist. Und die »Plein-air«-Entdeckungen der neueren Malerei tragen ja ebenfalls viele untrügliche Zeichen des wissenschaftlichen Einflusses. Denn diese Entwicklungen in der Malerei sind ja nicht »Entdeckungen« der Künstler, sondern wissenschaftliche Taten. Die Forschung war nicht etwa nur eine Hilfe der Kunst, wie etwa die Auffindung neuer chemischer Farbstoffe für den Maler, sondern sie brachte eine im Okzident für Jahrhunderte zwingende Fixierung unserer räumlichen und plastischen Vorstellungen. Wer um die Einfühlung in moderne Kunst ringt, weiß auch um die Folge dieser völligen Unterwerfung unter wissenschaftliches Gesetz. Ein Blick in der Richtung der ostasiatischen Kunst genügt, um daran zu mahnen, wie wenig obligatorisch eine solche Entwicklung zum okzidentalen Naturalismus ist. Hat doch jene Kunst von vornherein in ihrem Streben auf die Mittel der exakten Perspektive, des Helldunkels, der anatomischen Studien zugunsten anderer Praxis verzichtet[3].

Wenn auch die Vorherrschaft der theoretischen Funktion die mächtigsten künstlerischen Antriebe nicht hat ertöten können, so hat sie doch die geistige Entwicklung gewaltig gehemmt und hat insbesondere in der gesamten Erziehung eine wenig beachtete Atrophie des Empfindungs- und Gefühlslebens gebracht, die einer der ärgsten Schäden unserer Zeit ist. Daß manche den Schaden nicht mehr verspüren, spricht höchstens dafür, wie allgemein er schon geworden ist, welche kümmerlichen Formen des sinnlichen Erlebens wir heute bereits als »normal« und befriedigend hinnehmen.

Die Betätigung der ästhetischen Funktion gilt vielen als Nebensache, als Zusätzliches, als Zeitvertreib oder bloße Erholung, wobei »Erholung« deutlich das Minderwertige ist, das die »Arbeit«, das oft uneingestandene okzidentale Lebensziel, ermöglichen soll. Und für viele Menschen hat selbst das Ernstnehmen der Kunst, besonders der Dichtung und erst recht der bildenden Künste, zu einer vermehrten rationalen Beschäftigung, zum Wissen um Kunst geführt – ein Streben, dessen Wert nicht verkannt zu werden braucht, das aber doch weit wegführt von einem unmittelbaren gefühlsstarken Erleben der Qualität, dieser besonderen Möglichkeit, die gerade die künstlerische Leistung uns zu schenken vermag.

Noch glauben viele Menschen unseres Lebenskreises an die Richtigkeit der Überbewertung der theoretischen Funktion – noch geht, im Großen gesehen, vor allem die Erziehung unentwegt auf dieses Ziel los.

Und doch hat sich in aller Stille in der Ergründung des Menschen eine Wendung vollzogen, die zur Besinnung mahnt und zu neuen Orientierungen aufruft.

Ich meine damit die Erforschung der ästhetischen Funktion von seiten der biologisch orientierten Psychologie. Nur weniges kann angedeutet werden. Sie hat zunächst gezeigt, daß die primäre, erste Geistesformung das Werk der ästhetischen Funktion ist.

Sie hat eine tiefgehende Wandlung in der Auffassung unserer Erlebensformen angebahnt. Insbesondere sind dadurch die Gesetze des Sehens, der visuellen Erlebensweise, tiefer erfaßt worden. Seither ist deutlich, wie ganzheitlich, wie total diese komplizierten Organfunktionen ablaufen und welche Bedeutung der ästhetischen Funktion zukommt.

Die Wandlung setzt ein mit dem Kampf gegen die landläufige Interpretation der »optischen Täuschungen«. Man sieht heute in diesen Erscheinungen nicht so sehr die trügerische Täuschung, die sie mit sich bringen können, sondern man erfährt »Gesetze des Sehens«, die auf aktive Arbeit, auf gestaltende Mächte unserer nervösen Organe hinweisen[4]. In der Folge hat dann diese Gestalttheorie auch gezeigt, daß neben der analytisch gliedernden theoretischen Funktion das Sehen umfassender Ganzheiten, also von Mustern, auch in der wissenschaftlichen Arbeitsweise hohen Rang und große Bedeutung hat[5]. Insbesondere aber hat die Erforschung der geistigen Entwicklung der Kinder den Zusammenhang mit den verschiedenen Versuchen zur Typenlehre gefunden und einige Ergebnisse von so allgemeiner Art ergeben, daß wir sie ernsthaft beachten müssen. Ich denke ferner an die wichtigen Entdeckungen über die alogischen Komponenten des geistigen Tuns, auch des Denkens. Ich spreche heute in erster Linie von den Ausdrucksmitteln der bildhaften Darstellung, weil mir ihre Beurteilung aus mancherlei Gründen besonders naheliegt. Doch läßt sich das Dargelegte ohne weiteres bei genügender Sachkenntnis auf andere Bereiche der ästhetischen Funktion ausweiten.

Zunächst ein rascher Blick auf wesentliche Ergebnisse der typologischen Forschung. Die Experimentalpsychologie hat in ausgedehnten Untersuchungen die Vielfalt des Farberlebens und seine Rolle im gesamten Lebensstil der Persönlichkeit erforscht. Ich denke dabei ganz besonders an die Arbeiten von Bullough[6], die eine Gruppierung ergeben, deren allgemeiner Rahmen auffällige Beziehungen zu den von C. G. Jung aufgestellten psychologischen Typen zeigt, die vielen unter dem Namen des Denk-, Empfindungs-, Gefühlstypus und des intuitiven Typus bekannt sind. Auch zeigt sich, daß in jedem Typus die mehr extravertierten wie die introvertierten Varianten nachweisbar sind. Wir wollen damit nicht etwa die Jungsche Typologie als endgültig, als die Lösung des typologischen Problems, betrachten. Aber es muß daran gemahnt werden, daß sie zur Zeit einen der wesentlichsten Versuche darstellt. Vor allem aber zeigt sich noch in jüngster Zeit ein bedeutsames Ergebnis: der Jungschen Typologie und der Bulloughschen Farbcharakteristik lassen sich manche ausgeprägte Arbeitsweisen der bildenen Kunst zuordnen, wobei deutlich der Naturalismus zum Denktyp, der Expressionismus mit dem Empfindungstypus, der Surrealismus mit dem Gefühlstypus und schließlich der Konstruktivismus (den man zuweilen abstrakte Kunst nennt) mit dem Intuitionstypus sehr interessante Beziehungen hat – auch dies stets mit der Nuancierung des mehr extra- oder mehr introvertierten Gestaltens[7].

Die typologische Darstellung wird sich verfeinern und weiter verwandeln. Doch erscheint heute schon ein Ergebnis ganz klar und der Zone des Zweifels entrückt: es gibt naturbedingte menschliche Varianten des Welterlebens und ihnen entsprechende Weisen des künstlerischen Gestaltens, die nebeneinander ein dauernder Bestand unseres Soziallebens sind. Das Dominieren einer einzelnen Schaffensweise im Okzident, des Naturalismus, steht in klarer Abhängigkeit von der tyrannischen Macht der Bevorzugung der theoretischen Funktion und der ihr besonders zugeneigten Erlebensart, des Denktypus[8]. Und es ist eine weitere Folge dieser Einseitigkeit, daß die machtvolle Ausweitung der künstlerischen Ausdrucksformen, die man als »moderne Kunst« bezeichnet, daß diese völlig natürlichen Schaffensformen noch immer gegen die Wände des Vorurteils anrennen müssen, welche die absolute Vorherrschaft der theoretischen Denkweise, des rationalen Intellektes, seit langem in unserem Kulturkreis errichtet hat. Dieser Kampf um diese moderne Kunst wird vielleicht einmal als ein besonders seltsames Kapitel abendländischer Verwirrung erscheinen, wenn dereinst der Absolutismus einer einzigen Erlebenskomponente gebrochen und ein umfassenderes Menschentum mit seinen Varianten wieder ernst genommen wird!

Doch unsere heutige Betrachtung gilt ja nicht dem Kampf um moderne Kunst – er ist uns in diesem Augenblick nur ein Glied eines viel Umfassenderen: des Kampfes um die Pflege und Bildung der ästhetischen Funktion. Denn ihre Unterdrückung ist es ja, die den Okzident verblendet hat gegenüber der Vielfalt menschlicher Schaffensweisen und die uns das verhängnisvolle

Übergewicht eines einzigen Typus der Welterfahrung und -bewältigung gebracht hat.

Was in unserer Zeit gefordert werden muß, ist darum nichts Geringeres als eine resolute Verlagerung der Gewichte, der Akzente unseres Bildungsstrebens, eine Revolution, wenn wir dieses Wort einmal nicht politisch nehmen. Ich glaube nicht, daß man ernsthaft bestreiten kann, daß unsere Erziehung und Menschenbildung von der ausschließlichen Entfaltung der theoretischen Funktion beherrscht ist und daß man gerade bei uns, trotz vielen gegenteiligen Lippenbekenntnissen, die sogenannte »Härte der Zeit«, die »Notwendigkeiten des Lebenskampfes«, mit einer Intensivierung dieser theoretischen Funktion in den Schulen beantwortet. Wenn heute von Schulproblematik gesprochen wird, wollen wir ja nicht vergessen, daß sie anders ist als die vor einigen Jahrzehnten – so wie der Generationenkonflikt auch stetsfort andere Varianten zeigt. Wir wollen nicht verkennen, daß sich alle Schulen umformen. Der große Schatten, der einst über der Schule lag und den vor allem die Unterjochung der Kinder durch Eltern und Lehrer erzeugt hat – er ist jetzt vielenorts von einer ganz andern Drohung abgelöst worden: heute ist es ein vielleicht noch tragischeres Übel, weil es viel schwerer zu beheben ist. Heute lastet auf der jungen Generation etwas ganz anderes am stärksten: die durch die rasende technische Entwicklung gesteigerte Störung des seelischen Gleichgewichtes, das Fehlen eines sicheren Wissens um die Wege zu umfassender geistiger Formung, zu gesunder Entfaltung des vollen menschlichen Wesens.
Unsere Einsicht in die Verschiedenheit der Konstitutionsweisen muß zur Folge haben, daß auch die Erziehungsziele diesen Unterschieden Rechnung tragen: es muß eine fruchtbare Beziehung erstrebt werden zwischen den Anlagen eines Menschen und der Eigenart seiner Ausdrucksweisen.
Dabei muß freilich ein Mißverständnis sogleich bekämpft werden: die Auslegung nämlich, als strebten wir nach vermehrter eigentlich künstlerischer Ausbildung durch die Schule. Die ästhetische Funktion soll geübt werden, und zwar in ihrer aufnehmenden und nachschaffenden (re-kreativen) Seite wie in der produktiven Seite. Das bedeutet aber nicht Ausbildung zum Künstler, die der schwere Sonderweg der Ausnahmen ist. Die

ästhetische Funktion ist in allen gegenwärtig, in allen zur vollen Entfaltung des Humanen notwendig. In diesem besonderen Sinne ist in schlichtester Weise jeder Mensch »künstlerisch«. Wir würden daher auch das Wort von Lautréamont auf die gesamte Formung der Persönlichkeit anwenden – jenes Wort, das die Surrealisten nach André Breton am liebsten auf dem Giebel ihres Tempels anbringen möchten: »La poésie doit être faite par tous.« Übrigens würden viele Mißverständnisse um den Surrealismus verschwinden, wenn man in mancher seiner Äußerungen stärker noch das eine Ziel sehen würde, das er unter anderem erstrebt: umfassende Erziehung der ästhetischen Funktion und Erschließen verschütteter Quellen des künstlerischen Erlebens. Der Surrealismus hat zu diesem Ende viele Wege eingeschlagen, über deren Wert man im einzelnen streiten kann – aber man wird dem Mute Achtung zollen müssen, mit dem hier eine Befreiung der Ausdrucksformen erstrebt und in manchem auch erreicht worden ist. Der Surrealismus durchsetzt heute weite Bereiche vor allem des bild-künstlerischen Gestaltens und wirkt stark in unsern Alltag hinein.

Noch ein anderer möglicher Irrtum muß sogleich bekämpft werden – der nämlich, wir sprächen dem Irrationalismus das Wort. Der Irrationalismus sucht die Schäden einer einseitig rationalistischen Geistesarbeit durch radikale Umstellung zu beheben – ein Heilmittel, dessen Unzulänglichkeit wir kennen sollten. Wir zeigen hier einfach die Tatsache des vollen Erlebensreichtums und bekämpfen darum die exklusive, alleinige Hochwertung der einen theoretischen Komponente unseres Geisteslebens. Wir fordern eine harmonische Ausbildung der verschiedenen Weisen des geistigen Schaffens und Erlebens.

Die Einsicht in die Notwendigkeit einer Stärkung der ästhetischen Position ist nicht gerade weit verbreitet – allzu viele machen noch immer die bloße Entwicklung der logischen Seite des Denkens zur wichtigsten Aufgabe unserer Menschenerziehung. Wer so denkt, vergißt, daß das wirklich produktive Denken selbst in den exaktesten Forschungsgebieten der intuitiven, spontanen Schöpferarbeit und damit der ästhetischen Funktion überall bedarf; daß das Träumen und Wachträumen, wie jedes Erleben der Sinne, unschätzbare Möglichkeiten öffnet. Die moderne Seelenforschung betont mehr und mehr, daß alles wahrhaft produktive

Denken dem künstlerischen Schaffen ganz besonders nahe ist. Wir wissen heute wieder mehr darum, wie unablässig das verborgene Weben in den tieferen Schichten unserer Persönlichkeit Tag und Nacht auf der Suche ist nach anschaulichen Lösungen für viele Aufgaben des Denkens und Fühlens – und wie sich dieses heimlichere Selbst der Welt des Traumes, der Phantasie zu diesem Wirken bedient. Mir erscheint jener französische Poet nicht als ein schrulliger Kauz, der beim Schlafengehen vor seine Tür ein Schild zu hängen pflegte: »Le poète travaille.« – Und nur zu gerne würde ich mich jetzt in ein rechtes Lob des Schlafes hineinreden! Aber wir wollen jetzt nicht nur an die mögliche Stärkung bedeutender geistiger Schaffensarten denken – wir wollen auch sehr ernst nehmen das schlichte Streben vieler bescheidener Menschen nach Freude und Glück. Und da müssen wir doch als Erzieher in tiefstem Ernst daran denken, daß für ungezählte Menschen gerade die einfachen und echtesten Freudenquellen versiegt sind, daß gerade die natürlichsten Anlagen der produktiven Freude, des reichen spontanen Erlebens verdorren. Und das nicht allein wegen mißlicher sozialer Verhältnisse. Niemand wird unsere stete Verpflichtung verringern, menschenwürdige Lebensformen für alle zu sichern – aber ich denke in diesem Augenblick an die Tatsache, daß Abertausende in unserem eigenen Lande schon jetzt über reichliche Muße zu einem glücklichen Leben verfügen – daß sie aber nicht glücklich sind, weil sie diese Muße nicht sinnvoll zu gestalten wissen, daß sie oft gar unter ihrer Freiheit leiden, meist ohne es klar zu sehen, daß der »Zeitvertreib« für sie im wahren Wortsinn die trübe Aufgabe ist, die Zeit umzubringen und die Last der Freiheit zu vergessen. Sie kennen die einfachen Reichtümer nicht mehr, zu denen das reine, volle Erleben der Sinnenwelt und das noch so bescheidene Gestalten durch die ästhetische Funktion führt.

Daß die Naturformen rings um uns ein weit offenes Schatzhaus sind, wie wenige erleben es – wie wenige sehen die Beglückungen in den Variationen der Herbstfarben, die ein einziger Spitzahorn uns mitten in der Großstadt während des Herbstes ausgestreut hat. Daß die Fülle der Blattgestalten, der Früchte, der Flug der Vögel oder deren Gesang Freudenquellen sind, die allen zugänglich wären – wie wenige wissen es. Daß jeder perlmutterfarbene Abendhimmel ein Fest ist, jeder Blick durch das Blättergold besonnter Buchen in das kühle Blau des Herbsthimmels ein erregendes Schauspiel, das von der schlichten Sinnenfreude bis zu schwindelnden Phantasien des Welterfahrens sich steigern kann! Gar nicht zu reden vom Reichtum der allen zugänglichen Menschendinge, vor allem der Kunst. Wie sollen die vielen diese Möglichkeiten erleben, genießen, da doch die Quelle des Genusses, die ästhetische Funktion, so geringgeachtet, so wenig geübt wird, und meist einer traurigen Verkümmerung ausgesetzt ist. Da nützen die technischen Mittel gar wenig, die uns alle die Kunstschätze näherbringen, wenn das Herz nicht wach ist, das allein diese Freuden erfühlen kann.

Wie sollen die vielen zur Freude an diesem offen ausgebreiteten Reichtum kommen, wo doch von früh an das Lied der Leistungssteigerung sie umdröhnt – das einseitige Lob des Wissens, die Kultur des »Digest« sie umgibt. Darum fordert der Biologe die Kultur der ästhetischen Funktion und fordert sie gerade auch für die Schule. Und er ist dabei anspruchsvoll. Nicht eine Stunde mehr für dies oder das, sondern eine völlige Wandlung der Gesinnung. Die dürftige Rolle der ästhetischen Funktion in der gegenwärtig herrschenden offiziellen Bildungsnorm geht deutlich aus dem schrittweisen Abbau der verschiedenen Kunstäußerungen im Schulalter hervor: Am frühesten wird jene Kunstform fallengelassen, die dem rationalen Erleben am fernsten steht – die Musik. Ein arges Kapitel, in dem sich der Zeitgeist gar deutlich aufzeigen ließe und über das viel zu sagen wäre. Viel länger wird die Äußerung der bildhaften Darstellung noch zugelassen, da sie in Form und Perspektive, Licht und Schatten eine Fülle von rational zu verwertenden Momenten enthält. Es ist bezeichnend, daß es seinerzeit eines ernsthaften Kampfes bedurft hat, um die ausschließliche Herrschaft der Form durch den Einbruch der Farbwerte zu brechen. Wie viele Erzieher sehen im Zeichnen nur die eine Seite der Schulung des Beobachtens, der verfeinerten Wiedergabe der Realität. Kein Wort gegen diese Rolle – aber dafür volle Anerkennung der wesentlichen anderen Funktionen des bildhaften Gestaltens im Geistesleben. Noch gilt vielen in den höheren Schulstufen dies Bildschaffen als Luxus! Am längsten von allen Künsten hält die Dichtung durch, weil in ihr gerade die rein theoretische Funktion sich besonders kräftig auswirken kann – mit welchem Erfolg für das Dichtwerk, will ich verschweigen.

Die künstlerischen Gebiete des Schaffens fallen aus in der Reihenfolge der Dominanz der reinen ästhetischen Funktion. Wenn diese tragische Absterbeordnung uns heute wenigstens eine Mahnung wäre!

Wir wollen in wenigen Teilgebieten Umschau halten, um durch den konkreteren Einzelfall auf die Notwendigkeit, aber auch auf die Richtung der Umstellung hinzuweisen. Es wird gut sein, im eigenen Arbeitsbereich anzufangen, um nicht den Eindruck zu erwecken, daß wieder einmal vor allem der Splitter in des Bruders Auge gesehen werden soll.

Wir sprechen darum von Naturkunde. Dabei wird sogleich deutlich, daß der Inhalt dieses Wortes eigentlich nicht das sein sollte, was an den Hochschulen der Gegenwart als Naturwissenschaft gelehrt und so auch dem werdenden Lehrer mitgegeben wird. Naturwissenschaft ist die Prüfung der Naturvorgänge und Naturgebilde mittels der theoretischen Funktion, ihre Analyse mit den Mitteln des Verstandes, vor allem auch den mathematischen Hilfsmitteln, und die synthetische Darstellung der Forschungsergebnisse.

Naturkunde aber ist eigentlich etwas anderes. In ihr sollte zum sicheren Wissen in stärkerem Maße das Gefühl treten und die Freude der Sinne und sollte so umfassendere Erlebnisse von Natur und Naturdingen formen helfen. Statt wie es in der Naturwissenschaft so oft geschehen muß, die Qualitäten in meßbare Größen zu transformieren, läßt die Naturkunde an entscheidenden Stellen dem Reich der Sinne seine Bedeutung und bringt die Qualität zur Geltung. Statt wie in der Naturwissenschaft nach dem besonders geeigneten Objekt zu suchen, mit dem sich am besten experimentieren läßt, weiß die Naturkunde stets auch um die Fülle der Dinge, der Tiere und Pflanzen, der Farben und Formen, der Jahreszeiten und Tagesstunden, der Erdräume und Erdzeiten, des Tageslichts und des nächtlichen Himmels.

Aber: unser Zeitalter hat im Okzident auch hier gewählt: dem Naturkundigen ist der Naturforscher vorgezogen worden; ja der »Naturalist« ist für viele im Vergleich zum »Scientisten« geradezu ein altmodisches, ein wenig komisches Original, ein Kauz, geworden[9]. Es ist nicht nötig, die Naturwissenschaft zu verteidigen. Die historische Entwicklung zwingt uns zu ihrer Steigerung;

die Technik und der Machtwille besorgen das übrige – und wer selber wie ich Naturwissenschaft treibt, wird sicher der letzte sein, die geistige Größe ihres Erkenntniswillens und dieser Forschungsweisen zu verkennen. Doch in dieser Stunde geht es um etwas anderes.

Die unabsehbare Steigerung des bewußten Lebens, der Ich-Funktionen, welche aus dem rationalen Forschen folgt, ist unausweichbares Schicksal. Aber dieses Geschick muß zu völlig krankem Menschsein führen, zu einseitiger Hypertrophie der Ich-Position, zu grauenvoller Vereinzelung und Vereinsamung und damit zum Umschlag, zu rauschhafter Preisgabe dieser Ich-Vorzüge in Massenpsychosen von nie geahnten Ausmaßen, gegen welche die einstigen Epidemien harmlose Störungen waren. Die letzten Jahrzehnte haben uns einige erste Demonstrationen solcher Entwicklungen gegeben.

Soll diese unausweichliche Auswirkung der theoretischen Funktion und damit die Bedeutung des bewußten Lebens, die Steigerung der Bedeutung des Ich, nicht zur verheerenden Vereinzelung führen, so müssen alle jene Kräfte gefördert und genährt werden, die das Ganze der humanen Spannung sichern, alle die Kräfte des heimlicheren Lebens, des weniger oder kaum Bewußten, des schöpferischen Grundes – weil nur in dieser Erhöhung der Mensch als Ganzes umfassender und intensiver wird.

Der Weg dazu geht durch die ästhetische Funktion, er geht über die Welt der Sinne, der Qualitäten – er geht über die Wirkung aller jener Gebilde um uns, in denen das Weben der unbewußten lebendigen Kräfte ganz besonders reich und bunt ist: ich meine die Welt der Naturdinge und darin ganz besonders die unabsehbare Fülle des Lebendigen. Diese werden damit wieder zu einer Quelle jenes Wissens, das Max Scheler einmal das Heilswissen genannt hat. Die Stärkung des sinnfälligen Erlebens der Natur – das ist eine der großen Aufgaben aller Menschenbildung. Nicht allein in der Mitteilung des rational zu Wissenden – wie spannend dieses sein mag –, sondern in der Auswertung aller der vielen den Geist anregenden Möglichkeiten, die in dieser Welt der Naturdinge schlummern und auf die unsere Seele im stillen so sehnsüchtig wartet – auch wo sie um das Ziel solcher Sehnsucht gar nicht weiß.

Die anregende Macht der Naturdinge um uns ist eine noch kaum erschlossene Quelle der Erregung, der Erneuerung und frohen geistigen Bewegung, auch der Befruchtung von verborgensten Schaffenskräften in jedem von uns. Die stete Begegnung mit der sinnfälligen, farbigen, duftenden, tönenden, geformten Fremdheit der Naturformen um uns rüstet uns für das lebhaftere und stetigere Vergegenwärtigen auch unserer innerseelischen Vielfalt sowie für die Einsicht in die Tiefe der uns umfangenden und uns selbst gestaltenden unbekannten Lebensgründe.

Es ist ein wahres »savoir par cœur«, das hier gefordert wird, ein Kennen der Welt nicht allein mit den Mitteln des Verstandes. Die so aufgefaßte Naturkunde ist eine erregende Kraft, sie schafft durch verborgene Befruchtungen neue bedeutsame Verbindungen und Spannungen im geistigen Leben. Vergessen wir nie: das liebevolle Kennenlernen der klaren, vielgestaltigen Gebilde um uns bringt unablässig in unser innerstes geistiges Weben die Eindrücke von großen Ordnungen, weckt das Gefühl für die kaum faßbare Größe solcher Ordnung, die uns als Schönes wie auch als Schreckliches begegnet, die im Aufblühen wie im Sterben, die in der Zweckgestalt ebenso groß ist wie in den Formen, die jeder Verstandesdeutung entrückt erscheinen.

So führt ein stetes, liebendes Erfahren der Außenwelt über das Verstehen weit hinaus zum Erleben des Unfaßbaren, des Unabsehbaren wie auch des Ungeheuren. Die ästhetische Funktion weist so in das Gewirke der theoretischen Arbeit einen ganz besonderen Einschlag, der eine hohe Steigerung der Lebensgefühle bedeutet. Seinerzeit ist die Vertrautheit mit dem Formenreichtum preisgegeben worden. Man hat eine kostbare Möglichkeit vertan, weil in dürftigen, dürren Seelen dieser Reichtum zur Systematik entstellt worden ist, und erst noch zu einem traurigen Zerrbild echter morphologischer Systematik. Die Hypertrophie der Verstandesarbeit rief nach allgemeiner Biologie in heilsamer Absicht, aber meist nur mit dem Ergebnis, möglichst viel von Hochschulwissen zu bieten. Niemand wird den guten Willen dieser Umstellung verkennen; ja sogar ihre Notwendigkeit als historische Phase kann man aufzeigen. Die Gegenwart fordert aber anderes. Sie fordert die Mobilmachung aller jener Geisteskräfte, die geeignet wären, das Gleichgewicht des Menschen wieder zu schaffen, die geeignet wären, nicht intellektuellere, sondern glücklichere Menschen zu formen[10].

Die Umstellung ist gewiß nicht immer leicht – aber sie muß versucht werden. Sie verlangt nicht so sehr Änderungen der Lehrpläne als solche der geistigen Haltung und der Grundstimmung, von der die Einführung des jungen Menschen gelenkt wird.

Um auf dem Gebiet der Biologie zu bleiben: die Aufgabe einer Aktivierung und Förderung der ästhetischen Funktion kann nicht durch schwärmerische Darbietung des Stoffes geleistet werden. Die Mitteilung wie das Erschaffen des Wissens müssen in vollem Ernst und mit selbstvergessener Hingabe erfolgen. Nur aus solcher Haltung entsteht im verborgeneren Weben des Geistes jene erregende Wirkung, die befruchtet und den schöpferischen Grund bewegt.

Darum sind auch die Werke so selten, von denen solche große Wirkungen ausgehen. Manches in den Reisewerken A. von Humboldts ist von dieser Art, auch vieles in Wallaces Bericht vom Malaiischen Archipel. Vor allem aber strömt dieser Einfluß von dem außerordentlichen Werk J. H. Fabres, von den »Souvenirs entomologiques« aus.

Die geistige Umstellung muß also in uns vollzogen werden. Wo im einzelnen von uns starke künstlerische Kräfte wirken, dürfte sie nicht schwerfallen. Eine gute Hilfe kann uns aus der steten intensiven Betrachtung der Gestaltung durch echte Künstler erwachsen – die Gestaltung von Tier und Pflanze in vielen Zeiten und Kulturen, die Sagen, Märchen, Mythen, die von Naturgestalten beeinflußt worden sind.

Es liegt mir ferne, hier konkrete Ratschläge zu erteilen in Dingen der Stoffwahl. Ich spreche darum nur von der Umstellung der Akzente! Diese gilt selbstredend nicht nur für die Gestaltung der Naturkunde. Es ist allgemein klar und anerkannt, daß wir nicht Menschen zu halben Künstlern bilden wollen, die nicht dazu gemacht sind! Wenn es nur ebenso klar wäre, daß wir ebensowenig Menschen zu minderwertigen, halben Wissenschaftern bilden sollten. Das Ziel, die menschlichen Kräfte harmonischer zu entfalten, verlangt heute nicht so sehr den Stoffabbau, der so oft gefordert wird – er ist relativ belanglos, denn auch eine große Stofffülle ist erträglich, ja wertvoll, wenn sie nicht als Wissensmasse geboten, sondern mit der Hilfe aller geistigen Arbeitsweisen dem eigenen Geistesgut eingeordnet wird. Daß unsere Forderung in ganz besonderem Maße aller jener Schularbeit gilt, bei der es um die Formung der künstlerischen Leistung geht, ist selbstverständlich. Hier ist die Notwendigkeit besonders groß, sich resolut abzuwenden von der ausschließlich verstandesmäßigen Bewältigung, die so rasch der Lockung des Inhalts verfällt, die sich logisch Faßbarem zuwendet und nie zur Eigenart des Formerlebens führt. Die Eindämmung von Literaturgeschichte zugunsten des geistigen Nachschaffens, des Kunsterlebens, steht an erster Stelle unter den Notwendigkeiten der Zeit.

Darum gilt auch unsere volle Sympathie den vielen kräftigen Bestrebungen im zeichnerischen Unterricht, sich zu lösen aus der Herrschaft des dem Rationalen so oft völlig untergebenen Naturalismus, die verschiedenen Möglichkeiten der bildhaften Gestaltung zu entwickeln, wie sie dem Reichtum der Anlagen entsprechen.

Besonders aber muß hinsichtlich des Unterrichts in visueller Gestaltung das eine Vorurteil fallen, das noch so weit verbreitete: solche bildnerische Arbeit sei eine nebensächliche Art der Betätigung, sei bloße Erholung von der wesentlichen Schulleistung, der Aneignung von Kenntnissen! Es gehört – wie schon gesagt, zu den sichersten Ergebnissen der Forschung an Menschen, daß verschiedene Richtungen des Welterlebens vorkommen – ob wir gleich die Typenlehren erst als vorläufige Ordnungsversuche ansehen wie jede derartige systematische Ordnung in der Vielfalt des Menschlichen. Der Einsicht in die Varianten der visuellen Funktion entspricht die Forderung nach Gleichberechtigung der Gestaltungsweisen, seien sie nun mehr dem Gefühl oder dem Denken, der Empfindung oder dem intuitiven Erfindungsdrang verpflichtet.

Eine solche Erziehung wird unseren Nachfahren hoffentlich einmal das groteske Schauspiel ersparen, daß die Majorität der Zeitgenossen mit wesentlichen Äußerungen des Kunstschaffens ihrer Zeit überhaupt nichts anfangen können. Es würde so manches schiefe Vorurteil fallen, wenn erst einmal die Einsicht sich ausbreiten könnte, daß die stete, beharrliche Bevorzugung einer bestimmten geistigen Struktur, des Denktypus, mit dem Vorherrschen rationaler Einstellung das wichtigste Hindernis für die Erweiterung des Erlebens von Kunstwerken ist. Diese Bevorzugung ist umso tyrannischer, als sie so gut wie völlig unbewußt ist und seit der Renaissance die okzidentale Tradition völlig gefesselt hält. Unsere Vorstellungen von klassischer Kunst und entsprechenden Blütezeiten sind völlig bestimmt von dieser Tyrannei. Niemand wird die Erhebung geringachten, die wir dieser Geistesart verdanken – niemand die Schönheiten verkennen, die uns so offenbart worden sind –, aber sollten wir nicht auch besser bedenken, mit welchen Verblendungen uns die Vorherrschaft dieses rein rationalen Realismus den reinen Genuß anderer Ausdrucksweisen des Geistes verwehrt hat.

Für den Biologen ist es selbstverständlich, daß in den letzten Jahrzehnten nicht eine »klassische« Kunst von einer »modernen« abgelöst worden ist – sondern daß vor allem die Tyrannei einer exklusiven Geistesart über alle andern in schmerzlichen und leidvollen Kämpfen gebrochen worden ist. In der Zukunft wird der naturalistische Gestalter, wenn er schöpferisch groß ist, so gut zur Geltung kommen wie der von den Naturobjekten stärker emanzipierte Künstler, der sich müht, eigene neue Formen zu den bestehenden Naturgestalten zu gesellen – neue Klänge und Wortträume, neue Farb- und Tongebilde zu erschaffen.

Die Einsicht in das Nebeneinander typisch verschiedener Ausdrucksformen ist eine der wichtigsten Feststellungen für eine klare Erkenntnis der Erziehungsaufgaben. Und die vielgeübten historischen Entwicklungsdarstellungen werden sehr darauf achten müssen, daß nicht »Entwicklungsgesetze« vorgetäuscht werden, deren Darstellung man den Reichtum des gleichzeitig Vorhandenen opfert. Ich denke im Augenblick etwa an die Irrwege und Mißgriffe, denen das Urteil über einen so außerordentlichen Maler wie Hieronymus Bosch ausgesetzt war – während sein Zeitgenosse Holbein unbestrittenen Ruhm fand. Mühsam entdeckt heute die Forschung die geistige Welt von Bosch, ihre fremde Größe und Gewalt. Es hat Freud und Jung dazu gebraucht. Der Gegensatz der Taxierung dieser zwei außerordentlichen Maler gäbe Stoff zu Meditationen über unser Thema!

Daß die völlige Vernachlässigung des musikalischen Ausdrucks und seiner reproduktiven und schöpferischen Möglichkeiten in den späteren Jahren der Entwicklung ein krasser Irrtum ist, mag bei dieser Gelegenheit mit Nachdruck noch einmal gesagt sein. Ich plädiere nicht für ein musisches Gymnasium als neuen Typ, nicht für eine noch weiter getriebene Begabungsselektion; unsere

Forderung geht nach einer Anerkennung der Bedeutung der gesamten ästhetischen Funktion in allen Ausdrucksweisen für ein reicheres, volleres Menschentum.

Die verbreitete Idee, daß diese ästhetische Seite des Geistigen eine »Erholung« sei, mag manchen Fächern Freiheit vom Lehrplanzwang bringen, wozu wir sie beglückwünschen. Aber wir anerkennen diese Nebenrolle nicht. Auch nicht für das, was man Sport nennt. Eine freie, spielende Erziehung des Körpergefühls, eine Herausbildung zum Erleben der Schönheit von Bewegungen arbeitet mit an der Formung eines reichen Lebensgefühls und ist nicht bloß dazu da, den Menschen zu vermehrter Aufnahme rationaler Bildung zu befähigen.

Die Kräfte, welche wir hier unter dem Namen der ästhetischen Funktion zusammengefaßt haben, gehören in unserer Zeit zu den großen Möglichkeiten des Heilens, über die der Mensch verfügt und über deren Macht er zu wenig weiß. Manche moderne Seelenärzte erwarten alles Heil vom Bewußtmachen der verborgenen, unbewußten Vorgänge. Wir wollen die Möglichkeiten dieser seelenärztlichen Hilfe nicht verkennen – darüber maße ich mir kein Urteil an –, aber über das andere wage ich als Biologe zu urteilen: daß die mächtigsten Heilkräfte unserer Innerlichkeit auch von der Psychoanalyse nicht genützt werden; daß wertvolle Möglichkeiten, im Seelischen das Gleichgewicht zu schaffen, brachliegen. Es scheint mir einer der Vorzüge der Komplexpsychologie von Jung zu sein, daß sie von diesen Kräften mehr weiß – aber auch sie krankt noch an einer starken Verkennung der ästhetischen Funktion und ihrer Bedeutung.

Die Heilkräfte, die von der Pflege dieser ästhetischen Funktion ausgehen, können eine ungeahnte Erlebnissteigerung des Alltags bringen. Sie wird die Intensität des Kontaktes mit den Naturerscheinungen erhöhen, denjenigen mit den Menschen bereichern, den mit den Werken der Kunst zur Selbstverständlichkeit für den umfassenden Menschen machen. Daß allein diese Entwicklung die Möglichkeit einer sinngemäßen Gestaltung der Freizeit gibt, dürfte leicht zu beweisen sein. Erst ein sinnerfüllter Alltag gibt dieser Freizeit einen Wert, und nur die Steigerung der Intensität des Erlebens kann diese Sinnerfüllung heute schon anbahnen. Nur wenn wir mit der Erziehung des Denkens auch die des Sinnenlebens gleichwertig erstreben, können wir hoffen, die kommende Generation so zu stärken, daß in ihr die vollwertigen Menschen, nicht die neurotischen Psychopathen das Übergewicht haben.

Die kommende Technisierung, die unvermeidlich ist und eine noch nicht recht vorgestellte Intensität erreichen wird – diese Technisierung wird das »Unbehagen in der Kultur«, wie Freud seinerzeit das Phänomen genannt hat, weiter steigern, wenn wir kein Gegengewicht schaffen. Dieses Gegengewicht kann aber nicht intellektuelles Wissen sein, und das »Verstehen« des Unbehagens wird keinen vor der Neurose schützen – aber die innig erstrebte, mit ganzem Herzen gesuchte und geleitete Förderung der sinnenmäßigen Erlebensform kann helfen.

Nicht vielen Erwachsenen ist jedoch die Fähigkeit der spontanen Sinnenfreude in genügender Stärke von Anfang an mitgegeben, um bereits in der heutigen Dominanz der theoretischen Funktionen ruhig standzuhalten. Die andern werden heute unglücklich, unruhig, unselig – auch wenn sie es nicht selber wissen –, es ist arg genug, wenn sie dann alles um sich herum unglücklich machen. Diesen zu helfen – das ist die große Aufgabe der Erziehung.

Noch einmal sei gesagt, daß mir der Gedanke fernliegt, künstlerischen Ehrgeiz zu züchten, wo keine starken Begabungen da sind. Es geht aber darum, durch die gesteigerte Intensität des Erlebens der Sinne das Künstlerische tiefer zu erfassen; dadurch einerseits an der schöpferischen Leistung des Ausnahmemenschen stärker, unmittelbarer teilzunehmen und andererseits der eigenen Lebensform das Element der künstlerischen Form im Aufnehmen wie im bescheidenen Gestalten zu stärken.

Wer etwa nach Anlehnung sich umsieht, der mag als kleine Zeichen sich an die außerordentliche Rolle erinnern, die der Kalligraphie im Fernen Osten zukommt, auch etwa an die Rolle der spontanen poetischen Gestaltung in der japanischen Gesellschaft – nicht zu reden von den auch bei uns noch auffindbaren Zeugnissen einer echten Volkskunst. Welcher Segen für die Formung aller geistigen Anlagen von einer vertieften, liebevollen Pflege handwerklichen Tuns ausgehen könnte, muß auch in Erinnerung gerufen werden. Daß etwa in der Beschäftigung mit dem Ornament der ästhetische Sinn mit geometrischem Wissen die spannendste Einheit eingehen könnte – daß solche Einheit sich in Webearbeit zu schönster Harmonie entfalten könnte, ließe sich leicht erweisen. Die Begeisterung, die von Jean Lurçats schöpferischer Belebung der Wirkkunst ausgeht, könnte im engeren Rahmen auch aufblühen. Die musikalische Kultur zeigt heute noch am intensivsten, was etwa gefordert werden darf und was geleistet werden kann. Es ist eine tragische Verirrung, daß die Erziehung unserer Zeit jene eigenartige Absterbeordnung ästhetischer Möglichkeiten sich hat aufdrängen lassen von den sogenannten »Forderungen der Zeit«.

Was ich hier anrege – ist keine Forderung der Zeit! Diese geht ja nach intellektueller Leistungssteigerung und führt die Härte des kommenden Existenzkampfs ins Feld. Sie führt zu einem Amoklauf, an dessen Ende der Zusammenbruch steht und die Neurose.

Nein, was hier gefordert wird, ist wirklich nicht zeitgemäß – denn es will ja eine andere Zeit vorbereiten helfen. Es will die Heilkräfte mobilisieren in uns allen, damit wir gewillt werden, auch den Kampf gegen sogenannte Forderungen einer Zeit zu führen, im täglichen Versuch, das Rechte zu wollen und zu tun. Wir wollen erkennen, daß hinter dem vielgerühmten Arbeitsethos – das gerade bei uns eine große Rolle spielt – sich auch ein bedenkliches Maß von uneingestandener Ratlosigkeit versteckt, um nicht zu sagen: von Verzweiflung. Mit Recht ist diese positive Bewertung des Arbeits- und Leistungswillens unserer Zeit verdächtig geworden – und wir wollen uns ja nicht verschanzen hinter der Behauptung, der Existenzkampf der Gegenwart zwinge uns dazu. Denn gerade diesem Existenzkampf werden wir auf die Dauer nur gewachsen sein – wenn wir vollwertige, gesunde Menschen heranbilden, deren ganzer Geist lebendig und tätig ist.

Jeder Blick in das Leben des Kleinkindes weist uns den Weg zu den verborgenen Quellen und mahnt uns daran, sie der kommenden Generation stark und rein zu erhalten, die Sinnenkräfte zu stärken und das von ihnen genährte Weben der Gefühle.

Wir sprachen vom Irrtum des Okzidents in der einseitigen Wahl der theoretischen Funktion, in der ausschließlichen Hingabe an diese. Es entspräche dieser Einsichtigkeit, wollten wir nun einfach für eine Weile in der Abdankung dieser überbewerteten theoretischen Haltung die Rettung sehen. Nach dem völligen Versagen des Homo sapiens in der Technisierung des 19. Jahrhunderts, nach der Niederlage des Homo faber in den Weltkriegen der Gegenwart – was läge näher, als mit manchen aktuellen Bewegungen einen Homo divinans als den kommenden Menschen anzurufen? »L'homme ce rêveur définitif«, wie André Breton im ersten Manifest des Surrealismus sagte, als er in den zwanziger Jahren das Steuer resolut auf den magischen Pol herumwarf.

Wenn in unserer Mahnung so viel von der Pflege der ästhetischen Funktion die Rede war, so geschah es vor dem sehr realen Hintergrunde einer Hypertrophie des Intellektes. Uns schwebt aber nicht ein Umschlag ins Schwärmen vor, sondern ein harmonischeres Gleichgewicht, ein glücklicherer Mensch.

Das bedeutet eine geistige Revolution, nicht harmloses Flicken und Basteln. Der Sinn der Revolte ist klar; in einem Leben, das von der theoretischen Seite des geistigen Tuns beherrscht wird, kann die Revolution zunächst nichts anderes wollen als die Befreiung der ästhetischen Funktion und deren volle Eingliederung in das Leben des Menschen. Unser geistiges Leben wird nur dann eine neue, glücklichere Form finden, wenn der Mensch ebensosehr erstrebt, stark und groß zu sein im Denken wie im Träumen.

1 Laburnum: die im Englischen gebräuchliche Bezeichnung für den Goldregen-Strauch.
2 Zu diesem Problem der Entscheidung des Abendlandes: F. S. C. Northrop, The Meeting of East and West, New York 1946.
3 Manche der hier angedeuteten Gedanken habe ich in einem andern Zusammenhang in einem Vortrag an den dritten »Rencontres Internationales de Genève« dargelegt: L'Art dans la vie de l'homme. (Erschienen in »Un débat sur l'art contemporain«, Neuenburg 1948.)
4 A. Portmann, Biologische Fragmente zu einer Lehre vom Menschen, neue Auflage, Basel 1951.
   A. Portmann, Die Tiergestalt, Basel 1948.
   W. Metzger, Gesetze des Sehens, Frankfurt 1936.
5 K. Koffka, Principles of Gestalt Psychology, London 1935.
   W. H. George, The Scientist in Action, London 1936
6 Edw. Bullough, Wichtige Studien, publ. im »British J. of Psychology«, Bd. II, III, V, XII.
7 Diese Beziehungen sind besonders eingehend dargestellt in: H. Read, Education through Art, 2. Auflage, London 1945. Diese Studie ist für unsere Probleme besonders wichtig und anregend.
8 Statt der von H. Read verwendeten Bezeichnung »Realismus« brau-

che ich den Ausdruck »Naturalismus«, einer Anregung von Dr. G. Schmidt folgend.

9 Hierüber mehr in meiner Studie »Der naturforschende Mensch« in diesem Band.

10 Es ist vielleicht gut, daran zu erinnern, daß im Rahmen dieses Beitrages das religiöse Problem nicht berührt ist. Das hängt mit dem gestellten Thema eng zusammen. Doch muß hier beigefügt werden, daß die umfassende Menschenbildung an dieser Frage nicht vorbeigehen darf und daß hier das Problem des »glücklichen« Lebens nur erwähnt und als wichtiges Ziel genannt, nicht aber dargestellt wird.

Im Kampf um das Menschenbild

Jahrhundertelang hat sich der Okzident von einem Menschenbilde leiten lassen, das trotz starker innerer Spannung und Kämpfe doch für eine gewaltige Majorität der abendländischen Menschen recht einheitlich war: Ich denke an das Menschenbild, das seit dem 12., 13. Jahrhundert aus altorientalischem, griechischem und christlichem Denken und Glauben zu einer relativen Harmonie geformt worden ist.

Der gewaltige Eindruck von anderen Ansichten über den Menschen, der indischen, der fernöstlichen, die seit der Wende des 17. zum 18. Jahrhundert vordringen – die außerordentliche Entzauberung der Welt durch die Naturforschung und nicht zuletzt die soziale Umschichtung der »Gebildeten« seit der Mitte des 19. Jahrhunderts – alles das hat die relative und stets prekäre Harmonie des okzidentalen Menschenbildes völlig erschüttert und an deren Stelle eine Vielzahl sich bekämpfender Bilder gesetzt: Auffassungen vom Menschen, von denen manche seither zu dogmatischer Macht aufgestiegen sind.

Doch nicht dieses Chaos will ich darstellen. Es wäre vermessen, in einer kurzen Ansprache eine so unabsehbare Vielfalt heraufzubeschwören. Ich möchte von der Position berichten, welche die Lebensforschung des letzten Jahrzehntes im Kampf um die Auffassung vom Menschen bezogen hat.

Der biologische Beitrag zum Bilde des Menschen steigert in eigenartiger Weise die Spannung, in der wir unser humanes Wesen erleben müssen. Denn die Lebensforschung hebt auf der einen Seite in kaum erst geahntem Umfang die verborgene Übereinstimmung hervor, die unsere humane Daseinsform mit allem Lebenden zur Einheit des Vitalen verbindet – auf der andern Seite aber weist dieselbe Biologie in unerwarteter Deutlichkeit hin auf die Eigenständigkeit der menschlichen Existenz. Diesen Doppelaspekt des biologischen Beitrags möchte ich heute in gedrängter Form darzustellen versuchen.

Der am meisten beachtete Beitrag des biologischen Forschers zum kommenden Bilde des Menschen ist der Nachweis der Ordnungsfaktoren in den bewußtlos ablaufenden Lebensvorgängen.

Wer mit dem Naturgeschehen vertraut war, hat seit jeher diese Ordnung staunend erlebt. Es ist aber doch erst der Biologie unserer Zeit vorbehalten gewesen, bis in feinste Einzelheiten das Wirken der gleichen Stoffe bei Tier und Mensch zu zeigen, ja viele dieser Ordnungsweisen für alle Lebensformen überhaupt am Werke zu erweisen. Ich denke etwa an die Wirkung von Fermenten, an die der Erbfaktoren im Zellkern, an die Sexualphänomene bei Pflanzen und Tieren.

Der Einblick in diese bewußtlos schaffenden Ordnungsweisen hat die Trennung von psychischem und physischem Geschehen als unzulängliche Sonderung erwiesen. Die Erforschung der Verhaltensweisen, die wir »instinktiv« nennen, zeigt uns, daß erbliche nervöse und hormonale Strukturen das Verhalten genauso regeln können, wie sie die Ausbildung der sichtbaren Organe des Leibes regeln. Diese psychischen Strukturen stehen in intensiver Wechselwirkung mit allen Organen einer ganzen Lebensform. Wenn heute so viel von psychosomatischer Medizin die Rede ist, so liegt darin die Anerkennung dieser Wechselwirkung. Die Entdeckung der Rolle des unbewußten und kaum bewußten Seelenlebens in menschlichem Handeln hat ganz besonders durch das Für und Wider um die Psychoanalyse die weitere Öffentlichkeit erregt.

Die einseitige Beachtung des unbewußten Schaffens birgt aber eine große Gefahr: sie fördert eine Entwertung des Bewußtseins und seiner Rolle im menschlichen Leben. Hat doch das Staunen vor der Größe unbewußter Ordnungen etwa im künstlerischen Schaffen zur Ansicht geführt, daß die unbewußten Vorgänge allein das Kunstwerk erzeugen. So sind uns alle möglichen Prozeduren des Stammelns, der Hypnose, der Automatie als Rezepte angepriesen worden. Ohne die methodischen Möglichkeiten solcher Technik unbewußter Arbeit verkennen zu wollen, ja gerade in der Anerkennung der unbewußten Ursprünge des schöpferischen Gestaltens muß doch das ausschließliche Geltenlassen des bewußtlosen Formens abgelehnt werden. Solche Tendenzen sind wohl eine zwangsläufige Reaktion auf die krasse Überbewertung verstandesmäßiger Komponenten des künstlerischen Schaffens; doch ein Hinüberschwingen zur gegenteiligen Übertreibung führt nicht zu einem vollen menschlichen Schaffen, das dem Optimum unserer Möglichkeiten entspräche.

Es entspricht der Entwertung des bewußten Schaffens, daß die Kulturschöpfung, als ein Werk des Verstandes taxiert, oft genug nur noch als Maskierung, als die Tarnung von Trieben gesehen worden ist, wobei im Augenblick für uns gleichgültig ist, ob man dem Macht-, dem Nähr- oder dem Sexualtrieb die führende Rolle zuordnet. Diese Lehren haben mit der Auffassung aller geistigen Werte als des ideologischen Überbaues eines viel elementareren Trieblebens die wirksamsten Bündnisse geschlossen. Dieser Ideologieverdacht, der mit Hilfe des logischen Denkens und des bewußten Schaffens den Wert dieses selben Geistesschaffens zu entthronen sucht, ist ein seltsam selbstmörderisches Anliegen vieler Intellektueller der letzten Jahrzehnte gewesen. Diese Bestrebungen haben sich auch der biologischen Rechtfertigung in einem Maße bedient, daß es heute geradezu eine Aufgabe der Biologie geworden ist, die Irrtümer sichtbar zu machen und auf die Eigenart des Humanen von biologischer Seite aus hinzuweisen. Das führt uns zu der unerwarteten Leistung der Lebensforschung unserer Zeit: zum Nachweis der Eigenart des Humanen, der in jüngster Zeit durch Forscher sehr verschiedener Denkart und Arbeitsweise gleichermaßen gefördert worden ist!

Vor wenigen Jahrzehnten noch wäre eine solche Betonung der humanen Sonderart als eine Parteinahme im Streit um das Ursprungsproblem gewertet worden und hätte sogleich eine Stimmung des Kulturkampfs unseligen Angedenkens heraufbeschworen. Heute liegen die Dinge anders. Wir wissen, daß gerade die Annahme der Evolutionslehre im Lichte der modernen Genetik einerseits die Notwendigkeit der Darwinschen Grundidee zeigt, andererseits aber auch das eigentliche Ursprungsgeschehen nach Art sowohl als nach Umfang als besonders geheimnisvoll, ja wissenschaftlich unfaßbar erweist. Es dringt heute in der wissenschaftlichen Biologie die Idee durch, daß die Ursprungsfrage den Rahmen der rein wissenschaftlichen Aussagen sprengt. Die verborgenen Wandlungen sind groß, und auf diesem Boden wächst ein neuer biologischer Beitrag zum Menschenbild, welches unsere humane Sonderart in ihrer Einzigkeit und Größe erkennen läßt.

Unter den Ergebnissen dieser neuen Auffassung stellen wir für diesmal die Tatsache voran, die besonders paradox erscheinen mag, daß nämlich die »natürliche« Wesensart des Menschen »historisch«, geschichtlich ist. Wir sind primär sozial als Erben höherer Säugerart. Der ungesellige Mensch ist nicht lebensfähig; auch ein Robinson braucht zum mindesten einen Schiffbruch und das damit gelieferte Strandgut zum menschlichen Leben. Alle Robinsonaden liefern ihm dieses Existenzminimum, das die Gesellschaft und ihre Tradition repräsentiert.

Mit diesem primären Säugetiererbe des Soziallebens ist uns eine gewaltige Last natürlicher Triebe mitgegeben, die alle, im Gegensatz zu der festen Ordnung im höheren Tierleben, relativ verfügungsfrei, relativ umgeformt, zu vielseitigem Abfließen bereit in uns wirksam sind. Da sind die Bedürfnisse der Über- und Unterordnung, der innere Zwang zu Einordnung in Hierarchien, aber auch der zur Beherrschung anderer Artgenossen. Da ist die Macht des Sexualdranges, da ist vor allem auch die stark nachwirkende Macht der Mutter-Kind-Bindung. Die geringe instinktive Fixierung der meisten dieser Triebe ist ein humanes Kennzeichen, – ein Merkmal, das die Zone der Konflikte bezeichnet, aber auch bereits auf das andere bedeutsame humane Merkmal, auf das Moment der Freiheit, hinweist. Alle diese Triebe sind »natürliche« Zustände, die wir in jedem höheren Tierleben, nur viel klarer fixiert und gebunden, am Werk sehen.

Wie anders ist das Bild, wenn wir nun die *Formen* uns ansehen, in denen dieses Triebleben beim Menschen seine Regelung erfährt! Die Formen, durch welche die menschlichen Gruppen die triebhaften Naturgegebenheiten ordnen, sind ohne jede Ausnahme »künstlich«. Ich wähle dies Wort, um die Naturferne zu betonen, und hoffe, daß ein Wort, in dem das große Wort Kunst enthalten ist, in unserem Kreise nicht als eine Abwertung im Vergleich mit dem »Natürlichen« aufgefaßt werden kann. Diese »natürliche Künstlichkeit« unserer Kulturformen kann nicht klar genug gesehen, die uns damit gestellte Aufgabe nicht hoch genug eingeschätzt werden. Weder der Bau einer Sprache noch die Struktur von Familie und Ehe, die Organisation der politischen Gruppen, die Ordnung des Geschlechtslebens – nicht eine einzige dieser sozialen Strukturen ist in ihrer Gestalt naturgegeben; keine, aber auch wirklich keine läßt sich durch Argumente aus der animalen Sphäre *in ihrer Form* rechtfertigen und begründen. Es ist eine der folgenschwersten Einsichten der gegenwärtigen Anthropologie, daß alle Gestaltungen des sozialen Lebens, von

318

der Sprache bis zur Staatsbildung, von der Ordnung des Geschlechtsverhältnisses bis zur Aufzucht des Nachwuchses, dem Bereich der Entscheidung angehören.

An diesen Einsichten haben die tierpsychologischen Arbeiten an höheren Tieren und die ethnologische Forschung zusammengewirkt. Die ethnologische Arbeit hat die verwirrende Fülle und die Künstlichkeit aller Formen des Soziallebens beim Menschen gezeigt; die Tierpsychologie hilft uns zu einer klaren Einsicht in die natürlichen Triebgrundlagen, die alle extrahumane Verbreitung haben.

Der Bereich der Entscheidung im Feld des Humanen – damit ist die Tatsache der Freiheit in ihrer Größe und Schwere vor uns! Freiheit begegnet uns hier in einem Zusammenhang, in dem man sich allzusehr gewöhnt hat, leichthin nur von naturgegebenen Bindungen zu sprechen und damit die merkwürdigsten Entscheidungen zu rechtfertigen.

Was hat biologische Arbeit mit solcher Feststellung von Freiheit zu tun? Die Lebensforschung hat vor allem gezeigt, daß eine bis ins einzelne gehende Entsprechung zwischen den biologisch faßbaren Eigenheiten der menschlichen Entwicklungsweise und den besonderen Kennzeichen der menschlichen Daseinsform besteht. Jeder Eigenart unserer humanen Daseinsform ordnen sich besondere Züge der Individualentwicklung zu, sowohl der vorgeburtlichen wie der in den ersten Lebensjahren ablaufenden Phasen.

Bedenken Sie nur das eine seltsame Faktum: daß drei so verschiedene Züge des Humanen, wie das Stehen, Sprechen, Denken, in der gleichen Entwicklungsperiode, im gleichen Zusammenspiel von Reifen und Lernen, im gleichen Kontakt mit der Sozialwelt erworben werden, im Gegensatz zu den erblichen Instinktweisen des Verhaltens bei allen höheren Tieren, die alle im Mutterkörper ohne Sozialkontakt, ohne Lernen heranreifen.

So ist es denn verständlich, daß der Erwerb einer Sprache ebensosehr ein Natur- wie ein Kulturvorgang ist und daß gerade in ihm die Bindung an natürliche Regeln der Lauterzeugung und die Freiheit im Erwerb der jeweiligen Sonderart einer besonderen historischen Sprache sich drastisch zeigt. So wie die Übernahme des Traditionsgutes der Sprache in jeder Generation von einer neuen Ebene, eben dem besonderen Niveau der Umwelt aus, erfolgt und damit historische Einmaligkeit in sich birgt, so ist auch die Formung der übrigen Sozialgestalten in jeder Generation neu, einmalig, echt historisch. So zeitlos uns auch die Naturtriebe gegeben sind, so zeitgebunden sind alle Formen, alle Sozialgestalten, mit denen wir die Bannung dieser Triebmächte, deren Domestikation, von einer Generation zur andern neu versuchen.

Die Eigenart, die Einzigartigkeit dieser Verschränkung von Naturtrieb und geschichtlicher Domestikationsgestaltung kann nicht bedeutungsvoll genug gesehen werden. Daß die Ausdehnung unserer ganzen Entwicklung über etwa zwanzig Lebensjahre hin in engem Zusammenhang mit der gewaltigen Fülle des aufzunehmenden Traditionsgutes steht und daß die Phasen der Entwicklung in ihren naturhaften Faktoren auf die Notwendigkeiten eines Daseins mit Kultur abgestimmt erscheinen, das alles wird von der Biologie wie von der Psychologie immer deutlicher gesehen. Es mag befremden, wenn hier von biologischer Seite eine Erscheinung wie die Familie als künstlich bezeichnet wird. Und doch ist das eine nicht genügend beachtete Konsequenz alles gesicherten Wissens. Das Tierleben zeigt uns keine Grundlage für unsere vielerlei humanen Familientypen – die Ethnologie dagegen demonstriert die Freiheit der Entscheidung von Gruppe zu Gruppe in Form von historisch entstehenden Konventionen.

Wir müssen es aufgeben, unsern Kampf um Erhaltung von Familiensinn, um das Prinzip der Einehe und andere Einrichtungen unserer Gesellschaft mit irgendeinem Anschein von Natürlichkeit zu motivieren. Der humanen Natur zugeordnet, für uns einzig natürlich ist die Notwendigkeit zur regelnden Entscheidung, zur konventionellen Satzung. Human ist die Freiheit zur Wahl. Mit dieser Freiheit zur Wahl gewinnt auch das Bewußtsein seinen Platz im menschlichen Verhalten, seine natürliche Position als das uns naturgegebene Instrument für Einsicht und Entscheidung.

Die Freiheit der Entscheidung für die Wahl, für die Bestimmung der Form, durch die wir unsere Triebmächte bändigen und zu führen trachten – diese Freiheit zur Findung sozialer Formen fordert aber zu ihrer Entfaltung freie Objektivität der Orientierung, ungehinderte Entfaltung des Wissens, der Information und der Meinungsbildung.

Jede unserer sozialen Lösungen ist historisch und zeitbedingt, daher grundsätzlich als überwindbar und fraglich zu bezeichnen – fragwürdig im ernstesten Sinne dieses großen zwiespältigen Ausdruckes! Jeder unserer Versuche ist prinzipiell der künftigen Findung einer besonderen Lösung oder der Einsicht in die Richtigkeit einer früheren Ansicht ausgesetzt. Aus diesem Grunde wird der Kampf um das Menschenbild stets im Zeichen der Freiheit geführt werden müssen; er kann nur in diesem Zeichen sinnvoll geführt werden. Wir werden jede Fixierung ablehnen müssen, wenn sie den absoluten Anspruch auf Richtigkeit erhebt und zum Dogma erstarrt. Diese Ablehnung gilt mit derselben Schärfe der dogmatischen Erstarrung, die von religiösen Glaubensformen gewissen sozialen Strukturen auferlegt wird – wie den ebenso dogmatischen Versuchen der Fixierung, die von politischen Glaubensformen heute erstrebt und verwirklicht werden.

In diesem Kampf um die Freiheit der Kulturform ist heute ein entscheidender Augenblick eingetreten, der allen geistig Schaffenden bewußt werden muß: Entweder lassen die geistig Schaffenden sich und ihre Sozialformen zu Werkzeugen erniedrigen, die nur noch der Bildung von Geistestechnikern im totalen Staatsbetrieb dienen, die nur noch Funktionsträger für intellektuelle Leistungen sind, für Aufgaben, deren Art und Umfang von der Planung des Totalstaates vorgezeichnet und je nach den Umständen modifiziert werden – oder aber die geistig Schaffenden bewahren in unablässiger Anstrengung und im Wissen um die dazu nötigen Opfer das unschätzbare Privileg der freien Geistesarbeit und bleiben so als Bewahrer der Geistesfreiheit das lebendige und weltweite Laboratorium des freien Gedankens und des freien geistigen Neuschaffens.

Unsere Verantwortung ist groß. Wenn die Lebensforschung es ablehnt, die Argumente zur Begründung irgendeiner humanen Sozialgestaltung aus den natürlichen Anlagen tierhafter Art zu holen – so betont die gleiche Biologie um so mehr, daß wir den Mut aufbringen müssen, unsere Regeln der sozialen Ordnung auf dem Wege der Einsicht zu gewinnen und dann zu diesen Regeln zu stehen, solange wir sie als recht befinden.

Die Lebensforschung arbeitet heute die beiden Seiten des Menschenbildes schärfer heraus: sie vertieft die Lichter und Schatten auf der Seite des Naturgegebenen, des schlechthin Vitalen, und sie zeichnet zugleich den Ernst und die Tiefe des Geschichtlichen mächtiger, als dieses bisher geschaut worden ist. Die biologische Arbeit mahnt damit an die besondere Verantwortung, die jeder von uns für die Formung, für das Gestaltwerden, für die Humanität unserer Natur trägt.

So sucht das biologische Schaffen mit seinen Mitteln, auf seinen Wegen die Aufgabe zu erfüllen, die dem Menschen gestellt ist – wieder geleitet von dem alten, zuweilen vergessenen Gedanken, daß, wer den Menschen zu deuten versucht, groß von ihm denken muß.

Von der Idee des Humanen in der gegenwärtigen Biologie

Solange es Wissenschaft gibt, sind nicht nur ihre greifbaren Ergebnisse, sondern auch ihre Theorien zu allen möglichen Absichten praktisch verwendet worden. Auch viel Anfechtbares haben dabei die Zeugnisse der Wissenschaft gestützt und geschützt! Aber noch nie hat man Argumente des Forschens zur Rechtfertigung von so Entsetzlichem verwendet wie während der letzten Jahrzehnte, wo in manchen Ländern unter der Herrschaft der Schlechtesten die Lebensforschung für politische Abenteuer ausgebeutet worden ist.

Während Jahrzehnten ist die Biologie ein Zeughaus gewesen für Waffen der Politik, mit denen nach der Entwertung des Menschenlebens und zugleich nach einer rauschhaften Überwertung des Lebens schlechthin getrachtet worden ist. Das Unmenschliche dieses Kampfes wirft düstere Schatten auf manche, die sich Biologen nannten.

Seit achtzig Jahren etwa hat die Verwirrung sich ausgebreitet, deren vorläufiger Höhepunkt ein Zusammenbruch von noch unabsehbaren Folgen ist. Wachsame Zeitgenossen haben nach 1870 die bedenklichen Anfänge festgestellt, die damals in Deutschland den Mißbrauch der biologischen Arbeit einleiteten. Es begann mit der völligen Einstellung der Abstammungslehren. Bereits um 1870 ist die Wirkung der vulgarisierten Lehre vom Daseinskampf warnend mit der des »Contrat social« verglichen worden. Und Wilhelm His, der damals in Leipzig gewirkt hat, schrieb 1874, die Abstammungslehre sei aus einem Felde der offenen Forschung ein geschlossenes dogmatisches System geworden. Ludwig Rütimeyer – selber ein bedeutender Mitbegründer der Wissenschaft von der Artumwandlung – hat die politische Anwendung biologischer Theorien in steigendem Unmut miterlebt. In seinem Nachruf auf Darwin zitiert er darum 1882 das mahnende Wort von Thomas Huxley, »es sei nicht unmöglich, daß in ferneren zwanzig Jahren die neue Generation die allgemeinen Lehren vom Ursprung der Arten mit so wenig Überlegung und vielleicht mit so wenig Recht annehme, als so viele Zeitgenossen sie vor zwanzig

Jahren verworfen hätten«. Und Rütimeyer fügt hinzu: »Wie die neue Ära von Fortschritt..., deren Begründung so vielfach als vollendete Leistung Darwins begrüßt wurde, sich bewähren werde, wird größtenteils davon abhängen, ob seine Nachfolger mit dessen Umblick und Selbstlosigkeit fortzuarbeiten vermögen.«

Ein Arsenal der Schlagworte, das ist die Biologie einer ganzen Generation gewesen. Nicht nur Bismarcks Kulturkampf ließ sich von ihr ausgiebig ausrüsten, auch die um ihre Rechte ringenden Arbeitermassen erhielten die Parolen zum Kampf aus der neuen Lebensforschung. Welche Rolle hat noch um die Jahrhundertwende auch bei uns ein so dürftiges Werk wie das des Botanikers Dodel-Port gespielt, das unter dem Titel »Moses oder Darwin« Auflage um Auflage erlebt hat. Doch ebenso wie der aufstehende Sozialismus trachtete die Gegenseite nach biologischer Stützung. So setzt Friedrich Krupp um 1900 einen stattlichen Preis aus für die Beantwortung der Frage »Was lernen wir aus den Prinzipien der Deszendenztheorie in Beziehung auf die innere Entwicklung und Gesetzgebung der Staaten?«. Als oberster Preisrichter amtete Ernst Haeckel. Das war am Beginn eines neuen Jahrhunderts, das damals – auch unter dem Einfluß biologischer Arbeit – optimistisch als »das Jahrhundert des Kindes« angezeigt worden ist.

Alle diese Erscheinungen sind nicht auf Deutschland beschränkt gewesen. Warum sie gerade in diesem Lande so unabsehbare Folgen gehabt haben, warum anderswo der Widerstand gegen die Ausbeutung der Lebenslehre mächtiger gewesen ist, das müssen die Historiker und Soziologen abklären. Die Pflicht des Biologen aber ist es, die Beziehungen der Lebensforschung zu den Ansichten über Mensch und Staat aufmerksam zu prüfen. Darum mag es heute dem Zoologen erlaubt sein, über die Idee des Humanen in der gegenwärtigen Biologie zu Ihnen zu sprechen.

Die biologische Forschung hat abseits von allen politischen Mißbräuchen ihres Werkes fruchtbare Arbeit geleistet, aus der auch auf die Idee vom Menschen neues Licht fällt und die unsere Vorstellungen vom Humanen tief beeinflussen muß. Als Folge dieser Arbeit ist zuerst eine Veränderung der Perspektive zu beachten, in der uns heute der Mensch inmitten der Naturdinge erscheint. Ist doch gar oft das Bild vom Menschen in einer Verkürzung erschienen, die es unmittelbar hinter dem der höheren Tierformen auftauchen ließ, so wie wir etwa Bergketten in trügerischer Nachbarschaft erscheinen sehen, die über einem nahen Kamme aufragen. Heute ist es, als hätten wir miteinander einen solchen Kamm erstiegen – und nun erblicken wir den weiten Abstand, der die Massive trennt. Die einen mögen enttäuscht sein, die anderen erfüllt von der Größe und Weite des Ausblicks. Zu solcher neuen Perspektive hat vor allem die biochemische Erforschung des Protoplasmas geführt, deren Ergebnisse seit einiger Zeit unsere Ansichten vom Lebewesen stark beeinflussen. Entscheidend ist die in jüngster Zeit geförderte Einsicht, daß die plasmatische Struktur einen besonderen Bezirk der Wirklichkeit ausmacht, der seine eigenen Regelmäßigkeiten aufweist und der sich als ein Feld von noch nicht absehbaren Komplikationen darstellt.

Die Untersuchung der großen organischen Moleküle durch die Makromolekularchemie und die submikroskopische Plasmaforschung hat uns gezeigt, wie ferne wir noch von einer tieferen Einsicht in den Bau des Plasmas, der Zellkerne oder der Erbfaktoren sind. Es sind nicht nur neue Wege in dieses Gebiet gebahnt worden, sondern zugleich ist auch ein Ergebnis von sehr allgemeiner Bedeutung gezeitigt worden.

Die neuen Arbeitsweisen haben die Vorstellung davon ermittelt, wie unabsehbar lang der Weg ist, der von einer erst noch zu ergründenden Plasmastruktur im unsichtbaren Gebiete bis zu den sinnfälligen Gestalten der Lebewesen führt, wie sie in unserer Welt des Alltags erscheinen. Verflogen ist jener Optimismus, der noch zu Beginn dieses Jahrhunderts Bücher entstehen ließ mit dem zuversichtlichen Titel »Vom Nebelfleck zum Menschen« oder mit dem etwas bescheideneren »Vom Bazillus zum Affenmenschen«. Wir wollen diese naiven Erzeugnisse nicht leichtnehmen, denn gerade sie haben den Weg zu den tragischen Geschehnissen unserer Tage mit vorbereiten helfen. Welche Wendung sich aber in der Biologie selber vollzogen hat, das zeigt die Äußerung eines bedeutenden Erforschers der Makromoleküle, der 1946 sagt: »Wenn wir das Lebendige verstehen wollen, dann können wir dasselbe nicht bei den kleinsten lebenden Objekten erfassen, da uns diese zu fern stehen.« Wie weit sind wir von der noch so nahen Zeit, die vom Studium der Amöbe die Lösung des Lebensrätsels erwartet hat!

Angesichts dieser Lage gewinnt man ein neues und tieferes Verständnis für die Vielfalt der Standpunkte, für die Mannigfaltigkeit der Methoden, die zur Erforschung eines so reichen Objektes notwendig sind, wie es ein Lebewesen und erst recht unsere eigene Daseinsform ist. Auf der einen Seite muß mit größter Konsequenz der Weg beschritten werden, der den Geltungsbereich der physikalischen und chemischen Gesetzmäßigkeiten im Organismus feststellt. Es braucht kein Wort, um die Bedeutung dieses Forschens in Theorie und Praxis zu betonen. Aber wir wissen heute auch, daß diese physikalischen und chemischen Kräfte in der Struktur des Protoplasmas in völlig neue Dienste treten. Gerade solche Einordnung elementarerer Möglichkeiten in einer höheren Ordnung der Struktur ist eines der großen Probleme der Naturforschung.

Darum fordert die eine Seite der biologischen Arbeit, die nach der Reichweite der chemischen und physikalischen Gesetzmäßigkeiten im Organischen sucht, ihre notwendige Ergänzung, eine komplementäre Seite des Forschens. Hier sucht der Forscher aus der umfassendsten Kenntnis der jeweils untersuchten Lebensform das Ganze zu bestimmen, in dem sich die Ergebnisse der biologischen Arbeit einordnen und so verstehen lassen. Von dieser komplementären Seite der Lebensforschung soll hier in erster Linie die Rede sein.

In diesem Forschungsfelde ist vor allem eine Veränderung wirksam geworden, welche das Bezugssystem betrifft, in dem irgendeine biologische Beobachtung oder das Ergebnis eines biologischen Versuchs eingeordnet und verstanden werden müssen. Als dieses Bezugssystem galt den Biologen zunächst stets die reife, voll ausgebildete Tiergestalt mit ihrer Gliederung in Organe und Funktionen. Heute wissen wir, daß diese Begrenzung des Bezugssystems zu eng ist und durch eine viel umfassendere ersetzt werden muß. Es hat sich gezeigt, daß die ganze Art des Verhaltens in der Umwelt, das Gebaren, der Verkehr mit anderen Lebewesen nicht von der sinnenmäßig faßbaren Gestalt zu sondern ist und auch auf vorgebildeten artgemäßen Strukturen beruht. Daß ferner die Art der Einzelentwicklung, die Beziehungen zwischen Eltern und Nachkommen wiederum jede Sonderung von Form und Funktion, von Leib und Seele im alten Sinn dieser Worte ausschließt und daß ganz neue Darstellungsformen für die

Seinsweise des Tiers gefordert sind. Schließlich gehört auch die weite erdgeschichtliche Evolution einer Gruppe, so dunkel auch viele ihrer Probleme noch sind, mit zur gesamten Lebensform einer Tierart. Das Bezugssystem, das da gesucht wird, ist die volle Seinsweise eines Lebewesens, soweit sie überhaupt von der Forschung erfaßt werden kann. Diese Forderung hat den Blick auch wieder hingelenkt auf die zentralste Eigenart der Organismen, auf das mächtige Faktum der Innerlichkeit, die sich in der Erscheinung und im Tun eines Lebewesens äußert. Um ihre Erfassung müht sich heute das biologische Schaffen von vielen Seiten her.

Von dieser Wendung der biologischen Arbeit ist auch die Erforschung des Humanen ergriffen worden. Sie ist dabei verwandten Strebungen der Philosophie begegnet. So hat sich auch der Blick des Biologen in neuer Weise dem umfassenden Ganzen zugewandt, in dem die erforschbaren Teilvorgänge des menschlichen Lebenstypus ihre Deutung finden könnten. Es war unvermeidlich, daß damit die Biologie zum Kampfe gegen die Tendenzen der Sonderung geführt wurde, welche der Lebensforschung ihr Arbeitsfeld von vornherein, vor dem Beginn ihres Suchens bereits abzugrenzen, auszuschneiden versuchen.

Welche Mächte des Herkommens, der geschichtlichen Vergangenheit auch immer solche Sonderung des Humanen in Wesensbezirke des Leibes, der Seele, des Geistes begünstigen – welche traditionellen Arbeitsweisen und Gebietsgrenzen auch immer auf solchen Trennungen beruhen mögen – der Biologe muß alle diese Sonderungen zurückweisen, wenn er nach jenem umfassenden Bezugssystem sucht, in dem sich die Teilvorgänge unseres Lebens verstehen lassen. Der biologischen Untersuchung, wie sie heute gefordert ist, kann nicht irgendein »Präparat« vom Menschen zugrunde liegen, das durch eine Vorentscheidung über das dem Biologen reservierte Teilstück gewonnen ist; ihr muß zugrunde liegen das Wissen um den vollendeten Menschen.

Wir verkennen nicht etwa den Nutzen eines Präparates. Wir verdanken ja solcher Isolierung eine Fülle wertvoller Einsichten und üben sie dauernd selber! Uns geht es nur darum, stets zu wissen, daß die durch Isolierung eines Präparates erreichte Exaktheit einen Preis hat und daß die eigentlich anthropologische Fragestellung das Ganze wieder in unser Blickfeld bringen muß. Es geht der Biologie ja nur darum, daß ihr nicht von vornherein bloß ein von anderer Seite zubereitetes Objekt übergeben wird, an dem sie nun das besondere Leben studieren soll, nachdem man dieses eigentümliche Leben bereits zerstört hat.

Die biologische Darstellung der menschlichen Lebensform geht also nicht von einzelnen anatomischen Sachverhalten allein aus, etwa von der Besonderheit unseres zentralen Nervensystems oder von der aufrechten Haltung, sondern sie sieht die Eigenart des Humanen in einer Gruppe von Merkmalen der Innerlichkeit, die eine Einheit bilden: im Denken, im Ausdrucksmittel der Sprache und in der Geschichtlichkeit der Sozialstruktur. Daß diese Sonderart im Zentrum der biologischen Ergründung des Menschen stehen muß, wird heute bereits in Forschungsfeldern anerkannt, die noch vor kurzem diese Auffassung abgelehnt hätten. So bedeutet es eine wichtige Wendung, daß die genetische Forschung, welche die Evolution unserer Lebensform untersucht, heute diese Evolution in wesentlichen Zügen als die Konsequenz unserer abweichenden Verhaltensweise auffaßt und das Denken an erster Stelle unter den Faktoren aufführt, welche das Besondere der menschlichen Evolution zu erklären vermögen.

Eine entsprechende Wandlung hat sich aber auch in der Erforschung unserer Einzelentwicklung, unseres embryonalen wie auch des nachgeburtlichen Werdens vollzogen.

Es galt früher als selbstverständlich, daß die menschliche Lebensform durch allmähliche Veränderungen der Reifeform unserer tierischen Ahnen entstanden sei. Daraus folgerte man, daß die frühen Etappen unserer Entwicklung zunächst einmal in großen Zügen zum Aufbau dieser Ahnenform führen und daß sich erst zuletzt an diese Entwicklung eine Etappe der eigentlichen Menschwerdung anschließe. In diesem Sinne konnte noch vor nicht sehr langer Zeit etwa von psychologischer Seite gesagt werden, im ersten Lebensjahr überwinde der Mensch das Schimpansenstadium.

In der Stille hat sich aber ein Umschwung vollzogen. Es ist die Einsicht durchgedrungen, daß die Evolutionsprozesse nicht nur die Umgestaltung der Reifeform bewirken, sondern daß sie auch die ganze Keimentwicklung ergreifen und daß die Menschwerdung ein Geschehen ist, das die gesamte Entwicklung unseres Wesens von allem Anfang an betrifft. Die Folgerungen, die aus dieser veränderten Auffassung unseres individuellen Entwicklungsganges für die Auffassung vom Ursprung des Menschen sich ergeben, setzen sich erst in jüngster Zeit langsam durch, und ihre Ergebnisse erfahren erst im vorhin umrissenen weitesten Bezugssystem des Humanen eine Deutung; in jeder engeren Auffassung vom Menschen aber bleiben sie zusammenhanglose Tatsachen, bloße Kuriositäten.

Wir betrachten einige Züge unseres Entwicklungsganges, um zu sehen, in welchem Lichte dieses Geschehen erscheint. Greifen wir etwa die einzigartige Dauer unseres Wachstums heraus, das bei manchen menschlichen Gruppen bis über das zwanzigste Jahr hinaus andauert und das in der Geschlechtsreife eine Steigerung erfährt, für die es unter den gestaltverwandten Tieren nirgends einen Vergleich gibt. Wir blicken einen Moment zunächst auf diese höheren Tiere: ein Riesenwal wächst in zwei Jahren auf etwa zwanzig Meter Länge heran und wird in dieser Zeit geschlechtsreif. Der Elefant, mit sechs bis acht Jahren reif, schließt mit vierzehn Jahren, wenn nicht vorher schon, sein Wachstum ab und zeigt keine Spur einer Steigerung des Wachstums in der Zeit der Reife. Unsere Wuchsart ist ein Unikum – dabei wird sie von denselben Stoffen gesteuert wie das Wachsen aller anderen Säuger; wie anders reagiert unser menschliches Plasma auf diese weit verbreiteten, generellen Wuchsfaktoren. Welch ein eigenartiger Baumeister führt hier die tierischen Hilfskräfte zu ganz besonderen Leistungen! Wieder begegnet uns das Problem, das auch die Plasmaforschung beschäftigt, die Frage, wie das Vermögen elementarer Seinsstufen in höheren Ordnungsweisen in den Dienst genommen, in neuen Zusammenhängen verwendet wird.

Unser Wachstum ist verschieden taxiert worden. Zuweilen hat man einseitig die Langsamkeit, welche manche seiner Perioden kennzeichnet, zum generellen Merkmal gemacht und »Retardation« als einen wichtigen Faktor der Menschwerdung angesehen. Aber man hat auch auf tiefere Störungen und Disharmonien geschlossen, eine Auffassung, welche das Wachstum der höheren Säuger als die Harmonie postuliert, von der sich unsere eigene Wuchsart entfernt habe. Von solchen Ansichten war nur noch ein Schritt zu jenen Theorien, die den Menschen als im Grunde krank – am Geist erkrankt! – dem gesunden Leben des Tiers gegenüberstellen.

Nun ist aber unser Bezugssystem für die Untersuchung des Wachstums nicht irgendein zur Norm ernannter tierischer Entwicklungsgang, sondern die ganze menschliche Daseinsweise. Außerdem hat die sorgfältigere Prüfung gezeigt, daß die Ansicht einer allgemeinen Verlangsamung aufzugeben ist. Dieses oft gebrauchte Bild ist zu ersetzen durch das eines reichgegliederten und wohlgeordneten Systems verschiedener Wuchsphasen. Eine erste dieser Perioden zeigt unser Wachsen über alles bei verwandten Tieren Gefundene beschleunigt, im Zusammenhang damit, daß unser führendes embryonales Organ, das Nervensystem, bis zur Geburt etwa dreimal so massig wird wie das eines Menschenaffen. Dieser erste Abschnitt ist nicht etwa mit der Geburt, sondern am Ende des ersten Lebensjahres abgeschlossen. Er steht in strenger Zuordnung zu der besonderen Art, wie wir Menschen die artgemäße aufrechte Haltung sowie das Sprechen und Handeln im Sozialkontakt in diesem ersten Jahre erwerben – eine Bildungsweise des Ausreifens von Anlagen im Kontakt mit einer reichen Sozialwelt, wie sie nur bei uns vorkommt und deren Bedeutung noch lange nicht umfassend genug dargestellt ist.

Wie wenig bedenken wir meist den Kontrast dieses Geschehens zur Entwicklung höherer Tiere, bei denen im gleichförmigen, reizarmen Medium des Mutterleibs das neue Wesen heranreift bis zur völligen Bereitschaft aller Instinkte des Verhaltens und aller Organe der Bewegung. Zweiundzwanzig Monate lang wächst so das Kind im Leibe eines Elefanten heran; bei einem Füllen hat das Gehirn bei der Geburt schon etwa die Hälfte seines Endgewichtes erreicht, während es bei uns seine Masse noch verdreifachen muß. Selbst wo das Jungtier außerhalb des Mutterleibs heranwächst, wie bei hochorganisierten Vögeln, da reifen in vielen Fällen Verhaltensweise und Flugfähigkeit ohne jede besondere Bewirkung durch die Eltern; auch im Laboratorium, fern vom elterlichen Nest, geht dann die Entwicklung bei normaler Ernährung ganz gleich vor sich.

So entsteht bei höheren Tieren eine Lebensform, bei der Generation um Generation in strenger Gebundenheit sich dieselben Abläufe vollziehen. Jahr für Jahr kreisen im Sommer die dunklen Segler, die Spyren, über unserer Stadt. Sie haben einst über dem wilden Waldtal des Rheins gerufen, bevor es hier eine Siedlung gab. Sie sind dann von den Jurafelsen in das Gemäuer der Menschen gezogen; aber Jahr um Jahr erscheinen sie wie je in den letzten Tagen des April oder zum Anfang des Mai; Jahr für Jahr legen sie in der zweiten Maihälfte ihr erstes Ei und verlassen uns wieder, von einem starken Trieb erfaßt, in der zweiten Julihälfte. Welche Gleichförmigkeit der Lebensform, wenn wir vergleichen, was sich an dieser Stelle in der Gesellschaft der Menschen, über der die Spyren kreisen, alles verändert hat.

Es könnte vielleicht für einen Augenblick der Verdacht aufsteigen, die höhere Bewertung unserer menschlichen Eigenart beruhe auf der Abwertung des tierischen Lebens. Es ist indessen für die heutige Erforschung des Tierlebens im Gegenteil kennzeichnend, daß unsere Beobachtungen zu einer besonders hohen Schätzung der höchsten tierischen Lebensstufen geführt haben und daß gerade in jüngster Zeit die tierische Innerlichkeit mit ganz neuem Ernst erforscht wird. Wesentliche Einsichten sind in letzter Zeit erreicht worden. Vergessen wir nicht, daß es kaum zwanzig Jahre her ist, daß zum erstenmal das soziale Verhalten, die soziale Gliederung einer Tiergruppe wirklich objektiv untersucht worden ist, daß wir erst in diesen letzten Jahren die Bedeutung einzelner gefühlsbetonter Stellen im Lebensraum oder auch den Zeitsinn höherer Tiere zu erkennen und zu untersuchen anfangen. Die Hochwertung unserer eigenen Sonderart baut also nicht auf einer möglichst geringen Taxierung des Tiers auf; nein, sie erhält ihre Bedeutung gerade durch den Umstand, daß wir von der Innerlichkeit der höchsten tierischen Stufen sehr hoch denken. Dabei gibt uns das vertiefte tierpsychologische Studium der tierischen Äußerungen gerade Gelegenheit, manche Gegensätze von Tier und Mensch viel deutlicher zu erfassen, als dies dem oberflächlichen Beobachter möglich gewesen ist. Wir greifen nur ein Beispiel heraus: die Ausnahmestellung der menschlichen Sprache inmitten der anderen tierischen Kommunikationsmittel ist so deutlich geworden wie nie zuvor in der biologischen Forschung. Im Fall des höheren Tiers, des Säugers oder Vogels, eine Reihe erblich festgelegter Laute, gebunden an feste Situationen und verstanden durch ererbte Strukturen des Wiedererkennens – bei uns eine nicht festgelegte, offene, erbliche Anlage, die in langem Sozialkontakt eine durch Konvention und Geschichte entstandene Sprache mühevoll (und lustvoll zugleich!) übernimmt, einen von der Situation völlig freien, durch Tradition gegebenen Wortsinn _ wobei dieser Wortsinn aber nur durch das erworbene Wissen um die gesamte Sozialwelt einer Menschengruppe erfaßt werden kann.

Die Eigenart unseres Wesens zu zeigen ist das ungeheure Phänomen der Sprache ganz besonders geeignet. Denn die Instrumente der Lautbildung, die Muskeln und Luftwege, die Stimmbänder, die Nervenbahnen sind dieselben wie beim höheren Tier. Völlig anders ist aber der Einbau dieser Instrumente in unsere Lebensform, ganz anders ist die Art, wie die niedere Struktur von der neuen Organisationsweise in Dienst genommen wird.

Wie sehr dieser Einbau der tierischen Ausdrucksinstrumente in eine neue Organisation im Zusammenhang mit den anderen wesentlichen Strukturen des neuen Bauplans geschieht, zeigt gerade das Beispiel der Sprache. Wir beobachten die frühen Vorübungen im ersten Lebensjahr, zur Zeit, wo auch das Greifen der Hände sich übt, wo die Versuche zum Aufrichten beginnen. Und wir stellen die ersten Nachahmungen von Worten fest in auffälliger Entsprechung mit den Vorbereitungen zu der aufrechten Haltung. Wir finden alle diese Entwicklungsprozesse zudem in zeitlicher Beziehung zu den deutlicheren Manifestationen des Denkens, das heißt mit dem Hervortreten der zentralsten menschlichen Eigenart aus der Verborgenheit der zum Denken bestimmten Anlage.

Solche Feststellungen weisen uns auf die Frage nach der Art der Anlagen und führen den Biologen zurück zum Problem des menschlichen Plasmas.

In der Erwartung weiterer Ergebnisse des Forschens, für die wir ja keine Grenzen kennen – auch wenn es solche gibt –, in der Erwartung neuer Resultate darf der Anthropologe doch eine Forderung anmelden.

Das entwicklungsphysiologische Experiment am tierischen Ei hat uns gelehrt, die optisch einfachen Systeme solcher Eizellen vorzustellen als mit einer großen Fülle von Potenzen ausgestattet. Man verlangt heute vom Entwicklungsforscher Beträchtliches an Vorstellungskraft zur Vergegenwärtigung des im Unsichtbaren wirksamen Zusammenspiels von Faktoren. Und ich habe den Eindruck, daß schon die kommende Generation sich im Vorstellen noch komplexerer Gehalte in der Zone des Nicht-Geschauten wird trainieren müssen. So ist es vielleicht auch nicht abwegig, wenn wir daran mahnen, daß jedenfalls der Keim eines Menschen in seinem Anlagenmuster die beim Molch- oder Fliegenkeim gefundene Komplikation noch um einiges übertreffen wird. Unerläßliche Vorstufe aber einer jeden noch so vorläufigen und zögernden Vorstellung solcher Anlagen ist das Wissen um das uns Zugängliche des menschlichen Wesens, das Wissen um den vollen Reichtum der Daseinsform, deren Keim da erforscht werden soll und deren Keimzelle bereits die eines Menschen mit weitgehend festgelegten und doch so eigenartig offenen Anlagen ist.

Zu diesem reichgegliederten, im Unsichtbaren erst noch zu ergründenden Anlagemuster unseres Menschenkeims gehört auch die Abfolge der Wachstumsrhythmen, die in sinnvoller Gliederung während unserer langen Wuchszeit sich ablösen und deren Melodie so ganz anders ist als der einfache Ablauf im Wachsen höherer Säuger. In unserem Entwicklungsgang ist ja die lange dauernde und reichgegliederte Wachstumsphase unlösbar verbunden mit der Aufnahme des Traditionsgutes, das von Generation zu Generation wechselt und dessen Wechsel jeden von uns in eine einmalige, neue Situation versetzt vom Moment an, wo mit der Geburt der Einfluß dieser sozialen Ordnung wirksam wird. Damit wird Geschichtlichkeit zu einem natürlichen Glied unserer Lebensform, zu einem bedeutsamen Teil unserer Natur, zu einem natürlichen Faktor unserer Entwicklung. Wenn so die Biologie das Kulturleben als unsere eigentliche Natur auffaßt, so stellt sie damit die Kultur mitten hinein in das weiteste Naturgeschehen und lehnt jede vorgefaßte Konstruktion ab, welche diese Kultur als etwas Widernatürliches darstellt. Es gilt uns darum auch als ein schönes Zeugnis für die Einsicht in die Eigenart menschlichen Lebens, wenn unser Streben nach Natürlichkeit im Sozialleben von den Besten nie als eine wirkliche Rückkehr zur Natur gedacht worden ist, sondern stets als eine neue Lebensweise, stets auch als ein Erfolg unseres Wollens, immer als eine »Lebenskunst« gesehen worden ist.

Wie sehr die Geschichtlichkeit des Daseins unsere Natur ist, das heißt von unserer Anlage bestimmt und ihrer Entfaltung zugeordnet ist, darauf macht in jüngster Zeit wiederum gerade jene biologische Forschung aufmerksam, die besonders stark von der Untersuchung der Pflanzen und Tiere her bestimmt ist: die Erbforschung.

Beim Versuch, mit den aus der Beobachtung von Pflanzen und Tieren bekannten Regeln die Evolution im menschlichen Bereich zu verstehen, stößt die Erbforschung auf die Tatsache, daß die heutigen Verhältnisse der Menschengruppen sich nicht ableiten lassen aus den Regeln, die wir bei Rassen oder Spielarten höherer Tiere beobachten. Dabei unterliegt es keinem Zweifel, daß im übrigen das Geschehen in unserm Erbgut weitgehend mit dem bei höheren Tieren übereinstimmt. Die Genetiker sagen uns heute, daß die Sonderart der menschlichen Evolution von der Eigenart unserer Verhaltensweise, also von unserer menschlichen Innerlichkeit, herrühre.

Wie das gemeint ist, kann auf dem Umweg über die Kenntnis der höheren Tiere deutlicher werden. Wenn solche Tierarten eine ähnlich weite Verbreitung haben wie wir selber, dann beobachten wir die Bildung vieler und stets neuer erblicher Varianten, die im Laufe ihrer Ausbreitung immer mehr vom ursprünglichen Typus divergieren. Diese Variantenbildung geht so weit, daß oft an den Rändern des Verbreitungsgebietes diese neuen Varianten, falls sie sich begegnen, einander wie fremde Arten behandeln und sich untereinander nicht mehr fruchtbar vermehren. Ähnliches bewirkt die Varietätenbildung nach der Trennung ursprünglich zusammenhängender Gewässer oder die Teilung eines Areals durch die Auffaltung von Gebirgen. Die letzte große Vergletscherung der Nordhälfte der Erde hat durch die Eisbildung viele Areale derart getrennt und manche abweichende Varietäten entstehen lassen, die sich zuweilen heute in gewissen Gebieten wieder begegnen. Solches beobachten wir etwa bei den Kohlmeisen im Amurgebiet Sibiriens. So sind auch Hering- und Silbermöwen des Polargebietes nächste Verwandte, deren Divergenz aber so weit vorgeschritten ist, daß sie sich fast immer als völlig fremd begegnen, wo sie aufeinanderstoßen. Divergenz der Evolution bis zu völliger Sterilität ist bei der tierischen Variantenbildung die große Regel.

Beim Menschen besteht statt dessen volle Fruchtbarkeit auch der extrem verschiedenen Gruppen – ferner sind Mischungen der Typen die Regel. Gruppensonderung kann bei uns nur durch strenge soziale Normungen und Tabus aller Art erreicht werden; die Regel ist Rekombination der verschiedenen Erbfaktoren. Diese Eigenart des heutigen Evolutionsgeschehens beruht auf unserer Lebensart, auf dem Fehlen der instinktmäßigen Ordnungen, auf der relativen Freiheit der Wahl beim Liebesbund. Auch wird die Rekombination gefördert durch die willkürlichen Wanderungen der Einzelnen wie der Gruppen in der geschichtlichen Lebensform.

Diese Feststellung der Erbforschung bezieht sich auf das Geschehen in der geschichtlich erfaßbaren Zeit der menschheitlichen Entwicklung. Wie weit zurück in die Vergangenheit dieselben Faktoren als wirksam angenommen werden dürfen, das ist ja noch Gegenstand heftiger Kontroverse, und unsere Frage führt daher auch zu der weiteren, welches denn die Herkunft der divergenten Menschentypen gewesen sei, die ja am Anfang des Vorgangs der Rekombination stehen müssen. Diese Probleme können indessen nur eben erwähnt werden, damit wir in diesem Augenblick wenigstens die ungewisse Ferne ahnen, in die uns solches Fragen nach dem Ursprung führt. Wir lassen die große, dunkle Zone des Werdens, in der das Licht forschender Untersuchung nur schmale Randgebiete dürftig beleuchtet.

Das Menschliche als eine Sonderform des lebendigen Seins! Diese Auffassung wird keine Tatsache des organismischen Bereiches vernachlässigen, aber sie wird sich nicht mehr der Täuschung hingeben, durch die Forschung an Pflanze und Tier etwas anderes zu gewinnen als den Nachweis des allem Lebendigen Gemeinsamen. Dieser Nachweis ist in jedem Einzelfall etwas Großes; er steigert unsere Macht über die niedrigen Stufen der Organisation und bringt uns durch Vereinfachung eine Entlastung in der geistigen Bewältigung der Weltdinge.

Wir haben indessen in diesen Zeiten des unerhörten wissenschaftlichen Aufschwungs zur Genüge gesehen, wohin die bloße Machterweiterung oder die Entlastung durch die Erkenntnis allgemeiner Gesetze führt: beides führt, wenn es allein bleibt, letztlich zum inneren Absinken des Menschen, wenn solche Taten des Geistes nicht aus einem reichen, überschauenden Wissen um uns selber geschehen. Dieses tragische Absinken ist auch im Leben einer Universität unvermeidlich, wenn sie nicht das Höchste im Denken um unsere Situation zu leisten gewillt ist. Der warnenden Zeichen sind uns in diesen Jahren genug gegeben worden.

Die Besinnung auf das Wesen des Menschen geschieht heute unvermeidlich im Schatten der Ereignisse, in denen gerade der

Mißbrauch biologischen Gedankengutes sich so grauenvoll ausgewirkt hat. Darum ist auch die Gefahr groß, daß an eine Besinnung auf unsere Lebensform von vorneherein die Forderung gestellt werde, nach so viel Schrecklichem, das im Namen der Lebenslehre geschehen ist, müsse diese nun auch ihren Beitrag zur Förderung des Guten leisten. In der Tat tragen denn sehr viele biologische Werke, die in unseren Tagen geschrieben werden, deutlich das Merkmal ihrer Entstehung aus der Sorge des politischen Kampfes, indem auch sie wieder vor allem danach trachten, den Gegner mit neuen geistigen Waffen aus ihrem Arbeitsgebiete zu schlagen, mit Waffen, die allzu rasch den Stätten der Forschung entrissen worden sind.

Die Notwendigkeit, den Gegner mit seinen eigenen Waffen zu bezwingen, hat auch bei uns die geistigen Kampfarten nicht unberührt gelassen. Es wäre ein leichtes, aus den politischen Meinungskämpfen unseres eigenen Landes die Beispiele zusammenzubringen, die zeigen würden, wie vieles aus der Not der Zeit, wieviel auch aus Mangel an Kritik aus dem Lager des Gegners an biologisch beeinflußten Parolen unbesehen übernommen worden ist.

Es muß aber vom Forscher, der sich auf die Beziehung der biologischen Arbeit zur Idee des Humanen besinnt, gefordert werden, daß er sich bei dieser Arbeit nicht von politischen oder anderen Zielen der Lebensgestaltung leiten läßt. Wir dürfen nicht in den Irrtum Peter Kropotkins verfallen, der kurz nach 1900 der politischen Auswertung des Darwinschen Prinzips vom Daseinskampf ein Werk entgegenstellte, das die Rolle der gegenseitigen Hilfe im Tier- und Menschenreich rühmend hervorhob. Niemand wird den Adel der Absicht, die menschliche Würde dieses Unterfangens verkennen oder geringachten – trotzdem war das Verfahren ein Irrtum, weil es ein Problem der moralischen Entscheidung mit Argumenten zu lösen versucht, die einer Sphäre entstammen, in der es dieses Problem nicht gibt.

Die Lebensforschung wird mit ihren Mitteln bestrebt sein, das Bild unserer Daseinsform zu bereichern. Sie wird aber dabei wissen, daß sie selber das Gesamte, in dem allein die Einzelfunde verstanden werden können, nicht aus ihrer eigenen Arbeitsweise voll zu erfassen vermag. So muß sie trachten, in Gemeinschaft mit Anderen das Ganze unserer Daseinsform, soweit es Menschen zugänglich ist, mit den weitesten Mitteln des ganzen Denkens zu entwerfen.

Dieser rings ausschauenden Beobachtung zeigt sich aber das Menschliche in zwei Aspekten, von denen man den einen gerne etwa mit dem positiven Vorzeichen ausschließlich als das Humane taxiert, während man den andern negativ wertet, ihn als das Unmenschliche benennt, obwohl er nicht weniger menschlich ist. Für eine Betrachtung, die wahrhaft orientieren soll, müssen wir uns frei halten von dem durch starke Tradition gefestigten Gebrauch, der das Wort human meist in der Gegenstellung gegen das Barbarische, gegen das Ungebildete oder das Brutale, gesehen hat. Wie sehr sich der Gedanke zunächst auch dagegen auflehnen mag, so muß uns der Begriff des Humanen das Unmenschliche mit umschließen. Wir müssen die Anstrengung leisten, beide Möglichkeiten im weiten Bereich des menschlichen Lebens zunächst einmal ohne Wertung in ihrer gewaltigen Macht zu sehen. Die Potenz des Inhumanen läßt sich nicht etwa durch Herleitungsversuche einfach mit dem Tierischen als dem »Brutalen« zusammenbringen und so mit dem Anschein von Objektivität abwerten. Es erscheint als ein in allen Beziehungen vollwertiges Glied von uns selbst; es ist mitten in uns drin und ein Faktum von furchtbarem Ernst.

Es ist um so notwendiger, beides zusammen zu sehen in einem Felde der menschlichen Spannungen, das Humane wie das Inhumane – weil ja die Wertung wirklich nicht von der biologischen Besinnung vollzogen wird.

Die Entwicklungsweise des Menschen mit der eigenartigen Offenheit unserer nicht instinktgebundenen Anlagen, mit der frühen Möglichkeit der Wahl und Entscheidung im Sozialkontakt – diese originale, nur uns gegebene Entwicklungsform ist der späteren Offenheit eines stets ungesicherten, stets unentschiedenen Daseins zugeordnet. So liegt das Faktum der Entscheidungsfreiheit durch die Art der Anlage noch im Horizont der biologischen Ansicht vom Menschen. Der Hang nach Bindungen mag oft aus der Furcht vor solcher Freiheit stammen – doch auch dies Suchen nach Bindungen geschieht aus der ursprünglichen Möglichkeit zur Freiheit. Das Feld des Humanen ist nach allen Seiten weit offen, und es ist die erste Aufgabe der Erforschung unserer Daseinsart, diese Weite der Entscheidungsfreiheit zu sehen.

Mit einer solchen Haltung ist selbst auch schon eine Entscheidung getroffen, eine Art des Daseins gewählt worden. Die Führung des Lebens ist in die Hand genommen worden – wir sind in das Reich der Wertung eingetreten. Das biologische Forschen vermag manche Grundlagen unserer weltoffenen Lebensform aufzuzeigen; die Entscheidungen selber, auch die zum Forschen aufrufenden, entstammen aber einer Sphäre jenseits dessen, was mit biologischen Arbeitsweisen faßbar ist.

Der biologische Versuch zum Erkennen dieser Lebensform trachtet jener Forderung nachzuleben, die schon in frühen Zeiten des Denkens um den Menschen gestellt worden ist – sie sucht vom Gegenstand ihrer Forschung groß zu denken. Sie sucht, fern von jeder Überheblichkeit, den Menschen in seinen Grenzen, doch auch in der Weite seiner Möglichkeiten zu sehen, sie will ihn als Menschen verstehen im Glücken sowohl wie im Verfehlen seines Daseins.

Ob wir aber ein Leben als geglückt oder verfehlt taxieren, das ruht in Entscheidungen, für die wir keinerlei Begründungen aus der Beobachtung der außermenschlichen Natur zur Klärung des Urteils herbeiziehen können.

Ob ein Evolutionsprozeß, eine Mutation im tierischen oder im pflanzlichen Leben richtig ist oder falsch, darüber entscheidet – falls solche Worte überhaupt noch einen Sinn haben sollen – die Erhaltung, die Bewährung in der steten Gefährdung des nackten Lebens: es entscheidet der Erfolg. Ob indessen ein menschliches Dasein geglückt sei oder verfehlt, darüber wird nie und nimmer die bloße Erhaltung, die machtmäßige Behauptung, niemals einfach der Erfolg entscheiden. Es entscheidet ein Reich der Werte darüber, wie unser Tun letztlich beurteilt werden soll.

Aber in diesem Reich der Werte ist eine Revolution von unabsehbaren Folgen im Gange. Ein Teil dieser Revolution ist ja gerade der Versuch, die Maßstäbe für das menschliche Tun im außermenschlichen Leben, in biologischen Gesetzen zu suchen. Der Kampf um neue Formen des Zusammenlebens in der Gemeinschaft der Menschen ist in vollem Gange. Wir alle treiben passiv oder tätig, bewahrend oder umstürzend, einer neuen Zuordnung des Einzelnen zur Gemeinschaft entgegen. Die biologische Arbeit wirkt bei diesem Suchen nach neuen Formen mit, indem sie eine möglichst reine und umfassende Ansicht vom Humanen durch ihr wissenschaftliches Streben herausstellen hilft.

Doch leistet die Lebensforschung nur einen Teil des Wissens, dessen der Mensch im Ganzen von sich selber fähig ist. Die Biologie kann daher ihrer Anlage nach auch nicht die Maßstäbe liefern, nach denen die Führung unseres Daseins sich richten könnte. Gerade wer selber seine Arbeit biologischem Forschen widmet, muß mit aller Deutlichkeit dazu stehen, daß wir Menschen den Mut finden müssen, unsere Entscheidungen im Reich der Werte zu suchen und die Parolen für die Führung des Daseins nicht aus dem Felde des Vitalen zu holen.

Denn in wilder Größe, unser Grauen wie unser Wundern erregend, immer aber in furchtbarer Verschlossenheit ist die Lebenssphäre vor unserem Blick und ringsum unsere stets bedrohte Kulturwelt. Indem wir dieses Leben zu erforschen trachten, sind wir Suchende, die sich um die Entzifferung vieler unbekannter Schriften aufs Mal zu mühen haben. Und das so schwer zu Fassende, in das wir da forschend eindringen – es ist zugleich in uns selber mitten drin, es ist Glied von uns. Die Art dieser Einordnung, das Eigenartige dieses menschlichen Gliedbaus ist ja unser Forschungsobjekt.

Die Wirkweisen, die wir in Pflanzen und Tieren beobachten – sie stehen beim Menschen in neuen Diensten. Und wir schauen uns heute in großer Sorge und Not suchend um nach den Mächten, welche die Kraft hätten, die gewaltigen Möglichkeiten unseres Menschenwesens in rechten Dienst zu nehmen. Wir blicken um uns, und viele blicken dabei fragend nach der Universität, deren umfassender Name die Hoffnung weckt, daß hier die Ziele gezeigt, die Werte gelehrt werden, nach denen verzweifelnde Menschen suchen. Die Universität kann heute diese Hoffnung nicht erfüllen. Dafür ist sie zu sehr selber Ausdruck des innersten Schicksals unserer Zeit. Aber trotz der unvermeidlichen Vielfalt und der Teilung der Aufgaben will sie doch eines: sie will wirken aus der Verpflichtung, mehr zu sein als nur ein getreues Bild der Zeit – sie will in den besten Stunden des Gelingens emporwachsen zum Vorbild, das Menschen zu erwecken vermag für das schwere und dunkle Glück eines Lebens in der Freiheit der Entscheidung.

Hinweis

Die Aufsätze 1 bis 9 sind zuerst in den Eranos-Jahrbüchern, Bände XIV bis XXIII, erschienen. – Nr. 10 ist 1949 in einer ersten Fassung als Vortrag an der Goethe-Feier in Olten, später in etwas veränderter Form an einem pädagogischen Kurs des Berner Lehrervereins in Münchenwiler gehalten und im November 1953 erstmals in der »Neuen Schweizer Rundschau« publiziert worden. – Nr. 11 wurde der Festschrift für Alexander Rüstow (Rentsch-Verlag) entnommen. – Nr. 12 wurde an der Jahresversammlung der staatlichen Schulsynode des Kantons Basel 1948 als Vortrag gehalten, im Februar 1949 in »Leben und Umwelt« (Verlag Sauerländer), 1951 in den »Schweizer Musikpädagogischen Blättern« publiziert. – Nr. 13, ein Vortrag an der Tagung des Schweizer Schriftstellervereins in St. Gallen von 1950, erschien erstmals im gleichen Jahr im »Basler Schulblatt«, Band XI. – Nr. 14 wurde 1947 als Rektoratsrede an der Universität Basel gehalten und publiziert in: »Basler Universitätsreden«, Heft 22, 1948, sowie in: »Der Bogen«, Heft 9, Tschudy-Verlag, St. Gallen 1950.

Von Adolf Portmann
erschienen im Suhrkamp Verlag

Das Tier als soziales Wesen. 1953. 382 S. Ln.
und *suhrkamp taschenbuch* Band 444
Sinnvolle Lebensführung. 1964. 56 S. Ln.
Aufbruch der Lebensforschung. 1965. 268 S. Ln.

st 424 Joseph Campbell, Der Heros in tausend Gestalten
Mit Abbildungen
ca. 460 Seiten
Campbell zeigt in seinem Buch den vielschichtigen Helden. Apollo, der Froschkönig aus dem Märchen, Wotan, Buddha und zahlreiche andere Protagonisten aus Volkssage und Religion stellen gleichzeitig verschiedene Aspekte der ihnen allen gemeinsamen Geschichte dar. Hinter den tausend Gestalten tritt der eine Heros hervor, der Archetyp aller Mythen.

st 425 Marie Luise Kaschnitz, Zwischen Immer und Nie
Gestalten und Themen der Dichtung
Mit einem Nachwort von Hans Bender
324 Seiten
Die Arbeiten, in den Jahren 1949 bis 1965 entstanden, reichen vom Engidu über Sappho, Diotima, Anna Karenina bis hin zu Peer Gynt, Fuhrmann Henschel und Lucky aus Becketts *Warten auf Godot*. Die subjektive Sicht dieses Sammelbandes vermittelt überraschende Einsichten, kann den Leser mitreißen, heraus aus den verknöcherten Interpretationsschemata der Schullektüre, und ihm längst vertraute klassische Literatur in neuem Licht zeigen.

st 426 Franz Fühmann, Bagatelle, rundum positiv
Erzählungen
112 Seiten
Fünf neue Erzählungen: *Drei nackte Männer. Die Ohnmacht. Bagatelle, rundum positiv. Spiegelgeschichte.*

Schieferbrechen und Schreiben. ». . . der Stoff, der auf der
Straße liegt.«
Franz Fühmann

st 427 Bernard von Brentano, Prozeß ohne Richter
Roman
Mit einem Nachwort von Martin Gregor-Dellin
114 Seiten
Dieser Roman erschien 1937 in Amsterdam. Er erzählt
die Geschichte der Vernichtung eines Menschen durch ein
nicht benanntes diktatorisches Regime. In ihm wird nicht
direkt die Realität des Dritten Reiches abgebildet, sondern
es wird das System der Despotie und dessen Mechanismus der Menschenvernichtung schlechthin angeklagt.
»Es ist, man sieht es, eine furchtbare reale Welt im Spiegel eines Wassertropfens. . . . Die Dunkelkammer der Despotie, in der Seelen und Moralen verwüstet werden.«
Alfred Döblin, 1937

st 428 Christiane Rochefort
Mein Mann hat immer recht
Roman
228 Seiten
»Aus ironischer Distanz und doch auch grimmig enga-
giert, gelingt es diesem Bericht über ein geistig-seelisches
und soziologisches Dilemma, amüsant zu sein und melan-
cholisch zu machen.«
Gabriele Wohmann

st 429 Moshé Feldenkrais
Bewußtheit durch Bewegung. Der aufrechte Gang
Nach der vom Autor bearbeiteten englischen Fassung
übersetzt von Franz Wurm
Mit Abbildungen
236 Seiten
Nach Feldenkrais ist der Mensch Gegenstand und Opfer
einer repressiven Erziehung und muß sich erst seiner
selbst und auch seines Leibes und dessen Funktionen inne-
werden, wenn er wirklich Mensch sein will. Die Methode,
mit der das erreicht werden soll, ist ein bewußtes Training
aller Funktionen, der geistigen wie der körperlichen.
Feldenkrais stellt seine Lehre in fünf theoretischen Kapi-
teln dar, denen zwölf exemplarische Lektionen zur Ein-
übung folgen.

st 430 Grenzerfahrung Tod
Herausgegeben von Ansgar Paus
348 Seiten
Inhalt: Der Tod als Geheimnis des Lebens. Der Tod in
der Vorstellungswelt der Zeiten und Kulturkreise. Der
Tod in theologischer Sicht. Das Leben mit dem Tode in
der Antike. Der Tod in der Dichtung des zwanzigsten
Jahrhunderts. Todesfurcht und Todessehnsucht. Suicid und
Euthanasie. Menschlich sterben. Der Tod im Lichte des
Marxismus, u. a.

st 431 Paul Nizon, Im Hause enden die Geschichten
Untertauchen. Protokoll einer Reise
188 Seiten
»Den Grabstein für ein Bürgerhaus setzend, nimmt Nizon
Abschied von einer politischen und literarischen Epoche.«
Rolf Michaelis über »Im Hause enden die Geschichten«
»Das Problem der Selbstfindung ist seit Jahrzehnten eines
der Generalthemen unserer Literatur. Nizon hat eine neue
Variante geliefert, eine glänzende, die ungeteilten Bei-
fall verdient.« *Hans Dieter Schmidt* über »Untertauchen«

st 432 Günther Anders
Kosmologische Humoreske und andere Erzählungen
ca. 320 Seiten
»Die Übertreibung ist Anders' Methode; er weiß dies
auch, er muß sie anwenden, um in einer Zeit zunehmender Gleichgültigkeit noch verstanden zu werden, um an-
zugehen gegen fortschreitende Unempfindlichkeit und sich
verstärkende Bewußtlosigkeit.« *Ralph-Rainer Wuthenow*

st 433 Heinz Politzer
Franz Kafka. Der Künstler
ca. 580 Seiten
Das Eingangskapitel diskutiert anhand der Deutung eines
kurzen Textes die Methodik der Arbeit; der Schluß des
Buches stellt dem »metaphysischen Anarchisten« Kafka
den »Menschen im Aufstand« Albert Camus' gegenüber.
Dazwischen der Dreischritt von Kafkas Leben im Werk:
der Junggeselle als Grundfigur; die Schriften der mittleren
Zeit nach dem Durchbruch von 1912 vom *Urteil* bis zum
Schloß; und schließlich das prekäre Gleichgewicht der
letzten Erzählungen, das Kafka dem Wissen von seinem
nahen Tod abgewann.

st 434 Arkadi und Boris Strugatzki
Die Schnecke am Hang
Aus dem Russischen von H. Földeak
Mit einem Nachwort von Darko Suvin
Phantastische Bibliothek Band 13
278 Seiten
In bildhaft dichter, phantastisch verschlüsselter Sprache
erörtern die Autoren Probleme wie den Konflikt zwischen
der Erhaltung menschlicher Werte und rein technologisch
verstandenem Fortschritt und plädieren für einen Sozialismus des Herzens, nicht nur des Kopfes.
»Die Strugatzkis . . . bieten dem Leser ein brillantes Wort-
kunstwerk.«   *Darko Suvin*

st 435 Stanisław Lem
Die Untersuchung
Kriminalroman
Aus dem Polnischen von Jens Reuter und Hans Juergen
Mayer
Phantastische Bibliothek Band 14
242 Seiten
»Die von Lem ersonnene Welt, Zukunftsbild und Symbol
einer allgewaltigen, zum Selbstzweck gewordenen, den
Menschen verschlingenden Organisation ist . . . weniger
weit von den Grenzen des Möglichen entfernt, als man
wahrhaben möchte. Ein Zukunftsalptraum.«
                                        Der Bund, Bern

st 439 Gustav Regler
Das große Beispiel
Roman aus dem Spanischen Bürgerkrieg
Mit einem Vorwort von Ernest Hemingway
400 Seiten
Im Nachlaß Gustav Reglers, der als einer der vielen
internationalen Freiwilligen im Spanischen Bürgerkrieg
kämpfte, um den Faschismus zu verhindern, fand sich
das Originalmanuskript dieses Buches. »Es gibt Ereignisse«, schreibt Hemingway in seinem Vorwort, »die so
groß sind, daß ein Schriftsteller, der sie miterlebt hat,
moralisch verpflichtet ist, sie so wahrheitsgetreu wie möglich zu berichten, ohne sich anzumaßen, sie durch Erfindung zu verändern. Ereignisse von dieser Bedeutung
haben Reglers Buch hervorgebracht.«

st 440 Philip K. Dick, UBIK
Science-Fiction-Roman
Aus dem Amerikanischen von Renate Laux
Mit einem Nachwort von Stanisław Lem
Phantastische Bibliothek Band 15
222 Seiten
Das Schlüsselwort, das Joe Chip und seine Kollegen
vor einer abscheulichen Verschwörung bewahren kann,
heißt UBIK. Joe hat nie zuvor davon gehört. Er weiß
aber, daß er dem geheimnisvollen UBIK auf die Spur
kommen muß, wenn er seine surreale Existenz ändern
will.
»Dick übertrifft in den Inventionen bei weitem seine
Kollegen; seine sich verzweigende, ungeheure und omi-
nös purzelbaum-schießende Welt ist voller Einfälle –
manchmal mit satirischem Unterton.«

st 442 Hans Magnus Enzensberger, Politik und Verbrechen. Neun Beiträge
402 Seiten
»Enzensberger präsentiert seine eigenen Versuche, die
Auffassungen von Recht und Rechtsverletzung, von Staat,
Herrschaft, Gehorsam und Verrat zu revidieren. Es
sind ... materialreiche und klug kommentierende Berichte von grellen Kriminalaffären, historischen Begeben-
heiten, politischen Verbrechen und großräumigen Gang-
stereien. Ein gemeinsames Interesse verbindet sie und
macht sie zu Lehrstücken von literarischem Gewicht: das
Interesse an der Symmetrie legaler und illegaler Handlungen.«   *Jürgen Habermas*

st 444 Adolf Portmann, Das Tier als soziales Wesen
ca. 392 Seiten
In Einzeldarstellungen zeigt das Buch, in »wie hohem
Maße alles Tierleben sozial ist«. Persönliches Erleben
und Neigung des Verfassers bestimmen die Auslese, die
von der Welt der Libellen zur Sozialwelt der Vögel und
ihrer Sing- und Tanzrituale, zu den Fischströmen, Hirsch-
rudeln und Wolfstrupps, zu den Pinguin-Kolonien und
dem Sozialleben der australischen Vogelgattung Menura
führt. Immer wieder ergeben sich von selbst auch Ge-
sichtspunkte für das Beurteilen des menschlichen Gesell-
schaftslebens.

st 446 Fünf Minuten pro Patient
Eine Studie über die Interaktionen in der ärztlichen
Allgemeinpraxis
Herausgegeben von Enid Balint und J. S. Norell
Aus dem Englischen von Käthe Hügel
256 Seiten
»Das Buch ... hat etwas von der Inspiration und von
der selbstkritischen Skepsis, der Offenheit für menschliche
Probleme wie auch der Einsicht in die Begrenztheit eige-
ner Möglichkeiten, die den guten Arzt heute wie eh und
je auszeichnen.«   *Walter Bräutigam, FAZ*

st 448 Gert Ueding (Hrsg.), Materialien zu Hans Mayer,
»Außenseiter«
218 Seiten
Der Band versucht, der inneren Struktur des Buches
»Außenseiter« von Hans Mayer gerecht zu werden. Er
versammelt Texte und Gespräche Hans Mayers, die in
Rede und Gegenrede das Problem der Außenseiter auch
theoretisch erneut zur Diskussion stellen. Selbst die meisten Rezensionen, von denen die wichtigsten hier doku-
mentiert werden, können als Bestandteil des Gesprächs
verstanden werden, das Mayers großer Essay über die
Außenseiter eröffnet hat.

st 449 Herbert Achternbusch, Die Stunde des Todes
Roman
100 Seiten
»Wie dieser Autor aus Querulantentum und Phantasie,
eine bayrisch-bäuerische Kindheit im Rücken, Poetisches
erschafft, das kann man sich mit seinem Roman unter
die Haut lesen.«   *Frankfurter Rundschau*

st 481 Walter Hinck, Von Heine zu Brecht
Lyrik im Geschichtsprozeß
156 Seiten
Inhalt: Ironie im Zeitgedicht Heines. Exil als Zuflucht
der Resignation. Epigonendichtung und Nationalidee.
Metamorphosen eines Volkslieds. Alle Macht den Lesern,
Zur Lyrik Brechts. Das lyrische Subjekt im geschichtlichen
Prozeß oder Der umgewendete Hegel.

Alphabetisches Gesamtverzeichnis der suhrkamp taschenbücher